示范性高等院校精品规划教材

# 茶艺与茶道


主　　编　鄢向荣

副 主 编　余晓玲　罗　琳　李　云　谭　彬

参编人员　张　莉　易　玲　赵艳明　刘春英

陈海燕

## 内 容 提 要

本书内容包括识茶与选茶、鉴水与识器、茶席设计、茶艺服务、茶艺基础、茶艺技能、茶艺表演、茶道概述、茶艺英语九个项目，在重点突出对茶艺技能和茶艺表演知识介绍的基础上拓展了对茶道思想及茶艺英语知识的介绍。

本书的特点主要体现在：以茶馆、茶楼业务运营过程安排教学内容；以项目化、模块式和情景任务驱动的知识为载体组织教材构架；在保证知识内容基本够用的同时突出能力培养，紧扣茶馆、茶楼的应用实际，结合高职学生的特点和认知规律，充分吸收了其他教材之所长，突出反映时尚流行茶艺、特色茶艺知识和表现形式，注重教学过程与实际工作流程相结合，方便教师讲授和学生学习。

本书适用于高职高专酒店管理、旅游管理、餐饮管理、旅游英语及相关专业，也可作为茶艺师岗位培训、就业培训、职业等级考核鉴定的考前培训教材，亦可供茶艺与茶道爱好者自学使用。

**图书在版编目（CIP）数据**

茶艺与茶道/鄢向荣主编．—天津：天津大学出版社，2012.12（2019.7重印）

示范性高等院校精品规划教材

ISBN 978-7-5618-4564-6

Ⅰ．①茶… Ⅱ．①鄢… Ⅲ．①茶叶—文化—中国—通俗读物

Ⅳ．①TS971-49

中国版本图书馆CIP数据核字（2012）第294471号

**出版发行** 天津大学出版社

**地　　址** 天津市卫津路92号天津大学内（邮编：300072）

**电　　话** 发行部：022-27403647

**网　　址** publish. tju. edu. cn

**印　　刷** 天津泰宇印务有限公司

**经　　销** 全国各地新华书店

**开　　本** 185mm×260mm

**印　　张** 21

**字　　数** 524千

**版　　次** 2013年1月第1版

**印　　次** 2019年7月第7次

**定　　价** 42.00元

---

茶是地球上第一大健康饮品。我国是茶的故乡，在我国茶被誉为“国饮”。正所谓：“开门七件事，柴米油盐酱醋茶；文人七件宝，琴棋书画诗酒茶。”上至王侯将相，下至平民百姓，无不以茶为好。古人以茶养廉、以茶修德、以茶怡情，饮茶不仅能满足人们的生理需要，更是人们修身养性、陶冶情操的需要。茶已成为我国传统文化艺术的重要载体，并由此形成了文化内涵深厚、独具特色的中国茶艺与茶道。随着社会的发展，经济和文化的繁荣以及人们生活水平的不断提高，茶在社会生活中占有越来越重要的地位，饮茶已成为追求健康、美化生活、加深友谊、沟通感情、丰富人生、净化心灵、修身养性的重要途径，成为了现代人的一种生活风尚和一种文化艺术，科学高雅的饮茶方式也日渐走进寻常百姓家。如今茶馆、茶楼遍布全国各地的大街小巷，许多地方还相应建立了以茶和茶文化为主体的茶博览会、旅游观光茶园等，它们以茶和茶文化为主题，以休闲、娱乐和获取茶知识为目的，以内容丰富的系列活动为载体，成为了茶文化休闲旅游的重要组成部分。茶艺师也成为了一种社会需求量大、收入较高的职业。目前，很多高职学院设立了茶文化或茶艺方面的专业，并开设了相关课程。学习茶艺与茶道可以提高学生的学习兴趣和综合素质，同时也可以拓展学生的就业渠道。本书正是结合高职学生的特点和高职学生的认知规律，充分吸收了其他教材之所长，以学科知识的系统性与国家茶艺师职业岗位技能的有机融合为基础，融思想性、艺术性、实用性于一体，力求反映新知识、新技术，以系统掌握茶艺与茶道的基础理论、各类茶的冲泡技艺和突出反映时尚流行茶艺、特色茶艺知识和表现形式。本书采用工作项目的形式编写，每一种工作能力组成一个工作项目，每一个工作项目下面由多个工作任务组成，注重教学过程与实际工作流程相结合，方便教师讲授和学生学习。

本书由武汉交通职业学院鄢向荣担任主编，武汉交通职业学院余晓玲和罗琳、湖北三峡职业技术学院李云、云南旅游学校谭彬担任副主编。具体编写分工为：项目一由荆州职业技术学院经济管理学院张莉编写，项目二由武汉民政职业学院易玲编写，项目三由三峡职业技术学院李云编写，项目四由武汉财贸学校赵艳明编写，项目五由武汉市旅游学校刘春英编写，项目六由武汉交通职业学院余晓玲编写，项目七由武汉交通职业学院鄢向荣编写，项目八由云南旅游学校谭彬和陈海燕共同编写，项目九由武汉交通职业学院罗琳编写。

在编写过程中，编者参考了大量的相关书籍和专家学者的研究成果，在此深表谢意。

由于编者水平有限，书中内容难免存在不妥之处，恳请读者对本书提出宝贵意见和建议，以便使之不断改进和完善。

编　者

2012年6月

# 目 录 Contents

# 项目一
# 识茶与选茶

**项目导引**

本项目主要介绍茶叶的分类与名茶知识、茶叶的加工与制作程序、茶叶的鉴别与评审要素、茶叶的包装与储存知识以及茶与保健的相关知识。

**知识目标**

1. 了解茶叶的分类，熟悉各种名茶的产地与品质特征。
2. 掌握茶叶的加工与制作程序。
3. 掌握茶叶的鉴别和审评要素。
4. 掌握茶叶的包装与储存知识。
5. 熟悉茶与保健之间的关系。

**能力目标**

1. 能够识别各种茶类与名茶。
2. 能够参与茶叶的加工与制作。
3. 能够鉴别茶叶的优劣以及审评各种名茶。
4. 能够向客人介绍茶叶的包装与储存知识。
5. 能够向客人介绍茶叶与保健的知识。

**项目分解**

模块一　茶叶分类与名茶
模块二　茶叶加工与制作
模块三　茶叶鉴别与审评
模块四　茶叶包装与贮藏
模块五　茶与保健

## 模块一　茶叶分类与名茶

**知识目标**

1. 了解茶叶的分类，熟悉各类茶的特性。
2. 熟悉主要名优茶的产地及品质特征。

**能力目标**

1. 掌握各种茶类品质的感官审评方法。
2. 能够鉴别各种名茶，并能向客人讲述各种名茶的来历及传说。

**工作任务**

1. 掌握六种基本茶类。
2. 掌握主要的再加工茶类。

## 任务一　基 本 茶 类

我国茶叶根据制作方法的不同和茶汤色泽上的差异，将基本茶类划分为绿茶、红茶、黄茶、白茶、乌龙茶和黑茶六种类型。

### 一、绿茶

绿茶属于不发酵茶，因其干茶与茶汤色泽以绿色为主调，故称之为绿茶。它是中国的主要茶类，主要产地有浙江、河南、安徽、江苏、江西、四川、湖南、湖北、广西、福建、贵州等省份，产量居于六大基本茶类之首，同时也是我国最主要的出口茶类。

常见的绿茶有以下几种。

1）西湖龙井，因产于中国杭州西湖的龙井茶区而得名，属于中国十大名茶之一。西湖龙井外形扁平挺秀，色翠略黄似糙米色；内质汤色碧绿，清香味醇，叶底细嫩成朵。

2）碧螺春，产于江苏省苏州市太湖洞庭山，传说清朝的康熙皇帝南巡苏州时赐名为碧螺春。碧螺春外形条索纤细，卷曲似螺，茸毫密披，银绿隐翠；内质银澄碧绿，清香袭人，口味凉甜，鲜爽生津。

3）黄山毛峰，产于安徽省黄山，叶采自黄山高峰，遂将该茶取名为黄山毛峰。黄山毛峰外形微卷，状似雀舌，色似象牙，绿中泛黄，银毫显露，且带有金黄色鱼叶；内质汤色清碧微黄，清香高爽，滋味醇甘，叶底匀嫩成朵。

4）太平猴魁，产于安徽省黄山市北麓的黄山区（原太平县）新明、龙门、三口一带。太平猴魁外形两叶抱芽，扁平挺直，自然舒展，白毫隐伏；内质清绿明澈，叶底嫩绿匀亮，芽叶成朵肥壮。

5）六安瓜片，产于长江以北、淮河以南的皖西大别山茶区。六安瓜片外形顺直、单片平展、匀整，叶边背卷、平展，不带芽梗，形似瓜子，色泽宝绿，叶披白霜；内质清澈，香气高长，滋味鲜醇回甘，叶底黄绿明亮。

### 二、红茶

红茶属于全发酵茶，起源于我国。世界上最早的红茶由我国福建武夷山茶区的茶农发明，名为“正山小种”。因其干茶色泽和冲泡的茶汤以红色为主调，故名红茶。我国红茶品种以祁门红茶最为著名，为我国第二大基本茶类。

常见的红茶有以下三种。

1）祁门红茶，产于安徽省祁门、东至、贵池、石台、黟县及江西的浮梁一带。祁门功夫红茶是我国传统功夫红茶的珍品。祁门功夫红茶外形条索紧秀，锋苗好，色泽乌黑泛灰光，俗称“宝光”；内质香气浓郁高长，似蜜糖香，又蕴藏有兰花香，汤色红艳，滋味醇厚，叶底嫩软红亮。祁门红茶品质超群，被誉为“群芳最”。

2）九曲红梅，简称“九曲红”，是西湖区另一大传统拳头产品，是红茶中的珍品。九曲红梅茶产于西湖区周浦乡的湖埠、上堡、大岭、张余、冯家、灵山、社井、仁桥、上阳、下阳一带，尤以湖埠大坞山所产品质最佳。其外形条索细若发丝，弯曲细紧如银钩，抓起来互相勾挂呈环状，披满金色的绒毛；内质色泽乌润，滋味浓郁，香气芬馥，叶底红艳成朵。

3）滇红功夫茶，主产云南的临沧、保山等地，是中国功夫红茶的后起之秀。滇红功夫茶外形条索紧结，肥硕雄壮，干茶色泽乌润，金毫特显；内质汤色艳亮，香气鲜郁高长，滋味浓厚鲜爽，富有刺激性，叶底红匀嫩亮。

## 三、黄茶

黄茶属于轻微发酵茶，人们从炒青绿茶中发现，由于杀青、揉捻后干燥不足或不及时，叶色即变黄，产生出了新的品类——黄茶。黄茶的品质特点是黄叶黄汤。黄茶依原料芽叶的嫩度和大小不同可分为黄芽茶、黄小茶和黄大茶三类。

常见的黄茶有以下三种。

1）君山银针，产于湖南岳阳洞庭湖中的君山。君山银针芽头茁壮，紧实而挺直，白毫显露，茶芽大小、长短均匀，形如银针；内质汤色橙黄，香气清醇，滋味干爽，叶底嫩亮。冲泡后，芽竖悬汤中冲升水面，徐徐下沉，再升再沉，三起三落，蔚成趣观。

2）北港毛尖，产于湖南省岳阳市北港和岳阳县康王乡一带。北港毛尖外形芽壮叶肥，毫尖显露，呈金黄色；内质香气清高，汤色橙黄，滋味醇厚，叶底肥嫩黄似朵。

3）温州黄汤，亦称平阳黄汤，产于平阳、苍南、泰顺、瑞安、永嘉等地，以泰顺的东溪与平阳的北港所产品质最佳。温州黄汤条形细紧纤秀，色泽黄绿多毫，汤色橙黄鲜明，香气清芬高锐，滋味鲜醇爽口，叶底成朵匀齐。

## 四、白茶

白茶属于轻微发酵茶，是我国茶类中的珍品，因其成品茶多为芽头，满披白毫，如银似雪而得名。白茶主产于福建省福鼎、政和、松溪、建阳等地，具有外形芽毫完整，满身披毫，毫香清鲜，汤色黄绿清澈，滋味清淡回甘的品质特点。

常见的白茶有以下三种。

1）白毫银针，简称银针，又叫白毫，素有茶中“美女”、“茶王”之美称。白毫银针外形似针，白毫密披，色白如银；内质香气清鲜，滋味醇和。冲泡后，即出现白云凝光闪，满盏浮花乳，芽芽挺立，蔚为奇观。

2）白牡丹，产于福建政和、福鼎等地。其外形似针，色白如银；内质清澈呈杏黄色，茶味甘醇清新。冲泡后，碧绿的叶子衬托着嫩嫩的叶芽，形状优美，好似牡丹蓓蕾初放，恬淡高雅。

3）贡眉，主要产于福建建阳、浦城、建瓯等地。其外形毫心多而肥壮，叶张幼嫩，叶态紧卷如眉，干茶色泽翠绿；内质汤色浅橙黄，滋味清甜纯爽，香气鲜醇，叶底黄绿。

### 五、乌龙茶

乌龙茶亦称青茶、半发酵茶，为中国特有的茶类，主要产于福建（闽北、闽南）及广东、台湾三省。目前，商业上习惯根据产区不同将乌龙茶分为：闽北乌龙、闽南乌龙、广东乌龙、台湾乌龙四个类别。

1）武夷岩茶，属于闽北乌龙茶。此茶产自福建的武夷山，具有绿茶之清香，红茶之甘醇，是中国乌龙茶中之极品。武夷岩茶外形肥壮匀整，紧结卷曲，色泽光润，叶背起蛙状，颜色青翠、砂绿、密黄，叶底、叶缘朱红或起红点，中央呈浅绿色。最著名的是大红袍和正山小种。

2）铁观音，属于闽南乌龙茶，介于绿茶和红茶之间，属于半发酵茶类。铁观音茶条卷曲，肥壮圆结，沉重匀整，色泽砂绿，整体形状似蜻蜓头、螺旋体、青蛙腿；内质汤色金黄，浓艳清澈，有天然的兰花香，有“香、清、甘、活”的品质特征，有“七泡有余香”之誉，叶底肥厚明亮，边缘下垂，红边显现。

3）水仙茶，属于广东乌龙茶，原产于建州（今福建省建瓯市）一带。其外形条索紧结卷曲，似拐杖形、扁担形，毛茶枝梗呈四方梗，色泽乌绿带黄，似香蕉色，“三节色”明显；内质汤色橙黄或金黄清澈，香气清高细长，兰花香明显，滋味清醇爽口透花香，叶底肥厚、软亮，红边显现，叶张主脉宽、黄、扁。

4）冻顶乌龙，属于台湾乌龙茶，产于台湾地区南投县鹿谷乡冻顶山麓一带。其外形条索呈半球形而紧结整齐，色泽新鲜墨绿；内质汤色金黄，澄清明丽，清香扑鼻，滋味圆滑醇厚，入喉甘润。

### 六、黑茶

黑茶属后发酵茶，主产区为四川、云南、湖北、湖南等地。黑茶采用的原料较粗老，是压制紧压茶的主要原料，主要销往我国边疆少数民族地区及俄罗斯等国家，因此习惯上把以黑茶为原料制成的紧压茶称为边销茶。

常见的黑茶品种有以下两种。

1）云南沱茶，原产于云南景谷县，又称谷茶。其外形呈碗臼状，紧实、光滑，色泽乌润；内质汤色红浓明亮，陈香馥郁，滋味醇厚和平，叶底嫩匀明亮。

2）普洱茶，因产地旧属云南普洱府（今普洱市），故得名，现在泛指普洱茶区生产的茶。普洱茶是以公认普洱茶区的云南大叶种晒青毛茶为原料，经过后发酵加工成的散茶和紧压茶。普洱茶色泽褐红，内质汤色红浓明亮，香气独特陈香，滋味醇厚回甘，叶底褐红。

## 任务二　再加工茶类

以基本茶类为原料经再加工，其加工过程中使茶叶的某些品质特征发生了根本性的变化，或是改变了形态、饮用方式和饮用功效的茶叶称为再加工茶类。再加工茶类主要包括花茶、紧压茶、萃取茶、果味茶、药用保健茶和含茶饮料等几类。

## 一、花茶

用茶叶和香花进行拼和窨制，使茶叶吸收花香而制成的香茶，亦称熏花茶。花茶的主要产区有福建的福州、宁德、沙县，江苏的苏州、南京、扬州，浙江的金华、杭州，安徽的歙县，四川的成都，重庆，湖南的长沙，广东的广州，广西的桂林，台湾的台北等地。

花茶因窨制的香花不同分为茉莉花茶、白兰花茶、珠兰花茶、玳玳花茶、柚子花茶、桂花茶、玫瑰花茶、栀子花茶、米兰花茶和树兰花茶等。其中，我国花茶中产量最多的是茉莉花茶。各种花茶独具特色，但总的品质均要求香气鲜灵浓郁，滋味浓醇鲜爽，汤色明亮。

## 二、紧压茶

各种散茶经再加工蒸压成一定形状而制成的茶叶称紧压茶或压制茶。紧压茶根据采用原料茶类的不同可分为绿茶紧压茶、红茶紧压茶、乌龙茶紧压茶和黑茶紧压茶。

1）绿茶紧压茶产于云南、四川、广西等地，主要有沱茶、普洱方茶、竹筒茶、广西粑粑茶、四川毛尖、四川芽细、小饼茶、香茶饼等。

沱茶：由过去的蒸压团茶演变而来，外形呈厚壁碗形。沱茶产于云南下关，以滇青为原料制成的沱茶称云南沱茶；产于重庆的沱茶称重庆沱茶。沱茶分 250 克和 100 克两种。沱茶滋味浓醇，有较显著的降血脂功效。

普洱方茶：产于云南省西双版纳等地，以滇青为原料，蒸后在模中压成外形平整的 10 厘米×10 厘米×2.2 厘米的方块形，每块重 250 克，上面压有“普洱方茶”四个字，香味浓厚甘和。

竹筒茶：产于云南省腾冲、勐海等地，是一种直径为 3～8 厘米、长 8～20 厘米的圆柱形茶。竹筒茶冲泡后既有茶香，又有竹子的清香，饮后清凉解渴。竹筒茶是将茶叶杀青、揉捻后装入竹筒内，捣实加盖，并在竹筒上打孔，在 40℃左右的炭火上慢慢烘烤至干而成的。

广西粑粑茶：产于广西壮族自治区大苗山自治县和临桂县。大苗山自治县的粑粑茶制法是把茶放在蒸笼里蒸熟，蒸后揉压成圆饼或茶团，放在阴凉处晾干。临桂县的粑粑茶制法是把老嫩鲜叶分开处理，粗茶脱梗，用刀切碎，先在蒸笼中蒸到一定程度，再加入嫩叶蒸。蒸青后揉捻紧条，以茶梗为包心，外包嫩叶，手捏成团或椎脊形，然后烘干即成。

2）红茶紧压茶是以红茶为原料蒸压成砖形或团形的压制茶。砖形的茶有米砖、小京砖等，团形的茶有凤眼香茶。米砖主产于湖北省赵李桥，主要销往新疆、内蒙古，也有少量出口。米砖每块重 1.125 千克，为 23.7 厘米×18.7 厘米×2.4 厘米的砖块形。米砖主要以红茶的片末茶为原料，蒸后在模中压制而成，有商标和花纹的图案。

3）乌龙茶紧压茶是按照乌龙茶的制作工艺压制成的紧压茶，比如福建漳平县生产的水仙饼茶。采摘水仙种茶树鲜叶，经晒青、晾青、摇青、杀青和揉捻后，将揉捻叶压模

造型，再用白纸包好进行烘焙至干，所以又称为纸包茶。水仙饼茶过去是手捏成团的，因手捏加工，形状大小不一，后来才改用木模加工，压成边长 6 厘米、厚 1 厘米的正方形，每块重 20 克。水仙饼茶外形光整，色泽乌褐油润，香味醇厚，汤色深褐似茶油。水仙饼茶主要销往闽西各地及厦门、广东一带。

4）黑茶紧压茶是以各种黑茶的毛茶为原料，经蒸压制成各种形状的紧压茶，主要有湖南的湘尖、黑砖、花砖、茯砖，湖北的老青砖，四川的康砖、金尖、方包茶，云南的紧茶、圆茶、饼茶以及广西的六堡茶等。

湘尖：产于湖南安化，是一种条形的篓装黑茶，过去分天尖、贡尖和生尖，现在改称为湘尖一、二、三号，分别以黑毛茶一、二、三级为原料蒸压而成。湘尖一号每篓重 50 千克，湘尖二号每篓重 45 千克，湘尖三号每篓重 40 千克。

黑砖：产于湖南安化，是一种砖块形的蒸压黑茶，尺寸为 35 厘米×18 厘米×3.5 厘米，色黑褐，主要销往甘肃、宁夏、新疆和内蒙古。

花砖：产于湖南安化，是一种砖块形蒸压黑茶，尺寸为 35 厘米×18 厘米×3.5 厘米，每块重 2 千克。主要销往甘肃、宁夏、新疆和内蒙古。花砖的前身是花卷茶（又名千两茶），压制成圆柱形似树干， 1958 年后改压成砖。压制工艺与黑砖基本相同。

茯砖：主产于湖南安化、益阳、临湘等地，四川省也有部分生产，是一种长方砖形蒸压黑茶。湖南茯砖尺寸为 35 厘米×18.5 厘米×5 厘米，每块重 2 千克，四川茯砖尺寸为 35 厘米×21.7 厘米×5.3 厘米，每块重 3 千克。茯砖主要销往青海、甘肃、新疆等地。

老青砖：产于湖北赵李桥，是一种砖形蒸压黑茶，尺寸为 34 厘米×17 厘米×4 厘米，主要销往内蒙古等地。

康砖：产于四川的雅安、乐山地区，属南路边茶，是一种圆角枕形蒸压黑茶，尺寸为 17 厘米×9 厘米×6 厘米，主要销往西藏、青海和四川的甘孜藏族自治州。

金尖：产于四川的雅安、乐山地区，也属南路边茶，是一种圆角枕形蒸压黑茶，尺寸为 24 厘米×19 厘米×12 厘米，每块重 2.5 千克，主要销往西藏、青海和四川甘孜藏族自治州。

方包茶、圆包茶：均属西路边茶。圆包茶目前已不生产，方包茶产于四川灌县、安县、平武等地，是一种长方篓包形炒压黑茶，尺寸为 66 厘米×50 厘米×32 厘米，主要销往四川阿坝藏族自治州，也销往青海与甘肃。

紧茶：产于云南省，是一种长方形蒸压黑茶。这种茶过去的造型是带柄的心脏形，1957 年后改为砖形，尺寸为 15 厘米×10 厘米×2.2 厘米，每块 250 克，主要销往西藏和云南藏族地区。

圆茶：产于云南省，是一种大圆饼形蒸压黑茶，又称七子饼茶。直径为 20 厘米，中心厚 2.5 厘米，边厚 1 厘米，每块重 357 克，主要销往东南亚各国。

饼茶：产于云南省，是一种小圆饼形蒸压黑茶。直径 11.6 厘米，中心厚 1.6 厘米，边厚 1.3 厘米，每块重 125 克，主要销往云南丽江、迪庆等地。

六堡茶：产于广西苍梧、贺县、恭城、富县等地。六堡茶分散茶与紧压茶两种。六堡紧压茶高 56.7 厘米，直径 53.3 厘米，每篓重 30～50 千克。此茶表面出现“金花”（金黄色霉菌）者品质最佳。

紧压茶除了上述的几类之外，还有一种也可归属于紧压茶的茶类——固形茶，它是一种细条形的再加工茶。这种固形茶热水冲泡后茶条不散，但茶汁能浸出。固形茶的生产是副茶利用的一种途径，除我国外，日本等国也有少量生产。

## 三、萃取茶

以成品茶或半成品茶为原料，用热水萃取茶叶中的可溶物，过滤弃去茶渣，获得的茶汁，经浓缩或不浓缩、干燥或不干燥，制备成固态或液态的茶，统称萃取茶。萃取茶主要有罐装饮料茶、浓缩茶及速溶茶。

1）罐装饮料茶：成品茶叶用一定量的热水提取，过滤出的茶汤添加一定量抗氧化剂（维生素 C 等），不加糖、香料，然后进行装罐或装瓶、封口、灭菌而制成。这种饮料茶的浓度约为 2%，符合一般的饮用习惯，开罐或开瓶后即可饮用，十分方便。

2）浓缩茶：成品茶用一定量的热水提取，过滤出茶汤，进行减压浓缩或反渗透膜浓缩，到一定浓度后装罐灭菌而制成。这种浓缩茶可直接饮用，也可作为罐装饮料茶的原汁，直接饮用时，只需加水稀释即可。

3）速溶茶：又称可溶茶。成品茶用一定量热水提取过滤出茶汤，浓缩后加入环糊精（以减弱速溶茶成品的强吸湿性），并充入二氧化碳气体，进行喷雾干燥或冷冻干燥后即成粉末状或颗粒状速溶茶。速溶茶成品必须密封包装，以防吸湿。速溶茶可溶于热水或冷水，冲饮十分方便。

## 四、果味茶

茶叶半成品或成品加入果汁后即可制成各种果味茶。这类茶叶既有茶味，又有果香味，风味独特，颇受市场欢迎。我国生产的果味茶主要有荔枝红茶、柠檬红茶、猕猴桃茶、橘汁茶、椰汁茶、山楂茶等。

## 五、药用保健茶

用茶叶和某些中草药或食品拼和调配后即可制成各种药用保健茶。茶叶本来就有营养保健的作用，制成药用保健茶后更加强了茶叶某些防病、治病的功效。药用保健茶种类繁多，功效也各不相同。保健和治疗功效较显著的药用保健茶主要有：具有壮阳功效的杜仲茶，含有人参皂苷的绞股蓝茶，有戒烟功效的戒烟茶，有助老人保健的益寿茶、八仙茶、抗衰茶，有助眼保健的明目茶，有增进思维功效的益智茶，有健胃促消化功效的健胃茶，有抗癌防克山病功效的富硒茶，防治糖尿病的薄玉茶，抗疟疾的抗疟茶，清热润喉的清音茶、嗓音宝，治痢疾的止痢茶，滋补抗辐射的首乌松针茶，降低血压的降压茶、康寿茶、菊槐降压茶、栀子茶、问荆茶、菊花茶、甜菊茶，减肥降血脂的保健减肥茶、乌龙减肥茶，清脑益寿的天麻茶，补肝明目的枸杞茶等。

## 六、含茶饮料

含茶饮料又称为茶饮料，是用水浸泡茶叶，经提炼、过滤、澄清等工艺制成的茶汤，

再在茶汤中加入水、糖液、酸味剂、食用香料、果汁，或者植物提炼液等调制加工而成的茶饮品。近年来，市场上出现了各种含茶饮料，有茶可乐、茶乐、茶露，各种茶叶汽水、多味茶、绿茶冰淇淋、茶叶棒冰，各种茶酒（如铁观音茶酒、信阳毛尖茶酒、茶汽酒、茅台茶、茶香槟），牛奶红茶等。

## 模块小结

本模块主要介绍绿茶、红茶、黄茶、白茶、乌龙茶、黑茶等基本茶类的主要产地及基本品质特征以及六种主要的再加工茶类。

**关键词**　绿茶　红茶　黄茶　白茶　乌龙茶　黑茶　花茶

**功夫茶是一种茶类吗**

所谓功夫茶，并非一种茶叶或茶类的名字，而是一种泡茶的技法。之所以叫功夫茶，是因为这种泡茶的方式极为讲究，操作起来需要一定的功夫——此功夫，乃为沏泡的学问，品饮的功夫。

贡茶制度确立了茶叶的国饮地位，皇家的好恶最能影响整个社会的风俗习性。源于明清的潮汕功夫茶即贵族茶道，不止走出宫门，发展至今已逐渐大众化。

功夫茶在广东的潮州府（今潮汕地区）及福建的漳州、泉州一带最为盛行。苏辙有诗曰："闽中茶品天下高，倾身事茶不知劳。"时至今日，在潮汕本地，几乎家家户户都有功夫茶具，每天必定要喝上几轮，即使在外地居住或移民海外的潮汕人，也仍然保存着品功夫茶这个风俗。可以说，有潮汕人的地方，便有功夫茶的清香。

**知识链接**

**西湖龙井**

传说在宋代，在一个叫龙井的小村里住着一位孤苦伶仃的老太太，老太太唯一的生活来源就是她栽种的 18 棵茶树。有一年，因茶叶质量不好，卖不出去，老太太几乎断炊。一天，一个老头儿走进来，说要用五两银子买下放在墙旮旯的破石臼，一会儿派人来抬。老太太想，总得让人家把石臼干干净净地抬走。于是她便把石臼上的尘土、腐叶等扫掉，并埋在茶树下。过了一会儿，老头儿带着几个膀大腰圆的小伙子来，一看干干净净的石臼，忙问石臼上的杂物哪去了。老太太如实相告，哪知老头儿懊恼地一跺脚："我花五两银子，买的就是那些垃圾呀！"说完扬长而去。老太太眼看着白花花的银子从手边溜走，心里着实憋闷。可没过几天，奇迹发生了：那 18 棵茶树新枝嫩芽一齐涌出，茶叶又细又润，沏出的茶清香宜人。18 棵茶树"返老还童"的消息像长了翅膀一样传遍了西子湖畔，许多乡亲来购买茶籽。渐渐地，龙井茶便在西子湖畔普遍种植开来，西湖龙井也因此得名。

**碧　螺　春**

江苏太湖的洞庭山上出产一种"铜丝条，螺旋形，浑身毛，吓煞香"的名茶，叫碧螺春。据清王彦奎《柳南随笔》载:“洞庭山碧螺峰石壁产野茶,初未见异。康熙某年,按候而采,筐不胜载,因置怀间,茶得热气,异香忽发,采者争呼吓煞人香。吓煞人吴俗方言也,遂以为名。自后土人采茶,悉置怀间,而朱元正家所制独精,价值尤昂。己卯,车驾幸太湖,改名曰碧螺春。”

说起碧螺春茶的来历,民间有个动人的传说。相传很早以前,西洞庭山上住着一位美丽、勤劳、善良的姑娘,名叫碧螺。碧螺喜欢唱歌,又有一副清亮圆润的嗓子,唱起歌来像甘泉直泻,逗得大伙非常欢乐。这歌声打动了隔水相望的东洞庭山上的一个小伙子,他名叫阿祥。阿祥长得魁梧壮实且武艺高强,以打鱼为生,为人正直又乐于助人,方圆数十里,人们都夸赞和喜爱他。碧螺常在湖边结网唱歌,阿祥老在湖中撑船打鱼,两人虽不曾有机会倾吐爱慕之情,但心里却已深深相爱,乡亲们也很喜欢这两个人,因为他们给乡亲们带来很多欢乐。

有一年初春,灾难突然降临太湖。湖中出现了一条凶恶残暴的恶龙,恶龙兴风作浪,还扬言要碧螺姑娘做他的“太湖夫人”,搞得太湖人民日夜不得安宁。阿祥决心与恶龙决一死战,保护乡亲们的生命安全,也保护心爱的碧螺姑娘。在一个没有月亮的晚上,阿祥操起一把大渔叉,悄悄潜到西洞庭山,见恶龙行凶作恶之后正在休息,阿祥趁其不备猛窜上前,用尽全身力气,把手中渔叉直刺恶龙背脊。恶龙受了重伤,挣扎了一下,就张开血盆大口,加倍凶狠地向阿祥扑来。阿祥高举渔叉勇猛迎战,于是一场恶战展开了,从晚上杀到天明,从天明又杀到晚上,杀得天昏地暗、地动山摇,湖里留下了斑斑的血迹,斗了七天七夜,阿祥的渔叉才刺进了恶龙的咽喉,这时双方都身负重伤,精疲力竭,恶龙的爪子再也抬不起来了,而阿祥的渔叉也举不动了,他跌倒在血泊中昏了过去。乡亲们怀着感激和崇敬的心情,把阿祥抬回来。碧螺见状心如刀绞,为了报答阿祥的救命之恩,她要求把阿祥抬进自己家中,由她亲自照料。碧螺姑娘千方百计为他治疗,日夜陪伴在床边,细心加以照料。当阿祥痛苦的时候,碧螺姑娘还轻轻地哼着最动听的歌。可是,阿祥的伤势仍一天天恶化。阿祥知道碧螺姑娘日夜陪在他身边,感到莫大快慰,他有很多话要向碧螺倾诉,可是虚弱的身体使他说不出话来,他只能用无限感激的目光凝视着碧螺。碧螺姑娘更是焦急万分,她在乡亲们的帮助下,访医求药,仍不见效。

一天,碧螺找草药时来到了阿祥与恶龙搏斗过的地方,忽然看到一棵小茶树长得特别好,心想:这可是阿祥和恶龙搏斗的见证,应该把它培育好,让以后的人们知道阿祥是如何为了乡亲们过上安定幸福的生活而不惜流血牺牲的。她就给小茶树加了些肥,培了些土。以后她每天跑去看看,惊蛰刚过,树上就长出很多芽苞,春意盎然,非常可爱,在寒冷的气温下,碧螺怕芽苞冻着,就用小嘴含住芽苞。这样每天早晨都去含一遍。至清明前后,芽苞初放,伸出了第一片、第二片嫩叶。碧螺看着这些芽叶,自言自语地说:“这棵茶树是阿祥的鲜血滋润的,是我会唱歌的嘴含过的,何不采些回去给阿祥喝,也表达我的一番心意。”于是采摘了一把嫩梢,揣在怀里,回家后泡了杯茶端给阿祥。说也奇怪,这茶刚倒上开水,就有一股醇正而清馥的高香直沁心脾,阿祥闻了精神大振,一口气把茶汤喝光。香喷喷、热腾腾的茶汤好像渗透到了他身上每一个毛孔,使他感到说不出的舒服。他试着抬抬手、伸伸腿,然后惊奇地说:“好怪啊!我好像可以坐起来了!这是什么妙药,真比仙丹还灵呢。”碧螺见此情景,高兴得热泪直流,也来不及拿竹篮盛器,飞奔到茶树边,一口气又采了一把嫩芽,揣入胸前，用自己的体温使芽叶萎蔫，拿到家中再取出轻轻搓揉，然后泡给阿祥喝。如此接连数日，阿祥居然一天天好起来了。阿祥终于坐起来了，拉着碧螺的手倾诉自己的爱慕和感激之情，碧螺羞答答地也诉说自己对阿祥的敬爱之心。阿祥得救了，碧螺心上沉重的石头落了地。就在两人陶醉在爱情的幸福之中时，碧螺的身体再也支撑不住，憔悴的脸上没有一点血色，一天她倒在阿祥怀里，带着甜蜜幸福的微笑，再也睁不开双眼了。阿祥悲痛欲绝，就把碧螺埋在洞庭山的茶树旁。从此，他努力繁殖培育茶树，采制名茶。"从来佳茗似佳人"，为了纪念碧螺姑娘，人们就把这种名贵茶叶取名为碧螺春。

**铁观音的传说**

铁观音原产于安溪县西坪镇，已有200多年的历史，关于铁观音品种的由来，安溪还流传着这样一个故事。相传，清乾隆年间，安溪西坪上尧茶农魏饮制得一手好茶，他每日晨昏泡茶三杯供奉观音菩萨，十年从不间断，可见礼佛之诚。一夜，魏饮梦见在山崖上有一株透发兰花香味的茶树，正想采摘时，一阵狗吠把好梦惊醒。第二天果然在崖石上发现了一株与梦中一模一样的茶树。于是他采下一些芽叶，带回家中精心制作。制成之后茶味甘醇鲜爽，魏饮认为这是茶之王，就把这株茶挖回家进行栽培。几年之后，茶树长得枝叶茂盛。因为此茶美如观音重如铁，又是观音托梦所获，就得名铁观音。从此铁观音名扬天下。

**君山银针的传说**

湖南省洞庭湖的君山出产银针名茶，据说君山茶的第一颗种子还是4000多年前由娥皇、女英播下的。后唐的第二个皇帝明宗李嗣源第一回上朝的时候，侍臣为他捧杯沏茶，开水向杯里一倒，马上看到一团白雾腾空而起，慢慢地出现了一只白鹤。这只白鹤对明宗点了三下头，便朝蓝天翩翩飞去了。再往杯子里看，杯中的茶叶都齐崭崭地竖了起来，就像一群破土而出的春笋。过了一会，又慢慢下沉，就像是雪花飘落一般。明宗感到很奇怪，就问侍臣是什么原因。侍臣回答说："这是君山的白鹤泉（柳毅井）水泡黄翎毛（银针茶）的缘故。"明宗心里十分高兴，立即下旨把君山银针定为贡茶。君山银针冲泡时，棵棵茶芽立悬于杯中，极为美观。

**冻顶乌龙茶的传说**

据说台湾冻顶乌龙茶是一位叫林凤池的台湾人从福建武夷山把茶苗带到台湾种植而发展起来的。林凤池祖籍福建。有一年，他听说福建要举行科举考试，想去参加，可是家贫没路费。乡亲们纷纷捐款。临行时，乡亲们对他说："你到了福建，可要向咱祖家的乡亲们问好呀！说咱们台湾乡亲十分怀念他们。"林凤池考中了举人，几年后，决定要回台湾探亲，顺便带了36棵乌龙茶苗回台湾，种在了南投鹿谷乡的冻顶山上。经过精心栽植培育，建成了一片茶园，所采制之茶清香可口。后来林凤池奉旨进京，他把这种茶献给了道光皇帝，皇帝饮后称赞好茶。因这茶是台湾冻顶山采制的，就叫做冻顶茶。从此台湾乌龙茶也叫冻顶乌龙茶。

**茉莉花茶的传说**

很早以前，北京茶商陈古秋同一位品茶大师研究北方人喜欢喝什么茶，陈古秋忽然想起有位南方姑娘曾送给他一包茶叶还未曾品尝，便寻出请大师品尝。冲泡时，碗盖一打开，先是异香扑鼻，接着在冉冉升起的热气中，看见有一位美丽的姑娘，两手捧着一束茉莉花，一会工夫又变成了一团热气。陈古秋不解，就问大师，大师说："这茶乃茶中绝品'报恩茶'"。陈古秋想起了三年前去南方购茶住客店遇见一位孤苦伶仃的少女的经历，那少女诉说家中停放着父亲尸身，无钱殡葬。陈古秋深为同情，便取了一些银子给她。三年过去，今春又去南方时，客店老板转交给他这一小包茶叶，说是三年前那位少女交送的。当时未冲泡，不料却是珍品。"为什么她独独捧着茉莉花呢？"两人又重复冲泡了一遍，那手捧茉莉花的姑娘又再次出现。陈古秋一边品茶一边悟道："依我之见，这是茶仙提示，茉莉花可以入茶。"次年，他便将茉莉花加到茶中，从此便有了一种新茶类——茉莉花茶。

## ● 实践项目

1）感官评审绿茶并总结特性：西湖龙井、碧螺春、黄山毛峰、太平猴魁、六安瓜片。

2）感官评审红茶并总结特性：祁门红茶、九曲红梅、滇红功夫茶。

3）感官评审黄茶并总结特性：君山银针、北港毛尖、温州黄汤。

4）感官评审白茶并总结特性：白毫银针、白牡丹、贡眉。

5）感官评审乌龙茶并总结特性：武夷岩茶、铁观音、水仙茶、冻顶乌龙。

6）感官评审黑茶并总结特性：云南沱茶、普洱茶。

## ● 能力检测

检测目的：通过本模块的训练，学生可了解茶叶的基本分类，熟悉六种基本茶类品质的感官评价方法。

检测流程：实训开始—备具—品西湖龙井—品滇红功夫—品君山银针—品白毫银针—品安溪铁观音—品普洱茶—品茉莉花茶—收具—检测结束。

器皿准备：长方形茶盘、无色透明玻璃杯、品茗杯、闻香杯、茶叶罐、茶荷、茶巾块、茶匙、水盂、随手泡、瓷壶、盖置、杯托、茶船、茶则、茶针、茶漏、茶夹、紫砂壶、茶海、白瓷盖碗、公道杯、滤网、西湖龙井、滇红功夫茶、君山银针、白毫银针、安溪铁观音、普洱茶、茉莉花茶。

检测要求：通过训练能够识别西湖龙井、滇红功夫茶、君山银针、白毫银针、安溪铁观音、普洱茶、茉莉花茶的品质特征。

检测方法：1）教师示范讲解。

2）学员操作。

## ● 案例分享

**消费者如何识别铁观音茶叶中的添加剂**

铁观音茶是纯天然的健康饮料，不附加任何添加剂，所有的香气成分和内含物质都是茶叶本身固有和制茶中形成的。

添加剂一般为粉状、雾水状和气状。粉状为添加物粉碎后拌入茶叶中，如一些书中提到碧螺春绿茶添加入绿状粉剂；雾水状是把溶解的添加水剂喷入茶叶中，如添糖水、乳水等；气状是把气体与茶叶置放在一起，让气味被茶叶吸收吸附，如香花味。

辨别添加剂的方法主要有四种：一是将茶叶用手搅拌，让手掌吸附添加的粉剂，观其色，辨其味，判定是何物；二是冲泡茶叶时，有添加剂的茶汤呈浓浊状，茶叶冲泡时同时可闻香味，可从茶汤中辨别是何种粉剂或气剂；三是浸泡叶底，检查叶底上的附着物；四是物镜检查。

（资料来源：http://shangditea.blog.china.alibaba.com/）

● **思考与练习题**

1. 基本茶类大致分为几种？
2. 再加工茶类主要有哪些？
3. 中国十大名茶有哪些？

# 模块二　茶叶加工与制作

**知识目标**

了解茶叶制作工艺的基本知识。

**能力目标**

掌握茶叶的制作工艺。

**工作任务**

掌握基本茶类的初制工艺和再加工茶类的制作工艺。

## 任务一　茶叶的初制工艺

### 一、现代制茶的基本工艺

茶农们在加工茶叶的过程中，探索出了一些规律，从而使茶叶通过不同的制造工艺，逐渐形成了在色、香、味、形等方面具有不同品质特征的六大茶类，即绿茶、红茶、黄茶、白茶、乌龙茶、黑茶。在这六大茶类的制茶过程中有一些加工方法是共通的。

**1．采茶**

采茶一般分为人工采茶和机器采茶两种方式，因机器采茶容易导致叶形不完整，因此人工采茶仍然是高级茶叶的主要采收方式。

**2．萎凋**

采摘后的茶青放入竹编的簸箕上，经过阳光晾晒的日光萎凋，或者用机器进行热风萎凋，使茶青细胞内的水分部分蒸发，随着氧化反应促使茶叶发酵。经过萎凋的茶青色泽由原先的青绿色逐渐转为暗绿色，然后再将簸箕放进室内进行室内萎凋。

3．发酵

茶叶内的细胞丢失部分水分后，所含成分与空气接触而氧化的过程便是发酵。茶叶的发酵程度决定了成茶的风味，因此茶叶根据发酵的不同程度划分为不发酵茶、部分发酵茶和全发酵茶三种。

4．杀青

杀青指的是以高温将茶叶炒熟或蒸熟，破坏有发酵作用的酶的活性。经过杀青，可使茶叶原有的青臭味消失，并逐渐生成香气，而且在进行下一步揉捻时茶叶也不易破碎。

5．揉捻

杀青后，为了使茶叶中的成分容易借水浸出，需要将茶叶放入揉捻机中，达到使原先独立的茶叶逐渐卷曲、紧缩的目的。茶叶经过揉捻后所形成的条形、半球形、球形外观统称为条索。

6．干燥

揉捻后的茶叶要经过干燥机进行烘干处理，使茶叶体积收缩便于储存。为了使茶叶从里到外达到含水量低于 5%的干燥程度，一般分两次进行干燥，干燥后的茶叶称为粗制茶或毛茶。

7．精制

精制就是对茶叶进一步筛选，使茶叶的品质趋于同级化。

8．焙火

焙火即对精制后的茶叶进行慢慢烘焙的过程，促使茶叶散发出清香的气味。

## 二、基本茶类的制作工艺

1．绿茶

蒸青绿茶的加工工艺：鲜叶—蒸汽杀青—粗揉—烘干—成品。

炒青绿茶的加工工艺：鲜叶—杀青—揉捻—炒干—成品。

烘青绿茶的加工工艺：鲜叶—杀青—揉捻—烘干—成品。

晒青绿茶的加工工艺：鲜叶—杀青—揉捻—晒干—成品。

2．红茶

功夫红茶的加工工艺：鲜叶—萎凋—揉捻—发酵—烘干—成品。

小种红茶的加工工艺：鲜叶—日光萎凋—揉捻—发酵—过红锅—复揉—成品。

红碎茶的加工工艺：鲜叶—萎凋—揉切（转子机或 CTC 机切小颗粒）—发酵—烘干—成品。

3．黄茶

黄茶的加工工艺：鲜叶—闷黄—干燥。

4．白茶

白茶的加工工艺：鲜叶—萎凋—干燥—成品。

5．乌龙茶

乌龙茶的加工工艺：鲜叶—萎凋—做青—炒青—揉捻—干燥—成品。

6．黑茶

黑茶的加工工艺：鲜叶—杀青—揉捻—渥堆—干燥—成品。

## 任务二　再加工茶类制作工艺

下面主要介绍几种花茶和紧压茶的制作工艺。

### 一、花茶

花茶是用茶叶和香花进行混合窨制而成，花茶窨制时所用的原料被称为茶坯或素坯，以烘青绿茶为多。

**1．花茶的种类**

花茶因为窨制时选用的香花不同又分为茉莉花茶、玫瑰花茶、玳玳花茶、白兰花茶、珠兰花茶、桂花花茶等。

（1）**茉莉花茶**

茉莉花茶是花茶的大宗产品，产区辽阔，产量最大，品种丰富，销路最广。

茉莉花茶既是香味芬芳的饮料，又是高雅的艺术品。茉莉花洁白高贵，香气清幽，近暑吐蕾，入夜放香，花开香尽。茶能饱吸花香，以增茶味。只要泡上一杯茉莉花茶，便可领略茉莉花的芬芳。

茉莉花茶是用经加工干燥的茶叶，与含苞待放的茉莉鲜花混合窨制而成的再加工茶，其色、香、味、形与茶坯的种类、质量及鲜花的品质有密切关系。大宗茉莉花茶以烘青绿茶为主要原料，统称茉莉烘青。

（2）**玫瑰花茶**

世界上的花卉大多有色无香，或有香无色。唯有玫瑰、月季、红梅等，既美丽又芳香，除富有观赏的价值外，还是窨茶和提取芳香油的好原料。

玫瑰原名徘徊花，原产于我国、朝鲜及日本，是蔷薇科的落叶灌木，其品种繁多，连同月季可谓花中最大家族。因玫瑰花中富含香茅醇、橙花醇、香叶醇、苯乙醇及苄醇等多种挥发性香气成分，故具有甜美的香气，是食品、化妆品香气的主要添加剂，也是红茶窨花的主要原料。我国广东、上海、福建等地的人嗜饮玫瑰红茶，著名的有广东玫瑰红茶、杭州九曲红玫瑰茶等。

（3）**玳玳花茶**

玳玳花茶是我国花茶家族中的一枝新秀，由于其香高味醇的品质和玳玳花开胃通气的药理作用而深受国内消费者的欢迎，被誉为“花茶小姐”。玳玳花茶主要畅销华北、东北地区及江浙一带。

**2．花茶的窨制原理**

花茶窨制（熏制）是将鲜花与茶叶拌和，在静止状态下让茶叶缓慢吸收花香，然后除去花朵，将茶叶烘干而成为花茶。花茶加工是利用鲜花吐香和茶叶吸香两个特性，一吐一吸，茶味花香水乳交融，这是窨制工艺的基本原理。

**3．花茶的加工术语**

**（1）窨花**

经过茶坯鲜花拌和、窨花、通花、出花、烘干等一系列工艺技术处理后即成为花茶。窨花或叫一窨花茶、单窨次花茶。有的为提高花香浓度，还需复窨一次，称二窨花茶或双窨花茶。复窨二次的称三窨花茶，依次类推。特种茉莉花茶有六窨一提、七窨一提的。

**（2）提花**

在窨花完成的基础上，再用少量鲜花复窨一次，出花后不再复火，经摊凉后即可匀堆装箱，此为提花，目的是提高产品香气的鲜灵度。提花用的鲜花，要选择晴天采的朵大饱满的优质花，鲜花的开放度要略大些。

**（3）压花**

茉莉鲜花经过窨花或提花用过的花渣尚有余香，可以再次用于中低档茶坯的窨花，利用花渣进行窨花者，称压花。压花可除茶叶粗老味。重压花是指增加花渣用量。延长压花时间，也能去除陈味、烟味、日晒味、青涩味等各种异味。实践证明，轻压花异味消除少，重压花异味消除多，其作用是显著的。压花工艺过程类同鲜花窨花，窨堆要低，窨时可长些，通常在 10 小时左右，中间必须通花一次。有的地方也可不通花，但试验证明，压花进行通花比不通花好。经压花后起花分出的花渣，称残花渣。残花渣另作其他处理，有时处理得好，还可重复利用一次。

**（4）打底**

在窨花或提花时，配用少量第二种鲜花一起窨制，称为打底。打底的目的是调和香型，衬托主导花香，制造优质花茶。在窨制工艺中，除了要注意选择能衬托花香的茶坯和茶味花香能相调谐的香花外，还需注意两种香花的搭配使用，使主导花香有更为鲜浓幽雅之感。如窨制茉莉花茶时，配以 1～1.5 千克的白兰鲜花，分次用于窨花和提花，用白兰花的浓郁香味来衬托茉莉花的清香芬芳。也有用珠兰花或柚子花的。打底鲜花不仅要注意与主导花香相协调，还必须控制用量和用法。窨制茉莉花茶如用白兰花打底，用量过多或将白兰切碎打底，均会透出白兰花香味，俗称“透底”或“透兰”，茉莉透兰反而会影响茉莉花茶的身价，不受市场欢迎。因此三级以上茉莉花茶用白兰花打底不可切碎窨制。

窨花打底，要经过复火工艺，使白兰花香味降低，变得柔和一些。鲜花打底，不经复火，容易透兰。因此生产中白兰花打底，要掌握“窨花多用，提花少用”的原则。

## 二、紧压茶种类

古代就有紧压茶的生产，唐代的蒸青团饼茶、宋代的龙团凤饼，都是采摘茶树鲜叶经蒸青、磨碎、压模成型而后烘干制成的紧压茶。现代紧压茶的制法与古代制法不同，大都是以已制成的红茶、绿茶、黑茶的毛茶为原料，经过再加工、蒸压成型而制成，因

此紧压茶属再加工茶类，如云南沱茶、湖南砖茶等。

## 模块小结

本模块主要介绍茶叶的制作工艺，帮助学生掌握茶叶制作的基本工艺。

**关键词** 采茶 萎凋 发酵 杀青 揉捻 干燥 焙火

**新茶趁“鲜”喝吗**

清明前夕是春茶上市的时节，许多人喜欢买新炒的茶叶，其实，新茶往往不能趁“鲜”喝。

所谓新茶，是指当年春季从茶树上采摘的头几批鲜叶加工而成的茶叶。为求其鲜嫩，一些茶农在清明节前就开始采茶，这样的茶被称为明前茶；雨水节气前采的茶被称为雨前茶。有些消费者以品新茶为乐，争相购买明前茶、雨前茶。其实，“茶叶越新鲜越好”的观点是一种误解，并不是所有的茶叶都是越新鲜越好，普洱茶、黑茶就是越陈越好，而追求新鲜的茶叶则为绿茶，但即使是绿茶也并非需要新鲜到现采现喝。

最新鲜的茶叶的营养成分不一定是最好的，因为采摘下来不足一个月的茶叶没有经过一段时间的放置，会含有对身体有不良影响的物质，如多酚类物质、醇类物质、醛类物质，它们还没有被完全氧化，如果长时间喝新茶，有可能出现腹泻、腹胀等不良反应。太新鲜的茶叶对病人来说更不好，像一些有胃酸缺乏或者慢性胃溃疡的老年患者，更不适合喝新茶。新茶会刺激他们的胃黏膜，产生肠胃不适，甚至会加重病情。专家认为，一般消费者买回家的新茶最起码要存放半个月以上才能喝。

**知识链接**

**黑茶、红茶、铁观音等茶在发酵工艺上的区别**

茶叶制作常用发酵（fermentation）一词。除绿茶外，红茶和乌龙茶都是发酵茶，只是发酵程度不同而已。

发酵有两种不同方式，其中一种是内源性酶促发酵。例如红茶就是通过来自自身的细胞多酚氧化酶进行发酵的，酶促单分子形态存在的儿茶素，经氧化聚合，成寡聚或高聚茶多酚。另一种便是外来微生物发酵。例如黑茶先把经晒青法、杀青法制成的各种毛茶经潮水渥堆的水热氧化和微生物进行发酵；再经干燥存放或压制成型继续发酵。渥堆是所有黑茶制备工艺的共性。

黑茶在后发酵过程中，微生物能形成多酚氧化酶、蛋白酶、纤维酶、果胶酶等，不但可形成红茶素类多酚，还可水解出更多的可食纤维、茶多糖和肽类物质。

黑茶中的多糖确实比普通茶汤高。可食纤维可以吸收胆固醇、预防心血管疾病，多糖可以提高免疫能力，已有不争的科学根据。这也是黑茶除瘟解毒作用的科学根据之一。

**冰红茶的做法**

给大家介绍一个制作冰红茶的方法，非常简单，只是需要用散茶制作。

1）准备120毫升的冷水并煮沸。

2）把茶叶倒入热过的茶壶内。

制作冰红茶所需要的茶叶量（使用浓褐色的浓茶系茶叶）：茶叶为4.5克，碎茶为3克。

3）将煮沸3分钟的热开水加入茶壶中，浸泡茶叶。4.5克的茶叶浸泡4.5分钟，3克的茶叶浸泡3分钟。

4）在容量200～220毫升的玻璃杯内放满冰块。

5）将浸泡好的红茶经滤茶器倒入放满冰块的玻璃杯中。

6）最后再加入糖浆、牛奶或柠檬。

## ● 实践项目

考察本地区茶叶的制作工艺。

1. 学生走进茶厂参观机器制茶工艺，重点掌握分拣、杀青、压条、烘干等工序，最后品尝着自己亲手制作的茶叶。

2. 访问一些民间制茶能手，现场观摩茶农手工炒茶。

## ● 能力检测

各自选择一种茶叶，进行机器制茶或者人工制茶。教师监督每一制茶过程，并与专业人士一起对成品进行检测和点评。

## ● 案例分享

**王奕荣：空调制茶让他赚了500万**

福建省安溪县的王奕荣发明了一种新的制茶方法，这源自1996年他在家乡茶园的一个发现。

安溪的铁观音茶只有春秋茶才能做出高档茶，一般售价在每千克几百元到几万元之间，而因为天气炎热，夏暑茶只能做低档茶，当时售价只有每千克几元钱，所以很多茶农因为做夏暑茶得不偿失，干脆让茶叶烂在地里。1996年夏天，退休的王奕荣有1万多元存款，他竟然花了2 000元买了一台空调，成为小山村里第一个安装空调的人。

铁观音是一种半发酵茶，需要经过晒青、摇青、炒青、揉捻、包揉、烘干等工序才能制成成品。他用空调来调节晾青房的温度，空调降温之后各道工序的时间和火候都要因此改变，王奕荣花了整整一个夏季，无论怎样调节制作工艺，做出的夏茶还是跟以前一样，特别容易褪味。直到1996年初秋的一天，王奕荣顺手把刚用完的毛巾带进了空调房，当他过了一个小时再去取毛巾时发现了一个问题，怎么今天这个毛巾这么快就干掉了？这个细节提醒了他，是不是因为空气湿度的原因才使茶叶容易褪味呢？后来他又安装了除湿机和湿度计，1997年王奕荣父子俩又调节不同的温度和湿度，用不同的制作工艺做试验，终于做出了满意的夏茶。

经过朋友品尝，当时都觉得王弈荣做出的夏暑茶比以往更加色泽翠绿、回味悠长，

他把空调茶拿到了市场上，但没想到，消费者认为要用自然条件、自然的空气、自然的温度做出来才是好茶，他的空调茶得不到承认。3 年过去了，2000 年 8 月的一天，当时正是夏暑茶上市的时间，广东、厦门的几个客商跑到镇里来品尝了很多茶叶都不满意，这时镇领导们把他们带来王奕荣处品茶，这一品，新鲜度特别鲜，而且口感也特别好，客商给出了 500 克 300 元的价格，而当时市场上的普通夏暑茶 500 克只能卖到 3 元钱。

随着媒体的宣传，许多人都来拜师学艺，他把技术告诉了大伙，整个安溪县的茶农几乎都学会了这门技术，每年的夏暑茶也早早被订购一空。后来老王到西安、上海、杭州开起了茶叶专卖店，家里的茶园也由起初的 30 亩扩大到了 100 亩。王奕荣把朋友们的古董借了出来，办了一家 2000 多平方米的茶叶展览馆，很多参观者变成了铁观音的经销商，他把夏暑茶制作的铁观音茶卖到了全国 10 多个城市。

（资料来源：http://blog.sina.com.cn/s/blog_6d52d57801001pd0.html）

## ● 思考与练习题

1. 根据茶叶的制作工艺可以将茶叶分为哪几类？
2. 茉莉花茶主要有哪几道制作工艺？

# 模块三 茶叶鉴别与审评

**知识目标**

掌握茶叶鉴别与审评的理论知识。

**能力目标**

在掌握茶叶鉴别方法的基础上，重点掌握目前市场上常见的真茶与假茶、真花茶与假花茶、高山茶与平地茶的鉴别方法。

**工作任务**

掌握茶叶的鉴别方法与审评方法，掌握名优茶的评审方法和部分名优茶的品质特性。

## 任务一 茶叶鉴别和审评方法

### 一、茶叶的鉴别

一般茶叶的鉴别方法可以概括为一看、二闻、三品，即首先通过观察干茶的外形、色泽、整碎、净度判断茶叶的质量标准，然后对干茶进行开汤冲泡，嗅其香、品其味、察其底，进一步判断茶叶的质量。

**1. 看**

将干茶放于专用的茶样盘中，评定茶叶的大小、粗细、轻重、长短、碎片等情况。干茶主要通过以下四个方面来察看。

(1) **形状**

一般来说，条索紧、身骨重、圆（扁形茶除外）而挺直，说明原料嫩、做工好、品质优；相反，如果外形松、扁（扁形茶除外）、碎，则说明原料老、做工差、品质劣。

(2) **色泽**

各种茶均有一定的色泽要求，好茶均要求色泽一致、光泽明亮、油润鲜活。如果色泽不一、深浅不同、暗淡无光，说明原料老嫩不一，做工差，品质劣。

(3) **整碎**

茶叶的外形和断碎程度均要以匀整为好，断碎为次。

(4) **净度**

净度主要看茶叶中是否混有茶片、茶梗、茶末和制作过程中混入的木片、泥沙等夹杂物。净度好的茶叶是不含任何夹杂物的。

**2．闻**

鉴别次品、劣变质茶可从下述五个方面入手。

(1) **焦气**

嗅之有高火气、焦糖气，但经短期存放后气味可消失的茶为次品茶；若干嗅或湿嗅都有焦气，存放后也不易消失的，则为劣变质茶，不能饮用。

(2) **霉气**

若茶叶有轻度霉变，干茶无茶香；若茶叶有重度霉变，干茶有霉气，冲泡之后霉气更加明显，此为劣变质茶。

(3) **烟气**

刚嗅时略有烟气，而反复嗅之又好像无烟气，此为烟气较轻的次品茶；若品茶汤时也尝到烟味，则为劣变质茶，不能饮用。

(4) **日晒气**

闻有轻度日晒气的干茶为次品茶；若有严重日晒气则为劣变质茶，不能饮用。

(5) **油气、药物味、鱼腥味**

茶叶中有轻度油气、药物味、鱼腥味等异味，但经过处理后异味可消除的为次品茶；不可消除的为劣变质茶，不能饮用。

**3．品**

“品”主要考察茶叶内质的汤色、香气、滋味、叶底四个因素。

(1) **汤色**

汤色评审主要从色度、亮度、清浊度三个方面进行。常用的评茶术语有清澈、鲜艳、鲜明、明亮、乳凝、浑浊等。

(2) **香气**

由于各茶类品质不同，冲泡后所散发出的香气也是不同的，如乌龙茶的果香、绿茶的清香、红茶的甜香等。常用的评茶术语有清高、清香、纯正、平正、焦香、甜和、果香。

(3) **滋味**

评茶时首先要区别滋味是否醇正。一般醇正的滋味可分为浓淡、强弱、醇和几种；不醇正的茶汤滋味有苦涩或异味。好的茶叶浓而鲜爽、刺激性强，或者富有收敛性。

(4) 叶底

一般来说，好茶叶的叶底嫩芽叶含量多、质地柔软、色泽明亮、均匀一致，叶形也较均匀，叶片肥厚。

## 二、茶叶的审评方法

茶叶的审评分为干评和湿评。通过干评和湿评，可以识别茶叶的品种并评定其等级优次。评审人员运用正常的视觉、味觉、触觉的辨别能力，对茶叶的外形、汤色、香气、滋味与叶底等品质因素进行评审，从而达到鉴定茶叶品质的目的，称之为茶叶感官评审。

1．干评外形

以条索、色泽为主，结合嗅干香。条索看松紧、轻重、壮瘦、挺直、卷曲等。色泽以砂绿或密黄油润为好，以枯褐、灰褐无光为差。干香则嗅其有无杂味、高火味等。毛茶外形因品种不同各具特色，如水仙品种的外形肥壮，主脉呈宽、黄、扁；黄梭外形较为细秀；佛手外形重实，呈海蛎干状，色泽油润。

2．湿评内质

以香气、滋味为主，结合汤色、叶底。冲泡前，先用开水将杯盏烫热，称取样茶 5 克，放入容量 110 毫升的审评杯内，然后冲泡。冲泡时，由于有泡沫泛起，冲满后应用杯盖将泡沫刮去，杯盖用开水洗净再盖上。第一次冲泡 2 分钟即可嗅香气，第二次冲泡 3 分钟后嗅香气，第三次以上则 5 分钟后嗅香气。每次嗅香时间最好控制在 5 秒钟内。每次嗅香后再倒出茶汤，看汤色，尝滋味。一般高级茶冲泡 4 次，中级茶冲泡 3 次，低级茶冲泡 2 次，以耐泡有余香者为好。

(1) 嗅香气

主要嗅杯盖香气。在每泡次的规定时间后拿起杯盖，靠近鼻子，嗅杯中随水汽蒸发出来的香气；第一次嗅香气的高低，是否有异气；第二次辨别香气类型、粗细；第三次嗅香气的持久程度。以花香或果香细锐、高长者见优，粗钝、低短者为次。仔细区分不同品种茶的独特香气，如黄梭具有似水蜜桃的香气、毛蟹具有似桂花的香气，武夷肉桂具有似桂皮的香气、凤凰单枞具有似花蜜的香气等。

(2) 看汤色

以第一泡为主，以金黄、橙黄、橙红明亮为好，视品种和加工方法而异。汤色也受火候影响，一般而言火候轻的汤色浅，火候足的汤色深；高级茶火候轻汤色浅，低级茶火候足汤色深。但不同品种间不可参比，如武夷岩茶火候较足，汤色也显深些，但品质仍好。因此，汤色仅作参考。

(3) 尝滋味

滋味有浓淡、醇苦、爽涩、厚薄之分，以第二次冲泡为主，兼顾前后。特别是初学者，第一泡滋味浓，不易辨别。茶汤入口刺激性强、稍苦回甘爽，为浓；茶汤入口苦，出口后也苦，而且味感在舌心，为涩。评定时以浓厚、浓醇、鲜爽回甘者为优，粗淡、粗涩者为次。

(4) 评叶底

叶底应放入装有清水的叶底盘中，看嫩度、厚薄、色泽和发酵程度。叶张完整、柔软、肥厚、色泽青绿稍带黄、红点明亮的为好，但品种不同叶色的黄亮程度有差异。叶底单薄、粗硬、色暗绿、红点暗红的为次。一般而言，做青好的叶底红边或红点呈朱砂红，猪肝红为次，暗红者为差。评定时要看品种特征，如典型铁观音的典型叶底为“绸缎面”，叶质肥厚。

## 任务二　不同茶叶的鉴别方法

### 一、真假茶的鉴别

鉴别真假茶，要抓住茶叶固有的本质特征。下面介绍一些最简单易行的感官鉴别法。

1．干鉴

手抓茶叶，用鼻子闻香，有清香者则为真茶；若有青腥气或其他香气者为假茶。此外，还可抓少量茶叶，用火灼烧，真、假茶的气味更易区分；或者抓一把茶叶放在白纸中央仔细观察，若绿茶深绿、红茶乌黑、乌龙茶青褐，则为真茶，凡色泽枯暗，呈现绿色或青色，多有假茶之嫌。

2．湿鉴

取少量茶叶放入杯中，用开水冲泡审评。此时，除从茶的色香味来鉴别真假茶外，还可观察叶底，真茶叶片的边缘锯齿，上半张密而深，下半张稀而疏，近叶柄处无锯齿；假茶叶边缘布满锯齿，或者无锯齿。

### 二、真假花茶的鉴别

窨花茶是真花茶，是用鲜花和花坯在特定的环境下进行拼和窨制的。这种窨制方法可使茶叶充分吸收鲜花的香气，因而窨花茶的香气浓而鲜醇，闻之既有鲜花的芬芳，又有茶叶的清香。

拌花茶是用花茶窨制后失去香气的花干拌和在低级茶叶中冒充窨花茶的一种假花茶。这种花茶只有茶叶香，没有花香。

喷花茶也是假花茶的一种，它是以喷洒少量香精在茶叶上而冒充窨花茶。此种花茶的香气过一两个月就会消失，用鼻闻之无天然花香，冲泡第一开有香，第二开就香气全消。

### 三、高山茶与平地茶的鉴别

高山茶与平地茶相比，由于生态环境的差异，不仅茶叶形态不一，而且茶叶内质也不相同。

高山茶新梢肥壮，色泽翠绿，茸毛多，节间长，鲜嫩度好。由此加工而成的茶叶一般具有特殊的花香，而且香气高，滋味浓，耐冲泡，条索肥硕、紧结，白毫显露。

平地茶的新梢短小，叶底硬薄，叶张平展，叶色黄绿少光。由此加工而成的茶叶香气稍低，滋味平淡，条索细瘦，身骨较轻。

# 任务三　名优茶的审评方法

## 一、名优乌龙茶的审评方法

乌龙茶是中国十大名茶之一，也是闽南人常饮的茶类。台湾乌龙茶源于福建，但是福建乌龙茶的制茶工艺传到台湾后有所改变，依据发酵程度和工艺流程的区别可分为：轻发酵的文山型包种茶和冻顶型包种茶，重发酵的台湾乌龙茶。

目前乌龙茶审评的方法有两种，即传统法和通用法。在福建多采用传统法，而台湾、广东和其他地区几乎都使用通用法。

### 1．传统法

使用110毫升的钟形杯和审评杯（碗），冲泡用茶量为5克，茶与水之比为1:22。审评顺序：外形→香气→汤色→滋味→叶底。先将审评杯用沸水烫热，再将称取的5克茶叶投入钟形杯内，以沸水冲泡。一般要冲泡3次，其中头泡2分钟，第二泡3分钟，第三泡5分钟，每次都在未沥出茶汤时，手持审评杯盖，闻其香气。在同一香味类型中，常以第三次冲泡中香气高、滋味浓的为好。

### 2．通用法

使用150毫升的审评杯和容量略大于杯的审评碗，冲泡用茶量为3克，茶与水之比为1:50。将称取的3克茶叶倒入审评杯内，再冲入沸水至杯满（接近150毫升），浸泡5分钟后，沥出茶汤，先评汤色，继之闻香气、尝滋味，最后看叶底。

这两种审评方法，只要技术熟练，了解青茶品质特点，都能正确评出茶叶品质的优劣。其中通用法操作方便，审评条件一致，较有利于正确快速地得出审评结果。

香型的判断是乌龙茶审评的关键。乌龙茶的香型可分为异杂型、糖香型、花果型、花果蜜糖型四大类型。

异杂型是乌龙茶在采、制、管过程中遇不良状态下产生的不良异杂气味，如粗老气、日晒味、霉味、酸馊味、水闷味、青草气、烟焦味、老火、油药味等。这些问题常见于低档乌龙茶中。

糖香型香气是茶叶糖类物质在制茶过程中受热作用产生的香型，俗称“火香”、“火功香”。又因火功程度而异，火功不足，火香低沉；火功适当，渐向糖焦香转化，直至出现优秀的蜜糖香；一旦火功过度则产生老火、火焦味了。火功把握是否得当，主要在于调节糖与火的关系。

花果香是茶叶的各类香气基质在合理的乌龙茶所特有的做青工艺中经一系列必要的生化反应所形成的似花香、似果香的香气，所以又叫工艺香。如果工艺不当，花果香就不明显。此间还须注意品种不同，遗传特性不同，则叶内香气基质不同，以致成茶香型有别，称之为品种香。如铁观音之观音韵，佛手的似香橼香，但各品种之特有香型也需在合理的工艺条件下才能导出，否则，工艺不当，品种香不显。此外，产地不同，生态气候有别，土地状况不一，自然影响到茶树的新陈代谢，使茶叶内含物质也不同，成茶香型就各有特点，这种产地差异，称为区域香。区域香也同样受到工艺的制约，工艺不当，区域香不明显。一般来说，审评时能清晰地感受到花果香时，此时茶品质不俗，最理想和最具品位的香型当属在花果香的基础上辅之以恰好的火功技术所形成的花果蜜糖香。

就内在因素而言，香气高低是乌龙茶香气物质的丰富与贫乏所决定的。在表现形式上，物丰则香气显锐，挥发性好，可评为高，反之，物乏则香沉，定为低。香气纯异问题指的是香气中的香型组分，是单一香型还是夹杂着不同的香型，更主要的是指香气中是否含有异杂型组分。纯者优，杂则次。

### 二、名优绿茶的审评方法

名优绿茶感官审评到目前为止还没有国家标准，目前通用的名优绿茶感官审评方法是参照出口绿茶审评方法再根据名优绿茶的特点改进而成的，优质绿茶的评选如“中茶杯”、“国际名优茶评比”（韩国茶人联合会主办）都采用这一审评方法。

感官审评时，由于各地区选择种植茶树的品种不同，制成茶叶的品质也有所不同。如在小叶种地区制作的毛峰茶，外形细紧，茸毫披露，显芽锋，汤色明亮，香气清高，滋味醇爽，叶底嫩绿明亮；大叶种地区制作的，外形较肥壮，显露毫尖、茸毛，色泽较黄或暗绿，香味较厚实，叶底肥嫩露芽。由于绿茶类所占比例大，产品丰富、外形各异，别具风格，所以在审评中显得更为复杂。

## 任务四　部分名优茶的品质特征

### 一、黄山毛峰

黄山毛峰的产地为安徽黄山。其特点如下。

1）外形：形似雀舌，匀齐壮实，峰显毫露，色如象牙，鱼叶金黄。

2）香气：清香高长。

3）汤色：清澈明亮。

4）滋味：鲜浓、醇厚、甘甜。

5）叶底：嫩黄，肥壮成朵。

可用八个字形容黄山毛峰的品质特点：香高、味醇、汤清、色润。

冲泡器具：透明玻璃杯。

冲泡方法：下投法、80～85℃的水温。

适宜饮用人群：适合任何年龄，内热体质、胃热者可饮用。体寒者及胃溃疡病患则不宜多喝。

适宜季节：春、夏季。

### 二、碧螺春

碧螺春的产地为江苏吴县洞庭山。其特点如下。

1）外形条索纤细，卷曲如螺，色泽银绿隐翠，白毫显露。

2）汤色碧绿清澈明亮。

3）香气为天然果香味，清香鲜爽。

4）滋味清鲜回甘。

5）叶底嫩绿显翠，细嫩匀齐。

泡器具：透明玻璃杯。

适宜饮用人群：适合任何年龄，内热体质、胃热者可饮用。体寒者及胃溃疡病患则不宜多喝。

适宜季节：春、夏季。

## 三、西湖龙井

西湖龙井的产地为浙江杭州西湖山区。龙井茶因其产地不同，分为狮峰龙井、梅坞龙井、西湖龙井三种，以狮子峰所产最佳，其色泽嫩黄，香高持久，被誉为“龙井之巅”。该茶采摘有严格要求，有只采一个嫩芽的，有采一芽一叶或一芽二叶初展的。其制工亦极为讲究，在炒制工艺中有抖、带、挤、挺、扣、抓、压、磨等十大手法。操作时变化多端，令人叫绝。汤色碧绿明亮，香馥如兰，滋味甘醇鲜爽，向来有“色绿、香郁、味醇、形美”四绝之誉。其特点如下。

1）外形：似碗钉，扁平光滑，剑片状。

2）汤色：碧绿明亮，绿中显黄（黄绿色）。

3）香气：鲜嫩高长，板栗香。

4）滋味：甘醇鲜爽。

5）叶底：嫩绿，匀齐成朵。一芽一叶或一芽二叶。

冲泡器具：透明玻璃杯。

适宜饮用人群：适合任何年龄，内热体质、胃热者可饮用。体寒者及胃溃疡病患则不宜多喝。

适宜季节：春、夏季。

## 四、白毫银针

白毫银针的产地为福建省福鼎。

由于其鲜叶原料全部是茶芽，制成成品茶后，芽头肥壮形状似针，白毫密披，色白如银，因此命名为白毫银针。其针状成品茶，长 3 厘米许。福鼎所产茶芽茸毛厚，色白富光泽，汤色浅杏黄，味清鲜爽口。政和所产茶汤味醇厚，香气清芬。

冲泡器具：盖碗、紫砂壶。

适宜人群：一般人群均可饮用。

适宜季节：秋季。

## 五、普洱茶（散）

普洱茶的产地为云南。其特点如下。

1）外形：条索粗壮肥大，色泽乌润或褐红（俗称猪肝色）。
2）汤色：红浓明亮。
3）滋味：醇厚回甘。
4）香气：陈香。
5）叶底：褐红。
冲泡器具：盖碗、紫砂壶。
适宜人群：散寒，温阳，暖胃，适宜任何人群及虚寒体质的人饮用，老人也比较适合。
适宜季节：冬季。

## 模块小结

茶叶鉴别和审评是一项难度较高、技术性强的工作，也是每一位从事茶艺工作的人员必须掌握的基本技能。要掌握这一技能，一方面要通过长期的实践来锻炼自己的嗅觉、味觉、视觉、触觉，使自己具备敏锐的审辨能力；另一方面要学习有关的理论知识，熟练掌握不同茶叶的鉴别方法。本模块从茶叶的鉴别方法入手，重点介绍了不同茶叶及名优质茶叶的鉴别方法。

**关键词**　形状　色泽　气味　汤色

**云南大白茶的饮用注意事项**

秧塔大白茶是一名贵单株，最大的一棵茶树径围1.22米，主干直径0.28米，树高5.8米，冠幅4.6米，当地现存活有100多株古茶树。大白茶与其他茶叶有明显差别：芽叶披满茸毛，成茶肥硕重实，白毫显露、条素白，气味清香，茶汤清亮，滋味醇和回甜，耐泡饮而著名。在清代，当地土官责令茶农精心采制茶叶，制成的“白龙须贡茶”向朝廷纳贡，成为茶中珍品，名声远播。

由于茶叶中主要成分的药理功能不完全相同，故不同茶类对饮茶人的保健、养生、祛病的功效也有所差别，下面所讲的白茶主要包括白毫银针、白牡丹、寿眉及新工艺白茶。

饮用白茶，不宜太浓，一般150毫升的水用5克的茶叶就足够了。水温要求在95℃以上，第一泡时间约5分钟，经过滤后将茶汤倒入茶盅即可饮用。第二泡只要3分钟即可，也就是要做到随饮随泡。一般情况下一杯白茶可冲泡四五次。

白茶性寒凉，胃“热”者可在空腹时适量饮用；胃中性者，随时饮用都无妨；而胃“寒”者则应在饭后饮用。但白茶一般情况下是不会刺激胃壁的。

饮用白茶的用具并无太多讲究，可用茶杯、茶盅、茶壶等。如果采用“功夫茶”的饮用茶具和冲泡办法，效果会更好。

白茶的用量一般每人每天5克就足够，老年人更不宜太多。其他茶也是如此，饮多了反而起不到保健的作用。这里还要给大家提个醒，肾虚体弱者、心动过快的心脏病人、严重高血压患者、严重便秘者、严重神经衰弱者、缺铁性贫血者都不宜喝浓茶，也不宜空腹喝茶，否则可能引起“茶醉”现象。

茶宜兼饮，不宜偏饮。由于茶叶产地、品种、采摘时机和加工方法不同，所含营养及各种有效成分也有所不同。因而，饮茶应多样化为好。经保健专家介绍，一般应春饮绿茶、夏饮白茶、秋饮花茶、冬饮红茶（或乌龙茶）。

茶又宜常饮，不宜间断。茶的保健作用属细水长流，否则，难以起到功效。古代名医华佗在《食论》中提出了“苦茗久食，益思意”的论点。茶还要择时而饮，不宜盲目饮用。俗话说：“饭后茶消食，午茶长精神。”饭前与临睡前这段时间，就不宜饮茶。

历史上大白茶的制作方法，是将鲜叶采下后，随即手工杀青，然后摊凉揉捻，揉捻一道后，经充分解块，均匀地摊在篾笆上，曝晒到半干时，再复揉一道（称为“收二道浆”），然后抖散，晒干即成。大白茶成品外形美观，白毫特显，茶味清香，并具有橄榄清香的特点。在封建王朝时曾制成龙须茶，以红丝线扎成谷穗状，进贡朝廷，称为“白龙须贡茶”。现在的大白茶已改为烘青茶做法。清明前后，采摘一芽二、三叶初展，经杀青、揉捻、烘干而成。大白茶外形条索硕长壮实，银毫闪烁，形状优美。内质香气浓郁清鲜，滋味醇厚回甘，汤色清澈，冲泡在玻璃杯中，恰似片片玉兰，茶瓣悬浮水中，令人兴趣盎然。

（资料来源：http://www.6678.com/cycs/2371.html）

**茉莉花茶中花干的数量越多越好吗**

真正的花茶是以绿茶为花坯经过鲜花窨制而成的。利用茶叶的吸附性充分吸收鲜花的香气，然后把花干筛出，再将茶叶烘干。有些高级花茶要反复窨制3～5次。但是由于筛出的花干香气已经全无，故不宜再掺入花茶内。所以质量好的花茶是看不到干花的。

（资料来源：杨涌，《茶叶服务与管理》，南京：东南大学出版社）

**知识链接**

**选择供饮鲜花的学问**

目前市场上可供饮用的鲜花很多，如金银花、玫瑰花、牡丹、贡菊、百合等，而且每一份鲜花都会配有一份用途说明及泡制方法，深受女性的喜爱。但是我们在选择这些鲜花泡茶时，最好还是咨询一下医生或美容师的意见，做到合理选用。与此同时，还需注意以下几点。

1）选择花茶要注意其品质，观察其成分是否为天然。

2）传统中医著作中，明确指出所有的花类均属寒性，而女性属阴。阴者寒也，也就是说寒药治热病，所以如果寒性体质饮用花卉茶，应该在茶中加入一些热性成分，以便平衡药性、增进功效。比如喝菊花茶时加点枸杞，喝玫瑰花茶时滴点红酒，喝桂花茶时加点甘草等，均可平衡其偏寒之性。

3）不要喝单一的花卉，否则容易造成体质虚弱、过敏、咳嗽或产生白带。

4）夏天品饮的花卉茶可以先经过冰镇处理，这样口味和感觉会更加独特。

（资料来源：王惟恒，《茶文化与保健药茶》，北京：人民军医出版社）

## ● 实践项目

**冻顶乌龙的评审**

分小组评审冻顶茶的品质优劣，同时辅以评茶专用术语，作为评定高低的说明。可根据以下方法来评定。

（1）冲泡法

在审查前先抽取茶叶代表茶样 200 克，然后就其中称取 3 克茶叶放入审查杯，冲入沸腾的开水（约 145～150 毫升），加盖静置 6 分钟，并将茶汤倒入茶碗供品评，茶渣仍留置于杯中供香气及叶底的审查。

（2）评茶方法

茶汤开汤前先审查其外观，至开汤后检视茶汤水色，约 5 分钟后，闻杯中茶渣之香气，以鼻吸气鉴评香气，等茶汤温度降至 40～45℃间，取茶汤 5～10 毫升，含入口中，以舌尖不断振动汤液，使茶汤与口腔内的味觉细胞及黏膜不断接触以分辨汤质，勿将茶汤吞下，同时将口腔中的香气经鼻孔呼出，即可鉴定香气的纯度与高低。温度降至 35～40℃间，再次重复前项试汤液的动作，最后审视叶底色泽、发酵程度等。

（3）评茶项目

评茶项目可分为外形（形状、色泽）、水色、香气、滋味及叶底等，各项审查标准因茶类不同而异，以百分率来评分。目前冻顶茶记分标准为外观 20%，水色 10%，香气 30%，滋味 40%，叶底不给分。

1）看外观。茶叶的外观通常分为形状及色泽，形状是半球型，条索卷曲紧结整齐、茶身圆、不扁者为上品。如果形状粗松或稍弯而卷曲，表示茶菁原料粗老或布揉不足，品质就差了。其次看色泽，以呈鲜艳的墨绿色，表面带有油光者为上品。如果呈黑褐色，那表示发酵过度，这种茶冲泡之后水色呈暗橙黄色，滋味虽浓但粗涩不清，且失去幽雅的清香，不算好茶。

形状评语：细嫩、紧细、紧结、粗松、芽尖白毫、均整、团块、黄片、碎片、老叶、末、红梗及夹杂物等。

色泽评语：墨绿、翠绿、灰绿、青褐、光润、枯暗等。

2）看水色。以橙黄色，澄清明亮具有光泽，杯底沉淀物少为上品。经过焙火之后，水色呈琥珀色。春茶为橙黄色，夏秋茶为稍浓橙黄色，冬茶为金黄或浅橙黄色。凡是水色淡薄、暗黑、浑浊者品质较差。

水色评语：绿黄、黄绿、金黄、橙黄、橙红、明亮、浑浊、暗黑等。

3）闻香气。要有幽雅的清香，饮后芳香扑鼻，满口浓厚而温和，近似桂花香。闻香时在鼻腔后部的嗅觉感受特有香气的浓淡。另一方面品尝茶汤入口后以舌尖振动汤液并将口腔中的茶香借由鼻后通道从鼻孔呼出而辨别。闻香应以温闻及冷闻配合进行，闻香类别及高低以温闻为宜，冷闻主要是了解茶叶香气持久程度或者评审当中两种茶的香气，温闻时不相上下，此时可依据冷闻的余香程度加以区别。

评审香气时，评审前勿抽香烟、擦香脂粉、香皂洗手等，以免影响评审香气的准确性。

香气评语：清香、幽雅、醇和、甜香、火香、高火、焦味、青嗅、闷气、陈茶、烟气、杂味、异味等。

4）尝滋味。以入口甜甘、醇厚圆滑、富有活性，有喉韵持久的特性为上品。茶质要优良，经过焙火后，火候高低均可，但不宜有焦味。

一般尝滋味的温度由高而低，以45～35℃温度较适宜。如茶汤温度太烫时，味觉受到强烈刺激而麻木迟钝。如茶汤温度较低，则易麻痹，敏感度差。茶汤入口要用舌头循环打转，这主要是因为舌头各部位的味蕾对味觉有不同感应。如舌尖部位的味蕾对甜味敏感，舌根对苦味最敏感，所以茶汤在舌头上振动循环来回才能辨别茶味特征。

评审滋味时按浓淡、甘甜、苦涩、火候及异味等评定优劣，但首重制作过程布揉功夫后之风甘醇，具有喉韵强弱持久的特性为决定高低等级。在评审前最好不吃有强烈刺激性的食物，如辣椒、大蒜等，以保持味觉敏锐度。

滋味评语：浓烈、醇厚、醇和、苦涩、甘滑、浅薄、菁涩、粗涩、酸味、焦味、异味。

5）看叶底。茶渣的色泽、叶面展开度、柔软度、叶片、芽尖是否完整无破碎，并判别茶菁原料老嫩均一性及发酵程度是否适当。目前审查叶底列为次要项目，因茶叶的形、色、香味都评过了，而叶底与其他各项均有相关，所以一般可以省略，但如果存在评分相同的茶样或者高等级的茶样评分，必要时还是得看叶底。

最后每个小组形成自己的茶叶评定结果，并在教师的指导下互相交流。

## ● 能力检测

检测项目：茶叶鉴别（六大茶类）。

检测要求：任意准备18种茶叶，其中每种茶类3种，能够区分茶叶类别，并判断出每种茶叶的所属茶类、名称。

检测工具：茶荷、茶叶、品评杯、汤勺、随手泡。

检测方法：先由教师示范、讲解，然后分组进行练习。

检测步骤：看——观察每种茶叶的外形特征和汤色；闻——取一些茶叶至鼻下端，嗅一下茶叶的香型；品——将一撮茶叶放入杯中冲泡，观察茶叶的汤色，然后用汤勺取一些品尝。

通过以上步骤，判断出茶叶的类别及名称。

## ● 案例分享

### 茶叶审评师资格的获得

**等级划分**

本职业共设五个等级，分别如下。

初级评茶员（国家职业资格五级）

中级评茶员（国家职业资格四级）

高级评茶员（国家职业资格三级）
评茶师（国家职业资格二级）
高级评茶师（国际职业资格一级）

**申报条件**

初级评茶员（具备以下条件之一者）：

1）从事专业评茶工作不低于2年；

2）经本职业初级正规培训达规定标准学时数，并取得毕（结）业证书。

中级评茶员（具备以下条件之一者）：

1）取得本职业初级职业资格证书后，连续从事专业评茶工作不低于3年，经中级评茶员正规培训达规定标准学时数，并取得毕（结）业证书；

2）取得本职业初级职业资格证书后，连续从事专业评茶工作不低于4年；

3）连续从事专业评茶工作不低于6年；

4）取得经劳动保障行政部门审核认定的，以中级技能为培养目标的中等以上职业学校本职业毕业证书。

高级评茶员（具备以下条件之一者）：

1）取得本职业中级职业资格证书后，连续从事专业评茶工作不低于4年，经高级评茶员正规培训达规定标准学时数，并取得毕（结）业证书；

2）取得本职业中级职业资格证书后，连续从事专业评茶工作不低于6年；

3）取得高级技工学校或经劳动保障行政部门审核认定的，以高级技能为培养目标的高等职业学校本职业毕业证书；

4）取得本职业中级职业资格证书的大专以上本专业或相关专业的毕业生，连续从事专业评茶工作不低于2年。

评茶师（具备以下条件之一者）：

1）取得本职业高级职业资格证书后，连续从事评茶工作不低于5年，经评茶师正规培训达规定标准学时数，并取得毕（结）业证书；

2）取得本职业高级职业资格证书后，连续从事专业评茶工作不低于8年；

3）高级技工学校本职业毕业生，连续从事专业评茶工作不低于2年；

4）取得本职业高级职业资格证书的大专以上本专业或相关专业的毕业生，连续从事专业评茶工作不低于3年。

高级评茶师（具备以下条件之一者）：

1）取得评茶师资格证书后，连续从事专业评茶工作不低于3年，经高级评茶师正规培训达规定标准学时数，并取得毕（结）业证书；

2）取得评茶师职业资格证书后，连续从事专业评茶工作不低于5年。

## ● 思考与练习题

1. 鉴别基本茶类的一般方法有哪些？
2. 如何鉴别真茶与假茶？
3. 如何鉴别高山茶与平地茶？

# 模块四　茶叶包装与贮存

**知识目标**

了解茶叶包装的基本类型，掌握茶叶贮存的方法。

**能力目标**

能够根据茶叶的特性，选择合适的茶叶包装材料及茶叶包装的设计；能够运用各种贮存茶叶的方法。

**工作任务**

了解茶叶包装的种类，能够为不同茶叶选择合适的包装；掌握茶叶的贮存方法。

## 任务一　茶叶的包装

### 一、包装的种类

茶叶的包装一般可分为大包装和小包装两大类。大包装也称为运输包装，主要是为了便于运输装卸和仓储，一般用木箱和瓦楞纸箱，也可采用锡桶或白铁桶；小包装也称为零售包装或销售包装，它既能保护茶叶品质，又有一定的观赏价值，便于宣传、陈列、展销和携带。小包装的种类很多，根据制作材料的不同可分为硬包装、半硬包装和软包装三类。

目前市场上常用的茶叶小包装方法有：金属罐包装、衬袋盒装、复合膜袋包装、纸袋包装、竹（木）盒包装。

### 二、包装设计

**1．茶叶包装的材料选择**

一个好的茶包装设计，既要保持茶叶的品质特征，同时又可以增加茶叶的商品价值。只有充分了解茶的特性及造成茶叶变质的因素，才能根据这些特性来选择适当的材料加以处理运用，做到尽善尽美。茶叶的属性一般是由茶叶的理化成分、品质所决定的，如吸湿性、氧化性、吸附性、易碎性、易变性等。所以，我们在设计茶包装时，要根据以上这些特性，选择防潮、阻氧、避光性能良好的和无异味且具有一定抗拉强度的复合材料。根据调查和研究，目前市场上使用较好的材料是聚酯、铝箔、聚乙烯复合，其次是拉伸聚丙烯、铝箔、聚乙烯复合材料。这些材料通称铝箔复合膜，是日常茶叶小包装中防潮、阻氧、保香性能最好的一种；还有一种纸复合的包装盒，罐的上下盖是金属的，罐身是用胶版纸、纸版铝箔、聚乙烯等复合而成的，具有很强的保鲜效果，而且比起金属罐来轻了许多，设计手段也更加丰富了。

**2．茶叶包装的色彩设计**

色彩是包装设计中最能吸引顾客的因素之一，如果色彩搭配得当，使消费者有一种赏心悦目之感，便能引起消费者的注意。第一，包装的色彩是受商品属性的制约，色彩本身也有它的属性，所以用色要慎重，要力求少而精、简洁明快，同时要考虑消费者的欣赏习惯以及商品的档次、场合、品种、特性的不同。第二，设计要讲究色彩和整体风格的统一，不能用色过多，否则容易给人一种华而不实之感。第三，设计时要考虑到与同类商品的比较，取长补短，体现出包装设计的差异性与新颖性。

**3．茶叶包装的形象设计**

茶叶包装的图案设计能使商品更加形象化、生动有趣。茶叶的包装图案要在体现我国的传统文化、民族文化的基础上，用现代的手法赋予它新的内容、新的生命、新的形式，从而体现出茶叶包装的时代性。

**4．茶叶包装的文字设计**

文字设计是茶叶包装设计的一部分。第一，茶叶包装的文字要简洁、明了，充分体现商品属性，并具有一定的文化底蕴。第二，体现茶叶包装的艺术性和观赏性。第三，整体效果一目了然，采用易懂、易读、易辨认的字体，少用太草或不清楚的字体。

另外，茶包装设计必须符合我国对茶叶包装的相关规定。

# 任务二　茶叶的贮存

由于茶叶具有易碎性、吸湿性、吸附性、陈化性等特点，其品质的变化与贮存中的外界条件有直接关系，影响茶叶色、香、味、形的重要因素是水、温度、光线和氧气（空气）。

## 一、影响茶叶品质变化的四大因素

贮存茶叶总的要求是低温、干燥密封、防潮、牢固，以防止茶叶受到温度、水分、氧气和光线这四大因素的损害。

**1．温度**

常温下，茶叶的色泽易变化，温度越高，变化的速度越快。气温每升高 10℃，茶叶色泽褐变的速度将增加 3～5 倍。在 10～15℃的范围内，茶叶的色泽尚能较好保持；在 0～5℃的条件下，茶叶的色泽能在较长时间内保持不变；如果把茶叶贮存在 0℃以下的环境中，能抑制茶叶的陈化。

**2．水分**

茶叶的含水量在 6%以下，较耐贮存，含水量增高会促进茶叶内含物的氧化反应。氧化反应释放热能，使叶温增高，而温度升高又会加速茶叶的氧化反应，茶叶的品质很快会降低，出现陈化、霉变，干茶的色泽由鲜变枯，汤色和叶底的色泽由亮变暗。如果茶叶的含水量控制在 4%～5%，可较长时间保持品质不劣变。一般来说，大宗红茶和绿茶的水分含量高限为6%，乌龙茶为6.5%，花茶为8%。

3．氧气

茶叶中多酚类化合物的氧化、维生素C的氧化以及茶黄素、茶红素的氧化聚合都和氧气有关。这些氧化作用会产生陈味物质，严重破坏茶叶的品质。

4．光线

光线尤其是紫外线会促进茶叶中的植物色素（如叶绿素）和脂质的氧化，使茶叶的绿色减退，产生腥气味（日晒味），足干的茶叶贮存在密闭无光的容器中，茶叶的色泽稳定，变化很小。如果茶叶处在有光环境中，特别是直射光下，绿茶很快会失去绿色，变成棕红色，茶叶愈嫩，色泽变化愈大。

## 二、茶叶贮存方法

茶叶的包装一般可分为真空包装、无菌包装、充气包装和普通包装四种。软包装以复合袋保护茶叶质量的效果比一般塑料袋或纸盒（袋）好，多数家庭喜欢选用马口铁彩色茶叶听、竹盒、木盒，值得一提的是锡瓶密不透气，最宜贮茶。家庭少量茶的贮存方法很多，现选取几种简略介绍如下。

1．瓦坛保存

选用干燥、无异味、无裂缝的瓦坛，先将茶叶用牛皮纸包好，置于坛中，在瓦坛中放置一袋石灰（石灰袋不能包得太实，否则石灰吸足水分膨胀后，布袋会裂开），再用棉花团将坛口盖住，每隔一两个月换一次石灰。这种方法主要是利用石灰吸潮的特性使茶叶干燥，由于茶叶的湿度很低，故氧化作用缓慢。茶叶存放时间如果太久，香气会有所降低。

2．冰箱保存

将茶叶置于茶叶听或无异味、密封性好的容器中，盖上盖儿后，用玻璃胶纸将盖儿密封，放入冰箱的冷藏柜中。春天存放，到冬天取出时，茶叶的色、香、味基本与存放时差不多。这种方法，简便易行，效果也较好，很值得提倡。

3．充氮保存

把茶叶装入塑料复合袋，充入氮气后，密封袋口，放在避光的地方，如放在低温处，效果更好。因氮气是惰性气体，氧化反应极慢，故此种方法效果最佳。只是充氮气对许多人来说，是难以办到的。

4．热水瓶保存

将热水瓶中的水倒干净后，彻底消除水分，然后将茶叶放进去，把瓶塞盖紧，就可以保存茶叶了。即使用内壁有水垢痕迹或已经不保温的热水瓶也可以存茶。用这种方法贮存茶叶，既方便又实惠。

5．塑料袋保存

取两个无毒、无味、无孔隙的塑料食品袋，将干燥的茶叶用软白纸包好后装入其中一个塑料袋内，并轻轻挤压，以排出袋内空气，然后用细软绳扎紧袋口；再将另一个塑料袋反套在第一个袋外边，同样挤出空气扎紧，放入干燥、无味、密闭的铁桶内。

## 模块小结

本模块主要介绍茶叶的包装和贮藏方法。茶叶包装一般分为大包装和小包装，茶叶的包装设计要从材料选择、色彩设计、形象设计、文字设计等几个方面来考虑；茶叶的贮藏方法有瓦坛保存、冰箱保存、充氮保存、热水瓶保存、塑料袋保存等。

**关键词** 材料选择 形象设计 色彩设计 文字设计 贮存

### 特别提示

茶叶具有怕潮湿、怕光照、怕异味等特点。因此，从市场上买回的茶叶，应及时将其装入盛器内，同时还要注意以下几点。

1. 茶叶盛器应密闭。盛器密闭性能越好，就越容易保持茶叶的品质，容器内茶叶保存的时间也就相对越长。对于易走气的盛器，应在其盖儿或口内垫上1～2层干净纸密封，以防从入口处吸进潮气或异味。

2. 茶叶盛器应放在避光处。光线直照，可使茶叶的内在物质发生变化，强光越直接照射，这种变化就越明显。所以，白色透光的盛茶容器，绝对不能放在阳光直接照射处。如果要用无色透明玻璃瓶装茶叶，一定要在瓶壁四周罩1～2层干净纸，经密封后放入柜或橱内。如用罐、筒、盒装茶叶，也不要放在长期见光的桌子上或柜顶、窗台等处，以防光照影响茶叶品质。

3. 茶叶盛器应放在干燥处，以防受潮。茶叶中水分越多，就越不易保存，所以茶叶不能受潮。盛茶的容器，有的不一定完全密闭，应放在干燥处，吸潮的机会会相对少些，于茶叶保存有利。

4. 茶叶盛器不应该放在温度过高处，以防茶叶陈化。茶叶陈化除与存放时间有关外，还与存放处的温度高低有关。实验证明：温度每增高10℃，陈化速度可增加4倍。所以炎热的夏天，特别是南方的夏天，茶叶的盛器应放在阴凉干燥处。

5. 放茶叶的盛器一定要干净而无异味，以防茶叶串味变质。因为茶叶特别容易吸诸味，所以一切茶叶盛器必须清爽无异味，以防茶叶被异味所混而不堪饮用。不能用报纸等直接包茶叶，因为报纸上的油墨很快会被茶叶吸附而使茶叶变质；也不要用包装过蛋糕、奶粉、饼干、果脯等食品的塑料口袋（或盒）直接盛茶；即使包装好的茶叶，也不要放到厨房、菜柜、衣柜以及樟木箱内，特别不要与香皂、樟脑丸等混放在一起，以防严重串味，使茶叶变质。

**知识链接**

**茶叶受潮的处理**

**1. 快速风干**

将茶叶用干净、无异味的纱布裹好、摊开，用吹风机的低温热风挡，边吹边翻动，

至干。或用无异味的、质量好的纸巾裹好，然后摊开，吸取水分后，再用吹风机的低温热风挡边吹边翻动，至干。

**2．太阳烘晒**

不能直接暴晒。阳光中的紫外线会破坏茶叶的营养，使茶叶品质大幅下降。较好的烘晒方法是：用干净、无异味的筛形器物将茶叶摊开，外罩纱布遮挡太阳，用太阳的热度烘晒。注意随时翻动，至干。

**3．热炒、烘烤**

用干净、无油、无异味的铁锅烧至微热，把受潮的茶叶放入，边烤边翻动茶叶，至干；也可用干净、无油、无异味的烘箱烘烤，注意用最微火低温烘烤，以免烤焦；还可用微波炉烘烤，也要注意用最微火低温烘烤，以免烤焦。

无论哪种方法，必须注意以下几点。

1）温度不能太高，保持在40～60℃左右最好。

2）干燥茶叶的环境必须干燥、干净、无异味；盛装茶叶的容器、遮盖物等必须干净、无油、无异味。

3）不能用报纸垫底，茶叶会吸收报纸的油墨味和铅。

4）不能接触化妆品，以免吸收异味，影响茶叶的原味。

## ● 实践项目

1. 收集各种茶叶的包装并讨论其包装的种类及包装设计。
2. 各选择一种茶叶，并选用一种贮藏方法，存放一个月之后再鉴别其品质。

## ● 能力检测

现场解说一茶叶包装的设计，说明其茶叶包装选用的材料、色彩搭配、形象设计和文字设计，指出茶叶包装的优点和缺点。

## ● 案例分享

**传统文化元素凸显价值**

茶叶作为世界三大饮品之一，历来就受到人们的喜爱。由于茶叶本身的独特性，对茶叶的包装主要是要求防潮、防高温、防异味和便于运输或携带。然而随着经济的发展和人们生活水平的提高，茶叶的包装除了原有的实用功能以外，更大的作用在于提升茶叶的价值和文化品位。

我国的茶叶包装已经从过去的散装纸包、塑料袋包、罐装发展到了现在流行的高档精美礼品纸质盒（罐）装、铝箔精致小包装。琳琅满目、绚丽多彩、千姿百态、富有创意和文化品位的茶叶包装已成为我国茶文化的重要组成部分。

一流的产品离不开一流的包装，茶叶更是如此。而茶叶作为一种特殊的饮品，历来就同中国的传统文化元素连接在了一起，所以茶叶的包装始终离不开中国的传统文化元素和精神。

设计茶叶包装首先要考虑的还是包装的材料和结构，因为包装材料选用的是否合适，直接影响茶叶的保存。而在图案、文字等其他造型设计方面，除了要结合茶文化的元素和传统感觉以外，更要强调产品的形象性。现在，市场上除了很多造型新颖、文化元素浓厚的茶叶包装以外，也存在着很多过于强调艺术性和华丽性的茶叶包装。这些盲目追求华丽、艺术性的包装会使包装失去原有的功能。毕竟，包装的目的始终是为了传达商品信息，让消费者能够直观地看到商品属性。

- **思考与练习题**

1. 茶叶的包装有哪几种？
2. 茶叶的包装设计一般从哪些方面考虑？
3. 茶叶的贮藏有哪些方法？

## 模块五　茶与保健

**知识目标**

了解茶叶的主要成分及作用，熟悉茶的保健功能，掌握日常饮茶的科学常识。

**能力目标**

在了解茶叶的主要功能的前提下，能够科学饮茶。

**工作任务**

学习茶叶的主要成分及作用，学习茶的保健功能；学习日常饮茶科学常识。

### 任务一　茶叶的主要成分及其作用

自古就有饮茶可以长寿一说。很多古籍中，如钱椿华撰、顾元庆校的《茶谱》中提出茶具有“醒酒”、“明目”、“止渴”、“消食”、“除痰”等功效。

茶为何有如此多的作用，主要和它的化学成分有关。经过分离和鉴定，茶叶中的有机化合物达450种以上，无机矿物质有15种以上，在这些成分中，绝大部分具有促进身体健康或防治疾病的功效。茶叶的主要成分有生物碱、茶单宁、芳香物质、维生素、茶多糖、茶皂素、茶红素和茶色素等。

#### 一、生物碱

茶叶中的生物碱主要有咖啡碱（也叫做茶素）、茶叶碱、胆碱、腺嘌呤等，其中咖啡碱含量较多，其他含量都很少。咖啡碱能兴奋衰竭的呼吸中枢和血管运动中枢，是苏醒药物；还能兴奋精神，对抗抑郁，是抗抑郁药物，能提神、强心、消除疲劳等。

咖啡碱对大脑皮质的兴奋作用是加强兴奋过程，而不是减弱抑制过程。它也是心血

管系统的重要药物。茶叶碱增强心脏的作用约三倍于咖啡碱，可治疗急性心力衰竭。此外茶叶碱还可解除支气管痉挛，具有明显的利尿作用。

## 二、茶单宁（酚类衍生物）

茶叶中单宁的药理效能很多。首先对烧伤有治疗效果，同时茶单宁对多种病原菌（痢疾杆菌、大肠杆菌、链球菌、肺炎菌、沙门氏菌、金黄葡萄球菌）的发育、生长有抑制作用，对痢疾、慢性肝炎、霍乱、肾脏炎、伤寒等有一定疗效。它是重金属盐及生物碱中毒的抗解剂，对治疗糖尿病、高血压有疗效。茶中含茶多酚 20%左右，能阻止致癌物的生成，并与茶叶中的维生素 C 和维生素 E，脂多糖、锌、硒等协同产生多种协调机体的作用。

茶单宁中的儿茶素，能防止血液和肝脏中胆固醇及中性脂肪的积累。因此，对动脉硬化有预防作用，对抗放射性物质有一定的效果，可治疗偏头痛。

## 三、芳香物质

茶叶中的芳香物质含有酚类、醇类、醛类、酯类等。其中酚有沉淀蛋白质的功效，可杀死病原菌；对中枢神经有先兴奋后抑制的作用，因此有镇痛效果。而茶叶中的茶黄烷醇能够抗辐射。而醛类则含有甲醛、丁醛、己醛等。茶叶中的芳香酸类化合物，有抑制和杀灭酶菌和细菌的作用，对黏膜、皮肤及伤口有刺激作用，并有溶解角质的作用。茶叶中的叶酸有补血的作用，特别是经过发酵及类似过程的茶叶，治疗贫血症有一定功效。

## 四、维生素

茶叶中维生素含量丰富，它含有维生素 A、C、D、E、K、$B_1$、$B_2$、$B_6$、$B_{12}$、H、PP 等。茶叶含有维生素 PP，故茶是预防癞皮病的一种很好的饮品。

## 五、茶多糖

经研究表明茶多糖在对糖代谢方面具有与胰岛素相类似的作用，故中低档茶中的较多茶多糖具有降血糖的作用。茶叶中含有大量茶多糖，可对慢性糖尿病患者的治疗效果有所帮助。

## 六、茶皂素

茶皂素具有溶血、茶鞣质、萜烯类、碳化合物、蛋白质及氨基酸，此外茶叶还含多种无机成分钾、磷、钙、铁、锰、铬、硫、锌、铜、氟、钼、硼、铅、铬、镉等。

## 七、茶红素和茶色素

茶红素具有抗氧化、抗癌防癌、降血糖、降血脂、防止心血管疾病等功效，甚至对艾滋病病毒逆转录酶和多种 DNA 聚合酶也有抑制作用。茶色素可促使血清 SOD 活力明显升高，清除自由基，防止疾病和衰老。

## 任务二 茶的保健功能

茶叶中丰富的营养素和多种药用成分是茶叶保健和防病作用的基础。

### 一、清胃消食助消化

茶叶有消食除腻助消化、加强胃肠蠕动、促进消化液分泌、增进食欲的功能，并可治疗胃肠疾病和中毒性消化不良、消化性溃疡、急性肠梗阻等疾病。在边疆地区，一些少数民族以肉类和奶类为主食，其饮食中含有大量的脂肪和蛋白质，而蔬菜和水果很少，食物不容易消化，饮茶可以帮助油脂消化吸收，解除油腻，并补充肉食中矿物质和微量元素以及维生素的不足。

茶叶中芳香油、生物碱具有兴奋中枢和植物神经系统的作用。它们可以刺激胃液分泌，松弛胃肠道平滑肌，对含蛋白质丰富的动物类食品有良好的消化效果。茶叶中含有大量的氨基酸、维生素 C、维生素 $B_1$、维生素 $B_2$、磷脂等成分，这些成分具有调节脂肪代谢的功能，并有助于食物的消化，起到增进食欲的作用，所以在进食肉类或油腻的食物后，喝一杯香味浓郁的清茶会感到特别舒服。此外，茶叶加糖可治疗消化性溃疡，生茶油可治疗急性蛔虫性肠梗阻等消化系统疾病。

### 二、生津止渴解暑热

饮茶能解渴是众所周知的常识。实验证实饮热茶 9 分钟后，皮肤温度下降 1～2℃并有凉快、轻爽和干燥的感觉，而饮冷茶后皮肤温度下降不明显。饮茶的解渴作用与茶的多种成分有关，茶汤补给水分以维持肌体的正常代谢，且其中含有清凉、解热、生津等有效成分。饮茶既可刺激口腔黏膜，促进唾液分泌产生津液，芳香类物质挥发时又可带走部分热量，使口腔感觉清新凉爽，且可以从内部控制体温，以达到清热、解渴的目的。茶叶的这种作用是茶多酚、咖啡碱、多种芳香物质和维生素 C 等成分综合作用的结果。茶叶有清火之功，有些人容易上“火”，大便干结困难，甚至导致肛门裂口，痛苦异常，于是就食用蜂蜜或香蕉等食品，以减轻症状，但此法只能解决一时之苦。而根除“火源”的好办法是坚持每天饮茶，茶叶苦而寒，极具降火清热的功能。

### 三、强骨防龋除口臭

实验研究和流行病学调查均证实茶有固齿强骨、预防龋齿的作用。茶叶中含有较丰富的氟，氟在保护骨和牙齿的健康方面有非常重要的作用。龋齿的主要原因是牙齿的钙质较差，氟离子与牙齿的钙质有很大的亲和力，它们结合之后，可以补充钙质，使抗龋齿能力明显增强。茶本身是一种碱性物质，因此能抑制钙质的减少，起到保护牙齿的作用。

口腔发炎、牙龈出血等是常见的口腔疾病，且常伴有口臭。晨起浓茶一杯，可以清除口中黏性物质，既可净化口腔，又使人心情愉快。有些人清晨刷牙时，常会牙龈出血，这种现象常常是由于维生素 C 缺乏所致。茶叶中含丰富的维生素 C，饮茶可以部分地补充饮食中维生素 C 供应的不足。

## 四、振奋精神除疲劳

当人们疲劳困倦时，喝一杯清茶，立即会感到精神振奋，睡意全消。这是茶叶中所含的生物碱类（咖啡碱、茶碱、可可碱，主要是咖啡碱）作用的结果。实验证实，喝 5 杯红茶或 7 杯绿茶相当于服用 0.5 克的咖啡因，可提高基础代谢率 10%。茶咖啡碱与多酚类物质结合，使茶具有咖啡碱的一切药效且没有副作用。故饮茶能消除疲劳，振奋精神，增强运动能力，提高劳动效率。

## 五、保肾清肝并消肿

茶可保肾清肝、利尿消肿，这是因为茶能增加肾脏血流量，提高肾小球滤过率，增强肾脏的排泄功能。乌龙茶中咖啡因含量少，利尿作用明显，是男女老幼皆宜饮用的茶。茶能利尿，这是咖啡碱、茶碱和可可碱起的作用，其中茶碱的作用最强，咖啡碱次之，而可可碱的利尿作用持续时间最长。这些物质的作用机制是抑制肾小管的重吸收，尿中钠和氯离子的含量增多；并能兴奋血管运动中枢，直接舒张肾脏血管，增加肾脏血流量；对肝脏、心脏性水肿和妊娠水肿与呕吐都有明显治疗作用。

## 六、降脂减肥保健美

首先，咖啡碱能兴奋神经中枢系统，影响全身的生理机能，促进胃液的分泌和食物的消化。其次，茶汤中的肌醇、叶酸、泛酸等维生素物质以及蛋氨酸、卵磷脂、胆碱等多种化合物，都有调节脂肪代谢的功能。此外茶汤中还含有一些芳香族化合物，它们能够溶解油脂，帮助消化肉类和油类等食物。如乌龙茶，目前在东南亚和日本很受欢迎，被誉为“苗条茶”、“美貌和健康的妙药”。因为乌龙茶有很强的分解脂肪的功能，长期饮用不仅能降低胆固醇，而且能使人减肥健美。中医书籍也称茶叶有去腻减肥胖、消脂转瘦、轻身换骨等功能。适量饮茶有润肤健美、去脂减肥的功能。

## 七、消除电离抗辐射

现代科学制造了很多的辐射源，人类已经处在电子辐射的包围之中，广播、电视、录像、激光影像以及医用射线和和平利用原子能等，已经产生了大量辐射。茶叶中的茶多酚和脂多糖等成分可以吸附和捕捉放射性物质，并与其结合后排出体外。脂多糖、茶多酚、维生素 C 有明显的抗辐射效果。它们参与人体内的氧化还原过程，修复生理机能，抑制内出血，治疗放射性损害。在电视机、电脑进入万户千家的今天，防止荧屏辐射对人体的损害是人们关心的问题之一。因此，在欣赏精彩的电视节目的同时饮上一杯香茶，既有预防辐射危害的作用，又有清肝明目、保护视力的作用。茶叶中含有丰富的胡萝卜素，代谢后合成视紫质以保护视力，适量饮茶有助于保护视力。据报道，在广岛原子弹爆炸事件中，凡有长期饮茶习惯的人存活率高。因为茶叶中所含有的单宁物质和儿茶素，可以中和锶 90 等物质，减少放射性物质的伤害。

## 任务三　日常饮茶科学常识

### 一、饮茶品种的选择

茶叶有寒凉和温和之分，如绿茶性凉而微寒，适合胃热者饮用；乌龙茶不寒亦不热，属中性茶，适合大多数人饮用；白茶温凉平缓，宜早晚饮用；苦茶寒凉，可解毒去肝火，宜对症饮用。所以说不同的茶有着不同的饮法、不同的功效，只有根据不同的环境、不同的季节，因人而异选择茶叶科学饮用，才能达到更佳的效果。

#### 1．环境与饮茶种类的选择

科学饮茶，应根据消费者所居住的环境和当地的气候条件选择适合自己饮用的茶类。一般来说，天气炎热的地区选饮性凉的绿茶和白茶较为适宜；天气寒冷的地区选择温和的红茶、花茶、乌龙茶、黑茶较为适宜。就我国中原地区来说，由于气候较为温和，以上茶类一般都可以饮用。

#### 2．季节与饮茶种类的选择

科学饮茶，还要根据一年四季气候的变化和茶的属性有所改变。夏天，天气比较炎热，喝一些绿茶或者白茶，可以散发身上的暑气，给人一种舒畅感；秋天，气候开始转凉，饮用一些乌龙茶，可以消除夏天余热，恢复津液；冬天，天气寒冷，喝一些味甘性温的红茶或发酵程度较重的乌龙茶，可以生热暖胃；春天，气候开始转暖，随着雨水的增多，空气湿度加大，最好喝些花茶，可以祛寒邪，有助于理郁，促进人体阳刚之气回升。当然，像乌龙茶中的铁观音、黑茶中的普洱茶，由于生性温和，适宜一年四季饮用。

#### 3．身体状况与饮茶种类的选择

一般来说，身体健康者可根据自己的喜好，饮用各式各样的茶叶，而对于身体健康状况不太好或处于特殊时期的人来说，饮用茶类的选择是有讲究的。如处于“三期”（经期、孕期、产期）的妇女最好少饮浓茶，因为茶叶中含有的茶多酚对铁离子会产生络合作用，使铁离子失去活性，所以处于“三期”的妇女饮浓茶易引起贫血症。对于心动过速的冠心病患者来说，不宜饮浓茶，因为茶叶中的生物碱有兴奋作用，能增强心肌的机能，多喝茶或喝浓茶会促使心跳加快。对于脾胃虚寒者来说，经常喝绿茶是不适宜的，因为绿茶性偏寒，对脾胃虚寒者不利。脾胃虚寒者饮茶时在茶类的选择上，应多喝些红茶、乌龙茶、普洱茶为好。对于肥胖症的人来说，只要身体没有毛病，饮用各种茶都是很好的，因为茶叶中的咖啡碱、黄烷醇类、维生素类等化合物，能促进脂肪氧化，消除人体多余的脂肪。当然，不同的茶，其减肥作用有所区别。根据国内外医学界一些研究资料显示：云南普洱茶具有减肥健美功能和防治心血管病的作用，并得到了临床验证。我国西北地区的少数民族有“宁可三日无粮，不可一日无茶”的说法，他们主食牛羊肉和奶酪等高脂肪食品而不发胖的原因之一，就是经常饮用普洱茶。除普洱茶外，乌龙茶分解脂肪的作用也很明显，常饮乌龙茶也能帮助消化，起到减肥健美的作用。据报道，日本自 1979 年以来，就掀起乌龙茶热，尤其是年轻女子和发胖的中年妇女，对乌龙茶的评价很高。所以说常喝乌龙茶和普洱茶，更有利于降脂减肥。

## 二、饮茶禁忌

### 1．忌饮茶过度

这是因为茶叶里有咖啡因，过度饮茶会引起焦急、烦躁、心悸、不安等症，从而产生失眠；还会抑制胃肠，妨碍消化，降低食欲。因此要注意适量饮茶。

### 2．忌饮浓茶

茶水一般在人体内能滞留 3 小时左右，而浓茶滞留时间则更长，这样会导致茶碱在人体内积聚过多，致使神经功能失调。由于茶叶中鞣酸的作用，可使肠黏膜分泌黏液功能下降，发生便秘。茶量一般每天以 5～10 克，分两次泡饮为宜。

### 3．忌饮久泡茶水

饮茶要现泡现饮，这样效果更佳，如泡时过久，就会失去茶香，使茶中维生素 C、维生素 B 遭受破坏。此外，久泡茶叶会使茶水中咖啡因积聚过多，鞣酸大大增加，会产生刺激作用，特别是患有痛风、心血管与神经系统疾病的人，更应忌饮久泡的茶水。

### 4．忌空腹饮茶

古人有说："早时一杯茶，胜似强盗入穷家（一无所得）。""饭后一杯茶，闲了医药家。"意即早晨空腹不宜饮茶，因为空腹饮茶，冲淡了胃液，降低了胃酸的功能，妨碍消化，并影响对蛋白质的吸收，易引起胃黏膜炎症。

### 5．忌饮隔夜茶

茶水放久了，不仅会失去维生素等营养成分，且易发馊变质，甚至生霉。茶水中的鞣酸还会成为刺激性很强的氧化物，易伤脾胃引起炎症。

### 6．忌用茶水服药

茶叶中含有大量鞣酸，如用茶水服药，鞣酸同药物中的蛋白质、生物碱及金属盐等发生化学作用而产生沉淀，势必影响药物疗效，甚至使其失效。茶叶具有兴奋中枢神经的作用，凡服镇静、安神、催眠等药物或服用含铁补血药、酶制剂药、含蛋白质药物时，均不宜用茶水送服。

### 7．忌饮头遍茶

讲究喝茶的人，都不喝或少喝头遍茶，这是因为一方面出于色香的考虑，为了取其精华，另一方面是为了少喝进些霉菌。因为茶叶在生产、包装、运输、存放过程中，极易受霉菌污染。因此尽量不饮头遍茶，把冲泡出的霉菌倒掉，更为安全。

### 8．忌睡前饮茶

睡前两小时，最好不饮茶。否则会使精神过于兴奋而影响入睡，甚至引起失眠。老年人睡前饮茶，易心慌不安、多尿，更会影响睡眠。如因饮茶引起失眠，即使服用安眠药，也是无济于事的。

9．忌发烧时饮茶

发烧的病人最好不要喝茶，因为茶中的茶碱和鞣酸对病人不利。茶碱有兴奋中枢神经、加强血液循环及加速心跳的作用，相对地也会使血压升高。发烧病人本身的心跳及血压已比平时高了，如果饮茶，由于茶碱的作用会使体温更快上升。另外，鞣酸有收敛的作用，会直接影响汗液的排出。体内的热量得不到宣泄，体温自然就会升高了。

10．孕妇忌多喝茶

孕妇在怀孕期间摄入多种营养素，除去供应机体新陈代谢的需要外，还要供给孕妇体内的胎儿。在这时如果喝茶过多，茶中的单宁就会在胃肠道中与孕妇食用的其他食物中的铁元素结合成一种不能被人体吸收的复合物。这样，除导致孕妇缺铁性贫血，也将给孕育中的胎儿造成先天缺铁的遗患，使诞生后的婴儿也易患有缺铁性贫血。

## 模块小结

茶叶的主要成分包括生物碱、茶单宁（酚类衍生物）、芳香物质、维生素、茶多糖、茶皂素、茶红素和茶色素等；茶具有多种保健功能，如清胃消食助消化、生津止渴解暑热、强骨防龋除口臭、振奋精神除疲劳、保肾清肝并消肿、降脂减肥保健美、消除电离抗辐射等。

**关键词**　生物碱　茶单宁(酚类衍生物）　芳香物质　维生素　茶多糖　茶皂素　茶红素和茶色素　保健　科学饮茶　饮茶禁忌

**用沸开水泡茶会大量破坏维生素C吗**

很多人以为冲泡茶叶不宜用沸开水，理由是高温会破坏茶叶中的维生素C，尤其是维生素C含量较丰富的绿茶更不宜用沸开水冲泡。

其实这完全是一种误解。

科研人员曾对茶汤中维生素C的稳定性进行过专题研究，他们发现，溶于水中的维生素C在100℃时10分钟即被破坏掉83%。但用沸开水冲泡茶叶并不会大量破坏维生素C，这是因为茶汤中的维生素C是比较难以分解的，其较为稳定的根本原因在于茶汤中含有较多的多酚类物质，它们能与铁离子、铜离子等相互作用，从而抑制了维生素C的分解。高温固然可破坏维生素C，但在茶汤和白水两种不同的条件下，破坏程度是有很大差距的，人们的误解正出于忽视了这种差异的存在。

从另一方面看，用沸开水冲泡茶叶，既能使茶叶的香气更多更快地散发出来，又能使茶叶中的水浸出物溶解得较多（如咖啡碱和茶多酚等物质），使茶汤滋味较醇和爽口。所以,合理而科学的冲泡方法应当是第一道茶汤用沸开水冲泡,冲泡时间以5～10分钟为宜。

**茶是热喝还是冷喝有益健康**

很多人都喜欢饮热茶，经了解饮用80℃以上的浓茶，会使茶叶中的鞣酸在食管烫伤部位沉淀下来，不断对食管壁上皮细胞进行刺激，促使其发生突变。突变细胞大量增殖后便可演变成肿瘤组织，使人患消化道癌症。用开水泡过的茶最好冷却至70℃以下再饮用，也就是用手触摸陶瓷或玻璃茶杯时，已不再烫手时为最适宜。

知识链接

**茶和水的比例多少合适**

茶和水的比例，一般是3～4克干茶，加200～250毫升的开水，泡3～4分钟后慢慢品饮为好。饮茶时要注意，不要将杯中的茶喝干了再添水。第一杯喝去2/3，再加水饮第二杯，这样使茶汤的浓度基本保持一致。一般茶叶喝三杯就差不多了。长时间浸泡，会使茶叶中的有害物质浸出。

**喝茶真的会醉吗**

茶叶中含有复合多糖、儿茶素类，其为降血糖的有效水溶性组分。当空腹饮茶时，因为人体血糖本来就低，再摄入复合多糖、儿茶素类物质，人的血糖就进一步降低，从而引发头晕、心慌、手脚无力、心神恍惚等症状，即所谓的“茶醉”。如果您不愿放下您的茶壶，可以吃一些点心，就可消除“茶醉”。

**保健茶与普通茶有区别吗**

保健茶是保健食品中的一类，它能调节人体的机能，适于特定的人群使用，但不是以治疗疾病为目的。保健茶有苦丁茶、绞股蓝茶和富硒茶，都有助于人体机能的调节，而普通茶叶只是含有丰富的营养，难以调节人体的机能。

## ● 实践项目

分组讨论各茶类的保健功能。

## ● 能力检测

1. 现场考核学员对茶叶主要成分及其作用的掌握程度。
2. 学员现场解说各种茶的保健功能。

## ● 案例分享

**茶叶营销中的传统与时尚**

**——关于茶叶营销的断想**

传统与时尚在茶叶营销中碰撞，碰撞出的火花瞬间即逝，值得我们把握和玩味。

国内营销专家所做的茶叶营销策划几乎都在做传统的文章，言必陆羽，引则唐宋，不外乎在传递茶叶的渊源和悠久历史。但营销成功者寥寥。

看看中国近30年的茶叶营销中的发展轨迹吧。

20世纪80年代初期，当铁观音开始崭露头角的时候，靠的是铁观音的冲泡方式，一种崭新的冲泡方式展示在国人面前的时候，茶客们首先接受的是冲泡方式后面所产生的香味和韵味，其次才是历史。当年曾经有过一个故事说，当20世纪80年代中后期铁观音进入山东的时候，聪明的安溪人采用送茶具的方式打开了山东的市场，把山东人从对花茶为主的消费引导到铁观音上。茶具是冲泡铁观音的工具，也是一种文化。

但是在特定环境下，茶具成为时尚，一种“功夫茶”的时尚。时尚引领了销售。这里，陆羽和唐宋对茶叶营销并不起作用，杠杆的支点在时尚上，由于时尚于是流行，创造了时尚则创造了流行。

20世纪90年代末开始的普洱茶的传奇，也是借助了时尚的元素，推起了一波又一波的销售高潮。当年的茶马古道不再是推销的卖点，普洱茶的卖点在于它的“保健”功能，当保健找到了时尚，普洱便借助时尚的翅膀高飞了。

其实市场的推手是人们对保健的认同和需求，而不是传统的普洱文化，之后所衍生出来的野生普洱、古树普洱等都是营销中的噱头。

21世纪以来武夷岩茶和红茶系列的兴起，也是市场的作用，市场背后是消费者对时尚的追求。虽然金骏眉、正山小种等有其独特的传统制作工艺，但是在追求时尚的消费者面前，所有的传统都黯然失色。大红袍的热销不在于它的传统，而在于被包装后的大红袍成为了茶品中的时尚。

因此，茶叶经营者们在茶叶营销的策划案中应更多地注重与时尚的结合，更多地注重创造流行，而不是一味地埋头在唐宋，千方百计地扮演着朝廷贡品的角色，所有的传统必须回归到时尚，所有的传统必须为时尚铺垫，不然传统只能成为古玩市场的玩品，而不是现代市场的商品。

（资料来源：叶沛然，http://www.chinavalue.net/Blog/409028.aspx）

## ● 思考与练习题

1. 茶叶的主要成分和作用有哪些？
2. 茶主要有什么保健功能？
3. 饮茶有哪些禁忌？

# 项目二
# 鉴水与识器

**项目导引**

一杯好的茶，除了茶叶的品质重要之外，与其相应的泡茶用水和盛水用器也起到关键的作用。“三分茶，七分水”这句话的含义也表明水对茶汤品质起到很大作用。下面我们将分别对茶叶鉴水和识器展开详细讲解。

**知识目标**

理解水对茶汤的重要性以及现代人对泡茶用水的选择。

了解我国名泉泉水的特性。

初步了解茶具的种类，掌握主茶具与辅茶具的名称及使用方法。

了解紫砂壶的特性，学会辨别真假紫砂壶及其使用与保养。

初步了解紫砂壶艺术。

**能力目标**

理解水对茶汤品质的重要性，掌握茶具的使用，初步认识紫砂壶茶具。

**项目分解**

模块一　鉴水

模块二　识器

## 模块一　鉴　　水

**知识目标**

了解古人论水，熟知现代人择水以及中国名泉泉水的特性。

**能力目标**

选水对茶汤的重要性。

**工作任务**

通过鉴水的学习，掌握水的品质对茶叶冲泡的重要性。

茶圣陆羽在其著作《茶经》中将水的选取定为“九难”（造、别、器、火、水、炙、末、煮、饮）之一。品茶品的是茶汤，可见水的选择直接影响茶汤品质的好坏。一杯好茶需要经过水煮、冲泡、品尝判别其优劣。因此，水对于茶来说，是密不可分的挚友。

# 任务一　古 人 论 水

陆羽在《茶经》中描写到：“其山水，拣乳泉，石池漫流者上。”由此说明古代人认为由岩洞石钟乳滴下的、在石池里经过石砂过滤而且慢慢溢出来的泉水是最好的。陆羽对水源的优次定为：山水上，江水中，井水下。

## 一、山水上

山水上意为从山涧流下来的水是最好的，例如泉水（见图 2-1）。泉水比较洁净清爽，悬浮物少、透明度高、污染小、水质稳定。流速过快的泉水无法澄清水中悬浮物，只有“漫流”的水流，才能保证泉水在池中能够有足够的停留时间，悬浮物颗粒垂直下沉，从而保证了水的澄净。

## 二、江水中

江水中意为江河中的水不算很好的选水地点，相对山涧水而言要差。江水硬度较小，属于地面水，水中溶解的矿物质不多，如图 2-2 所示。由于江水的流动和冲洗，江水含有较多泥沙及有机物等不溶于水的杂质，水质较浑浊。因此陆羽告诉我们应该去人烟稀少、污染小的江边取水。

## 三、井水下

井水属于地下水，水中悬浮物含量低，透明度高，如图 2-3 所示。井水常年阴暗潮湿，不见天日，与空气接触太少，水中溶解的二氧化碳气体非常少，泡茶没有鲜爽的滋味。

图 2-1　山水

图 2-2　江水

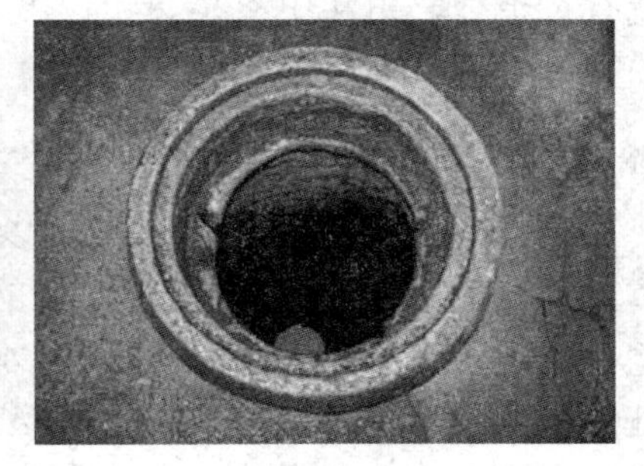

图 2-3　井水

明代熊明遇的《罗岕茶记》中说：“烹茶，水之功居大。”张大复在《梅花草堂笔谈》中说：“茶性必发于水。八分之茶，遇十分之水，茶亦十分矣；八分之水，试十分之茶，茶亦八分耳！”因此选择好水就成为饮茶艺术的一个重要组成部分。

水质要满足五个字，即清、轻、甘、洌、活。

## 任务二　现代人择水

由于环境的污染，现代人无法像古人般用梅花上的雪水、秋天的雨水冲泡茶叶。现代人用自来水、纯净水乃至矿泉水泡饮。

### 一、自来水

自来水是经过人工净化、处理过的江（河）水或湖水。自来水一般都符合饮用水的卫生标准，适合泡茶，但有时自来水用过量的氯化物消毒，气味很重，如果直接用来泡茶会影响茶的品质。

### 二、纯净水

利用自来水经过一定的生产流程可制成优质的净化水。其生产原理是去除原水中水分子之外的一切成分，不添加任何物质，水质清澈、甘甜、爽口，易被人体吸收。

### 三、矿泉水

矿泉水是来自地下深处的地下水，经过漫长的地质年代，在高温高压下，自然净化溶解、纯天然且富含人体所必需的微量元素，水质符合饮用天然矿泉水国家标准。

随着科学技术的不断发展，现代人对冰川开始研究和保护的同时也对雪水进行了利用，开发出冰川水。例如新疆天山中国一号冰川，形成于第三冰川纪，距今400万年历史，冰川形成年代人类尚未出现，其中的冰川水未经任何循环，是世界罕见的天然低氘[①]、低钠、低矿化度的原生态优质水源。经过研究提取，冰川水的水质满足了全部清、轻、甘、活、洌的特点，能充分提茶香、引茶味、泽茶色，另外其适度的矿物质含量能有效提升茶叶浸出率。

## 任务三　名 泉 简 介

中国地大物博，名山名泉众多，好山出好水。我国泉水资源极为丰富，比较著名的就有百余处，镇江中泠泉、无锡惠山泉、苏州观音泉、杭州虎跑泉以及闻名遐迩的济南趵突泉号称“中国五大名泉”。

### 一、镇江中泠泉

中泠泉位于江苏省镇江金山以西的石弹山下，又名中零泉、中濡泉、中泠水、南零水（见图 2-4）。据唐代张又新的《煎茶水记》载，与陆羽同时代的刘伯刍，把宜茶之水分为七等，称“扬子江南零水第一”。这南零水指的就是中泠泉，说它是大江深处的一股清洌泉水，泉水清香甘洌，涌水沸腾，景色壮观。唯要取中泠泉水，实为困难，需驾轻舟渡江而上。清代同治年间，随着长江主干道北移，金山才与长江南岸相连，终使中泠泉成为镇江长江南岸的一个景观。在池旁的石栏上，书有“天下第一泉”五个大字，它是清代镇江知府、书法家王仁堪所题。池旁的鉴亭是历代名家煮泉品茗之处，至今风光依旧。

① 氘：读音为 dāo，氢的同位素，其原子量为氢的二倍，少量的存在于天然水中。低氘水的含氘量比其他任何一种水体少得多，也称超轻水，比传统的淡水资源好很多，所以低氘水又被称为“生命之水”。

图 2-4　中泠泉

## 二、无锡惠山泉

惠山泉位于江苏无锡惠山寺附近，原名漪澜泉，相传为唐朝无锡县令敬澄派人开凿的，共两池，上池圆，下池方，故又称“二泉”。由于惠山泉水源于若冰洞，细流透过岩层裂缝，呈伏流汇集，遂成为泉。因此，泉水质轻而味甘，深受茶人赞许。唐代刑部侍郎刘伯刍和茶神陆羽，都将惠山泉列为“天下第二泉”（见图 2-5）。自此以后，历代名人学士都以惠山泉沏茗为快。唐武宗时，宰相李德裕为汲取惠山泉水，设立“水递”（类似驿站的专门输水机构），把惠山泉水送往千里之外的长安。宋徽宗赵佶更把惠山泉水列为贡品，由两淮两浙路发运使按月进贡。相传李德裕嗜饮惠山泉水，常令地方官吏用坛封装泉水，从镇江运到长安（今陕西西安），全程数千里。当时诗人皮日休，借杨贵妃驿递南方荔枝的故事，作了一首讽刺诗：“丞相长思煮茗时，郡侯催发只忧迟。吴园去国三千里，莫笑杨妃爱荔枝。”

图 2-5　惠山泉

## 三、苏州观音泉

观音泉位于苏州虎丘山观音殿后，井口一丈余见方，四旁石壁，泉水终年不断，清澈甘冽，又名“陆羽井”（见图 2-6）。陆羽与唐代诗人卢仝评它为“天下第三泉”。

图 2-6　观音泉

## 四、杭州虎跑泉

虎跑泉位于杭州西湖大慈山下，如图 2-7 所示。传说唐代高僧性空准备在这里建寺，后来因水源短缺，准备另觅他址。这夜，他在梦中得到指引：“南岳衡山有童子泉，当遣二虎移来。”翌日，果见两虎刨地作穴，涌出泉水。“虎跑梦泉”由此得名。虎跑泉是地下水流经岩石的节理和间隙汇成的裂隙泉。它从连一般酸类都不能溶解的石英砂岩中渗透、出露，水质纯净，总矿化度低，放射性稀有元素氡的含量高，是一种适于饮用、具有相当医疗保健功用的优质天然饮用矿泉水，故虎跑泉与龙井茶叶并称“西湖双绝”。

图 2-7　虎跑泉

## 五、济南趵突泉

济南趵突泉是当地七十二泉之首，名列全国第五（见图 2-8）。趵突泉位于济南旧城西南角，泉的西南侧有精美的“观澜亭”。宋代诗人曾经写诗称赞：“一派遥从玉水分，暗来都洒历山尘，滋荣冬茹温常早，润泽春茶味至真。”

泉水滋养了人类的生命，更美化了大地，给了我们秀美的山川景色：温泉四季如汤；冷泉刺骨冰肌；承压水泉喷涌而出、飞翠流玉；潜水泉清澈如镜、汩汩外溢；喷泉腾地而起、水雾弥漫；间歇泉时淌时停、含情带意；还有离奇古怪的水火泉、甘苦泉、鸳鸯泉，等等。这些名泉，均对风景名胜有锦上添花之妙，相得益彰，誉满中外。

但不是所有的山泉水都可以用来沏茶，比如硫磺矿泉水就不能沏茶。另一方面，山泉水也不是随处可得，因此，对多数茶客而言，只能视条件去选择适合沏茶的水了。

图 2-8　趵突泉

## 模块小结

不论是古人论水还是今人择水，对于茶艺师而言，要理解水对茶汤品质影响的重要性，为客人服务时，可以介绍一下泡茶的所用之水，如从何而来、有何特性、对茶汤品质有何影响等，这既是茶艺服务，也是茶艺知识宣传，同时也体现了茶艺师的专业素质。

**关键词**　选水　名泉

- **思考与练习题**

1. 为何自来水对茶汤的品质有影响?
2. 试述陆羽的择水观。

# 模块二　识　器

**知识目标**

了解茶具的种类及其主茶具与辅茶具的使用。

初识紫砂壶，了解紫砂壶的辨别方法、使用和保养。

紫砂壶的收藏与鉴赏。

**能力目标**

熟知主茶具与辅茶具，并熟练使用。

**工作任务**

通过学习识别盛器的品质和特点，了解不同质地的盛器对茶汤起的重要作用。作为茶艺师要不断学习并积累经验，提高对茶具的识别与鉴赏水平。

## 任务一　茶具种类

古代的茶具泛指制茶、饮茶所用的工具，即采茶、制茶、贮茶、饮茶使用的工具，现在则专指与泡茶有关的器具。古时叫茶器，宋代以后，茶具与茶器才逐渐合一。目前，则主要指饮茶的器具。

自从古人发现了可以用陶土制作容器以后，他们将陶土作为灶具加热食物。最初是粗糙的土陶，逐渐演变成坚实的硬陶和彩釉陶。陶土茶具（见图 2-9）是新石器时代的重要发明。

图 2-9　陶土茶具

## 一、紫砂茶具

陶器中的佼佼者首推宜兴紫砂茶具，其早在北宋初期就已经崛起，成为独树一帜的茶具，明代大为流行。紫砂壶（见图 2-10）和一般陶器不同，其里外都不敷釉，采用当地的紫泥、红泥、团山泥抟制焙烧而成。由于成陶火温较高，烧结密致，胎质细腻，既有肉眼看不见的气孔，又不会渗漏，经久使用，还能吸附茶汁，蕴蓄茶味；且传热不快，不致烫手；若热天盛茶，不易酸馊；即使冷热剧变，也不会破裂；如有必要，甚至还能直接放在炉灶上煨炖。紫砂茶具还具有造型简练大方、色调淳朴古雅的特点，外形有的似竹节、莲藕、松段，也有仿商周古铜器形状的。《桃溪客语》中记载："阳羡（宜兴）瓷壶自明季始盛，上者与金玉等价。"可见其名贵。明朝文震亨的《长物志》中记载有："壶以砂者为上，盖既不夺香，又无熟汤气。"

图 2-10　紫砂茶具

## 二、瓷器茶具

瓷器茶具在茶具中所占比例最大，是普通百姓饮茶必备之品，物美价廉是其优点。

瓷器茶具可分为白瓷茶具、青瓷茶具和黑瓷茶具等。

### 1．白瓷茶具

白瓷早在唐代就有“假玉器”之称。北宋时，景德窑生产的瓷器，质薄光润，白里泛青，雅致悦目。白瓷看上去没有斑斓的花纹和艳丽的色彩，但在朴实无华中展示给人们的是自然天成的美。

白瓷一般是指瓷胎为白色，表面为透明釉的瓷器（见图 2-11）。在上海博物馆中珍藏了很多唐代白瓷。这些唐代白瓷制作讲究，胎土淘洗洁净，杂质少，胎质很细，而且白度比较高，上了一层透明釉以后，反映出来的颜色很白，茶圣陆羽在《茶经》中，曾推崇唐代邢窑白瓷为上品，并形容它的胎釉像雪和银子一样洁白。

图 2-11　白瓷茶具

### 2．青瓷茶具

唐代的越窑、宋代的龙泉窑、官窑、汝窑、耀州窑都属青瓷窑系。早在商周时期就出现了原始青瓷。青瓷茶具从晋代开始发展，那时青瓷的主要产地在浙江，最流行的是一种叫“鸡头流子”的有嘴茶壶。六朝以后，许多青瓷茶具拥有莲花纹饰。唐代的茶壶又称“茶注”，壶嘴称“流子”，形式短小，取代了晋时的“鸡头流子”。

青瓷以瓷质细腻、线条明快流畅、造型端庄浑朴、色泽纯洁而色彩斑斓著称于世（见图 2-12）。“青如玉，明如镜，声如磬”的“瓷器之花”不愧为瓷中之宝，珍奇名贵。唐代诗人用“千峰翠色”来赞美青瓷，“功剜明月染春水，轻旋薄冰盛绿云”。也有宋代人描述，凡做出芙蓉样的瓷器，买卖客人皆富贵。生龙活虎茶杯极为别致小巧，明快、清新、雅致、大方，装饰性强，素为文人雅士所珍爱。拥有了这样的一套茶具，摆放在府邸，可以显示主人的修养与文化品位。

图 2-12　青瓷茶具

3．黑瓷茶具

黑瓷也称天目瓷，是施黑色高温釉的瓷器（见图 2-13）。黑瓷是在青瓷的基础上发展起来的。黑瓷和青瓷的呈色剂都是铁元素。黑瓷釉料中三氧化二铁的含量在 5%以上。我国商周时期就已出现黑瓷。东汉时期，浙江上虞窑烧制的黑瓷，施釉厚而均匀。东晋德清窑的黑瓷，釉厚如堆脂，色黑如漆。至宋代，黑瓷品种大量出现，河北定窑生产的黑瓷，胎骨洁白而釉色乌黑发亮；福建建窑烧制的黑瓷，因含铁量较重和烧窑时保温时间较长，所以釉中析出大量氧化铁结晶，形成了兔毫纹、油滴纹、曜变等黑色结晶釉，颇为珍贵。江西吉州窑的玳瑁斑、木叶纹、剪纸贴花黑瓷以及河南、山西等地瓷窑生产的黑瓷，也很有特色。元、明、清时期，黑瓷乃是民间所用器皿常见的釉色之一。黑瓷茶具始于晚唐，产地为浙江、四川、福建等地，宋代是其鼎盛时期。宋代流行的斗茶，为黑瓷茶具的崛起创造了条件。自宋代开始，饮茶方式由煎茶法逐渐改为点茶法。

图 2-13　黑瓷茶具

## 三、彩瓷茶具

彩瓷茶具绚丽多姿、釉色润厚，以青花瓷器最为引人注目（见图 2-14）。元代，景德镇因烧制青花瓷而闻名于世。青花瓷茶具，幽靓典雅，不仅为国内所共珍，而且还远销国外。明朝时，在永乐宣德青花瓷的基础上，又创造了各种彩瓷，产品造型精巧，胎质细腻，彩色鲜丽，画意生动，十分名贵，畅销海外，我国也被誉为“瓷器之国”。

图 2-14　彩瓷茶具

清代康雍乾盛世之后，处于全国制瓷中心地位的景德镇，瓷业生产开始滑坡，御窑的瓷器工艺水平也无更多创新，呈逐渐衰退趋势，至今人们谈到清代瓷器，总把“清三代”作为口头禅，虽然有失偏颇，但也并非毫无道理。到了道光咸丰时期，一批极富文化素养的绘瓷艺人，突破传统束缚，锐意创新，借鉴元代以黄公望为代表的山水写意中国画的风格，开历史先河把诗书画印紧密结合移植到瓷器之上。他们大胆运用水墨勾画轮廓并略加皴擦，以淡赭和水绿、草绿、淡蓝、淡紫等色彩渲染，兼工带写，所画瓷器的画面淡雅柔丽，素静空灵。由于这种技法在中国画的术语中被称作“浅绛”，所以瓷界把以这种技法绘制的瓷器称作浅绛彩瓷器，如图 2-15 所示。

图 2-15　浅绛彩瓷器

浅绛彩在绘瓷技艺上有划时代的进步意义。首先，它大规模运用诗书画印相结合的中国画风格，融入艺人对书法、文学的理解，使瓷画面貌焕然一新，丰富了文化内涵，提高了艺术品位，成为景德镇近现代彩瓷风格的开创者。其次，它打破了以前瓷绘分工过细繁复的套路，从师法宋院的工致转而师法元人的淡雅，与御窑纹饰的繁缛工整比较，更显得疏朗活放。再者，与御器由宫中发样，工匠按样照描照填，画面呆板缺乏个性相比，浅绛彩艺人则从图稿设计、勾画渲染、书法题咏直至署款印章等，皆由一人完成，画面极富灵气，个性张扬。遗憾的是，由于浅绛彩瓷器为低温（650～700℃）焙烧，料色容易退色脱落，作品的保存难度大，到了民国中后期，逐渐被高温彩料所取代，因而浅绛彩从兴起到消亡只有短短的七八十年时间。尽管如此，它毕竟是 19 世纪末 20 世纪初景德镇瓷器最富创新精神、最具代表性的制品，在我国陶瓷史上，当之无愧应占一席之位。

瓷器之美，让品茶者享受到整个品茶活动的意境之美。瓷器本身就是一种艺术，一种火与泥的艺术，这种艺术在品茶的意境之中给欣赏者更有效的欣赏空间和欣赏心情。所以瓷器茶具和茶配合，乃天作之合，锦上添花。我国的瓷器茶具品类很多，产地遍及全国，重要的亦有数十处，比如江西景德镇、福建德化瓷、湖南醴陵瓷、浙江龙泉青瓷以及哥窑瓷和弟窑瓷、河南的钧瓷。

总之，瓷器是中国的发明之一，是中国古代劳动人民的智慧和力量的结晶，配合上茶文化，更是具备了艺术和实用兼具的功效。

## 四、漆器茶具

漆器茶具始于清代，主要产于福建省福州市，故称为“双福”茶具。名贵的品种

有“宝砂闪光”、“金丝玛瑙”、“釉变金丝”、“仿古瓷”、“赤金砂”等。漆器具有轻巧美观，色泽光亮，耐温、耐酸的特点。这种茶器具更具有艺术品的功用，如图 2-16 所示。

图 2-16　漆器茶具

## 五、竹木茶具

隋唐以前，我国饮茶虽渐次推广开来，但属粗放饮茶。当时的饮茶器具，除陶瓷器外，民间多用竹木制作而成。竹木质地朴素无华且不导热，用做茶具有保温、不烫手的优点。另外，竹木还有天然纹理，做出的茶具别具一格，极富观赏性。目前，竹木主要用于制作茶盘、茶池、茶道具、茶叶罐等，也有少数地区用竹茶碗饮茶。竹木茶具如图 2-17 所示。

图 2-17　竹木茶具

## 六、玻璃茶具

玻璃茶具始于唐代。唐代在供奉法门寺塔佛骨舍利时，也将玻璃茶具列入供奉之物。玻璃质地透明，光泽夺目，可塑性大，因此，用它制成的茶具，形态各异，用途广泛，加之价格低廉，购买方便，深受品茶人好评，如图 2-18 所示。用玻璃茶具泡茶，茶汤的鲜艳色泽，茶叶的细嫩柔软，茶叶在整个冲泡过程中的上下穿动，叶片的逐渐舒展等，可以一览无余，简直是一种动态的艺术欣赏。

图 2-18　玻璃茶具

## 七、其他茶具

除了以上所述茶具之外，还有用玉石（见图2-19）、水晶、玛瑙以及各种珍稀原料制成的茶具。例如《红楼梦》中，妙玉在栊翠庵中招待宝钗、黛玉及宝玉三人用的茶具分别是𤪖瓟斝（读音为班跑假）、点犀䀉、绿玉斗、九曲十环一百二十节蟠虬整雕竹根的一个大海，招待贾母及随行人员用的茶具也均属珍品。可见珍稀原料制成的茶具一般用于观赏、收藏以及显示主人的身份。

图 2-19　玉石茶具

# 任务二　主茶具与辅茶具

主茶具一定要符合泡饮茶的功能要求，如果只有玲珑的造型、精美的图案和亮丽的色彩，而在功能上有所欠缺，则只能作为摆设，失去了茶具的真正作用。主茶具主要有壶、盅、杯等。辅助泡茶用具主要包括茶则、茶匙、茶夹、茶漏、茶针、茶荷、茶巾、茶叶罐、煮水器等。

## 一、主茶具

主茶具即泡茶用的主要茶具。

### 1．茶壶

茶壶是泡茶用的器皿（见图 2-20），多以陶制、瓷制为主。

图 2-20　茶壶

### 2．茶船

茶船是摆置茶具，用以泡茶的基座（见图 2-21），可用竹、木、金属、陶瓷、石等材质制成，有规则形、自然形、排水形等。

图 2-21　茶船

### 3．茶海

茶海又名公道杯，也称茶盅，用来盛放泡好的茶汤，起到中和茶汤的作用（见图 2-22）。多以陶制、瓷制为主。茶海分加盖无提海、无盖无提海和加盖后提海三种。

图 2-22　茶海

### 4．茶杯

茶杯用来盛放泡好的茶汤，以陶制、瓷制、玻璃制品最为常见。瓷器上面最好上釉，以能看到茶汤汤色的白色或浅色为最好。

闻香杯：此杯的高度比茶杯高，借以保留香气。倒入茶杯时可降低温度并闻茶香气。

### 5．盖碗

盖碗又称盖杯，分盖、杯身、杯托三部分，主要用来泡茶（见图 2-23）。杯为反边敞口的瓷器，以江西景德镇出产的最为著名。

图 2-23　盖碗

## 二、辅茶具

辅茶具即泡茶的辅助用具（见图 2-24），它能增加美感，方便操作。

图 2-24　辅茶具

图 2-24 中的用具从左到右依次是：茶匙、茶夹、茶则、茶漏、茶针（茶漏上）、容则。

1）茶匙：辅助茶则将茶叶拨入泡茶器中，多为木、竹制品。

2）茶夹：相当于手的延伸，用于清洗茶杯，将茶渣从泡茶器皿中取出。

3）茶则：把茶叶从盛茶用具中取出的工具，多用来盛放乌龙茶中的球形、半球形茶，多选用木、竹、陶制品。

4）茶漏：扩大壶口的面积，防止茶叶外漏。

5）茶针：用于疏通壶嘴。

6）容则：插放茶则、茶匙、茶夹、茶针等的有底筒状器物。

以上六项在茶艺中被称为“茶艺六君子”。

7）茶荷：控制置茶量的器皿（见图2-25），用竹、木、陶、瓷、锡等制成，同时可作为观赏干茶样和置茶分样用。

图 2-25　茶荷

8）茶巾：擦拭茶具上的水痕以及滴落在茶桌上的水痕（见图 2-26）。

图 2-26　茶巾

9）杯垫：主要用于盛放闻香品茶的杯子，多以竹、木、瓷、陶制品为主。

10）煮水器：也称随手泡，主要用于盛放泡茶用的水。

11）茶叶罐：主要用于盛装茶叶（见图 2-27），便于存放保香，以纸、陶、锡、铁、不锈钢制品为主。

图 2-27　茶叶罐

12）铺垫：茶席整体或局部物件摆放下的各种铺垫、衬托、装饰物的统称，常用棉、麻、化纤、竹、草秆编织而成。铺垫的形状一般有正方形、长方形、三角形、菱形、圆形、椭圆形、多边形和不确定形。

铺垫的类型有：①织品类，包括棉布、麻布、化纤、蜡染、印花、毛织、织锦、绸缎、手工编织等；②非织品类，包括竹编、草秆编、树叶铺、纸铺、石铺、瓷砖铺等。

13）茶巾盘：放置茶巾的用具，常用竹、木、金属、搪瓷等制作而成。

14）奉茶盘：用以盛放茶杯、茶碗、茶食或其他茶具的盘子，也可向客人奉茶或茶食时使用，常用竹、木、塑料、金属制作而成。

15）茶箸：形同筷子，也用于夹出茶渣，在配合泡茶时亦可用于搅拌茶汤。

16）渣匙：从泡茶器具中取出茶渣的用具，常与茶针相连，即一端为茶针，另一端为渣匙，用竹、木制成。

17）茶拂：用以刷除茶荷上所沾茶末之具。

18）盖置：承托壶盖、盅盖、杯盖的器具，既保持盖子清洁，又避免沾湿桌面。其种类有：①托垫式，形似盘式杯托；②支撑式，为圆柱状物，从盖子中心点支撑住盖，或为筒状物，从盖子四周支撑。

19）壶垫：圆形垫壶织品，用以保护茶壶。

20）滤斗（滤网）：过滤茶汤碎末用，网为金属丝制，边缘为金属或瓷质。

21）滤斗架：承托滤斗用，有金属螺旋状、瓷质双手合掌状和单手伸指状。

图 2-28 为滤斗架及滤斗（滤网）。

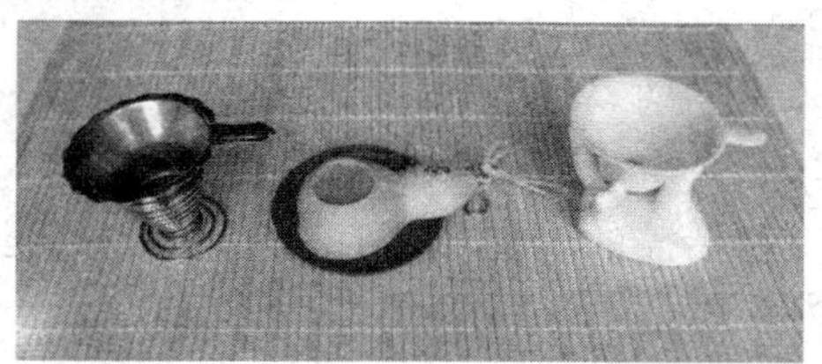

图 2-28　滤斗架及滤斗（滤网）

22）计时器：用以计算泡茶时间的工具，如定时钟和电子秒表，可以计秒的为佳。

23）茶食盘：置放茶食的用具，用瓷、竹、金属等制成。

24）茶叉：取食茶食用具，用金属、竹、木制成。

25）餐巾纸：用来垫取茶具、擦手、拭杯沿。

26）消毒柜：用以对茶具进行烘干和消毒灭菌。

## 任务三　茶壶的构造及其选择、使用和保养

在学习紫砂壶的选择之前，我们先来学习一下茶壶的构造，以便更清楚地了解紫砂壶的特点。

### 一、茶壶的构造

准确地说，茶壶有纽、盖、身、提、流、足、气孔等部位，如图 2-29 所示。从制作的工艺上细分，足有圈足、钉足、方足、平足之分；纽有珠纽、桥式纽、物象纽三种；壶盖有嵌盖、压盖、截盖；把（即提）有单把、圈把、斜把、提梁把，其形真可谓纷繁多样。

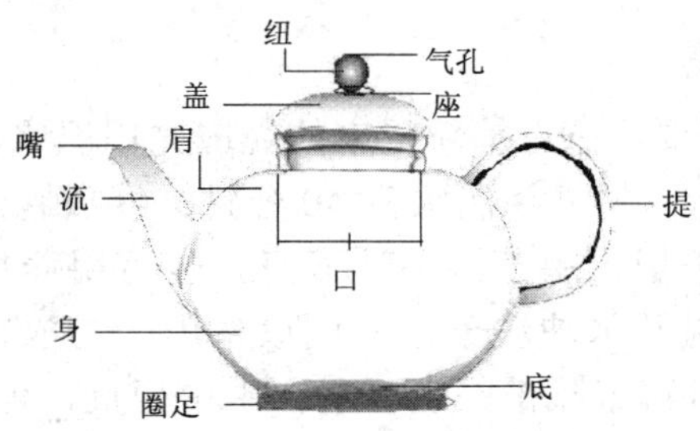


图 2-29　茶壶构造图

#### 1. 身

身指壶的身体，包含壶肩和壶底，主要用于储水。壶身的凸出部分称为腹，腹的下面称为底，在腹下、底上有圈足。因为绕壶底一圈，作为壶的立足，所以叫圈足。

#### 2. 流

流指茶从壶身流出来的部分，包括流的尖端开口处称为嘴的部分和流在壶身里面作

为茶汤的进口处称为孔的部分。孔因制造方法不同分为单孔、网孔和蜂巢三种。

3．口

在壶肩的上面有个开口作为置茶及冲水的地方。

4．盖

盖在口上为密合之用，包括盖的上面作为打开盖子的称为纽的关键部分及在纽上的气孔。气孔是倒茶时调和内外压力的。

5．提

壶身的把手称为提，为举壶倒茶时所用。

## 二、紫砂壶的选择、使用和保养

### 1．紫砂壶的选择

选购紫砂壶时首先要明确购壶目的，是为了收藏用、鉴赏用还是实用。换而言之，紫砂壶不仅具有实用功能还具有收藏价值。现在的茶楼、品茗场所对客所用之壶大多数是2～4人或者6人用的实用壶，这样的壶既有实用功能还兼备外形美观的特点。另外，供客人观赏、营造店内文化氛围并具有一定的纪念意义的收藏壶，不仅具有观赏价值，还具有保值升值之特点。

选购一把好的紫砂壶有以下六要诀。

1）壶嘴、壶口、壶把扣放时三者是否在同一直线上。

2）壶身、壶盖是否是同一组件。

3）出水是否呈水柱状。

4）用手堵住壶盖上的气孔，水是否外流。

5）嗅闻壶内有无异味。

6）拿在手中是否舒适。

### 2．紫砂壶的使用和保养

紫砂壶的使用和保养需要注意：①新买来的壶应先用温水冲洗；②在干净无异味的器皿中倒入清水，放入茶叶，将壶用温火煮40分钟；③放置浸泡8小时；④取出用温开水内外冲洗干净；⑤饮茶毕，用茶汤冲洗壶身，也可用养护刷沾茶汤擦拭壶；⑥饮茶毕，应将茶叶倒掉，用温开水冲洗干净，倒放备用；⑦放置时，要远离异味，置于干燥、通风处；⑧平时可用软布擦拭，也可拿在手中把玩，但手一定要干净、无异味；⑨在养护的过程中一定要认真、用心，才能养护出一把好壶。

# 任务四　紫砂壶的鉴赏与收藏

评价一件紫砂壶必须具备三个主要因素：美好的结构、精湛的技艺和优良的实用功能。所谓美好的结构，是指壶的嘴、提、盖、纽、足，应与壶身整体比例协调；精湛的技艺，是评审壶艺优劣的准则；优良的实用功能，是指容积和重量的恰当，便于执握，壶的周围合缝，壶嘴的出水流畅。同时要考虑色底和图案的脱俗、和谐。

如今，鉴定宜兴紫砂壶优劣的标准归纳起来，可以用五个字来概括：泥、形、工、款、功。前四个字属艺术标准，后一字为功用标准，分述如下。

## 一、泥

紫砂壶闻名于世，固然与它的制作分不开，但根本的原因是其制作原材料紫砂泥的优越。近代有许多含有氧化铁的泥，全国各地不知有多少，但别处就产生不了紫砂，只能有紫泥，这说明问题的关键不在于含有氧化铁，而在紫砂的“砂”。根据现代科学的分析，紫砂泥的分子结构确有与其他泥不同的地方，就是同样的紫砂泥，其结构也不尽相同，有着细微的差别。这样，由于原材料不同，带来功能效用及给人的官能感受也就不尽相同。功能效用好的则质优，反之则质差；官能感受好的则质优，反之则质差。所以说评价一把紫砂壶的优劣，首先是看泥的优劣。

泥色的变化，只给人带来视觉感官的不同，与功用、手感无关。而紫砂壶是实用功能很强的艺术品，尤其由于使用的习惯，紫砂壶需要不断摸索，让手感舒服，达到心理愉悦的目的。所以紫砂质表的感觉比泥色更重要。紫砂与其他陶泥相比，一个显著的特点即是手感不同。一个熟悉紫砂的人，闭着眼睛也能区别紫砂与非紫砂。摸玻璃器物——黏手；而摸在紫砂物件上就如摸豆沙——细而不腻，十分舒服。所以评价一把紫砂壶，壶质表的手感是十分重要的。近年来时兴的铺砂壶，正是强调这种质表手感的产物。

## 二、形

陶艺专著分析紫砂原材料时，均说其含有氧化铁的成分，其紫砂壶之形，是存世各类器皿中最丰富的了，素有“方非一式，圆不一相”之赞誉。如何评价这些造型，也是“仁者见仁，智者见智”，因为艺术的社会功能即是满足人们的心理需要，既然有各种各样的人，就会有各种各样的心理需要；大度的爱大度，清秀的爱清秀，古拙的爱古拙，喜玩的爱趣味，人各有爱，不能强求。从笔者角度出发，认为古拙为最佳，大度次之，清秀再次之，趣味又次之。道理何在？因为紫砂壶属整个茶文化的组成部分，所以它追求的意境，应是茶道所追求的意境，即“淡泊和平，超世脱俗”，而古拙正与这种气氛最为融洽，所以古拙为最佳。

许多制壶艺人都明白这个道理，就去仿古，结果是“东施效颦”，反而把自己的可爱之处丢掉了。艺术品乃是作者心境之表露，休养之结果，不是其他所能替代得了的。

历史上遗留下来许多传统造型的紫砂壶，例如石桃、井栏、僧帽、掇球、茄段等，拿今人的眼光看，仍然是非常优秀的作品。现在许多的艺人也在临摹，也是一人一个样，各不相同。譬如石桃壶，据不完全统计，就有一百多种，原因就是古今的艺人们，都把自己的审美情趣融进了他们的作品之中。

说起“形”，人们常把它与紫砂壶艺的流派相提并论，认为紫砂壶流派分“筋囊”、“花货”、“光货”等，这就如戏剧表演家的流派分类，不能以他演什么戏而定，而应

以他在戏剧表演中追求的趣味来定。艺术家在其艺术生涯中必然形成了个人风格，几个相差无几的个人风格凑在一起，就成了流派。

## 三、工

中国艺术有很多相通的地方，例如京剧的舞蹈动作、国画的大写意，是属于豪放之列；京剧唱段与国画工笔，则属于严谨之列；而紫砂壶成型技法，乃与京剧唱段、国画工笔技法，有着异曲同工之妙，也是十分严谨的。

点、线、面是构成紫砂壶形体的基本元素，在紫砂壶成型过程中，必须交代得清清楚楚，犹如工笔绘画一样，起笔落笔，转弯曲折，抑扬顿挫，都必须交代清楚。面，需光则光，需毛则毛；线，需直则直，需曲则曲；点，需方则方，需圆则圆，都不能有半点含糊。否则，就不能算是一把好壶。

按照紫砂壶成型工艺的特殊要求来说，壶嘴与壶把要绝对在一条直线上，并且分量要均衡；壶口与壶盖结合要严紧。这也是“工”的要求。

## 四、款

款即壶的款式。鉴赏紫砂壶款的含义有两层：一层是鉴别壶的作者是谁，或者壶上题词镌铭的作者是谁；另一层是欣赏题词的内容、镌刻的书画、还有印款（金石篆刻）。

紫砂壶的装饰艺术是中国传统艺术的一部分。它具有中国传统艺术“诗、书、画、印”四位一体的显著特点。所以，一把紫砂壶可看的地方除泥色、造型、制作功夫以外，还有文学、书法、绘画、金石等诸多方面，能给赏壶人带来更多美的享受。

历来，紫砂壶是按人定价，名家名壶的身价可比普通的壶高百倍。在商品社会这一定价特点尤为突出，所以市场上很容易出现名家之作的仿制品，仿造的赝品屡见不鲜，消费者选购名壶尤其要小心。

## 五、功

所谓“功”，是指壶的功能美。近年来，紫砂壶新品层出不穷，如群星璀璨，令人目不暇接。制壶人往往讲究造型的形式美，而忽视功能美。尤其是有些制壶人自己不饮茶，所以对饮茶习惯知之甚少，这也直接影响了紫砂壶功能的发挥，有的壶甚至会出现中看不中用的情况。

其实，紫砂壶与别的艺术品最大的区别，就在于它是实用性很强的艺术品，它的“艺”全在“用”中“品”，如果失去“用”的意义，“艺”亦不复存在。所以，千万不能忽视壶的功能美。

紫砂壶的功能美主要表现在：容量适度、高矮得当、口盖严紧、出水流畅。

我国南方人（包括港台地区的人）的饮茶习惯一般为二至五人会饮，采用容量为350毫升的壶为最佳。这种壶刚好够倒四杯左右的茶，手摸手提都只需一手之劳，所以称为“一手壶”。

紫砂壶的高矮各有用处。高壶口小，宜泡红茶；矮壶口大，宜泡绿茶，但又必须适度，过高则茶失味，过矮则茶易从口盖溢出，大杀风景。杀风景的还有壶嘴出水不畅，几粒很小的珠茶倒入壶中，均变成大叶，易把出口堵住，现时做壶已根据饮茶人习惯把壶嘴改成独口，流水明显比以前更通畅。

**知识链接**

**紫砂壶收藏入门**

紫砂壶制作水平的档次相差特别大，有卖几块钱的，也有卖几百、上千、上万、几十万元的。现代工艺大师制作的精品紫砂壶价格较高，古代紫砂名人名壶就更不用说了，当时的价格就非常高，可谓“黄金有价名壶难求”。

紫砂壶爱好者买什么档次的壶，首先要看经济实力。当代不少中青年陶艺师，他们的制作水平和艺术气质都相当不错，只是目前尚未成名或名气不大，作品的价格就低得多，他们之中肯定会有些人，在不久的将来成为名家或大师，这就看你的眼力了。玩紫砂跟收藏书画是一个道理。有时在低档产品中，偶尔也有可能选出古拙朴实的好壶来，须知黄金本是从沙里淘出来的，关键还是在于你会不会“淘”了。

始于20世纪80年代的狂热炒作，令紫砂壶市场着实地虚高一阵儿，而目前持续低迷的行情恰恰是投资人介入的有利时机。

自古以来，文人雅客都有收藏紫砂壶的嗜好，一些出自名家之手、做工精良的紫砂壶，往往呈现“泥土与黄金等价”的现象。近年来，紫砂壶更成为投资者的主要目标。

紫砂壶的集藏与投资，古已有之，明清时代主要以收藏为主。进入20世纪70年代，其投资价值受到市场青睐，尤其是80年代，中华大地曾刮起一阵炒作紫砂壶的旋风，一些当代烧制的平淡作品一夜之间身价百倍，令人难以理解。之后，随着大量仿制品的出现，一度供不应求的局面发生转变。到了90年代，紫砂集藏投资热不断降温，脱离实际价值的紫砂壶价格出现了价值回归，集藏投资由此进入相对低迷阶段。

从紫砂由热到冷的过程来看，20世纪80年代初，紫砂壶的市场需求量并不大，尤其是名贵紫砂壶，制作量较小，市场上看到的通常都是些普通的紫砂壶产品，仅具有使用价值而没有收藏价值。但是这个时候港台地区的紫砂集藏却异常活跃，尤其是当代名家制作的紫砂壶在市场上备受青睐，市场价格越来越高。

一些造型特殊、线条流畅的紫砂壶逐渐变成了高档收藏品，像目前陶艺家和工艺师制作的紫砂壶，在部分商家的炒作下，价格扶摇直上，市场交易价格少则几万元，高的则攀上了十几万元；即使是普通技术员的作品，也能卖到上万元。需求的大幅增加，令紫砂壶价格暴涨，一些为暴利驱使的买家纷纷抬高收购价格，使紫砂壶的供求关系发生了改变，并最终导致国内集藏市场上紫砂壶价格的快速攀升，参与其间者日增。

20世纪80年代中后期，港台商人的过度炒作，严重透支了紫砂壶未来的升值空间，加上受高利润的诱惑，市场上赝品横行，紫砂壶的声誉江河日下，市场从此走上下坡路。目前，许多出自名家之手的紫砂壶的身价也不及高峰时的十分之一，形成了明显的低谷。

不过从去年开始，紫砂壶的收藏有走出低谷的表现，尽管尚无明显的回暖迹象，但已有国内企业家和收藏者正在寻购精品佳作，说明紫砂壶的集藏群体有了新的发展。因此，投资者不妨从现在开始关注紫砂壶的走势，熟悉其集藏与投资门道。

应选择哪些紫砂壶为投资对象呢？

名家制作的紫砂壶是首选。作为一种绝技，紫砂壶除了讲究泥质、工艺独特和装饰方式外，制作水平是影响价格的关键因素。鉴于名家通常具备高超的技艺，在师承传统的同时往往会不断创新，代表着一种工艺特色和流派，因此，他们的作品历来受到藏家的重视和青睐。所以，在经济实力允许的条件下，投资者应该首选名家之作。目前，一些高级工艺师的佳作，市场价格在万元之上。

艺术价值反映市场价格。紫砂壶的造型各有千秋，但艺术水准的高低却是衡量市场价格的重要标准。紫砂壶上各种奇异的树枝、花果、筋纹和描绘的图案及文字，是紫砂壶精美绝伦的艺术价值的体现，自然受到集藏者的眷顾与珍爱。

具有时代烙印的品种受重视。紫砂壶在不同历史时期的流行特点，往往具有时代的印迹，尤其是某段时期代表性的作品，常常是千金难求的杰作，在紫砂集藏界具有非常高的地位，其历史价值和投资价值也非同寻常。如 1966 年至 1976 年制作的紫砂壶主要以泥绘或镌刻革命图案与文字为特征，而且在造型与内部结构上也出现了变革。

总之，投资紫砂壶需要根据工艺特点、艺术价值、名人效应和流行趋势等进行综合考虑，优中选佳不仅是集藏的真谛，也是市场投资最基本的着眼点。

此外，在投资紫砂壶时还需要了解和掌握鉴别方面的基本知识，因为紫砂壶也存在良莠之别，同时由于 20 世纪 80 年代的炒作，致使大量仿冒作假品种在市场上不断涌现。所以，对紫砂壶的鉴定与甄别就显得非常重要。

紫砂壶的鉴定与甄别通常有以下几种方式：一是断代，紫砂壶的形状、款识、泥质和技艺等，在每个时期都有不同的特点，可以从一些重要特征入手进行鉴别；二是识别制作者，主要通过制作者标示的署款来识别，其署名特点至关重要；三是辨伪，这方面的专业要求非常高，不仅要知道断代和分辨作者，还要掌握各个名家的制作特点、款识格式和擅长技艺，尤其对早期紫砂壶，其辨别难度更高，稍不留神或道行不深，就极容易看走眼。

尽管近年来紫砂壶赝品泛滥，但并不影响收藏者和投资者参与，毕竟绝大多数赝品均属粗制滥造之列，识别也较为容易，而且这些东西一般售价较低，多属于地摊商品，投资者完全可以抛弃这类紫砂壶而选择那些“根正苗红”的商家或到拍卖行中竞拍。

尽管近十余年来紫砂壶的价格持续走低给紫砂壶投资带来负面影响，但应当看到，其炒作泡沫已基本散尽，一些当代名家之作的价格明显偏低，无形中又孕育着新的投资机会。同时，近年来我国经济发展迅速，民间收藏繁荣，紫砂壶的集藏也有重新升温的趋势，这些都是投资潜力的表现，颇值得投资者关心和重视。

（资料来源：科学与艺术数字博物馆，http://www.e-museum.com.cn）

## 模块小结

紫砂壶的艺术不仅仅体现在壶的构造和制作艺术上，还体现在通过大师们篆刻、雕刻出来的浮现在壶身上的文字美和书画美上，是若干工艺的结合，是人们智慧的结晶。茶艺师通过学习并了解紫砂壶艺术，更能加深茶艺师功底的内涵。

**关键词** 茶具 构造 保养 鉴赏

## ● 思考与练习题

1. 为什么说紫砂壶的艺术是一项高超的艺术？
2. 紫砂壶的收藏应以哪些为投资对象？
3. 试述主茶具与辅茶具，并列举几样具体说明。
4. 紫砂壶的保养要诀是什么？

# 项目三
# 茶席设计

**项目导引**

本项目主要介绍茶席设计的基本构成要素、茶席设计结构和茶席设计技巧、茶席动态演示中的服饰、音乐的选择与把握以及茶席设计的文案编写等基础知识和基本技能，并以茶席设计的构成要素为线索，深入浅出地分析了茶席设计在茶道艺术中的地位和作用。

**知识目标**

培养学生掌握茶席设计的技巧和方法。

**能力目标**

具有从事茶席设计工作的基本能力。

**项目分解**

模块一　茶席设计的基本构成要素
模块二　茶席设计的结构及题材表现方式
模块三　茶席设计的技巧与动态演示
模块四　茶席动态演示中的服饰、音乐的选择与把握
模块五　茶席设计的文案编写

## 模块一　茶席设计的基本构成要素

**知识目标**

了解茶席及茶席设计的概念，认知茶席的构成要素。

**能力目标**

能熟练运用茶席设计的基本构成要素设计茶席。

**工作任务**

运用茶席设计的基本构成要素设计茶席。

# 任务一　茶席设计的概念

## 一、茶席的概念

中国古代无“茶席”一词，茶席是从酒席、筵席、宴席转化而来，茶席名称最早出现在日本、韩国的茶事活动中。

席的本义是指“用芦苇、竹篾、蒲草等编成的坐卧垫具”（《中国汉字大辞典》）。如竹席、草席、苇席、篾席、芦席等，可卷而收起。“我心非席，不可卷也”（《诗经・邶风・柏舟》）、“席卷天下”（贾谊《过秦论》）。

席的引申义为座位、席位、坐席，“君赐食，必正席，先尝之”（《论语・乡党》）；后又引申为酒席、宴席，是指请客或聚会酒水和桌上的菜。

“茶席”一词在日本茶事中出现不少，有时也兼指茶室、茶屋。“去年的平安宫献茶会，在这种暑天般的气候中举行了。京都六个煎茶流派纷纷设起茶席，欢迎客人。小川流在纪念殿设立了礼茶席迎接客人，……略盆玉露茶席有400多位客人光临。”（《小川流煎茶・平安宫献茶会》）

韩国也有“茶席”一词。“茶席，为喝茶或喝饮料而摆的席。”出自韩国一则观光公社中的广告文字，广告中并有“茶席”配图。配图的画面为一桌面上摆放各类点心干果，并有二人的空碗和碗旁各放一双筷子。

近年在中国台湾，“茶席”一词也出现颇多。

“茶席，是泡茶、喝茶的地方。包括泡茶的操作场所、客人的坐席以及所需气氛的环境布置。”①

“茶席是沏茶、饮茶的场所，包括沏茶者的操作场所、茶道活动的必需空间、奉茶处所、宾客的坐席、修饰与雅化环境氛围的设计与布置等，是茶道中文人雅艺的重要内容之一。”②

我们说，茶席不同于茶室，茶席只是茶室的一部分。因此说，茶席泛指习茶、饮茶的桌席。它是以茶器为素材，并与其他器物及艺术相结合，展现某种茶事功能或表达某个主题的艺术组合形式。

茶席的特征主要有四个，即实用性、艺术性、综合性、独立性。

茶席有普通茶席（生活茶席、实用茶席）和艺术茶席之分。

## 二、茶席设计的概念

“茶席设计与布置包括茶室内的茶座、室外茶会的活动茶席、表演型的沏茶台（案）等。”②

“所谓茶席设计，就是指以茶为灵魂，以茶具为主体，在特定的空间形态中，与其他

---

① 童启庆：《影像中国茶道》，杭州，浙江摄影出版社，2002。
② 周文棠：《茶道》，杭州，浙江大学出版社，2003。

的艺术形式相结合，所共同完成的一个有独立主题的茶道艺术组合整体。”①

茶席设计就是以茶具为主材，以铺垫等器物为辅材，并与插花等艺术相结合，从而布置出具有一定意义或功能的茶席。

## 任务二　茶席设计的基本构成要素

茶席设计是由不同的要素构成的。由于人的生活和文化背景及思想、性格、情感等方面的差异，在进行茶席设计时会选择不同的构成要素。这里，介绍一般茶席设计的构成要素。

### 一、茶品

茶是茶席设计的灵魂，也是茶席设计的思想基础。因茶，而有茶席；因茶，而有茶席设计。茶在一切茶文化以及相关艺术表现形式中，既是源头，又是目标。

茶席设计的目的是为了提高茶的魅力、展现茶的精神。所以在茶席设计中最重要的就是茶叶了。只有选定了某一种茶叶才能更好地围绕茶这个中心来确定主题，构思茶席。

### 二、茶具组合

茶具组合是茶席设计的基础，也是茶席构成因素的主体。茶具组合的基本特征是实用性和艺术性相融合。因此，在它的质地、造型、体积、色彩、内涵等方面，应作为茶席设计的重要部分加以考虑，并使其在整个茶席布局中处于最显著的位置，以便于对茶席进行动态演示。

茶具的质地可以根据所选择的茶叶来定，也可以根据自己的需求来决定，可以特别配置也可以简略配置，随意性较大；但在茶席设计中一般根据茶叶来确定，如名优绿茶一般可以选择透明无花纹的玻璃杯或白瓷、青瓷、青花瓷盖碗杯，花茶一般可以使用青瓷、青花瓷、斗彩、粉彩瓷器盖杯或壶，普洱茶和一些半发酵及重焙火的乌龙茶可以使用紫砂壶杯具，黄茶可以使用奶白杯，红茶可以用内壁施白釉的紫砂杯、白瓷、白底红花瓷、红釉瓷的壶杯具和盖碗杯，轻发酵及重发酵的乌龙茶还可以用白瓷和白底花瓷壶杯或盖碗来冲泡，白茶可以用白瓷壶杯或用反差很大的内壁施黑釉的瓷壶杯来冲泡，以衬托出白毫。选择茶具时还要注意整套茶具的色彩搭配，既要避免单调，又要求统一和谐，富有艺术情趣。

### 三、铺垫

铺垫指的是茶席整体或局部物件摆放下的铺垫物，也是铺垫茶席之下布艺类和其他质地物的统称。铺垫可以帮我们遮挡桌子，保持茶具的干净，也可以帮我们烘托主题、渲染意境。铺垫可以选择棉布、麻布、蜡染布、化纤布、印花布、毛织、织锦、丝绸等布艺，也可以选用竹编、石头、纸张、草秆编、树叶等，或者可以什么都不用，直接是

① 乔木森：《茶席设计》，上海，上海文化出版社，2005。

桌子、茶几等。在选择铺垫时要注意色彩的搭配，铺垫与铺垫之间、铺垫与茶具之间、铺垫与泡茶者的服饰之间都要关照到，不然铺垫就起不到烘托主题、渲染意境的效果，反而还可能起反面作用。

## 四、插花

插花是指人们以自然界的鲜花、叶草为材料，通过艺术加工，在不同的线条和造型变化中，融入一定的思想和情感而完成的花卉的再造形象。

插花是一门古老的艺术，能寄托人们美好的情感。插花的起源应归于人们对花卉的热爱，通过对花卉的定格，表达一种意境来体验生命的真实与灿烂。我国的插花历史悠久，素以风雅著称于世，形成了独特的民族风格，其色彩鲜丽、形态丰富、结构严谨。

茶席中的插花不同于一般插花，而要体现茶的精神，追求崇尚自然、朴实秀雅的风格。其基本特征是：简洁、淡雅、小巧、精致。鲜花不求繁多，只插一两枝便能起到画龙点睛的效果；注重线条和构图的美和变化，以达到朴素大方、清雅绝俗的艺术效果。

**1．茶席插花的形式**

以直立型、倾斜式、悬崖式、平卧式为常见。

**（1）直立式插花**

直立式插花的主枝基本呈直立状，其他插入的花卉也呈自然向上的势头。虽然花叶不多，但一花一叶都应有艺术构思。直立式插花要注意衬托茶席的主题，力求层次分明，高低错落有致，这样才能充满生机勃发的意蕴。

**（2）倾斜式插花**

倾斜式插花是指第一主枝倾斜于花器一侧为标志的插花。其具有一定的自然状态，如同风雨过后那些被吹压弯曲的花枝，重又伸腰向上生长，蕴含着不屈不挠的顽强精神；又有临水之花木那种疏影横斜的韵味。

**（3）悬崖式插花**

悬崖式插花是指第一主枝在花器上悬挂而下为造型特征的插花。形如高山流水，瀑布倾斜，又似悬崖上的枝藤垂挂，柔枝蔓条。其线条简洁夸张，给人以格调高逸的感觉。

**（4）平卧式插花**

平卧式插花是指全部的花卉在一个平面上的插花样式。茶席插花中，平卧式插花虽不常见，但在某些特定的茶席中，如移向式结构及部分地铺中，用平卧式可以使整体茶席的点线结构得到较为鲜明的体现。

平卧式插花的特点是，如同花枝匍匐生长，其中没有高低层次的变化，只有左右向的长短伸缩，给人以对生活无限热爱和依恋的感觉。

**2．插花的技巧**

**（1）虚实相宜**

花为实，叶为虚，有花无叶欠陪衬，有叶无花缺实体。插花时要做到实中有虚，虚中有实。

**（2）高低错落**

花朵的位置切忌在同一条横线或直线上。

（3）**疏密有致**

要使每朵花、每片叶都具有观赏效果和构图效果，过密则复杂，过疏则空荡。

（4）**顾盼呼应**

花朵、枝叶要围绕中心顾盼呼应，在反映作品整体性的同时，又要保持作品的均衡感。

（5）**上轻下重**

花苞在上，盛花在下；浅色在上，深色在下，显得均衡自然。

（6）**上散下聚**

花朵和枝叶基部聚拢似同生一根，上部疏散多姿多态。

在茶席插花中，应选择花小而不艳，香清淡雅的花材，最好是含苞待放或花蕾初绽。造型应崇尚简素，忌繁复。插花只是衬托，为茶艺服务，切忌喧宾夺主。至于选择什么类型的插花，要视具体的茶艺主题而定。

## 五、焚香

焚香是指人们将从动物和植物中获取的天然香料进行加工，使其成为各种不同的香型，并在不同的场合焚熏，以获得嗅觉上的美好享受。

一开始，焚香就与人们的生理需求、精神需求迅速结合在一起。在盛唐时期，达官贵人、文人雅士及有钱的人就经常在聚会上争奇斗香，使熏香渐渐成为一种艺术，与茶文化一起发展起来。至宋，我国的焚香艺术与点茶、插花、挂画一起，作为文人“四艺”，出现在日常的生活中。

焚香发展到今天，已不单纯是品香、斗香，而是以天然芳香原料为载体，融自然科学和人文科学为一体，感受和美化生活，实现人与自然的和谐，创造人的外在美与心灵美和谐统一的香文化。正如茶道一样，其含义已远远超越了制茶和喝茶本身。

焚香，可用在茶席中。它不仅作为一种艺术形态融于整个茶席中，同时以它美妙的气味弥散于茶席四周的空气中，使人在嗅觉上获得非常舒适的感受。

### 1．茶席中自然香料的种类

自然香料一般由富含香气的植物与动物提炼而来。自然界中具有香成分的植物十分广泛，主要有檀香、沉香、龙脑香、紫藤香、甘松香、丁香、石蜜、茉莉等。

茶席中香料的选择，应根据不同的茶席内容及表现风格来决定。如表现宗教和古代宫廷类茶道的茶席，可选用香味相对浓烈一些的香料；而表现一般生活内容的茶席，可选择相对淡雅一些的香料。因此，对不同香料的香型特征应有一个基本的了解，以便在茶席的设计中正确地加以使用。

### 2．茶席中香品的样式

茶席中的香品，总体上分为熟香与生香，又称干香与湿香。熟香指的是成品香料，一般可在香店购得。少量为香品制作爱好者自选香料自行制作而成。生香是指在作茶席动态演示之前，临场进行香的制作（又称香道表演）所用的各类香料。

熟香样式有柱香、线香、盘香、条香等。这些都是常见的熟香样式。另有片香、香末等作为熏香之用。

生香临场制作表演既是一种技术，又是一种艺术，具有可观赏性。对于香道文化的传播，起着非同寻常的作用。

**3．茶席中香炉的种类及摆置原则**

**（1）香炉的种类**

香炉造型多取自春秋之鼎。从汉墓中出土的博山炉，史学界基本上认为是中国香炉之祖。至宋，瓷香炉大量出现，样式有鼎、乳炉、鬲炉、敦炉、钵炉、洗炉、筒炉等，大多仿商周名器铸造。明代制炉风盛，宣德香炉是其代表。在色彩上，香炉也呈缤纷夺目之势。

各类香炉都有铜、铁、陶、瓷质等，宫廷和富贵人家还有用金、银铸之。现代香炉多为铜质、铁质和紫砂制品。

表现宗教题材及古代宫廷题材，一般选用铜质香炉。铜质香炉古风犹存，基本保留了古代香炉的造型特征。

表现现代和古代文人雅士的茶席，以选择白瓷直筒高腰山水图案的焚香炉为佳。直筒高腰焚香炉形似笔筒，与文房四宝为伍，协调统一，符合文人雅士的审美习惯。

表现一般生活题材的茶席，泡青茶系列，可选紫砂类香炉或熏香炉；泡龙井、碧螺春、黄山毛峰等绿茶，可选用瓷质青花低腹阔口的焚香炉。瓷与紫砂，贴近生活，清新雅致，富有生活气息。

**（2）香炉的摆置原则**

香炉在茶席中的摆置，即香炉在茶席中的位子，应把握以下几个原则。

**（1）不夺香**

香炉中的香料，不要与茶道造成强烈的香味冲突。一般茶香，再浓也显淡雅。除特定题材的茶席，如宗教题材茶席，可选择檀香、沉香等相对浓烈的香种，其他生活类题材茶席，基本以选茉莉、蔷薇等淡雅的花草型香料为宜。这样才使整体饮茶环境趋于清香平和。如泡茉莉花茶，只选一种茉莉香料即可，可让焚香与茶席合二为一，香味统一而单纯，花香促进茶香，茶香融入花香。

**（2）不抢风**

焚香的香气与花香的香气处于同一气流中，必将冲淡茶香。因此，香炉一般不放置在茶席的中位和前位。如茶席动态演示时，要进行焚香礼表演，可将香炉放在茶席的侧位。

**（3）不挡眼**

香炉摆放的位置对茶席动态演示者或是观赏者来说，都需不挡眼，即使将香炉摆于茶席侧位，也应使香炉后位无器物。

## 六、挂画

挂画又称挂轴。茶席中的挂画是悬挂在茶席背景环境中书画的统称。

挂画的形式有单条、中堂、屏条、对联、横披、扇面等。茶席挂画的内容，可以是字，也可以是画，一般以字为多，也可字画结合。以表现汉字为内容的书法常以大篆、小篆、隶书、章草、今草、行书、楷书等形式出现。书写内容主要以茶事为表现内容，也可表达某种人生境界、人生态度和人生情趣。画以中国画，尤其是山水画最佳。

## 七、相关工艺品

相关工艺品指的是茶席设计中根据主题需要而用来作为摆设的物品。其可以是石器、盆景，也可以是生活用品、艺术品、宗教用品等。不同的相关工艺品与主器物的巧妙配合往往会产生意想不到的效果，但要注意的是一定要符合主题，要起到装饰的作用，不然反而画蛇添足。

### 1．相关工艺品的种类

相关工艺品的种类有：自然物类，包括石类、植物类、花草类、干枝叶类等；生活用品类，包括穿戴类、首饰、厨用类、文具类、玩具类、体育用品类、生活日用品类、艺术品类等；宗教用品类，包括佛教法器、道教法器等；传统劳动用具类，包括农业用具、木工用具、纺织用具、铁匠用具、鞋匠用具、泥瓦工用具等；历史文物类，包括古代兵器类、文物古董类等；还有乐器类、民间艺术类、演艺用品类等。

### 2．相关工艺品作用和原则

相关工艺品不仅能有效地陪衬、烘托茶席的主题，还能在一定的条件下，对茶席的主题起到深化作用。在不同生活阶段的物品，或是与某些物品相伴的时间较长，对这些物品就会产生感情。当看见某种物品，就会想起以往的那段生活。茶席中的主器物与相关工艺品在质地、造型、色彩等方面应属于同一个基本类型，如在色彩上，同类色最能相融，并且在层次上也更加自然、柔和。因此，作为茶席主器物的补充，无论从哪个方面来说，相关工艺品的作用都是不应忽视的。

在茶席布局中，这些物品数量不需多，而且要处于茶席的旁、边、侧、下及背景的位置，服务于主器物。

### 3．相关工艺品的选择误区

相关工艺品选择、摆置得当，对茶席的主题、画面是一个有效的补充，反之，则会有损于茶席的完美。在茶席设计中，对相关工艺品的选择要避免出现以下误区。

**（1）衬托不准确**

相关工艺品在对茶席主题和主器物的陪衬、烘托中，特别应注意物体的大小，色彩的浓淡，质地的和谐，位置的恰当。如相关工艺品在体积上大于主器物，在色彩上艳于主器物，在质地上优于主器物，在摆置上喧宾夺主等，这都属于衬托不准确。

**（2）与主器物相冲突**

相关工艺品的质地、大小、色彩等，切忌与主器物的特性形成相等、平衡的对比关系。如主器物在左边，相关工艺品在右边；主器物有多大，相关工艺品也有多大；主器物是铜质的，相关工艺品也是铜质的；主器物是红色的，相关工艺品也是红色的等。这都会使人们在观赏时注意力分散，使相关工艺品不能起到陪衬的作用。

**（3）多而淹器与小而不见**

茶席的主器物为一个或少数几个时，选择的相关工艺品的数量可多可少，但也不能太多，否则会将主器物淹没其中。

相关工艺品应比主器物稍小，但是又不可太小，太小不容易看见，起不到应有的作用。

相关工艺品选择和陈设的原则是：多而不淹器，小而看得清。

## 八、茶点、茶果

### 1. 茶点、茶果的配置

茶点、茶果是对在饮茶过程中佐茶的茶点、茶果和茶食的统称。其主要特征是分量少、体积小、制作精细、样式清雅。

品茶时佐以茶点、茶果已成人们的习惯，品茶品的是情调，茶点不在多，真正懂品茶的人会根据不同的茶、不同的季节、不同的日子和不同的人选择不同的茶点、茶果。茶点、茶果的配置如表 3-1 所示。

表 3-1　茶点、茶果的配置

| 选择依据 | | 茶点、茶果配置 |
| --- | --- | --- |
| 根据不同的茶选择 | 绿茶 | 可选一些甜食，如干果类的桃脯、桂圆、蜜饯、金橘饼等 |
| | 红茶 | 可选一些味甘酸的茶果，如杨梅干、葡萄干、话梅、橄榄等 |
| | 乌龙茶 | 可选一些味偏重的咸茶食，如椒盐瓜子、怪味豆、笋干丝、鱿鱼丝、牛肉干、咸菜干、鱼片、酱油瓜子等 |
| 根据不同的季节选择 | 春季 | 脱去沉重的冬装，仰面吸入春的气息，低头尽是春花欲放，人的心情也会随之清新起来。这时品茶，可选择带有薄荷口味的糖果、桃酥、香糕、玫瑰瓜子等，使花香、果香一并进入口中 |
| | 夏季 | 此刻品茗，佐以鲜果，菠萝、西瓜、雪梨、樱桃、龙眼、荔枝、草莓……水分要多一点，味道要甜一点 |
| | 秋季 | 秋高气爽，泡上一壶安溪铁观音，那股清甜的香气顷刻在你我鼻间飘荡。先品上几小杯，过一把茶瘾，再捧来热腾腾的水晶饺、蒸饺、珍珠西米盏、锅贴、烧卖、小笼包、生煎馒头，滋味全在一品一尝、一尝一品中 |
| | 冬季 | 瑞雪刚住，耳边仿佛响起古刹老僧的声音："吃茶去！"新炭添入炉，暖暖的，映红你我的脸，酽茶融融，又见满桌开心果、香酥核桃仁、栗子、葵花子、蜜枣、姜片、桂花糖。茶香情浓，令人回味无穷 |
| 根据不同的日子选择 | 生日 | 喝奶茶，自然是选择糕糖甜点类 |
| | 重阳节 | 品绿茶，用绿豆糕、云片糕类佐茶 |
| | 端午节 | 品红茶，粽子是主打 |
| | 中秋节 | 品单枞，配鱼片、鸡丝、牛肉干 |
| | 状元日 | 进高校，捧一把开心果、花生仁、怪味豆。十年寒窗，香甜苦辣味先尝 |
| | 定情日 | 千里姻缘一线牵，情人眼里都是甜，就把蜜枣、蜜饯、蜜瓜都端上来 |
| | 老友聚 | 重相逢，笑谈当年都是英雄，说累了，说饿了，多端些酒酿圆子，圆圆满满如当下的日子，甜甜蜜蜜如逝去的往事 |
| 根据不同的人选择 | 请老人 | 宜选用汤圆、四喜饺子、绿茶粥之类 |
| | 请上司 | 多多沟通感情，宜选择香葵花子、奶油南瓜子、五香西瓜子之类，要慢慢嗑，慢慢聊 |
| | 请情人 | 应选奶冻、茶糖串、薯条、三丝卷、杏仁糕等甜点 |
| | 请同桌 | 多选干果，如话梅、果丹皮、金橘饼、青梅干等 |
| | 请亲戚 | 叽叽喳喳话匣子关不住，挤不上说的就嗑瓜子，多选花生、青豆、百果、核桃、葵花子等，话说一堆，壳吐一桌，不带劲也带劲 |

（2）**茶点、茶果盛装器的选择**

茶点、茶果盛装器的选择，无论是质地、形状、色彩都应服务于茶点、茶果的需要。如茶点、茶果追求小巧、精致、清雅，则盛装器也应同样如此。一般来说，干点宜用碟，湿点宜用碗；干果宜用篓，鲜果宜用盘；茶食宜用盏。

色彩上，可根据茶点、茶果的色彩配以相对色，红配绿、黄配蓝、白配紫、青配乳，又可将各种淡色配以各种深色。

有些盛装器里常垫以洁净的纸，特别是盛装有一定油渍、糖渍的干点干果时常垫以白色花边食品纸。

茶点、茶果盛装器的选择，还应与茶席主器物协调。

茶点、茶果一般摆置在茶席的前中位或前边位。

总之，茶点、茶果及盛装器都要做到小巧、精致和美观，切勿择个大、体重的食物，也勿将茶点、茶果堆砌在盛装器中，只要巧妙地配置与摆放，茶点、茶果也是茶席中的一道风景。

## 九、背景

茶席的背景是指为获得某种视觉效果，设在茶席之后的艺术物态方式。它的作用首先体现在可以使观众的视觉空间相对集中、视觉距离相对稳定；其次还起着视觉上的阻隔作用，使人的心理获得某种程度的安全感。茶席背景总体由室外背景和室内背景两种形式构成。

室外背景有以树木、竹子、假山、盆栽植物、自然景物、建筑物为背景等多种形式。

室内背景有以舞台、屏风、装饰墙面、窗、博古架、书画、织品、席编、纸伞及其他特别物为背景的。

## 模块小结

本模块介绍了茶席及茶席设计的概念，重点介绍了茶席设计九个基本构成要素。

**关键词** 茶席 茶席设计 茶品 茶具组合 铺垫 插花 焚香 挂画 相关工艺品 茶点 茶果 背景

### 特别提示

由于人的生活和文化背景及思想、性格、情感等方面的差异，在进行茶席设计时应选择不同的构成要素。

**知识链接**

茶席设计这一崭新的当代茶文化形式，具有鲜明的文化性、时代性和实用性。它一经出现，就受到广大的茶艺爱好者的喜爱。在各类茶席设计展示、交流等活动中，涌现出一大批茶席设计的高手。2005 年国际茶文化节上，茶席设计展成了一道国内外茶人瞩目的风景线。许多茶馆将馆内的茶席设计作为吸引茶客的经营手段，特别是在青少年中，茶席设计已渐渐成为一种都市的时尚。青少年把茶席设计作为一种寓教于乐的学习茶艺的好方法，广泛用于课外活动中，丰富了青少年的课余生活。

## ● 实践项目

设计茶席作品。

## ● 能力检测

检测学生对茶席设计构成要素的理解程度。

## ● 案例分享

茶席设计作品欣赏。

**案例一　盼**

【器具选择及用意】

每逢佳节倍思亲。本茶席所选的茶器具为产自祖国宝岛台湾的石器，色黑。情深似墨，是同胞盼归始终不改的信念。一束高香升腾，也是同宗兄弟姐妹的祈盼。背景呈现夜色，清晰可见高高的残月。何时归来兮，共赏荷，同品茗？家中高堂已从青丝盼到满头白发如银。

【设计人寄语】

本茶席表现的是一种心情。我穿的这件上衣的款式、花纹，是按照台湾阿里山和大陆傣族姑娘们的打扮设计的。今天我泡的是产自台湾的冻顶乌龙茶。冻顶乌龙茶源于福建，后移至台湾的南投县，其品质优异，外形卷曲呈半球形，色泽墨绿油润，冲泡后汤色黄绿明亮，香气高，有花香略带焦糖香，滋味甘醇浓厚，耐冲泡。请您品尝这一脉相承的茶！

茶席设计、演示者：金颖颖

**案例二　老家**

【器具选择及用意】

游子心中的老家，永远是那些老式的锅碗瓢盆：几只祖宗留下来的茶碗，后来人用了几辈还洁净如新；旧式珐琅彩的壶，如今已不多见；用葫芦装茶叶，从来就是老家人的习惯。水盂也用做栽养入冬的水仙花。花开的日子，年也就来了。于是，压年糕用的糕模就要派上大用场，东家用过西家借，俏得不行；摆饺子的盘，都是用芦秆编的，擀饺子皮的擀面杖，是自家门前的枣树做的，妈说：枣树结实哩！铺垫用的是一块细麻布，中国结可是我从城里买的，去年过年带回家，现在正好用上。

【设计人寄语】

又回老家过年了，老家已盖了新房，可桌子、椅子还是按妈的心思没换，还是老式的八仙桌和靠椅。妈说坐久了，有感情。正好我带了从南方买回的龙井茶，我要好好泡上一壶，好好孝敬一下我的爹娘。爹娘把我们儿女养大，又省吃俭用供我们读书，如今我们做儿女的都离开父母在城里工作和生活，可我们永远也忘不了老家，忘不了爹娘。茶泡好了，爹娘呀，这茶里有儿女的一片心哩！

茶席设计、演示者：刘婷

## ● 思考与练习题

1. 什么叫茶席设计？
2. 如何运用茶席设计的基本构成要素？

# 模块二　茶席设计的结构及题材表现方法

**知识目标**

熟悉茶席设计的中心结构式和多元结构式这两种茶席设计结构，掌握茶席设计以茶品、茶事、茶人、茶席为题材的表现方法。

**能力目标**

能以不同的题材的表现方法设计不同结构的茶席。

**工作任务**

茶席设计的结构及题材表现方法。

## 任务一　茶席设计的一般结构方式

茶席拥有自身的结构方式，这种方式主要表现在空间距离中，物与物的视觉联系与相互依存关系，如桌面与铺垫，铺垫与器物之间，在空间距离上，都受着某种必然规律的支配，这种规律就是茶席结构。茶席设计结构主要分为中心结构式和多元结构式两个类型。

### 一、中心结构式

所谓中心结构式，是指在茶席有限的铺垫或表现空间内，以空间中心为结构核心点，其他各因素均围绕结构核心来表现相互关系的结构方式。中心结构式属传统的结构方式，结构的核心往往以主器物来体现。主器物一般都是茶具，而茶具中又以茶杯为主。

**1．中心结构式的大、小关照**

茶席中最大的器物为茶炉（随手泡或酒精炉），但茶炉一般不作为茶席的结构核心物，只有在特殊茶席题材中才被置于中心。通常，茶炉都被置于铺垫的右后位，这是因为方便右手提用；而处于结构核心点的主器物，无论是茶碗还是茶盒，都比茶炉要小得多。这样会不会主次不分呢？其实，主小次大或主大次小同属于一个结构比例形式，不会发生比例失调的问题。但为了突出小的一方，可采取在色彩等因素中抑大扬小的做法，或是在大的对角点也同样置放相对大的器物，如水盂、清水罐等，这样就可取得大小结构比例的和谐。

**2．中心结构式的高、低关照**

高低比例是针对茶席铺垫上的器物而言的。中心结构式的高低比例的原则是：高不遮后，前不挡中。若违背这一原则应及时调整。

**3．中心结构式的多、少关照**

茶席的器物，一般不会有多与少的情况发生。多，只能表现为重复，而少，则意味着残缺。多与少的现象，即使出现，也仅限于在茶碗和相关工艺品上。茶席动态演示中，会进行奉茶，如奉茶的对象超出茶碗的数量，采用加杯的方式即可。即使不加杯，观赏者也大多可以理解。切勿有多少人加多少杯。一般工艺品不宜多用，更不能重复。

**4．中心结构式的远、近关照**

远近比例是对结构核心物与其他器物，铺垫空间与茶席的其他构成因素之间距离而言的。器物之间的距离，以保持茶席构图的协调为目的，不必作具体器物之间距离的精确计算，因此，远与近的把握，只要感觉总体协调即可。但相同的器物，如数个茶碗，还是应该注意茶碗之间距离的对称。

**5．中心结构式的前、后、左、右关照**

茶席器物前后左右的方向，是以观众的视觉为依据的，前后器物以单体获得全视为前提，左右器物以整体平衡为前提。

## 二、多元结构式

多元结构式又称做非中心结构式。所谓多元，指的是茶席中心结构的丧失，而由铺垫范围内任一结构形式自由组成。多元结构形态自由，不受束缚，在各个结构形态中可确定任一结构为核心。结构核心可以在空间的距离中心，也可以不在空间距离中心，只要符合整体茶席的结构规律和呈现一定程度的结构美即可。

多元结构式类型较多，其中最具有代表性的有流线式、散落式、桌与地面组合式、器物反传统式、主体淹没式等。

**1．流线式**

流线式以地面结构为多见，一般常为地面铺垫的自由倾斜状态。若是用织品类铺垫，多使织品的平面及边线轮廓呈不规则状。若是采用树叶铺、荷叶铺、石铺，更是随意摆放，只要整体铺垫呈流线型即可。

流线式在器物摆放上无结构中心，而是不分大小、不分高低、不分前后左右，仅是从头至尾，信手摆来。

**2．散落式**

散落式的主要特征一般表现为：铺垫平整、器物基本规则、其他装饰品自由散落于铺垫之上。如将花瓣或富有个性的树叶、卵石不经意地洒落在器物之间；或铺垫不规则，器物也不规则，再将花瓣、树叶自由散落其间；还有的直接将散落的花瓣、树叶作为铺垫，而器物则呈规则结构。

散落式结构的布局比较轻松，无空间距离的束缚感，对茶席的其他构成要素也不作刻意的选择，以形态和色彩见长，比较容易获得和谐的美感效果。

**3．桌、地面组合式**

桌、地面组合式的结构核心在地面，以地面承以桌面。地面以器物为核心，凡置于地面的器物，其体积一般稍大，如偏小，则成饰物，表现为强烈的失重感。地面核心点若选用炉具，不仅炉具体积要求稍大，炉下还应配以炉架和木桩、石桩等垫物，再佐以其他炉具常用的组合物，如扇子、火钳、篮等。这样地面结构和桌面结构不仅不会显得头重脚轻，而且地面结构本身也表现得绰约多姿。

**4．器物反传统式**

器物反传统式，多用于表演性茶道的茶席。此类茶席，首先在茶具的结构上一反传统的结构样式。如壶具，传统的结构样式由上下两个部分组合而成，上部为壶盖，下部为壶身，壶盖设有气孔、盖纽、盖唇；壶身设有壶唇、壶肩、壶腰、壶流、壶嘴、壶脚、壶底、壶把；而反传统的结构样式，却首先要将壶形改变，或成扁状，或成细长筒状，壶嘴也完全消失，改成从某一处壶孔直接流出。

在器物的摆置上，也不按传统的结构样式，如茶盏，既不成直线也不成钩线，而是腾出桌面铺垫的大块空间，随意摆放数只茶盏，茶盏的空间距离也夸张地拉大，以便在表演时变化表演的语汇。

**5．主体淹没式**

主体淹没式常见于一些茶艺馆，其特征为背景采用围屏，挂画重叠，悬挂物粗长，有的直接选用麻质粗绳从梁一直垂到地面，置放茶具的铺垫上堆放许多工艺品，使茶席主器物淹没在这一大堆物件之中。主体淹没式茶席，其实用性大于艺术观赏性，常为营业性茶席包房内所设。

总之，结构是茶席设计的重要手段之一，反映了茶席内部各部位关联的规律。

## 任务二　茶席设计的题材及表现方法

茶席是一种艺术形态，凡是与茶有关的，积极的、健康的、有助于人的道德情操培养的题材，都可以在茶席中反映。茶席的题材常见的有以下几大类。

## 一、茶席设计的题材

### 1．以茶品为题材

茶，因产地、形状、特性不同而有不同的品类和名称，并通过泡饮而最终实现其价值。因此，以茶品为题材，自然在以下三个方面表现出来。

**（1）茶品的特征**

茶的名称本身就包含了许多题材内容。首先，它众多不同的产地，就给人以不同地域茶文化风情，如庐山云雾、洞庭碧螺春等。凡茶产地的自然景观、人文风情、风俗习惯、制茶手艺、饮茶方式等，都是茶席设计取之不尽的题材。

从茶的形状特征来看，更是多姿多彩，如龙井新芽、六安瓜片、金坛雀舌等，大凡名茶都有其形状的特征，足以使人眼花缭乱。

**（2）茶品的特性**

茶性甘，具有不同的滋味及人体所需的营养成分。茶的不同冲泡方式，带给人以不同的艺术感受，特别是将茶的泡饮过程上升到精神享受之后，品茶常用来满足人的精神需求。于是，借茶来表现不同的自然景观，以获得回归自然的感受；表现不同的时令季节，以获得某种生活的乐趣；表现不同的心境，以获得心灵的某种慰藉。这些无不借助于茶的特性，来满足于人的某种精神需求。

**（3）茶品的特色**

茶有红、绿、青、黄、白、黑六色，还有茶之香、茶之味、茶之性、茶之情、茶之意、茶之境无不给人以美的享受，这些都能作为茶席设计的题材。

### 2．以茶事为题材

**（1）重大的茶文化历史事件**

一部中国茶文化史，就是由一个个茶文化历史事件构成的。作为茶席，不可能在短时期内将这些事件一一表现周全，我们可以选一些重大的茶文化事件，选择某一个角度，在茶席中进行精心的刻画。

**（2）特别有影响的茶文化事件**

特别有影响的茶文化事件，是指茶史中虽不属具有转折意义的重大事件，但也是某个时期特别有代表性的茶事而影响至今，如“陆羽制炉”、“供春制壶”等。

**（3）自己喜爱的事件**

茶席中不仅可表现有影响的历史茶事，也可反映生活中自己喜欢的现实茶事，如反映自创调和茶的“自调新茗”等。

### 3．以茶人为题材

但凡爱茶之人、事茶之人、对茶有所贡献之人、以茶的品德作自己品德之人，均可称为茶人，无论是古代茶人，还是现代茶人以及身边的茶人，都可作为茶席设计的题材。

## 二、茶席题材的表现方法

以物、事、人为题材的茶席，一般采用具象和抽象两种方式来体现。具象表现就是通过对物态形式的准确把握来体现。比如说表现宋代的斗茶，就用兔毫盏等宋代茶具来表现；抽象是通过人来感觉的，是一种心理体现，比如说快乐就用欢快的音乐来表现等。

总之，茶席题材既可采用具象表现方法，也可采用抽象表现方法，也可两者都采用，只要运用得当，茶席的主题就能体现出来。

## 模块小结

本模块介绍了茶席设计结构的中心结构式和多元结构式两个类型，重点介绍了茶席题材的表现方法。

**关键词** 中心结构式 多元结构式 题材 表现方法

特别提示

茶席设计结构和表现方法都是为了能体现茶席的主题，无论采用哪一种结构或者表现方法，都要合理运用。

**知识链接**

茶席设计之所以越来越受到人们的欢迎，是因其独特的茶文化艺术特征符合现代人的审美追求；它的传承性使深爱优秀传统文化的现代人从其丰富的物态语言中，更深地感受到陆羽《茶经》中的思想内涵；它的丰富性使现代爱茶人从一般的茶艺冲泡形式外，获得了更多、更丰富的生活体验；它的时代性更使现代人从茶的精神核心“和”的思想中，寻找到构建当代和谐社会的许多有益的启迪。

### ● 实践项目

设计命题茶席作品。

### ● 能力检测

检测学生对茶席设计的结构及题材表现方法掌握程度。

### ● 案例分享

**案例一 农家乐**

【器具选择及用意】

悬挂的是老蒜、大葱、花生、甜玉米，看它们那个个壮实劲儿，就知道今年是个啥收成。摆不下的就放在桌上，那束麦穗是准备送到乡里去参加农产品展览的；那篮香梨是准备托人带给在北京上大学的二哥尝鲜的；还有篓子里的大枣，也是留给他放假回来吃的。那罐里的新茶可是自个儿的，说是今天茶科所的技术员要来俺家，那茶还是他指导俺种的呢！俺打算好好泡一壶给他喝，去宜兴旅游刚买来的紫砂茶具往席中间一放，也显摆显摆俺的茶艺。俺就爱用芦席作铺垫。垂面上挂的鱼和背景中倒挂的“福”字，这不用说你也明白是啥意思。

【设计人寄语】

各位城里的朋友，大家好！常看见城里人爱摆茶席，如今俺们茶农也喜欢摆茶席，摆上满意的日子，也摆上满心的欢喜。

牛年到了，咱中国人个个牛劲冲天。你们城里人有好多个长假，有兴趣就到俺们茶乡来旅旅游，俺们这儿的“农家乐”准叫你们吃得满意，住得舒坦，玩得开心。不信，你们来一回试试，准叫你们来了一回就老想着再来！俺们欢迎你们呢！

茶席设计、演示者：刘婷

**案列二　锦绣中华**

【器具选择及用意】

紫砂老壶历史久远；四盏寓意四面八方；茶池及两颗小石清晰呈现国土状；背景是连绵的长城，它与摆在席间的龙纹石雕及《孔子》、《老子》线装书，代表着悠久、博大的中华文化；仿汉博山焚香炉中，一缕香烟缭绕；红木茶匙、茶叶罐，把盏陈香送佳茗；大红铺垫红似火，新春又迎红火天。

【设计人寄语】

各位爱茶人，大家好！在这中华大地上每一个炎黄子孙都欢度牛年新春之际，我设计了一个《锦绣中华》的茶席。我用的是中心结构式。在茶席核心中国地图形的茶池上来为各位泡茶，我心我意您一定会一目了然：故乡在中国的香茶，正如生长在这片土地上的炎黄子孙，泡上一壶红如葡萄酒的陈年普洱茶，分在象征四面八方的四个茶盏中，敬献给八方的爱茶人。祝大家新年快乐！阖家幸福！牛年再迎锦绣中华好前程！

茶席设计、演示者：颜敏

## ● 思考与练习题

1. 茶席设计的结构以什么为目标？
2. 如何表现茶席的题材？

# 模块三　茶席设计的技巧与动态演示

**知识目标**

掌握茶席设计的技巧，熟悉茶席动态演示的概念及相关知识。

**能力目标**

在茶席设计中灵活运用茶席设计技巧，能完成茶席的动态演示。

**工作任务**

茶席设计的技巧运用及茶席动态演示的完成。

## 任务一　茶席设计的技巧

茶席设计既是物质创造，更是艺术创造，因此，技巧的掌握和运用，在茶席设计过程中就显得非常重要。获得灵感、巧妙构思和成功命题，是茶席艺术创作过程中三个十分重要的技巧。

### 一、获得灵感

**1. 要善于从茶味体验中去获得灵感**

茶席是由茶人设计的，茶人的典型行为就是饮茶，那么就让我们从茶味的体验中去寻找灵感。

**2. 要善于从茶具选择中去发现灵感**

茶具是茶席的主体。茶具包括质地、造型、色彩等，其决定了茶席的整体风格。因此，一旦从满意的茶具中发现了灵感，从某种角度来说，就等于茶席设计成功了一半。

**3. 要善于从生活百态中去捕捉灵感**

不管你是否会设计茶席，都得去生活。生活的千姿百态，生活的千变万化，这是不受任何人意志所决定的。你今天的生活、过去的生活、他人的生活，这些都是艺术创造的源泉，它永远不会枯竭，永远鲜活如初。

**4. 要善于从知识积累中去寻找灵感**

很难想象，一个对茶叶、茶文化一无所知的人能设计出一个像样的茶席。茶叶种植、制作、历史、文化等知识，是几千年来，无数茶人实践的总结，是一个完整的科学体系。一个茶席设计爱好者，只有努力学习茶科技、茶文化知识，然后才能对茶席所包含的内容有所了解。这方面的专业知识掌握得越多，对茶席的认识也就越深刻。

## 二、巧妙构思

艺术界常说："不到巧时不下笔，非到绝处不是妙。"要做到构思的巧妙，必须在四个方面狠下工夫。这四个方面是：创新、内涵、美感和个性。

### 1．创新

创新是茶席设计的生命。创新首先表现在内容上。题材是内容的基础，题材不新鲜，就不吸引人，题材的新颖是创作中的重要追求。茶席设计要做到题材新颖，不能闭门造车，要多看，多了解，表现新题材的关键还是要有新思想，但老题材、新思想，也同样具有新鲜感。除此之外，新颖的服装、动听的音乐及其他新颖的茶席构成要素，都是新颖内容的组成部分。

其次是茶席的表现形式。形式新颖，即使内容不新也能取得较好的艺术效果。另外，还可在文案描述、语言表述、茶席动态演示上加以变化创新。茶席设计正是在不同的角度和结构方式变化中，将万事万物融于其中，告诉人们新的世界和新的生活。

### 2．内涵

内涵是茶席设计的灵魂。内涵首先表现于丰富的内容。内容的丰富性、广泛性，是作品存在意义的具体体现。另外，衡量一个茶席设计作品的内涵是否丰富，除了看它的内容外，还要看其艺术思想的表现深度。茶席设计的思想挖掘，要层层递进，如同剥笋，一层一个感受，这就要求我们在设计时，把层层的思想内容密铺其中，同时，又要把想象的空间留给观众。

### 3．美感

美感是茶席设计的价值。美感的基本特征是形象的直接性和可感性，在茶席设计中，首先是茶席具有的形式美。

器物美是茶席设计形式美的第一特征，器物美又是茶席的具体形象美。器物的主体是茶具，选择和配置茶具时，应特别注意茶具的质地、造型、色彩等方面所呈现的美感特征。从质地上来说，要选择那些表面细腻、光滑的产品。色彩美的最高境界是和谐，因此，对茶具及其他器物的色彩，都要在和谐上加以审视。茶具的造型美体现着线条美，线条的变化决定着茶具形状的变化，曲折、流畅的线条组合，使每一侧面及立体展示出造型美。

器物美还体现在茶席的每一基本构成要素中，如茶汤的色彩，铺垫的美感，插花的形态和色彩美，焚香的气味美，挂画的美感，相关艺术品的美感，背景的美及茶点茶果的色彩、造型、味感、情感、心理的综合美。

茶席的形式美，还体现在结构美上。因茶席设计需作动态演示，因此，茶席的形式美还包括动作美、音乐美、服饰美及语言美等诸多内容。

茶席除了基本的形式美外，还具有情感美的诸多特征，如真、善、美的美感体现。总之，茶席之美既要符合自然规律，又要适应人们的欣赏习惯，在有限的空间范围内，进行最大限度的美感创造。

4．个性

个性是茶席设计的精髓。茶席的个性特征首先要在它的外部形式上下工夫。比方茶的品质、形态、香气；茶具的质感、色彩、造型、结构、大小；茶具组合的单件数量、大小比例、摆置距离、摆置位置；铺垫的质地、大小、色彩、形状、花纹图案；插花的花叶形状、色彩，花器的质地、形状、色彩，插花的摆置；焚香的香料、香型、香味……我们可在各方面寻找、选择与其他设计的不同之处。

茶席艺术个性的创造，也不仅仅停留在外部形式上，还要精心选择其表现角度，还要在思想上、立意上有独特的个性。

### 三、成功命题

成功的命名，包括主题概括鲜明、文字精练简洁，立意表达含蓄、想象富有诗意，使人一看命题即可基本感知艺术作品的大致内容，或者迅速感悟其中深刻的思想，并获得由感知和感悟同时带来的快乐。

## 任务二　茶席动态演示

茶席设计在作展示时，还包含泡茶的动态演示和敬奉给观众品尝。由于附加了一些艺术表现形式，因此称其为“演示”。茶席是静态的，而演示是动态的，所以，我们把这一阶段称为“茶席的动态演示”。

### 一、茶席动态演示与茶道表演的关系

茶席动态演示与茶道表演都要进行茶的冲泡、敬奉，两者的进行过程及表现形式几乎一样，就连服饰、音乐伴奏也相差无几，但二者为什么称谓不同呢？它们究竟有哪些异同呢？我们来具体分析一下。

1．艺术本质的异同与把握

茶席动态演示与茶道表演虽然都有共同的艺术属性，但在艺术本质上，两者却有着一定的差异。首先，茶道表演虽也以茶为核心和载体，但这茶没有特定的前提，不像茶席演示中的茶是有着独立主题的；其二，茶道表演不受具体茶席结构方式的限制，可以调动一切肢体语言和外部表现形式进行艺术塑造，而茶席演示必须以茶席结构为主体；其三，茶道表演在审美主体的感受结果上，体现的是心理的共鸣，而茶席演示所体现的只是生理感觉上的享受，在心理感受上则让位于茶席设计作品。茶席的动态演示，即肢体语言的运用，绝不是茶席的主要表现形式，而只是其中的一种形式。

2．外部形式的异同与把握

茶席动态演示与茶道表演在外部形式上的相同之处显然多于不同之处。比如，茶的冲泡过程相同，对宾客奉茶的过程相同，等等。也有基本相同但略有差异的地方，如茶席动态演示在肢体语言表现上以需要为主，往往以无结构的方式出现；在服饰上，茶席

演示以风格统一、着装大方、得体为主，而茶道表演则更注重从表现内容出发；特别在音乐上，茶席演示只要符合特定的茶席题材，表现一定的意境，节奏上不太强烈即可，而茶道表演则特别注重音乐的情绪渲染和具有配合动作的鲜明节奏。

**3．冲泡技艺的异同与把握**

茶的冲泡是茶席演示和茶道表演的重要内容。在冲泡方法上，两者完全相同。所不同的是，茶道表演从艺术效果出发，更注重肢体语言的夸张。在奉茶礼仪上，二者基本相同。

总之，在茶的冲泡上，茶席演示与茶道表演，一个为体现茶席的主题与风格，一个以艺术的感染力为主导。只要对各自不同的艺术本质有充分的了解，就能准确地把握好各自不同的表现方法。

## 二、特定条件下审美客体的对象转化

在美学概念中，审美的主体是人，审美的客体是人的审美对象。在茶席设计中，审美的主体是茶席。审美主体的感觉影响着审美客体的变化。在特定的条件下，当茶席设计的动态演示和静态形式同时出现时，动态演示立即转化成主要审美对象。这种转化主要由以下三个方面的因素造成。

**1．对象转化受审美主体的制约**

人作为审美的主体，每一种感觉，从生理到心理过程，其转化的速度各不相同，味觉、听觉、嗅觉、触觉，相对速度转化快，而视觉相对较慢；同时，动态的感觉对象容易使视觉获得满足，而静态的感觉对象需要在视觉调整后才能获得满足。因而，在静态的茶席和动态的演示同时出现时，审美主体的感觉系统必将不自觉地转移到茶席的动态演示上。

**2．对象转化是器物本质的需要**

作为茶席器物的主体——茶具组合，其特征是具有两重性，一是实用性，二是艺术性。在茶席上，茶具组合承担着主要责任。在静态的茶席中，茶具是审美客体的主要内容。在茶席的动态演示中，茶具的艺术性便退至次要地位。但这种退让表现出一定的暂时性，即在退让中，表现出茶具的实用性，使其仍旧处于一定程度的审美客体的中心，这正是由主体器物的本质决定的。

**3．对象转化是主体艺术体现的必然**

茶席的艺术内容包括两个部分，一是静态的茶席，二是动态的演示。虽然静态的茶席可作为审美的客体，但作为以茶为灵魂的茶文化的独特艺术形式，最终要通过品饮让人感受茶的魅力，进而通过茶加深对人生和世界的认识和感悟。因此，静态的茶席转化为动态的演示，是整体艺术本质体现的必需。

其次，作为静态的茶席，其各个构成要素中，都以不同的形式和在不同程度上融入了茶的精神。融入什么，就会体现什么，这也是艺术作品的表现规律。既然都融入了茶，当茶以动态形式表现其本质特征时，茶席的各个构成要素作为审美对象，自然都要转而为泡茶这一动态演示服务。

## 模块小结

本模块介绍了茶席动态演示与茶道表演的异同点，重点介绍了茶席设计技巧。

**关键词** 灵感 构思 命题 茶席动态演示 茶道表演

**特别提示**

茶席动态演示与茶道表演虽然两者都有共同的艺术属性，但在艺术本质上，两者却有着一定的差异。

**知识链接**

茶席首先是一种物质形态，实用性是它的第一要素。茶席同时又是艺术形态，它为茶席的内容表达提供了丰富的艺术表现形式。当茶席独立展示时，茶席即作为审美的客体出现；当茶席作为手段进行演示时，茶席演示便上升为审美的客体。两者在共同完成茶的内涵表达时，常常又互为审美客体。茶席是静态的，茶席演示是动态的，静态的茶席只有通过动态的演示，动静相融，才能更加完善地体现茶的魅力和茶的精神。

### ● 实践项目

设计茶席并完成茶席设计的动态演示。

### ● 能力检测

检测学生对茶席设计技巧及茶席动态演示掌握程度。

### ● 案例分享

**盛世饮茶**

【器具选择及用意】

盛世有茶色也红。因此，设计选择的茶壶、茶碗、茶罐，都是喜庆的吉祥红。大红的灯笼高高挂，大红的剪纸表心情，大块的铺垫象征着一片大地红。橙黄的水盂代表着老百姓殷实的生活。金鱼戏草双面绣则反映了我们的生活品位和情趣。席侧一大盆朱蕉，厚叶满枝，绿意盎然，我的茶心一片皆在其中。

【设计人寄语】

盛世有茶色也红，那是我们火热的生活映红的，也是我们火热的心情品红的。我们的祖国曾经经历了多少的磨难，才有了今天这红红火火的天、红红火火的地。这是一片真正充满着希望的热土。我用一杯香茶来献给祖国，衷心祝愿我们伟大的祖国永远繁荣昌盛，人民的生活永远幸福安康！

茶席设计、演示者：胡梅

● **思考与练习题**

1. 论述茶席设计的技巧。
2. 阐述茶席动态演示与茶道表演的关系。

# 模块四　茶席动态演示中的服饰、音乐的选择与把握

**知识目标**

掌握茶席动态演示中服饰的选择与搭配原则及方法，熟悉茶席动态演示中音乐选择的相关知识。

**能力目标**

能根据茶席和茶席动态演示的需要，选择恰当的服饰和音乐。

**工作任务**

茶席动态演示中的服饰、音乐的选择。

## 任务一　茶席动态演示中服装的选择与搭配

茶席动态演示中，演示者直接面对众人，是体现茶席风格和内涵的重要角色，众目睽睽之下，服饰如果选择和搭配不当，将会使茶席的整体效果大打折扣，故演示者在这方面应特别注意，以符合大众审美的要求。茶席动态演示中服装的选择与搭配应从以下几个方面着手。

### 一、茶席动态演示中的服装特性与作用

茶席的动态演示含有一定的表演成分，服装是表演穿的，应该符合艺术表演服装的要求。同时，茶席设计艺术与其他表演艺术有所不同，作为茶席动态演示所穿的服装要求接近现实生活，即它可以作为平常生活穿着的服装。因此，它又必须体现生活穿着的服饰特性。

在茶席动态演示过程中，演示者穿着相应的服饰，能充分体现出与茶席主题、风格、意境相协调的美感；在配合茶的冲泡演示时，能有效地帮助审美主体对茶及茶文化的理解和感受；在体现茶席设计的内涵上，它可以作为一种补充手段，在深化主题、暗示主

题、传递知识等方面起到一定的外化作用；同时有助于茶席动态演示者的形象塑造，起到扬长避短，锦上添花的效果。

## 二、茶席动态演示中服装选择与搭配的原则

茶席动态演示既是一种艺术表演，又是一种生活活动的展示，所以茶席动态演示中服装的选择与搭配需要注意一些原则。

**1．服务原则**

茶席动态演示的服饰并不完全是为了体现演示者的形象美，主要是为体现茶席设计的主题思想及茶席物象的风格特点服务的。服装选择与搭配的服务原则还体现了选择者对茶席设计主题思想的理解程度和表现能力，理解得越准确，其服饰的表现力就越强、越典型。

**2．整体原则**

在进行茶席动态演示服装的选择和搭配时，必须作全面、整体的考虑，不能把上衣下裳、戴帽穿鞋、衬里外套等分开选择和搭配，而导致整体造型的分裂。

为适应茶席动态演示的需要，服饰在色彩上常稍显艳丽多姿，除大块色彩的变化之外，常以边色修饰其风格的独特性。因此，在边色的修饰上，应始终注意服饰的整体原则，丝毫不能马虎。

**3．体形原则**

常言道："什么人穿什么衣裳。"茶席演示的服饰就必须根据体形的原则作相应的调整，也就是对体形扬长避短。如臂部较大，可选用宽大的长裙；身体较胖，可选深色加长上衣，等等。总之，只要穿着得当，就可使美丽之处更美丽，不理想之处也理想。

**4．肤色原则**

茶席动态演示所用服装，不能仅着眼于服装的色彩，还要以演示者的肤色为基准。

**5．配饰原则**

配饰的选择和搭配是体现品位的一种标志。茶席的动态演示含有一定的表演成分，同时也要贴近生活，配饰对于服装则起到画龙点睛的效果，两者密不可分，应根据不同的服装来选择相应的配饰。

**6．发型原则**

在茶席动态演示中，发型与服装的款式一样，都要首先服从于茶席的整体风格。然后，再根据演示者的体形、脸形作进一步的设计。由于动态演示的动作性和保持茶的清洁等要求，一般来说，无论体形和脸形如何，演示者都不宜留披肩长发，大多留齐耳短发或盘结束发。束发最宜配旗袍，这也是茶艺表演，包括茶席动态演示者多穿旗袍的原因之一。

**7．装扮原则**

在茶席动态演示场合，常常有比较强的光照，因此，一旦选定服装，就要针对服装的颜色对面容作必要的装扮。

## 三、茶席动态演示中服装选择与搭配的方法

茶席动态演示中的服装选择与搭配有自己的一套方法，它指导着茶席动态演示者在千姿百态的服装和配饰中，选择到自己所需的理想服装和配饰。服装选择与搭配的方法有以下几种。

### 1．根据茶席的主题来选择与搭配

茶席设计作品的主题广泛多样，其中，有许多是表达一种对平常生活的精神追求，如追求平淡、平静、平等和平和。例如，茶席作品《禅》，就是通过简朴的器具和古琴的宁静、安详的旋律，力图表达一种平淡、致远的思想境界，所以服装并没有选择僧衣，而选择了白色中式长衫和同色缎裤。这种服饰的选择，不仅准确地反映了“平常就是禅”的主题，更有效地传递了一种宁静的意境，给人以平静而长久的感受。

服装也是语言，它是通过款式结构和色彩变化以及饰物搭配，来讲述对人生、世界的理解，传递艺术作品的不同主题思想。

### 2．根据茶席的题材来选择与搭配

题材反映的是一种来源，作为人来说，什么地方的人穿什么样的衣裳，什么时期的人穿什么样的衣裳，是一条穿衣的基本规律。这为茶席演示者视题材来选择和搭配服饰提供了准确有效的方法。如道家题材，服装以道袍为主。道袍的背面有太极图案，两袖有八卦符号，下身为白色的扎腿裤，脚穿布鞋等。

题材的多样性必然反映出服装在款式、质地、色彩方面的丰富性。只要我们准确地把握好题材的地域和时代背景，就能选择好充分表现茶席内容的典型服装和配饰。

### 3．根据茶席的色彩来选择与搭配

茶席的色彩比较直观，反映着茶席设计者的思想和感情。根据茶席的色彩来选择和搭配服饰，首先要对茶席的色彩层次有一个准确的把握，也就是分清主体器物的色彩和茶席总体色彩氛围。如主体器物的色彩较统一，那么就构成了茶席的主体色；若主器物色彩不统一，那就要确定茶席总体的色彩氛围，茶席总体的色彩氛围一般以铺垫和背景为标志。把握了茶席的色彩氛围就可以用以下三种方法来选择服装和搭配。

一是加强色，就是以茶席的主体色或总体色彩氛围进行同类色的加强。如茶席的主体色是红色，服装也选红色，会起到色彩层次加强与丰富的作用。二是衬托色，就是以间色或中性色对茶席的主体色或总体色彩氛围进行衬托，使整体色彩更显和谐。如茶席的主体色是白色，服装可选淡青色、淡绿色、淡蓝色等。三是反差色，就是服装的颜色相对茶席主体色或色彩氛围形成强烈的反差。反差色虽也同样起着衬托作用，但这种衬托感觉更为强烈。如茶席的主体色或色彩氛围为白色，服装可选黑色、红色等。

### 4．根据茶席的风格来选择与搭配

茶席的风格是茶席设计者的独特见解和独特手法表现出的茶席作品的面貌特征。其中服饰的选择也是体现茶席风格的一个重要因素，所以服饰必须依据茶席的风格来选择，如都市风格的茶席，可选流行款式的旗袍等。

# 任务二　茶席设计展演中音乐的选择

茶席设计无论作为静态展示，还是动态演示，其目的都是要传递一种文化的感受，因此，要有效发挥音乐的作用，这种综合的传递方式能更直接、更迅速地为观众所领悟。茶席设计作为静态展示时，音乐可以调动观赏者对时间、环境及某一特殊经历的记忆，并从中寻找到与茶席主题的共鸣；茶席设计作为动态演示时，音乐还能有效地为演示者提供动作节奏的引导。

## 一、背景音乐应根据不同的茶席表现内容来选择

在茶席设计的展演过程中，采用背景音乐作为声音环境似乎已成为一种定式。这在十余年前，当茶艺还作为一种表演形式存在时，就被编创者们聪明地运用。就茶席设计展演中的音乐而言，有现成音乐和创作音乐之分，在选用时，应加以正确认识与区别。

### 1. 背景音乐的特征及适用范围

所谓背景音乐，简而言之就是作为背景使用的音乐，如诗朗诵所配的音乐，电影的画外音乐等。它包括为表现某一主题而创作的音乐以及能为其所用的现成音乐。这种现成音乐的语言和风格必须与一定环境中某种活动行为或场景的氛围相近，否则，将失去背景音乐使用的价值，甚至适得其反。

**(1) 现成音乐**

在一般情况下，采用这种现成音乐，大多选用音乐光盘、磁带的方式在现场进行同步播放，也有一些是由乐手们现场进行演奏。

现成音乐的特点是：音乐源多，同一首曲目常有二胡、笛、唢呐、古琴、古筝、琵琶等不同乐器的演奏，有独奏、重奏和合奏；选用方便，在一般音像商店，都可买到；在音乐的旋律上，要求不太严格，只要其基本或部分符合所需氛围的要求即可；不受音乐长度的限制，行为时间长，其所选音乐可重复播放；除个别茶席设计特定主题和演示形式的需要，一般以节奏平缓的慢板和旋律优美的乐曲为主；在茶席设计的动态演示中，其动作节奏只能服从于所选音乐的节奏。

在茶席设计展演过程中，有背景音乐陪伴，可帮助设计者或演示者更快地进入茶席主题表达的情绪状态；展演时有背景音乐出现，可为观赏者提供一个准确理解茶席主题的声音环境；至于在动态的演示过程中，背景音乐更是起着演示过程的速度把握和意境导引的作用；即使在演示完毕，背景音乐仍旧扮演着茶席主题，表达“言尽而意不止”的角色，使观赏者在观赏结束之后，仍处在对茶席艺术的反复回味之中。

**(2) 创作音乐**

创作音乐是指为某一活动或场景的主题专门创作的音乐。

在目前我国的各类茶道、茶艺表演中，极少出现为其专门创作的音乐。主要原因是茶道、茶艺编导者们大多对音乐是外行，又善于与音乐家进行合作，甚至把音乐只当做是表演的附加品，认为可有可无。其次就是创作音乐的形成过程较为复杂，且制作费用往往要超过表演所需的茶具、道具、服装的几倍。如音乐家先要熟知某一具体茶道或茶

艺所要表达的主题及蕴含的意境，又要了解表演过程中各个部分的动作内容、动作长度及动作情绪，然后才能进入到具体的音乐创作中。

### 2．背景音乐的选择

茶席设计所表现的主题表达了某种特定的时代内容和思想情感，这就要求不同的茶席设计作品在展演过程中，要选择在音乐形象氛围上与其相吻合的乐曲作为背景音乐。背景音乐的选择依据主要有五个方面：一是根据不同的时代来选择，二是根据不同的地区来选择，三是根据不同的民族来选择，四是根据不同的宗教来选择，五是根据不同的风格来选择。

总之。茶席设计背景音乐的选择，要善于把握内容和形式的统一，情感与情调的统一，节奏与动作的统一，流派与风格的统一，这才能实现茶席设计的整体美。

### 3．背景音乐中曲与歌的把握

乐曲虽不使用语言但仍能表达某种意境，歌曲具有一定的具象性。茶席设计一般以抽象的物态语言来表达主题，它的背景音乐一般选择较为抽象的乐曲。

选择歌曲作为背景音乐，往往只在以下几种特定的情况中采用：一是茶席特别要强调具体的时代特征，二是茶席特别要强调具体的环境特征，三是茶席内容本身即是对某一歌曲的具体内容的诠释。

特别指出，并非任何表现“平静”、“平淡”等境界的茶席内容都可选择佛教的唱经音乐。因为，每一首不同的唱经音乐都有不同的具体经文内容，它们并不适应广泛的抽象内容。

### 4．动态演示的背景音乐中旋律与节奏的把握

不同的茶席设计内容总是通过不同的表现形式来表达不同的情感。因此，背景音乐中旋律的正确选择与把握，就显得十分重要。茶席设计的动态演示，动作性是它的主体内容。茶的冲泡，又是这一动作过程核心，因而。这一动作过程的情绪相对要求比较固定，不能忽喜忽忧。这不仅是艺术表现方法上的要求，更是科学泡茶方法的要求。由此我们可以清楚地看到，凡是旋律变化较大的乐曲，一般不适合作为茶席设计动态演示的背景音乐，而应选择那些情绪相对比较稳定的音乐，

茶席的背景音乐的节奏，应以平缓的慢板及中板为主，只在高潮部分，可以稍快的速度、稍强的音符出现，即使如此，也不能改变高潮部分的节奏，否则，演示的动作将出现混乱而失去连贯性。因为，节奏不仅无形地指挥着演示者的动作和情绪的表达，同时对观赏者来说，也是一种无言的审美引导。这种导引越连贯，也就越自然。

## 二、茶席演示中音乐形式的创新使用

茶道、茶艺表演及茶席设计的动态演示，其音乐的创新运用，应包括创作音乐的广泛使用。应该说，茶道表演的创作音乐前景是非常广阔的，在当代中国，随着茶道、茶艺表演及茶席设计动态演示不断发展，作为这一综合艺术形式之一的音乐，创作音乐的兴起会成为一种主流。到那时，中国的茶道表演才能真正称为表演。茶道所传递的美和思想内涵也会更丰富、更形象、更生动、更深刻。

## 模块小结

本模块介绍了茶席动态演示中的服饰、音乐的选择与搭配方法。

**关键词**　茶席动态演示　服装选择搭配　音乐选择搭配

茶席动态演示中的服饰、音乐的选择与搭配必须围绕着茶席设计者的思想和感情。

**知识链接**

日本茶道的表演者们，初次到中国来进行表演，还不曾注意到背景音乐的使用，随着与中国的不断交流，不仅也采用了背景音乐，就连在表演形式上，也模仿起中国茶艺早期的表演模式，如一名主泡，两名副泡，上、下场等，甚至出现了像中国某些茶艺表演采用众多表演者同一动作，在背景音乐声中一起泡茶所形成的壮观场面。这也难怪，日本茶道本来就是从模仿、学习中国茶道开始的。如今他们也采用起背景音乐，或许是理解了音乐在表演艺术中的重要作用的缘故吧。

- **实践项目**

设计茶席并选择服装、音乐，完成动态演示。

- **能力检测**

检测学生在茶席动态演示中，对服饰、音乐的选择与搭配的方法的掌握程度。

- **案例分享**

**家和**

【器具选择及用意】

普普通通的家什，普普通通的铺垫，然而一套紫砂茶具却又显得十分精致。围在一起品茶的一家人，一看桌上的那些用具就知道：老花眼镜一定是爷爷的，正织着的毛线一定是奶奶的，那本翻开的习字簿准是孩子的家庭作业。现如今，像背景中的厅堂如今还挂着月历的已不多了，自家人写的对联更是少见；但对联中“国强百姓乐，家和万事兴”几个字却是咱老百姓的心里话。

【设计人寄语】

茶是平和的，爱茶的家庭是温和的。家庭和谐了；社区才会和谐；社区和谐了，整个社会才会和谐。建设社会主义和谐社会就是要从咱老百姓的每一个家庭做起。不是常说“家和万事兴”么？还真就是这么一回事。今年是牛年，牛年人人都铆着牛劲，百业振兴有希望。我在这里给大家奉上一杯茶，衷心祝愿各位：人和、家和、事事和顺！牛年更有大发展！

茶席设计、演示者：董国军

## ● 思考与练习题

1. 茶席动态演示中服装选择与搭配的原则是什么？
2. 在茶席动态演示中如何选择音乐？

# 模块五 茶席设计的文案编写

**知识目标**

了解茶席设计文案编写的含义及表述的内容，掌握茶席设计文案编写的方法。

**能力目标**

能编写茶席设计的文案。

**工作任务**

茶席设计的文案编写。

文案，是一种以文字为手段，对事物变化的因果过程或某一具体事物进行客观反映的文体。

茶席设计的文案有自己特定的表述方式。首先，它的表述对象是艺术作品，在表述中，必然要对作品的创作过程及内容作主观的阐述，因此，茶席设计的文案反映有一定的主观性。其次，表述的对象是以物态结构为特征的艺术形式，光以文字的手段还不能清楚、完全地表述完整，还需辅以图示说明。因此，文案又是以图文结合的形式来综合表述的。可以这样说，茶席设计的文案，是以图文结合手段，对茶席设计的作品进行主观反映的一种表述方式。

茶席设计的文案作为一种记录形式，有一定的资料价值，可留档保存，以备后用。同时，作为一种设计理念、设计方法的说明，又可在艺术创作展览、比赛、专业学校设计考核等活动中发挥参考、借鉴的作用。

## 任务一 茶席设计文案表述的内容

茶席设计文案一般由文字类别、标题、主题阐述、结构说明、结构中各因素用意、结构图示、动态演示程序介绍、奉茶礼仪语、结束语、作者署名及日期、文案字数构成。

文字类别：在国内，一般使用简体中文。如在我国港澳台地区及东南亚国家，可使

用繁体中文，根据需要，还可在全文后另附其他国家的文字。

标题：在书写用纸的头条中间的位置书写标题。标题的字号可稍大，或用与主题阐述不同的字体书写，以便醒目。

主题阐述：即“设计理念”。正文开始时，可以用简短的文字将茶席设计的主题思想表达清楚。主题阐述务必鲜明，具有概括性和准确性。

结构说明：对所设计的茶席由哪些器物组成，怎样摆置，欲达到怎样的效果等进行清楚说明。

结构中各因素用意：即对结构中各器物选择、制作的用意表述清楚。不要求面面俱到，对特别用意之物可突出说明。

结构图示：以线条画勾勒出铺垫上各器物的摆放位置。如条件允许，可画透视图，也可使用实景照片。

动态演示程序介绍：就是将用什么茶，为什么用这种茶，冲泡过程各阶段的称谓、内容、用意说清楚。

奉茶礼仪语：即奉茶给宾客时所使用的礼仪语言。

结束语：即全文总结性的文字，内容可包括个人的愿望。

作者署名及日期：即在正文结束后的尾行右边署上设计者的姓名及文案表述的日期。

文案字数：即将全文的字数（图示以所占篇幅换算为文字字数）作一统计。然后记录在尾页尾行左下方处。茶席设计文案表述（含图示所占篇幅）一般控制在1000～1200字。字数可显示，也可不显示，根据要求决定。

## 任务二　茶席设计文案参考

下面是一篇茶席设计文案，其内容、文字、图示、格式等，均符合茶席设计文案书写要求，仅供学习者参考。

### 清 宫 晚 月

自乾隆皇帝在宫中建起御茶园，进宫后的民间茶道便褪去许多清纯，染上许多奢华。按帝王要求，不仅茶艺嫔妃须心诚功雅，其茶席所选杯、盏、锅、壶也要特制。唯有如此方显皇家之大气，方显圣门大雅。常用组合茶具分别为：外铜内锡圆形龙凤纹煮水锅、锡质鼓腹茶罐、母仪天下纹配茶瓶、五龙茶盂、凤头铜制茶杓、龙头木制茶匙、黄色金边茶巾及万寿无疆大红马蹄杯。

茶席结构采用传统中心结构式。茶罐置茶席前中位，以示对茶的尊敬。两边配稍矮茶瓶，以衬茶之崇高。中线东西各置煮水锅与茶盂，以示进出地位之高下。大红马蹄杯排成弯月形，将龙匙、凤杓紧含其中。胸前茶巾近于手，清洁四方如扫风。

铺垫采用叠铺式，紫色平铺上再覆以黄缎三角铺，以显皇家之大气。

博山炉里，一支线型高香，气雅境也雅。

花器中是月见草，人参花蕾无风也摇曳。

背景是典型的宫廷多扇屏。四幅挂画分别为春、夏、秋、冬花卉，以示宫中四季如春。

茶点茶果四小碟。时值隆冬，月牙形盛器里各放姜片、蜜枣、瓜子、桂花糖。

一轮挂在扇屏后纱幕上的晚月，算是相关工艺品，正影影绰绰作下垂状。

**结构图示：**

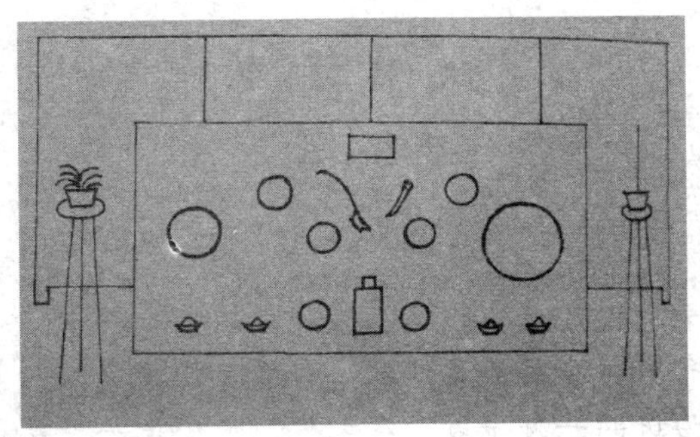

**动态演示语：**

各位嘉宾，大家好！欢迎观赏茶席设计《清宫晚月》。为了使您更深地体会茶席的意境，下面，我将茶席所选之茶当场冲泡，并敬奉给大家品尝。

《清宫晚月》所选之茶，是帝王们常饮的来自清太祖努尔哈赤故乡皇封岭的人参花蕾茶。由月见草、瀑布马丁等五味合泡，是一种养生茶。整个程序分为九道，即赏舞、献器、评水、投茶、注水、煮茗、涤器、点汤、献茶。清宫茶道重礼节，敬如叩。器显雍容，茶讲养寿。服饰一律旗头、旗袍，高靴高帽，红巾白围。茶艺嫔妃美步飘飘如画中走来。茶不醉人人自醉，舞不留人茶留人。

好，香茶已泡，现敬奉给各位品尝，并祝大家养生有道，身体健康，福寿同存！

## 模块小结

本模块介绍了茶席设计的文案编写内容及茶席设计文案的范例。

**关键词** 茶席设计 文案

### 特别提示

茶席设计文案一定要贴近茶席设计主题，全面介绍茶席设计的主要内容。

**知识链接**

茶席展示过程中，除向主办者递交书面文案外，在作动态演示之前，还需将文案中的全部内容或部分内容当场进行语言表述。进行语言表述，一是可以帮助观众理解茶席的设计理念和有关内容，二是对作者语言表述能力、表演能力及其他才艺有一个全面的认识。语言表述是动态演示的重要内容，也是茶席艺术表现形式的重要组成部分。它在直接和观众进行语言交流中，发挥着其他艺术表现形式所不具备的独特作用。

- **实践项目**

编写茶席设计文案。

- **能力检测**

检测学生茶席设计文案编写的能力。

● 案例分享

## 大隐于市

李 海

各位老师、同学:

大家好!

今天我的茶席主题为“大隐于市”。

隐居是古代知识分子一种独特的生活状态，表面上看是清心寡欲，与世无争，而实际上是待机而动，以退为进的一种手段。在古代，隐居是一种表面“出世”实为“入世”的生活态度。而在今天，生活节奏很快，大家都忙于事业，难得半日闲暇，隐居似乎成为一种奢侈，抑或是一种遥不可及的梦想。

现代人为了调节紧张的神经，缓解工作的压力，在每个假期都蜂拥至各度假胜地，好像只有这样才能恢复心绪的平静。事实上，让人感到疲惫的不是环境，而是心境，在都市中一杯清茶，清香满屋，同样也可以让人获得心灵上的放松。

今天，“大隐于市”，不是逃避现实，不是曲高和寡，不是孤芳自赏，而是一种乐观、积极、豁达的人生态度，用茶为自己和他人营造一座沟通的桥梁。喝喝茶，看看书，聊聊天，简简单单就能拉近人与人之间的距离。现代人总感叹社会资源匮乏，生活压力大，在狭小的空间中奋斗，艰辛而苦闷。其实只要一杯茶在手，你就能在浮躁中获得平静。因为品饮好茶，要先闻其香，再观其色，然后品味，缓缓斟饮，细细品啜，在徐徐体味和欣赏之中，方能品出茶的香醇，领会饮茶真趣，同时使自己的身心得到欢愉。生活就是要有张有弛，我们才能不断地充满着激情地去面对每一次新的挑战。

在繁华的都市、忙碌的生活、喧嚣的人群、焦躁的情绪中，让我们偶尔放慢匆忙的脚步，看看身边的风景，关心一下周围的人，聆听自己内心的声音。现代人讲求的不仅是精致的生活，更要有健康的心理。品茶可以让我们在躁动中获得一份宁静，可以让我们懂得等待、耐心与包容，我们烦躁的情绪也会像杯中的茶叶那样舒展开来。

下面我向大家介绍这次茶席的设计理念。

以地铁站的忙碌作为背景，衬以古朴而精致的陶土茶具，一动一静，形成鲜明对比，虚幻的背景与实体的茶具相结合，形成视觉美感，更能体会出“大隐于市”的那份坦然与闲情。

茶具与配器的色泽以黑、白、灰绿为主色调，配以灰色桌布，桌布中间的一抹蓝色，象征着现代人向往的静谧、平和的心态，右边灯具柔和的光线，营造一个温馨、宁静的氛围，左边的乐器与盆花更能体现生活的充实。

茶品选用素有“王子香”美誉的祁门功夫红茶，此茶滋味甘醇，香气馥郁，包容性强，很适合品茶者怡然自得、海纳百川的心境，达到和谐统一。

音乐选择古典名曲《绿袖》，此曲清新、自然，给人一种回归田园的感觉。

服装选择白色亚麻质地套装，休闲、舒适，体现现代生活中难得的自在和随意。

接下来，由我为各位作冲泡演示。

1）赏茶：将茶叶置于赏茶碟中，向来宾介绍茶品特点（祁门功夫红茶出产于安徽省祁门县，具有独特的“祁门香”，汤色红艳，滋味醇厚，回味隽永），并请客人赏茶。

2）温具：用开水冲洗泡茶壶和品茗杯，以洁净茶具。

3）置茶：以每人 2 克的用量，将茶叶放入壶中。

4）冲泡：以高冲法，向壶中注入 90℃左右开水。

5）分茶：经静置 3～5 分钟，将壶中的茶汤分入各杯。

6）奉茶：用双手连托带杯向来宾奉茶并致祝福语。

7）品茶：依次进行闻香、观色、尝味。

8）续水：除红碎茶外，通常可续水 2～3 次。

9）收具：收具的同时致结束语（今天我的茶席表演到此结束，谢谢），鞠躬退场。

## ● 思考与练习题

1. 茶席设计的文案包括哪些内容？
2. 编写一篇茶席设计文案。

# 项目四
# 茶艺服务

**项目导引**

“茶艺”这个词是新生的名词，过去和它相似的词叫做“茶道”。茶艺起源于中国，茶艺与中国文化的各个层面有着密不可分的关系。现代生活忙碌而紧张，品茗所蕴含的美感被人们日益深刻地领悟，升华为精神享受。茶艺已越来越受到当今世界各国人民的喜爱。为此，茶艺服务中的品茗环境和经营管理以及服务质量越来越得到人们的重视。本项目主要介绍品茗环境与经营管理、茶馆人员营销技能、茶馆服务、茶会的设计与组织等知识与技能。

**知识目标**

熟悉品茗环境和经营管理的内容；熟悉茶馆服务接待流程和服务标准及营销技巧；熟悉茶会设计的基本知识和茶会实务的策划和实施。

**能力目标**

熟练掌握品茗环境的要求和茶馆经营管理中的主要管理制度及管理方法；熟练掌握茶馆服务人员在茶馆经营中的整个接待流程和服务标准及营销技能；熟练掌握茶会实务的策划和实施。

**项目分解**

模块一　品茗环境与经营管理
模块二　茶馆人员营销技能
模块三　茶馆服务
模块四　茶会的设计与组织

## 模块一　品茗环境与经营管理

**知识目标**

熟悉现代茶馆的特点、基本分类、品茗场所的布置要求，以及茶馆的经营管理理念和一般流程的实施方法。

**能力目标**

掌握品茗场所的布置要求和茶馆经营管理中的一般流程的实施方法。

**工作任务**

在熟悉现代茶馆的特点、基本分类、品茗场所的布置要求，以及茶馆的经营管理理念和一般流程的实施方法基础上，掌握品茗场所的布置要求和茶馆经营管理中的一般流程的实施方法。

品茗场所有经营性与非经营性之分。经营性的品茗场所指那些专门设立的，收费的茶室、茶楼、茶坊、茶艺馆等，可提供茶水、茶点，供客人们饮茶休息或观赏茶艺表演等。非经营性的品茗场所，如在家居生活中以茶待客或企事业单位内部的茶会、茶话会，以及茶文化团体在山清水秀之处自备茶具举行的茶会等。在紧张而又充满竞争的现代社会里，茶馆是人们难得的休闲养性的好地方。

本模块介绍现代茶馆的特点、基本分类、品茗场所的布置要求，以及茶馆经营管理中涉及的法律法规、职责等。

## 任务一　现代茶馆的特点和分类

现代茶馆与过去各种茶馆最大的差别是把饮茶从日常生活的一部分开发成富有文化气息的品饮艺术，从饮茶艺术中体现中国人的传统精神和传统美德。在茶馆饮茶不仅有益于身心的健康，更是一种艺术的享受。

### 一、现代茶馆的特点

现代茶馆有以下一些特点。

1）环境设计以清爽、柔和、宁静为主题。

2）有高雅的举止和规矩。

3）茶叶种类多，茶具配器齐全。

4）出售茶叶、茶具和茶类书籍。

5）举办茶艺讲座和小型文化交流等茶文化活动，并培训茶艺人员。

### 二、现代茶馆的分类

现代茶馆可分为以下几种。

#### 1．文化型茶艺馆

这类茶馆经常举办各种讲座、座谈会，推广茶文化，并兼营字画书籍、艺术品等，提供休闲品茗的场所，有创造文化、发扬文化的理念和功能。文化型茶艺馆类似 18 世纪在法国出现的沙龙。

#### 2．商业型茶艺馆

商业型茶艺馆以企业管理方式经营茶叶、茶具及饮品等，服务周到，一切以创造利润为主，价格较高。

3．混合型茶艺馆

混合型茶艺馆以品茗为主，但也经营餐点等有利可图的项目，类似茶餐厅。

4．个性茶艺馆

个性茶艺馆以经营者自己的观点发挥茶艺馆的特色，不在乎别人怎么评论与认定。

5．一窝蜂型茶艺馆

一窝蜂型茶艺馆以贩卖茶叶、茶具为主，也设座提供品茶，市场流行什么就跟进什么，茶艺馆没有明确的经营理念。

## 任务二　现代茶馆的市场定位及选址

人们品茶，品味的不仅仅是茶，还包括环境和心境，有时主要是后两者。所以，品茗喝茶，除了要有好的茶叶、茶具、水、泡茶技艺之外，自古以来茶人就重视品茗环境的营造。

### 一、现代茶馆的市场定位

茶馆的市场定位就是根据市场的整体发展情况，针对消费者的认识、理解、兴趣和偏好，确立具有鲜明个性特点的茶馆形象，以区别于其他经营者，从而使自己的茶馆在市场竞争中处于有利的位置。

市场定位是茶馆经营管理中的一个重要组成部分，它和品茗环境的营造密切相关。定位实际上是要解决为谁服务（目标顾客）、提供什么样的服务（服务内容和档次）、以什么方式服务（服务手段和方法）等问题。通过定位，确定目标顾客，明确他们选择茶馆的标准，就能增强经营管理的针对性，强有力地塑造出本茶馆与众不同的、给人印象鲜明的个性或形象，进而塑造出独特的市场形象，提高茶馆的经济效益和社会效益。

1．茶馆市场定位的步骤

1）确定市场范围，按市场细分的标准进行顾客分析。

2）确定目标顾客，准确了解其选择茶馆的标准、消费特点及一些新的要求。

3）对主要竞争对手进行分析，找出其经营上的优势及存在的问题，使自己扬长避短。

4）广泛收集信息，在茶馆的类型和档次、茶馆的布局和装饰风格、茶艺形式及服务的内容、经营管理的特色、吸引顾客的主要手段等方面为茶馆确立一个具有竞争力的形象。

2．茶馆市场定位的方式

茶馆市场定位的方式主要有以下几种，如表 4-1 所示。

**表 4-1　市场定位的方式**

| 市场定位的方式 | 说　明 |
|---|---|
| 产品特色定位 | 从向社会推出“人无我有”的与众不同的产品来加以定位 |
| 环境特色定位 | 从茶馆的外部环境和内部环境的设计布局及选址方面来加以定位 |
| 服务特色定位 | 从服务标准和服务形式及服务的文化品位来加以定位 |
| 质量特色定位 | 从茶水质量和服务质量及卫生质量方面来加以定位 |
| 文化特色定位 | 从营造茶文化氛围来加以定位 |
| 价格特色定位 | 从茶馆的类型和档次上来加以定位 |

## 二、现代茶馆的选址策略

茶馆开设的地点应满足人们“环境清幽、交通便利、地理位置优越”的需求，以确保经营的可行性。在茶馆选址时必须慎重，一般要考虑下列主要因素。

1）建筑结构。

2）商圈。

3）租金。

4）水电供应。

5）交通状况。

6）同业经营者。

7）政策环境。

8）投资预算。

9）效益分析。

另外，在茶馆的选址中，还要考虑“四个性”。

第一是安全性。让消费者感到安全，这是首要条件。

第二是便利性。顾客容易到达的地方可以增加顾客光顾茶馆的机会。

第三是可视性。通常是抢眼的店面能够吸引更多的顾客。

第四是竞争性。通过比较竞争对手的产品、价格和服务，提供更好的赢利空间。

## 三、现代茶馆选址的基本分类

### 1．游览景区茶馆的选址定位

风景区和旅游景点的茶馆，光顾者多为游客，应注重宁静幽雅的环境和清新的空气。

1）坐山。“山”是指各地名山。茶馆的选址，可以在山脚、在山腰、在山顶，方便游客来茶馆歇脚、解渴、赏景。

2）临河。茶馆设于河旁、桥边，可营造一种舒心的环境。茶客在茶楼里喝茶，可以临窗而坐，眺望河上景色，“小桥流水人家”尽收眼底。

3）面湖。湖光山色的天然画卷展现在茶客面前，在此品茶无疑会让人平添不少情趣。

4）傍泉。在我国数以千计的清泉中，有一部分是与茶相关的名泉。泉水叮咚，清澈宜茶。古人有不少茶诗都吟咏了泉水。哪里有名泉，哪里就有茶馆或茶室。

5）隐林。在竹林中开设露天茶座，游人来此，既可品茗，又可赏竹观景。

### 2．现代都市茶馆的选址定位

繁华市中心和主要商业街道的茶馆，光顾者多为商界名流、高薪白领等，应注重环境氛围和服务。

1）与菜馆酒楼为邻。民间“粗茶淡饭”之说已把膳食与饮茶说得密不可分。在现代都市里，茶馆和菜馆酒楼兼营已比比皆是。

2）与商务宾馆相伴。为了满足人们的交际、商务、休闲等活动的需要，许多商务宾馆辟出场地开设茶馆、茶室方便往来的客商、游客进行商务洽谈、叙友小坐等。

3）为旅游休闲区添趣。名胜古迹经过历史变迁，已形成了周边地区以其为核心的现代都市中的景观性商旅圈。坐落在景观性商旅圈中的茶馆，在游人眼中，也是一道独特的风景线。

4）在商业购物区中扎营。从古到今，自茶馆形成之初，大多分布在繁华的商业购物区。终年川流不息的人群让这些茶馆生意兴旺。

5）在交通集散区迎客。在市中心的交通站台、火车站、地铁站、轮船码头、长途汽车站、航空港等客流量大的交通集散区开设茶馆迎客，生意也会门庭若市。

6）给社区居民方便。在居民点中开设茶馆，服务价格必须低廉，以便居民能经常光顾。

3．农村乡镇茶馆的选址定位

集镇商业中心的茶馆，光顾者多为普通工薪阶层和一般商贾，应注重经济实惠。

1）选在集镇商业中心。经济繁荣的地区，一般商贾往来较多。在农产品集散地，交易和经商需要交流信息和洽谈商务的场所，茶馆正适宜。

2）选在乡镇文化中心。中国农村乡镇文化中心一般都位于县城或乡、村的中心地区，茶馆不仅是乡、镇居民品茗、交往、会友的公共场所，也是人们修养身心、自娱自乐的场所。

## 任务三　现代茶馆的设计风格及布置

### 一、现代茶馆的设计风格

1．古典传统式

古典传统式又称“仿古式”。这是指现代茶馆其主体建筑采用我国传统建筑的施工方法建成一层或多层的茶楼。其屋面大多采用庑殿式或歇山式。由于这种屋面的屋角和屋檐为斗拱向上翘起，显得古朴雅致，有的还在四周设隔扇或栏杆回廊，凸显高贵典雅。

2．地域民族式

地域民族式又称“民居式”。民居，是指各地具有地域风格的民用住房，如北京的四合院、云南的傣家竹楼、新疆的毡包等，民居式更增添了茶艺馆的古雅韵味。

3．江南园林式

江南园林式是指茶艺馆的建筑格局参考了我国江南园林的营造方式，如小桥流水、假山曲径、亭台楼阁，更显出自然氛围、山野之趣。

4．异国情调式

异国情调式是指茶馆主要建筑中茶室布置为欧式、日式或韩式等异国风格。

5．时尚新潮式

时尚新潮式是指茶馆的风格、茶室的布置、茶饮的调和形式，突破了传统模式，注重时尚、前卫性。它更符合青年人的审美情趣。

6．厅堂式

厅堂式是指茶馆以传统的家居厅堂为蓝本，摆设古色古香的家具，张挂名人字画，陈列古董、工艺品等，所用的茶桌、茶椅、茶儿，古朴、讲究，或清式，或明式，或用八仙桌、长板凳等，反映了中国文人家居的厅堂陈设，让人感觉走进了书香门第的氛围。

### 7．乡土式

乡土式是指茶馆以农业社会时代的背景为布置的主调，用竹木家具、马车、牛车、蓑衣、斗笠、石臼、花轿等材料强调乡土的特色，追求乡土气息，别有一番情趣。

## 二、现代茶馆的布置要求

茶象征着纯洁。茶将人带到对人生沉思默想的境界。总结古今茶经，品茶环境追求一个“幽”字，幽静雅致的环境是品茶的最佳选择。因此，茶馆布置要讲求情调，清雅宜人，富于文化气息。除追求“静”、“雅”、“洁”之外，室内光线要柔和，空气要流通，还要点香、播放音乐。来到茶室，如进入宁静而安逸的境地，超凡脱俗，悠然自得。在杂乱、喧闹、不洁之地，领略不到茶的真情趣。

### 1．茶馆布局

#### （1）饮茶区

饮茶区是茶客品茗的场所，根据茶馆规模的大小，可分为大型茶馆和小型茶室两类。

1）大型茶馆。品茶室可由大厅和若干个小室构成。视茶室占地面积大小，可分设散座、厅座、卡座及房座（包厢），或选设其中一二种，合理布局。

2）小型茶室。品茶室可在一室中混设散座、卡座和茶艺表演台，应注意适度、合理利用空间，讲究错落有致。

#### （2）表演区

茶馆在大堂中适当的部位必须设置表演台，力求使大堂内每一处茶座的客人都能观赏到茶艺表演。小室中不设表演台，可采用桌上服务表演。

#### （3）工作区

1）茶水房。茶水房应分隔成内外两间，外间为供应间，墙上可开设大窗，面对茶室放置茶叶柜、茶具柜、消毒柜、电冰箱等。内间安装煮水器（如小型锅炉、电热开水箱、电茶壶）、热水器、水槽、自来水龙头、净水器、贮水缸、洗涤工作台、晾具架及晾具盘等。

2）茶点房。茶点房也应分隔成内外两间，外间为供应间，面对茶室，放置干燥型和冷藏保鲜型两种食品柜和茶点盘、碗、碟、筷、匙等专用柜，里间为特色茶点制作处或热点制作处。亦可以简略，只需设立水槽、自来水龙头、洗涤工作台、晾具架及晾具盘等。

3）其他工作用房。在小型茶室（馆）里，可不设立专门的开水房和茶点房。在品茶室中设柜台代替，保持清洁整齐即可。

根据茶馆规模大小，还可设立经理办公室、员工更衣休息室、食品贮藏室等。

### 2．名家字画的悬挂

根据茶馆内的区域和布局，悬挂字画大体上有以下几种情况。

1）门厅的字画悬挂。

2）走廊的字画悬挂。

3）楼梯侧壁的字画悬挂。

4）柱子的字画悬挂。茶室内悬挂中国字画，位置恰当，大小适宜，就显得雅致而又秀丽。悬挂的中国画内容可以是人物、山水、花鸟，以清新淡雅为宜。

**3．玉器古玩的陈列**

中国传统民间工艺美术作品，如玉雕、石雕、石砚、石壶、木雕、竹刻、根雕、奇石等，可在烘托茶馆的文化韵味方面发挥重要的作用。

**4．景瓷宜陶的展示**

茶馆在迎客厅或茶厅的陈列柜里摆放茶具，供茶客观赏，既可增添品茶的情趣，又可烘托茶馆内的文化氛围。

**5．名茶新茶的出样**

茶馆可以发挥自身优势在厅堂的博古架或玻璃橱内，陈列展示造型别致、形态各异的各类名茶、新茶。这样不仅可以为茶客传递茶的信息，推动茶品销售，而且可以借助琳琅满目的中国茶品，构筑出一道中国茶文化的风景线。

**6．绿色植物的点缀**

绿色植物在茶室中具有净化空气、美化环境、陶冶情操的作用。茶室里恰当点缀绿色植物，可使茶室显得更加幽静典雅、情趣盎然，营造出赏心悦目、舒适整洁的品茗环境。

**7．民族音乐的烘托**

为了烘托茶室的典雅氛围，茶馆内可演奏器乐曲或播放古典名曲、民族音乐等。常演奏的乐曲有古琴乐曲、古筝乐曲、琵琶乐曲、二胡乐曲、江南丝竹等。

茶馆在装潢、设计时除了将经营者的理念、审美观念贯彻其中以外，还要注意无论哪种类型都应必备以下物品。

1）茶台，摆放所用的茶叶、茶具及用来收银。

2）陈列柜，也称百宝格，里面主要陈列一些与茶有关的物品。如书籍、茶具、茶叶样品以及古董。

3）茶桌、茶椅（凳）。除了考虑质地样式外，还应考虑坐时的舒适性。对于其他的装饰物，要根据茶室的面积、位置及风格而定。

### 三、居家饮茶场所的布置

我国是文明古国，礼仪之邦。家中有客来访，必以茶相敬。家庭饮茶要求安静、清新、舒适、干净，尽可能利用现有条件，如阳台、门庭小花园甚至墙角，只要布置得当，窗明几净，同样能创造出良好的品茗环境。居家饮茶场所的布置有：①厅堂式；②书房式；③庭院式；④其他式。

## 任务四　茶馆的经营管理

茶馆是一个为了实现经营目标而实施管理职能的营利性经济组织。要想获得竞争优势就必须加强经营管理，以优质服务赢得顾客。

### 一、采购管理

采购的质量和水平影响茶馆的服务质量和信誉。因此，对采购工作必须规范管理，严格要求。其内容主要包括以下几项。

### 1．常用采购程序

1）提出进货要求。

2）确定采购量。

3）报价报批。

4）发出订购单。

5）进货验收。

### 2．货物采购方式

1）市场即时购买。

2）预先购买。

### 3．采购质量管理

采购质量管理即采用采购规格书的形式，规定各种茶品原料的质量要求。

采购规格书是对需采购的茶品原料规定详尽的质量、规格等要求的书面标准。一般一份全面的茶品采购规格书应包括以下基本内容。

1）茶叶及食品原料的确切名称。

2）茶叶及食品原料的品牌。

3）茶叶及食品原料的质量等级。

4）茶叶及食品原料的来源或产地。

5）茶叶所达到的必要指标。

### 4．评价供货单位优劣的标准

评价供货单位优劣的标准主要有以下因素。

1）地理位置。

2）设施及管理水平。

3）财务的稳定性。

4）供货单位业务人员的技术能力和服务水平。

5）价格。

## 二、成本管理

成本控制的成功与否，将直接影响到茶馆经营的利润大小。茶点和服务是茶馆经营的主要产品。因此，工作人员的配备和茶点的设计、成本核算及定价是成本管理的主要内容。

### 1．工作人员的配备

#### （1）堂口服务部门人员的配备

服务员的数量=（茶馆总桌数/工作定额桌数）/（每周实际工作制/7 天）

#### （2）工作间的人员分工

一般由一人负责烧水、泡茶，另一人负责茶具的清洗和茶叶的分装。如有茶点，要有 1～2 名人员负责点心的制作和烹调。

**2．茶点的设计**

1）茶馆若位于较高文化层次区，茶叶应选择一些较高档的中国名茶，特别是一些外形美观、富有情趣的茶品。

2）茶馆若位于闹市区，茶品应以中高档为主。

3）一般的街边茶馆，茶品应以中低档为主。

**3．成本核算**

根据成本核算制度，茶点的成本主要包括茶叶、茶食点心、瓜果、蜜饯等以及其他支出。茶食成本包括制作茶食所耗用的原料和配料。其他燃料费、劳动力费用等均列入营业费用，不计入菜肴出品的成本。

**4．茶品定价的依据和策略**

茶馆是个高雅的营业场所，价格定高了，消费者望而却步，门庭冷落；价格定低了，又跌了自己茶馆的身价，最终产生的经济效益并不理想。

影响定价的因素主要有地段因素、成本因素、营业时间等。怎样制定一个能适应各类消费层次的合理价格，真正收到“物有所值，质价相符”的效果呢？不妨从以下几个方面进行尝试。

**（1）按消费层次定价**

一般来说，消费可划分为高、中、低三种层次。茶品定价可根据茶馆的设施和品茶环境，提供不同的服务、茶品、茶具，让消费者得到相应层次的物质和精神享受。这种定价方便不同层次的消费者作出选择。

**（2）按原料成本定价**

设施豪华、地段好的茶馆，其经营成本一般较高。在制定价格时，毛利率也相应提高；反之，毛利率、价格则相应降低。这种定价，不仅消费者乐于接受，而且可以给茶馆带来人气和经济效益。

**（3）按营业时间定价**

晚上是一天中的黄金时间，这一时间的价格应定得最高。其次是下午和深夜。而早晨和上午这段时间的价格应是最低的。这种定价可以有效地利用茶馆有限的经营场地来获取最大的经营利润。

此外，茶馆的定价还可以考虑地段因素和团体消费等，分别给予不同的价格优惠。

## 三、茶单的设计与制作

茶单是消费者的关注点之一，也是茶馆最重要的推销工具。茶单的设计，作为茶馆计划组织工作的首要环节，是茶馆经营管理活动的重要内容。

**1．茶单设计的原则**

1）以市场需求为导向。

2）以自身条件为依据。

3）以自身特色为卖点。

4）以推陈出新为理念。

5）以艺术美学为基础。

**2．茶单的内容**

1）茶品的名称和价格。

2）茶品的介绍。

3）告示性信息。

4）机构性信息。

**3．茶单的制作**

**（1）茶单的制作材料**

一般来说，茶单要求选材精良、设计优美，充分体现茶馆的服务规格和档次。长期重复使用的茶单，还要选择质地精良、厚实的纸张，并考虑纸张的防污、去渍、防折和耐磨性能。

**（2）茶单的封面和规格**

茶单的封面应体现设计好的茶馆的名字，其他信息放在封底。茶单的规格应根据茶饮内容、茶馆规模而定。一般茶馆使用 28 厘米×40 厘米单面、25 厘米×35 厘米对折或 18 厘米×35 厘米三折茶单比较合适。

**（3）茶单的文字和图片设计**

茶单上的茶名一般要中英文对照书写，以阿拉伯数字排列编号并标明价格。字体要印刷端正，字体颜色要与底色形成明显反差。除非特殊要求，茶单应避免用多种外文来表示茶名。所有外文都要根据标准英语词典的拼写法统一规范，防止差错。

茶单文字字体的选择也很重要。一般仿宋体、黑体等字体被较多地用于茶单的正文；楷体、隶书等字体则常被用于茶品类别的题头说明。引用外文时应尽量避免使用圆体字母，宜采用一般常见的印刷体。茶单的字号，即印刷茶单时所用铅字的型号大小，根据调查统计，最容易被顾客阅读接受的字号是二号铅字和三号铅字，其中又以三号铅字最为理想。茶单的标题和茶点的说明可用不同型号的字体，以示区别。

在茶单上使用图片并运用色彩效果可以增强茶单的艺术性和吸引力，是现代茶馆的一种潮流。一般茶馆的茶单可用建筑物或当地风景名胜的图画作为装饰插图。另外，赏心悦目的色彩不但能使茶单显得更加吸引人，还能反映一家茶馆的情调和风格。因此，要根据茶馆的规格和风格选择色彩。

## 四、当代茶馆的经营管理理念

**1．确立高雅的茶馆文化品位**

高雅的文化品位是茶馆的经营特色。弘扬中国茶文化，振兴中国茶业经济是茶馆的经营宗旨。为此，在市场定位上，一定要坚持以茶文化为核心，围绕茶文化创建形象和特色。

**（1）体现文化品味，形成文化标志**

在环境设计上，无论是豪华还是简朴，都应以传统的民族文化为基调，融合民族传统的美学、建筑学、民俗学，创造一个浓烈的传统文化氛围。在装潢布置上，琴、诗、书、画和用具器皿要处处显示传统文化特色。总之，茶馆的每一个角落，都要给客人一个强烈的感觉：未品香茗，已闻茶香；未读《茶经》，已识茶道。

**（2）体现多种功能，满足消费情趣**

在茶馆经营上，要结合现代人生活的特点，考虑不同年龄、不同性格、不同职业、

不同性别、不同风俗习惯的消费者的需求，通过视觉、味觉、听觉、嗅觉、触觉的刺激，充分满足客人的心理感受和精神享受。

**（3）体现个性特色，注重饮茶时尚**

在显示中国传统茶馆特有风貌的同时，还要结合现代的色彩；既要体现东方的韵味，又要融合西方的情调。让茶客在个性特色的服务中、在喝茶的同时还可以进行各种娱乐，使品茶的过程充满轻松、快乐和浪漫。

**2．制度化管理**

**（1）以制度管人**

1）以岗位的标准确定员工的聘任和辞退。

2）以奖惩的标准激发员工的工作热情。

3）以合同的保障巩固员工的创造精神。

**（2）以制度保障**

1）以严格的作息制度保障严格的经营流程。

2）以严格的出品制度保障严格的产品质量。

3）以严格的服务制度保障宾客的满意程度。

4）以严格的财务制度保障成本的有效支出。

**（3）制度制定要求**

1）规章制度宜细不宜粗，能量化的一定要量化。

2）制度建设要全面，而且相互间要便于协调。

3）制度内容要体现“奖惩严明，以奖为主”的精神。

4）规章制度不能朝令夕改。

5）制度面前人人平等。

**（4）制度细化内容**

1）茶馆员工岗位标准，茶馆员工奖惩条例，茶馆员工聘任合同，茶馆员工考勤细则。

2）岗位员工技能标准，满意服务达标要求，物品采购规格标准，出品标准检验细则。

3）茶馆物品管理条例，茶馆财务审核规定，茶馆卫生达标细则，茶馆安全检查条例。

4）茶馆歇业值班规定，茶馆物品使用规定，员工宿舍管理条例，茶馆服务礼仪规范。

5）茶馆账台管理规定等。

**3．人性化管理**

**（1）以情待客**

1）“真”中见情。具体表现在真品和实品上。

2）“爱”中见情。具体表现在细微之处见爱、关怀之中见爱。

**（2）视员工如家人**

1）生活上关心。具体表现在吃、喝、住、行、医等几个方面。

2）情感上关心。具体表现在爱情、亲情和友情等几个方面。

3）事业上关心。具体表现在工作、学习和发展等几个方面。

**（3）全方位体现人性化关怀**

1）环境人性化。

2）设施人性化。

3）物品人性化。

4）服务人性化。

**4．模式化管理**

**（1）流程标准化**

1）员工管理等级化，即一级对一级的负责制。

2）物品管理秩序化，即一个部门对一个部门的负责制。

**（2）处理现代化**

1）用网络化手段获取管理信息。

2）用现代化设备处理经营事务。

**5．当代茶馆管理的一般流程及实施方法**

**（1）单一经营流程及实施方法**

1）经营准备。

手续（证、照）齐备→内部装修完成→物品、用具、设施齐备→水、电、煤畅通→人员招聘完成→岗位人员培训→物品采购渠道确定→制订经营计划→试营业。

2）日常营业。

营业前检查物品供应是否充分，用品、设施是否完好，岗位人员是否到位，卫生、安全措施是否完善。

营业中进行服务跟踪处理、突发事件处理、重要宾客接待。

营业后总结当日营业报表登记、员工出勤登记、员工表现通报、物品出库登记、次日物品采购安排、员工出勤安排、卫生和安全检查。

**（2）多元经营流程及实施方法**

1）经营准备。

手续（证、照）齐备：贸易手续、餐饮手续、演艺手续（含演出证、演员证等）、培训手续（含社会办学证、教师证等）。

内部装修完成：餐饮环境（含冷库、厨房、清洗间等）、活动大厅（含用餐、聚会、观看、展示多功能）、演艺舞台（有顶灯、面灯、侧灯、背景灯、音响、候演室等）、排练场所（有把杆、墙镜等）、培训教室（有课桌椅、多媒体教具等）。

其他准备一应俱全：物品、用具、设施齐备→水、电、煤畅通→人员招聘完成→岗位人员培训→物品采购渠道确定→制订经营计划→试营业。

2）日常营业。

营业前检查各部门碰头会，协调当天场地安排、人员安排、时间安排，检查活动对象是否落实，物品供应是否充分，用品、设施是否完好，岗位人员是否到位，卫生、安全措施是否完善。

营业中进行服务跟踪处理、突发事件处理、重要宾客接待。

营业后总结当日各部门工作汇报和次日各部门工作安排，如当日营业报表登记、员工出勤登记、员工表现通报、物品出库登记、次日物品采购安排、员工出勤安排、卫生和安全检查。

## 模块小结

本模块介绍了现代茶馆的特点、分类、市场定位、选址、布置要求以及茶馆的经营

管理理念和一般流程的实施方法，旨在熟悉相关的知识，掌握茶单的设计原则和制作方式以及茶馆经营管理中的一般流程的实施方法。

**关键词**　市场定位　茶单　品茗环境　经营管理

## 特别提示

1. 茶馆是随着茶叶及饮茶习俗的兴盛而出现的一种以饮茶为中心的综合性群众活动场所，唐宋时称茶肆、茶坊、茶楼、茶邸，明代以后时称茶馆。茶艺馆是指专门为客人提供饮茶、品茗、茶（文）艺欣赏、商贸谈判、访亲会友的高雅社交场所。它具有文化多元性、功能多样性、产品独特性、经营方式灵活性、经营管理复杂性等特点。

2. 茶馆的市场定位就是根据茶艺市场的整体发展情况，针对消费者对茶艺的认识、理解、兴趣和偏好，确立具有鲜明个性特点的茶艺馆形象。茶艺馆的选址应满足社会的需求性，确保经营的可行性。茶艺馆应合理安排内部布局，精心设计装饰布置。

3. 茶艺馆经营管理的内容主要包括采购管理、成本管理和营销管理。

4. 茶单是茶艺馆设施规划的基础，是茶艺馆服务生产和销售活动的依据，也是茶艺馆最重要的推销工具。茶单的设计作为茶艺馆计划组织工作的首要环节，是茶艺馆经营管理活动的重要内容。

**知识链接**

### 茶馆的取名和登记注册

**1．为茶馆起一个好名**

一个美好的店名是一个绝好的品牌和商标。开办一家茶馆，就得要有一个富有文化韵味，含有吉祥如意、兴隆昌盛意味的好店名。理想的茶馆命名要体现出三个特征。

1）要给人印象深刻，容易读、容易听、容易记忆。

2）能给人以独特性，构思新，有文化味。

3）能引起消费者的好奇心，把茶馆牌子打响。

**2．申办营业执照**

开始经营茶馆一定要在国家相关机构进行登记，办个“户口”，得到法律上的承认。否则，就是无证经营，要受到国家法律的处罚。

**3．领取茶馆卫生许可证**

茶馆属于饮食类经营，卫生许可证必不可少。茶馆的服务人员也只有领取了健康合格证，方可进行茶馆经营。

**4．办理税务登记证**

经营茶馆，在开业登记时，要按照规定程序，向税务部门申请办理税务登记证，定期进行纳税，才能做到合法经营。

**5．到银行开设账户**

经营茶馆应该在资金雄厚、业务种类齐全的银行开设银行账户，以办理业务经营范围内的资金收付，方便茶馆日常业务的往来。

**茶馆的经营法规**

《中华人民共和国食品卫生法》

《中华人民共和国消费者权益保护法》

《中华人民共和国价格法》

无公害茶叶的卫生标准

茶叶的 QS 认证

《公共场所卫生管理条例》中与茶馆业相关的条例事项

《中华人民共和国劳动法》

## ● 实践项目

1. 试对本地茶馆进行考察，分析其是如何定位和经营管理的。

2. 请到某家茶馆收集某年某月的业绩收支表、付款明细表以及当月明细表，学会茶馆的财务记账方法。

## ● 能力检测

1. 现场设计制作一张茶单。

2. 设计一份外卖型茶馆的茶单。

## ● 案例分享

**现代茶艺馆的诞生**

现代茶艺馆最初诞生在我国台湾。20 世纪 70 年代末，台湾年轻一代的知识分子开始注意茶文化，于 1976 年创立了第一所茶艺馆，不久又开设了一所中国功夫茶馆。从此，在台湾，茶艺馆的发展如雨后春笋般，仅一年多就达千余家。这些茶艺馆纯粹地以品茗为主，讲究气氛、装潢，所用茶具充满文化气息，不但设置各类字画、民俗、工艺品等物，还提供茶艺知识，供应一些糕点茶食。因此台湾茶叶有了大转折，从当年茶叶 90%外销，转为以内销为主。

继台湾兴起茶艺馆之后，20 世纪 80 年代末至 90 年代初，大陆开始出现茶艺馆，如最早的北京老舍茶馆、上海宋园茶艺馆、广州国香馆，等等。之后全国各地的茶艺馆呈现出百花盛开、异彩纷呈的繁盛景象。特别值得一提的是，大陆的茶艺馆不完全是台湾茶艺馆的翻版，它与我国茶文化的传统、大陆的思想和经济发展现状等融合得更为紧密。

**武汉下午茶逐渐流行**

下午 3 点，如果你路过武汉香港路，就会看到茶馆一条街的门口停满了众多的车子，很多人会选择在这个时间段里来谈工作，聊家常。一块甜糕，一个果盘，一杯绿茶，这就是都市白领们喜欢的休闲方式——喝下午茶。当你隔着玻璃墙，一边喝茶，一边看着午后街头的匆匆脚步，如梦如幻，浮生中增添了些许温暖。

下午茶是英国 17 世纪的产物，绵延至今，已变成了现代人的一种休闲生活方式。那种正规的维多利亚氛围的英国下午茶，是一定要有上等的茶品、精致的小点和精美的餐具的。而且，最重要的是要有轻松自在的好心情。

武汉很多咖啡馆、茶餐厅都有这种服务。它们的装饰不见得十分奢华，一张藤椅，一方桌布，一个足以信任的人，就可以让你下午的时光过得悠然而惬意。

点评：茶艺馆经营是具有文化多元性的，它既能将茶文化与传统文化融合在一起，也能将中国传统茶文化与异国文化有机地结合在一起。同时，茶艺馆不仅能满足人们的生理需求，也能满足人们的精神需求，从而成为现代人休闲的好地方。

### ● 思考与练习题

1. “茶馆”一词是何时出现的？
2. 简述茶艺馆选址时应遵循的原则。
3. 简述茶单设计的原则及内容。
4. 简述现代茶艺馆的经营特点。
5. 一茶艺馆有 40 张桌子，服务员班次安排为早、中、晚三班。根据工作量，早班工作定额每人 10 张桌子，中班每人 6 张桌子，晚班每人 5 张桌子，每周实行 5 天工作制（不考虑其他工作日），计算该茶艺馆要多少服务员。

# 模块二　茶馆人员营销技能

**知识目标**

熟悉茶馆人员茶事服务和销售技巧的相关知识。

**能力目标**

能够迎合消费者的需要，做好茶事服务和销售服务。

**工作任务**

在熟悉茶馆人员茶事服务和销售技巧的相关知识基础上，能够迎合消费者的需要，做好茶事服务和销售服务。

## 任务一　茶馆消费群体需求分析

消费者因各自的社会地位、文化层次、经济收入、生活环境、职业类别、性格脾气、兴趣爱好、风俗习惯的不同会产生不同类型的消费需求。

### 一、因文化和社会层次的差异产生的消费群体需求

一些低档的茶馆，设备简陋，由于价格低廉，因此，其消费对象在文化水平和社会层次上相对都比较低；反之，高档的茶馆，由于价格较高，其消费对象往往在文化水平和社会层次上都要高一些。他们在品茶时，希望能欣赏到精美的字画、精致的茶具、悠

扬高雅的乐曲、名茶的幽香和文化韵味。

### 二、因性格与爱好的差异产生的消费群体需求

茶客中有的喜欢热闹，有的喜欢安静，有的喜欢品名茶的风味，有的喜欢邀约朋友相聚交流。这些性格与爱好相异者对茶品等级的高低要求也会不一样。

### 三、因年龄结构的差异产生的消费群体需求

一般中老年人特别欣赏传统文化和充满传统文化气息的环境，他们喜欢到传统型的茶馆去品饮龙井、毛峰、乌龙等传统型名茶。而年轻人轻松、活泼，他们则喜欢去充满现代气息的现代茶馆去品尝各种时尚饮料。

### 四、因男女性别的差异产生的消费群体需求

从传统观念上说，较一般而言，男性上茶馆要多于女性。但随着时代的变迁、社会的进步，这一现象已有较大改观。目前去茶馆消费的人群中，女性并不少于男性。

### 五、因风俗习惯上的差异产生的消费群体需求

俗话说："千里不同风，百里不同俗"。不同的民族，不同的生活习惯，因而有着不同的饮茶嗜好。人们对茶的品种，饮茶的方式都有不同的要求。

## 任务二　茶饮推荐的基本原则

如何在顾客进入茶馆之后，让其满意地喝好一杯茶是茶艺服务人员所要认真考虑的问题。其中茶艺服务人员对茶饮的推荐是第一步。

### 一、不同年龄的人选择茶饮的基本原则

少年宜饮淡绿茶或淡花茶；青年人宜饮绿茶；中年人宜花茶、绿茶交替饮用；老年人可饮淡红茶；少女经期前后或更年期女性因情绪烦躁不安宜饮花茶，有助于疏肝解毒、理气调经。

### 二、不同职业者选择茶饮的基本原则

体力劳动者宜饮红茶、乌龙茶，脑力劳动者宜饮绿茶、茉莉花茶，嗜烟者宜饮绿茶，喜食油腻肉类食品者宜饮乌龙茶。厨师最宜饮乌龙茶，矿工、司机则宜多饮绿茶。

### 三、不同慢性疾病者选择茶饮的基本原则

胃部患病者宜饮乌龙茶或玳玳花茶，前列腺患者宜饮花茶、红茶，肝病患者宜饮花茶，减肥去脂者最宜饮乌龙茶和普洱茶，体质虚弱者宜饮绿茶、白茶，便秘者宜饮蜜茶，阳虚、

脾胃虚寒者可饮乌龙茶、花茶，高血压、糖尿病、肺结核患者及血管硬化、白血球减少、血小板过低者宜饮绿茶，肾炎患者宜饮适量红茶糖水，高胆固醇、动脉硬化者可饮乌龙茶、普洱茶和白茶，抗菌消炎、收敛止泻宜饮绿茶，防癌抗癌宜饮绿茶。

### 四、不同季节选择茶饮的基本原则

万物复苏、百花竞放的春季，宜选用玳玳花茶或珠兰花茶以及乌龙茶。炎热的夏季宜饮用绿茶、白茶、茉莉花茶和玫瑰花茶。凉爽的秋季宜饮用绿茶和白兰花茶。冬天寒气逼人，宜饮用红茶和桂花茶。

## 任务三　茶事服务的销售技巧

茶事服务人员从事导购、推销工作时，要想有效争取顾客，必须做到观察入微，摸清顾客心理，掌握最佳时机，现场反应敏捷，推介方式有效。

### 一、顾客接待的基本环节

顾客接待主要是指茶事服务人员代表所在单位，向服务对象提供服务、出售商品的过程。其基本环节是：①待机；②接触；③出样；④展示；⑤介绍；⑥开票；⑦收找；⑧包扎；⑨递交；⑩送别。

#### 1. 待机接触

待机接触要求茶事服务人员要积极主动，掌握接近顾客适时推销的最佳时机。最佳时机是：①顾客长时间凝视某一商品时；②顾客细看细摸或对比摸看某一商品时；③顾客抬头将视线转向茶艺服务人员时；④顾客驻足仔细观察某一商品时；⑤顾客似在找寻某一商品时；⑥顾客与茶艺服务人员目光相对时。

#### 2. 拿递展示

茶事服务人员应使用托盘将茶单交与顾客，并适时地为顾客介绍茶叶（包括名称、产地、价格等），由顾客自行选定。在此过程中，服务人员可展示自己的推销技巧。

#### 3. 介绍推介

茶事服务人员对销售的商品，要做好介绍推介，必须做到“一懂”、“三看”、“四会”、“八知道”。

所谓“一懂”，是指要懂得自己所经营的商品。

所谓“三看”，是指一看顾客的来意，根据不同的来意采取不同的方式接待；二看顾客的打扮，判断其身份、爱好，据此推荐不同的商品或服务；三看顾客谈吐举止，琢磨其心理活动，使自己为对方所提供的服务恰如其分。“三看”顾客，实际上就是要求茶事服务人员通过观其意、观其身、听其言、看其行，而对顾客进行准确的角色定位，以求把服务做好、做活。

所谓“四会”，是指对自己所经营的商品要会辨别、会搭配、会使用、会保管。

所谓“八知道”，是指要知道商品的产地、特点、价格、质量、性质、功效、禁忌、保管措施。

另外，在为顾客进行介绍推介时，还要把握以下三个重点。

1）要与顾客建立和谐的关系。

2）要建立起彼此信任的关系。

3）要使顾客自然而然地决断。

**4．成交送别**

在商品、服务的成交阶段，茶事服务人员应注意以下六点。

1）协助挑选。

2）补充说明。

3）算账准确。

4）仔细包装。

5）帮助搬运。

6）致意谢忱。

当顾客离去之时，茶事服务人员必须有礼貌地进行道别。送别时应注意以下三点。

1）道别不可缺。

2）道别不分对象。

3）道别不失真诚。

## 二、销售商品的基本要领

**1．注意四季茶类分明**

在茶馆消费的季节调配中，茶事服务人员要注意春、夏饮绿茶，秋季饮花茶，冬季饮乌龙茶和红茶。

**2．注意小包装外观的美化**

由于国际上超级市场及旅游业兴隆，食品小件包装发展很快。茶叶商品小件包装的需要量也日益增多。为了唤起消费者的购买热情，加强印象，就要对商品的小件包装进行美化。

**3．注意不同消费特点的茶水比例**

为了让顾客加深对茶叶商品的兴趣和认识，可通过让顾客品尝来强化其感官印象。茶事服务人员泡茶所用的茶水比例大小要依消费者的嗜好而异。经常饮茶者喜欢饮较浓的茶，茶水比例可大些；相反，初次饮茶者则喜淡茶，茶水比例可小些。

## 三、导购推销的基本技巧

**1．接近顾客**

接近顾客，通常应当讲究方式，选准时机，注意礼节。

**（1）导购的方式**

1）主动导购。

2）应邀导购。

（2）推销的方式

1）现场推销。

2）上门推销。

3）电话推销。

4）传媒推销。

（3）选准时机

1）顾客产生兴趣之时。

2）顾客提出要求之时。

3）品茶环境有利之时。

4）来客较多，茶价适宜之时。

（4）注意礼节

1）问候得体。

2）行礼有方。

3）自我介绍。

4）递上名片。

2．争取顾客

争取顾客，要求每一位茶事服务人员都要善于恰到好处地运用必要的服务技巧。

（1）现场反应敏捷

1）眼快。

2）耳快。

3）脑快。

4）嘴快。

5）手快。

6）腿快。

（2）推介方式有效

1）让顾客明确茶叶商品物有所值。

2）让顾客学会使用茶叶商品的用途。

3）让顾客激发起对茶叶商品的兴趣。

4）让顾客品尝来强化对茶叶商品的感官印象。

5）多上品种好的茶叶让顾客能进行比较和选择。

6）先低后高地展示来迎合顾客求全责备的心理。

（3）摸清顾客心理

1）促使顾客加深认识。

2）促使顾客体验所长。

3）促使顾客产生联想。

4）促使顾客有所选择。

（4）分清轻重缓急

1）先易后难。

2）先简后繁。

3）先急后缓。

4）先特殊后一般。

**3．影响顾客**

1）以诚实服务。

2）以信誉服务。

3）以“三心”服务。

4）以情感服务。

5）以形象服务。

6）以价值服务。

**4．学会拒绝的礼仪技巧**

1）准备勇气，适时说“不”。

2）巧言诱导，委婉拒绝。

3）道明原委，互相理解。

## 模块小结

本模块在分析茶馆消费群体需求的基础上，介绍茶饮推荐的基本原则和茶事服务的销售技巧，旨在使茶馆的经营活动能尽量考虑消费者的利益，迎合消费者的需要，从而做到有针对性地开展各项经营活动，把茶馆的经营工作做得更好。

**关键词** 消费需求 茶饮推荐 销售技巧

### 特别提示

1．茶馆营销指的是以茶馆经营模式为基础，通过茶馆的产品销售、服务销售、文化销售及多元销售等形式手段，实现茶馆利润最大化的现代茶馆经营行为。

2．顾客的需求和满意度是现代营销的唯一出发点和目标。要从“我有什么，你就要什么”变成“你要什么，我就有什么”。

3．营销调研是茶馆营销整体活动中的一个重要环节，也是从“无中生有”到“有中生无”的根本途径。

**知识链接**

**茶馆营销的形式与方法**

**一、产品销售**

产品销售包括以下各类产品：①茶饮；②茶点；③茶餐；④茶叶；⑤茶具；⑥茶礼品。

**二、服务销售**

服务销售包括以下几个方面：①环境服务（环境、装潢、桌椅、设施、音乐、灯光、卫生等）；②形式服务（茶单、自助、坐选、预约、奖励、主题活动、上门等）；③人员服务（热情、亲切、快捷、周到、真诚、忍耐、智慧等）；④情感服务（打折、赠礼、免单、倾听、礼贺、问候、探望、帮助等）。

**三、文化销售**

文化销售包括以下各类产品：①茶知识（书籍、音像、展品等）；②茶书画；③茶文化工艺品；④茶文化艺术表演（茶技、茶艺、茶道表演及书画、音乐、戏曲、曲艺、工艺表演等）。

**四、多元销售**

多元销售包括以下诸多方面：①节庆销售；②活动销售；③群体销售；④连环销售；⑤托管销售；⑥加盟销售；⑦培训销售；⑧媒体销售；⑨策划销售；⑩装饰销售；⑪网络销售；⑫心理销售；⑬本馆销售；⑭不销售。

## ● 实践项目

请选择一种茶品，从营销对象、营销产品、营销形式、营销方法、营销人员、营销成本与利润估算六个方面，写一份茶馆营销的计划书。

## ● 能力检测

1. 请列举一些留住来往茶馆客人的技巧。
2. 请列举一些茶馆营销活动的方法。

## ● 案例分享

**面对顾客的急需怎么办**

茶馆中常会碰到这样的事情，有些商务客人来茶馆喝茶谈事，经常会需要用网络、看光盘、打印或者复印文件。遇到光盘打不开，文件无法打印或复印，客人会非常着急。这个时候，客人第一个想到的是要求助茶馆。如果茶馆提供了这些设备而发生故障，责无旁贷，要赶紧修理好；如果是茶馆正好没有这些设备，该怎么办？推托说无法办到不是一个好办法，虽然这是事实。因为客人的事情重要、紧急，如果茶馆在这时候尽力帮助顾客解决了这些问题，在树立茶馆形象和声誉上会有非常好的效果。

## ● 思考与练习题

1. 请简述茶饮推荐的基本原则。
2. 请简述在茶艺导购、推销过程中，应对顾客提供哪些有益影响的服务？
3. 请简述不同季节推荐不同茶饮的理由。

# 模块三　茶 馆 服 务

**知识目标**

熟悉茶馆服务及其标准制定的原则与理念、茶馆服务的基本要求、茶馆服务人员的素质要求、茶馆服务的主要程序、茶馆服务的接待礼仪。

**能力目标**

熟练掌握茶馆服务的主要程序，以高素质做好茶馆服务的接待工作。

**工作任务**

在熟悉茶馆服务的相关概念及标准制定的原则与理念、茶馆服务的基本要求、茶馆服务人员的素质要求、茶馆服务的主要程序、茶馆服务的接待礼仪基础上，能够熟练运用茶馆服务主要程序，以高素质做好茶馆服务的接待工作。

## 任务一　茶馆服务及其标准制定的原则与理念

### 一、茶馆服务的概念

茶馆服务是指茶馆全体人员为前来品茶的客人提供茶饮产品时的一系列行为的总和。具体包括服务人员的规范服务、操作技艺和工作效率等内容。

茶馆服务的特点如下。

1）服务标准的高度职业性。

2）服务过程的连贯性。

3）服务方式的灵活多样性。

4）服务内容的亲和性。

茶馆服务的基本要求如下。

1）服务标准化。

2）服务诚信化。

3）服务情感化。

4）服务艺术化。

### 二、茶馆服务标准的概念

茶馆服务标准就是在将茶的自然属性、社会属性最大限度地满足茶客需求的这一完整过程中的实施细则。

茶馆服务标准的理念是指茶馆员工在服务过程中应遵循的指导思想。

茶馆服务标准制定的原则如下。

1）科学、合理的原则。

2）满意、舒适的原则。

3）服务标准可操作性的原则。

4）服从企业经营目标的原则。

## 任务二　茶馆服务人员的素质要求

茶馆服务人员是茶馆服务的主体，其工作效果与自身素质密切相关。

## 一、基本素质要求

**1．诚实敬业**

诚实敬业是最基本的素质。茶馆的服务人员唯有诚实无私，才能为茶馆赢得良好的声誉。

**2．知识面广**

茶馆是文化氛围较浓的场所。自古至今，茶馆的服务人员都有“茶博士”的美称。为此，茶馆的服务人员应对相关的文化知识有相当的了解，具有较广的知识面，甚至在某一方面有一定的研究。

**3．精通业务**

从事茶馆的服务工作需要具备许多专门的知识和技能，包括名目繁多的茶品和茶点供应、现场茶艺演示、礼仪礼节、各种器皿和设施的使用保养、各岗位的工作程序和服务技巧等。只有全面熟练地掌握这些业务技能，才能为客人提供优质的服务。

**4．具有一定的语言能力**

茶馆的客人来自五湖四海，向客人介绍茶谱、讲解茶艺、传播茶文化是茶艺师的职责，因此，茶馆服务人员应能够运用客人所熟悉的语言为客人服务。

**5．应变能力强**

在茶馆，每个岗位的服务工作都具有相对独立性。茶馆的服务人员应具备相当的应变能力，善于处理各种突发事件。

## 二、仪容着装要求

**1．仪容**

1）容貌端庄大方。

2）头发梳理整洁。

3）保持个人卫生。

**2．着装**

1）规范、整洁、得体。

2）以传统中式服装为宜。

3）适时换洗烫熨。

4）不佩戴贵重首饰。

## 三、举止礼貌要求

**1．站姿**

1）挺胸收腹，双目平视，嘴微闭，面带微笑。

2）男服务员双手自然下垂或在体后交叉，双脚微开，与肩同宽。

3）女服务员双手轻握于前，脚后跟要靠紧。

#### 2. 坐姿

1）入座轻稳，自然、端庄、亲切。

2）头正目平，双腿并拢，双手自然摆放。

3）不仰靠椅背或抖动双腿。

#### 3. 走姿

1）行走时大方、得体、灵活，脚尖指向前方。

2）挺胸收腹，双目平视，嘴微闭，面带微笑。

3）步幅一般不宜过大。

4）一般靠右侧行走。与宾客同走时，应让宾客先行（领座及迎宾除外）。

#### 4. 其他

1）在工作场合不准有如下不雅观的行为：吃东西、饮酒、吸烟、搔头、摸腮、挖耳鼻、剔牙、打嗝、伸懒腰、哼小调、打呵欠、咳嗽、打喷嚏等。

2）在走廊、过道、电梯、活动场所与宾客相遇时，应主动礼让。

3）遇宾客询问，应诚恳耐心解释，不唠叨，不夸夸其谈，不高声喧哗，不说粗语，不议论或不嘲笑顾客，不模仿宾客动作。

4）为宾客递送物品，要轻拿轻放，有条不紊。

5）面对客人讲话时，要保持适当距离（约 1 米）。

6）注意客人的忌讳，尊重客人的风俗，照顾客人的习惯。

7）开、关门动作要轻，要始终保持茶馆安静。

### 四、语言要求

#### 1. 打招呼用语

打招呼的用语如“您好”、“欢迎光临”、“欢迎您来这里品茶”、“欢迎您”、“请进”、“请往这边走”、“请坐”等。

#### 2. 称呼用语

称呼用语如“先生”、“太太”、“女士”、“小姐”、“夫人”等。

#### 3. 问候用语

问候用语如“您好”、“早上好”、“晚上好”、“您辛苦了”、“您近来可好”、“晚安”等。

#### 4. 相请及询问用语

相请及询问用语如“请用茶”、“请用毛巾”、“您贵姓”、“您爱喝什么茶”、“您有什么事”、“我能为您做些什么”、“您现在可以点茶了吗”等。

#### 5. 应答用语

应答用语如“好的”、“没关系”、“请稍等”、“马上就来”、“明白了”等。

6．道歉用语

道歉用语如“非常抱歉，打扰您了”、“对不起，让您久等了，请原谅”等。

7．感谢用语

感谢用语如“谢谢您的好意”、“非常感谢”、“谢谢”等。

8．道别用语

道别用语如“再见，欢迎您再次光临”、“祝您一路平安，请您慢走”等。

9．禁用语

禁用语如“哎”、“喂”、“不知道”或粗言恶语、高声喊叫等。

# 任务三　茶馆服务的主要程序

茶馆服务程序主要有接待准备、迎宾、领座、点单、沏茶、上茶点、巡台、埋单、送客、收桌。

## 一、接待准备

茶馆开门之前，要做好的准备工作包括环境的准备、用具的准备和人员的准备三个方面。

1）保持茶馆环境舒适，干净整齐。

2）检查灯具及各种设备是否完好。

3）准备好开水、茶叶，茶具及其他用具清洁光亮，无破损。

4）准备好开单本、笔及各种票据。

5）厅堂领班检查服务员的仪表仪容。

## 二、迎宾

迎宾是茶馆的门面，是客人对茶馆的第一印象。迎宾体现了茶馆的服务水准、形象及格调。

1．岗位职责

迎宾员必须完成好以下各项岗位职责。

1）微笑迎客，使用礼貌用语，迎宾入门。

2）掌握和了解每天预订用茶安排及供应品种情况。

3）若座位客满，应向客人诚恳解释，并安排客人在等候区等候。

4）耐心解答客人的有关询问。

5）婉言谢绝非用茶客人（特别是推销人员）进入茶馆，谢绝衣冠不整者入内。

2．工作程序

迎宾员按以下程序迎宾。

1）迎宾员站立茶馆入口处，微笑拉门迎宾。

2）询问客人人数及预订等情况，把客人交给前来迎接的领座员。若没人领座，应指引客人至正确位置。

3）若宾客随身携带较多物品或行走有困难，应征询宾客并给予帮助。

4）如遇雨天，要主动为宾客套上伞套或寄存雨伞。

5）客人离馆，应主动开门道别。

## 三、领座

客人进入茶馆后，服务员应目光注视，热情招呼，引领客人到正确位置。

1）安排座位要尽量满足客人的意愿。

2）安排座位要经济合理。

3）安排座位要见机行事。

## 四、点单

点单是服务流程中最重要的环节。点单员必须熟悉掌握茶单的全部内容及相关知识。

### 1. 热情待客

客人入座后，送上毛巾，递上茶单，由右侧双手呈给客人，并根据客人需要介绍茶品。

### 2. 视情况引导客人点茶

1）若客人看茶单后半分钟未发声，点茶员应主动引导客人，并做一些推荐。

2）点好茶后，一定要在客人面前再确认一遍。

3）若客人点茶时间较长或等人时间较长，要记得及时给客人添加迎客茶。

## 五、沏茶

1）客人点茶后，服务员就要根据客人所点的茶进行备具。

2）客人点不同的茶，茶艺人员要用不同的茶具及不同的沏泡方法进行沏泡及讲解。

3）奉茶时，注意手指不要碰到杯沿，以免客人感到不卫生。

4）若客人点的茶备具时间比较久，可以先给客人上茶点和水果，以免客人空等而不耐烦。

## 六、上茶点

1）服务员给客人上茶点时，茶点应摆放整齐，切忌叠盘。

2）配置茶点的时候，一般要干果、水果搭配，甜点、咸点搭配，要求更高一些的还需要注意色彩的搭配。

3）不同的消费对象还应有不同的选配要求。

## 七、巡台

巡台的目的是检查客人台面需要哪些即时服务。一般要求区域服务员每隔 15 分钟巡一次台。

## 八、埋单

客人用茶完毕结账前，服务员应做好账单的核对确认工作，以随时配合客人结账的要求。

当顾客要求结账时，服务员将账单双手呈给客人，并打开账单让客人看清楚消费金额，客人付费后应致谢。如有找零，将零钱和发票夹在账单内交给客人并再次致谢。

## 九、送客

当客人用茶完毕起身离座时，服务员应轻轻拉开椅子并致谢，同时提醒客人不要忘记所带物品。迎宾员应主动拉门，微笑道别客人。

## 十、收桌

客人离开后，服务员应及时收拾茶具，擦清台面，清洁地面，整理凳椅和其他服务用具，准备迎接下一批客人的到来。

# 任务四　茶馆服务的接待礼仪

礼仪是一个人在待人接物时通过仪表、仪容、仪态以及声音和动作来表现的应有的行为规矩。宾客进入茶馆时，茶馆服务人员应主动热情、大方有礼地接待，行为举止要显得很有教养。因为接待工作与茶馆的声誉以及日常营运状况密切相关。在茶馆服务过程中，必须注重接待礼仪。

## 一、茶馆服务标准

1）注重迎宾职责，遵循工作程序。
2）讲究仪表仪容，举止端庄礼貌待人。
3）使用礼貌敬语，做到“接待三声”。
4）服务态度诚恳，一切“顾客至上”。
5）注意宾客忌讳，尊重风俗习惯。
6）严格作息时间，完善交接手续。
7）遵守岗位要求，巧妙化解异议。
8）做好事前准备，提供事中服务。
9）宾客离去致谢，清点事后工作。

## 二、茶馆服务接待礼仪

### 1. 仪表仪容礼仪

1）上岗前，要做好仪表、仪容的自我检查，做到仪表整洁、仪容端正。
2）上岗后，要做到精神饱满、面带微笑、思想集中，随时准备接待每一位来宾。

### 2．语言礼仪

#### （1）称呼礼仪

在茶事服务过程中，最为普通的称呼是“先生”、“小姐”，服务人员切忌使用“喂”来招呼宾客，应主动上前恭敬地称呼宾客。

#### （2）问候礼仪

服务人员应根据工作情况的需要，在与宾客相见时应主动问好，如：“您好，欢迎光临！”或“早上好”、“中午好”、“下午好”、“晚上好”，要讲究语言上的“七色问候”（指一周内每天都以不同的方式向同一位客人问候），这样会使对方倍感自然和亲切。

#### （3）应答礼仪

1）在应答宾客的询问时，服务人员要站立说话，不能坐着回答。

2）要全神贯注地聆听，不能心不在焉，一时回答不了或回答不清的问题，可先向客人致歉，待查询后再作答，一定要守信，否则是一种失礼的行为。

3）在交谈过程中应始终保持良好的精神状态，要做到语气委婉、口齿清晰、语调柔和、声音大小适中，说话时应面带微笑，亲切热情，必要时还要借助表情和手势来沟通和加深理解。

4）在与多位宾客交谈时，不能只顾一位而冷落了其他的人，要一一作答。

5）对宾客的合理要求要尽量快速作出令宾客满意的答复，对宾客的过分或无理要求要婉言谢绝，并要表现出热情、有教养、有风度。

6）当受到宾客称赞时，应报以微笑并谦逊地感谢宾客的夸奖。

### 3．行为举止礼仪

#### （1）迎送礼仪

当宾客来到茶艺馆时，服务人员要笑脸相迎，热情招呼；当客人离去时，服务人员要热情相送。

#### （2）操作礼仪

1）服务人员在工作场合要保持安静，不要大声喧嚷，更不要聚众玩笑、唱歌、打牌或争吵。如遇宾客有事召唤，也不能高声回答。若距离较远，可点头示意表示自己马上就会前来服务。

2）在走廊或过道上遇到迎面而来的宾客，服务人员要礼让在先，主动站立一旁，为宾客让道。与宾客往同一方向行走时，不能抢行。在引领宾客时，要位于宾客左前方二三步的距离，随客步同时进行。

3）服务人员在服务中应注意“三轻”，即说话轻、走路轻、操作轻。

4）为宾客递送茶单、茶食、账单一类的物品时，服务人员要使用托盘。

5）在为宾客泡茶的过程中，如不慎打坏茶杯等器具时，服务人员要及时表示歉意并马上清扫、更换。

6）在为宾客泡茶时，服务人员不能作出抓头搔痒、剔牙、挖耳、揩鼻涕、打喷嚏等举动。

7）服务人员要留意宾客的细小要求，严格按宾客的要求去做。

8）工作中，服务人员要具有规范的站姿和优雅的坐姿，不要趴在茶台上或和其他服

务员聊天，这是对宾客不礼貌的行为。

## 三、其他接待注意事项

**1．接待外宾的注意事项**

服务人员在接待外国宾客时，要以“民间外交官”的姿态出现，以我国的礼貌语言、礼貌行为、礼宾规则为行为准则，特别要注意维护国格和人格，做到满腔热情，真诚友好，使外宾感到中国不愧是礼仪之邦。

**2．接待不同宗教宾客的注意事项**

服务人员在接待不同宗教宾客时，要了解宗教常识，以便更好地为信奉不同宗教的宾客提供贴切、周到的服务。如在为信奉佛教的宾客服务时，可行合十礼，以示敬意；不主动与僧尼握手，不问僧尼的尊姓大名。

**3．接待 VIP 宾客的注意事项**

服务人员每天要了解是否有 VIP 宾客预订，包括时间、人数、特殊要求等都要清楚；还要根据 VIP 宾客的等级和茶艺馆的规定配备茶品、茶食，茶具要进行精心的挑选和消毒，确保茶食的新鲜、洁净、卫生。

**4．接待特殊宾客的注意事项**

服务人员在接待特殊宾客时，对于年老、体弱的宾客，尽可能安排在离入口较近的位置，便于出入，并帮助他们就座，以示服务的周到；对于有明显生理缺陷的宾客，要注意安排在适当的位置就座，能遮掩其生理缺陷，以示体贴。如有宾客要求到一个指定位置，应尽量满足其需求。

## 模块小结

本模块介绍了茶馆服务的基本要求、茶馆服务的主要程序和茶馆服务的接待礼仪，旨在运用茶馆服务主要程序，以高素质做好茶馆服务的接待工作。

**关键词**　茶馆服务、主要程序、接待礼仪

## 特别提示

1. 有人说管理是一门人的科学。从以人为本的观念出发，以与时俱进的经营理念，用茶文化作人才素质基石的理念，培养一技多能、一岗多职的复合型人才，一个企业就能赢得经营管理的主动权，就能让茶艺馆成为传承优秀传统茶文化的窗口，成为当今人们休闲生活的亮点。

2. 人们去茶馆喝茶，不仅仅只是为了满足生理的需要，更多的是追求一种氛围，达到精神和心理的满足。所以，礼貌、周到、热情的服务显得尤其重要。只有服务好了，让客人满意，茶馆才会有更多的“回头客”，从而提高茶馆的经营业绩。

3. 茶馆应为客人提供一系列的服务。从迎客到送客的任何一个环节都应周到、热情，让客人满意而来，尽兴而返。

知识链接

## 茶馆工作人员的岗位职责

**一、茶馆经理的岗位职责**

经理是茶艺馆经营管理的主要实施者，是现场管理的中心。其岗位职责主要有：营业前服务现场的检查、营业中的督导服务、营业后的工作总结、组织员工培训和开展其他活动。

**二、茶馆领班的岗位职责**

领班是经理的助手，其岗位职责主要有：给服务人员分配工作；巡视检查，及时发现和处理问题；了解和掌握员工的思想动态。

**三、茶馆迎宾员的岗位职责**

迎宾员是接待宾客的第一人选，其岗位职责主要有：熟悉茶馆的设施、服务项目、价格等，热情欢迎到来的客人，热情道别离开的客人，协助茶事服务人员做好台面服务。

**四、茶馆茶艺师的岗位职责**

茶艺师是为宾客表演泡茶的人员，其岗位职责主要有：准备货品及用具，按茶艺方法和步骤进行沏泡；耐心细致地为客人讲解；协调好与服务员的关系。

**五、茶馆服务员的岗位职责**

服务员是茶艺师的助手，其岗位职责主要有：负责擦净茶具、服务用具，搞好茶艺馆卫生工作；熟悉各种茶叶、茶食，做好推销工作；接受宾客订单，做好收款结账工作；负责宾客走后的收尾工作。

## 服务的含义

服务是指服务员为客人所做的工作，它是产品的重要组成部分。在西方国家，服务就是“SERVICE”（本意亦是服务），每个字母都有着丰富的含义。

S——Smile（微笑）：其含义是服务员应该对每一位宾客提供微笑服务。

E——Excellent（出色）：其含义是服务员应该将每一服务程序，每一微小服务工作都做得很出色。

R——Ready（准备好）：其含义是服务员应该随时准备好为宾客服务。

V——Viewing（看待）：其含义是服务员应该将每一位宾客看做是需要提供优质服务的贵宾。

I——Inviting（邀请）：其含义是服务员在每一次接待服务结束时，都应该显示出诚意和敬意，主动邀请宾客再次光临。

C——Creating（创造）：其含义是每一位服务员应该想方设法精心创造出使宾客能享受其热情服务的氛围。

E——Eye（眼光）：其含义是每一位服务员始终应该以热情友好的眼光关注宾客，适应宾客心理，预测宾客要求，及时提供有效的服务，使宾客时刻感受到服务员在关心自己。

# ● 实践项目

请选择一家茶艺馆，练习迎宾服务、茶馆饮茶服务、送客服务等服务流程的实际操作。

- **能力检测**

1. 请展示茶艺师的化妆技巧。
2. 请展示行茶礼仪中的微笑、眼神、手势、姿势等。
3. 请展示接待客人时的礼貌用语。

- **案例分享**

**心灵美——茶人的灵魂**

心灵美是其他美的真正依托，是人的思想、情操、意志、道德和行为的综合体现，是人的“深层的美”。心灵美的核心是善。那么什么是善心呢？《荀子》中记载了这样一个小故事。子路入，子曰：“由，知者若何？仁者若何？”子路对曰：“知者知人，仁者爱人。”子曰：“可谓士君子矣。”颜渊入，子曰：“回，知者若何？仁者若何？”颜渊对曰：“知者自知，仁者自爱。”子曰：“可谓明君子矣。”这个故事生动地告诉我们，“爱己”是仁的最高境界。这种爱己不是自私的、狭隘的只爱自己，而是对自己人格的自信、自尊、自爱。有这种胸怀的人必然旷达自若，能以爱己之心爱人，以天地胸怀来处理人间事物，这也是茶人所追求的心灵美的最高境界。

- **思考与练习题**

1. 茶馆饮茶服务有哪些主要程序？
2. 如何为客人提供点茶服务？
3. 请说一说冲泡服务的程序。
4. 请简述茶馆服务的接待礼仪。

# 模块四　茶会的设计与组织

**知识目标**

熟悉茶会的种类、茶会的设计、茶会的准备以及特色茶会。

**能力目标**

掌握茶会设计与茶会准备的方法，能够举办特色茶会。

**工作任务**

在熟悉茶会的种类、茶会的设计、茶会的准备以及特色茶会的基础上，掌握茶会设计与茶会准备的方法，能够举办特色茶会。

## 任务一　茶会的种类

茶会的种类是按茶会的目的而划分的，通常可以分为节日茶会、纪念茶会、喜庆茶会、研讨茶会、品尝茶会、艺术茶会、联谊茶会、交流茶会等。

1）节日茶会分两种：一种是以庆祝国家法定节日而举行的各种茶会，如国庆茶会、春节茶会（迎春茶会）等；另一种是中国传统节日的茶会，如中秋茶会、重阳茶会等。

2）纪念茶会为某项事件之纪念，如公司成立周年日、从教30周年纪念日等。

3）喜庆茶会为某项事件之庆祝，如结婚时的喜庆茶会、生日时的寿诞茶会、添丁的满月茶会等。

4）研讨茶会为某项学术之研讨，如弘扬国饮研讨茶会、茶与健康研讨茶会等。

5）品尝茶会为某种或数种茶之品尝，如新春品茗会、某名茶品茶会等；也可以特定人群组织，如敬老茶会品茗会、青年茶会品茗会、谢师茶会品茗会等。

6）艺术茶会为某项相关艺术的共赏，如吟诗茶会、书法茶会、插花茶会等。

7）联谊茶会为广交朋友或同窗聚会，如闽台联谊茶会、老三届知青联谊茶会、欧美日同学会联谊茶会等。

8）交流茶会为切磋茶艺和推动茶文化发展等的经验交流，如中日韩茶文化交流茶会、国际茶文化交流茶会、国际西湖茶会等。

## 任务二　茶 会 设 计

茶会设计是根据茶会的种类，确定茶会的主题、规模、参加的对象、时间、性质、形式、地点及经费预算。

1）茶会的主题。

要向邀请参加的对象说明召开本次茶会的原因、主题内容及茶会程序，让每位来宾做到心中有数，事先有所准备。

2）茶会的规模。

确定会议人数，一般小型茶会在6人以内，中型茶会为7～30人，大型茶会在30人以上。

3）参加的对象。

确定以哪些人为主体，邀请哪些方面的有关人员参加。可先发预备通知，附回执。

4）茶会的时间。

根据茶会的主题内容和程序预定茶会日期及具体时间，半日还是一日，还是连续数日。

5）茶会的性质。

是单纯的茶会，还是结合用餐的茶宴，还是配属的茶会，即在全部学术活动中或研讨会中的一项活动。

6）茶会的形式。

可分为流水式、固定坐席式、游园式、分组式、表演式，也可以选择几种相结合的形式。

7）茶会的地点。

根据以上确定结果，具体落实茶会地点，包括报到地点、用餐地点、茶会地点。如连续开数日，还要安排住宿地点。有时虽只开一日，因有国外代表出席，仍要安排住宿。茶会地点可以选择在室内、庭院、公园、游船、山野或郊外等。

8）费用预算。

这是保证茶会进行的重要一项。有预算，主办单位才能考虑是否有能力主办。另外，也要通知每位来宾是否收费，收费多少，这也是来宾来参加与否所考虑的问题。

以上各方面做到心中有数之后，组委会要分工落实各项任务。可由联络组负责发通知、收回执，邀请领导及有关人员，落实会议议程中的各个项目，包括论文的提交形式和印刷等；由会务组负责落实各种地点、布置会场、分发资料等；由生活组负责报到接待、茶水供应和食宿安排；由茶艺组负责茶艺表演和相关艺术表演。

# 任务三　茶会的组织

茶会地点确定之后，会场要做具体的布置，人员要事先进行培训，资料要提前准备，以保证茶会如期实施。

## 一、茶会的准备

### 1．横幅的设计

悬挂在会场的横幅是点出茶会主题的重要直观物，故要精心设计。不同场合应用不同的横幅。为活跃气氛，还可安排室内音乐现场演奏或播放轻音乐、民乐。可沿墙散放词句，文字要简练，字体要美观大方。

### 2．场地布置

**（1）坐席布置**

坐席布置要根据茶会形式而定。

1）流水席。

流水席适用于节日、纪念、喜庆、研讨、联谊等数种茶会，犹如自助餐的形式。在会场中可设名茶或新产品的展示台，分设几处泡茶台，根据所泡茶的种类作相应风格的环境布置，供应与茶性相配的茶食。茶会上由泡茶小姐、先生进行泡茶表演，还可放置一些椅子让来宾小憩。这种形式，来宾有较大的自由度，可以随时与自己想与之交谈的对象问候、询问、讨论、聊天，茶会有较大的灵活性。

2）固定席。

固定席适用于茶艺交流、名茶品尝和主题突出的节日、纪念、研讨、联谊等茶会，一般均为大型茶会。大家坐在一起观看茶艺表演，仅少部分人能品尝表演者泡的茶，其他人均由专供茶水的服务员奉茶。这种坐席设置，要根据邀请的来宾数排放，要便于通行和观看。

3）人人泡茶席。

这种茶会每个人既是主人又是来宾，其坐席是依自然地形而设，事先用连续编号做好标记，与会者抽签后根据号码，自行设席。

**（2）时令装饰**

时令装饰即用时令花卉、盆景布置会场，或是悬挂衬托主题的名家书画，以营造茶会的气氛，也可以放飞气球或和平鸽以增添热烈的气氛。

如果茶会采取多种形式相结合的方式进行，则会场可以用相应的布置，有流水席、固定席、人人泡茶席，也有专门进行学术讨论的围坐形式或报告会形式。布置有很大的灵活性，全看茶会设计者的灵感和布置者的用心。

### 3．用具物品准备

一般准备根据邀请的人数准备茶杯、茶叶、热水瓶、茶食、茶食盘等。

特殊准备根据各个参加茶会的茶艺表演队的事先要求，准备桌、椅或各种茶道具，或者代用道具、坐垫、屏风等。

主办单位准备茶艺表演的全部用具、物品。

### 4．休息准备室

为方便茶艺表演队化妆、换服装、放置茶道具，并利于出场和退场，故要在表演场所就近设置相应的休息准备室。

### 5．告示

在茶会不分发程序册的情况下，为使与会者能明确茶会的程序安排，在会场入口处应有告示，张贴茶会程序。另外，在休息准备室也要有茶会程序的告示，便于各表演队提早做好准备。

### 6．指引牌

对公共设施，要有指引牌。使到会者易找到欲去场所，如餐厅、洗手间、小卖部、茶艺表演主会场、分会场、学术报告厅等。

### 7．会议资料

可预先通知参加者自行准备，报到时交给主办单位统一分发；亦可由主办单位根据与会者提供的资料，统一印刷分发。资料可包括：①各参团人员的照片，下面注明姓名、年龄、单位、职业和通信地址、电话号码、电传号码；②各表演团表演的内容简介，可用照片及简单文字说明；③茶会日程安排及每次茶会的公告。此外，还可编入有关领导讲话以及有关宣传资料等。

### 8．人员培训

大型茶会经常会需要很多工作人员，这些人均为有关单位临时派人担当。由于对所从事的工作不熟悉，故在会议前要进行岗位培训，明确临时负责的任务以及如何做好相关工作、遇突发问题该如何处理等，以保证会议有条不紊地进行。

## 二、茶会的实施

### 1．提前到达会场

所有茶会工作人员，必须在茶会正式举行之前半小时甚至更长时间到达会场，做好相关准备工作。

### 2．迎接茶会参加者

迎接人员应恳请参加者签名，分发茶会材料。普通参加者先导引入席。临会前几分

钟，再从休息室请领导、贵宾入席。

3．主持茶会始终

由茶会主持人宣布茶会开始，要善于在代表发言期间与指挥人员及时沟通，了解情况，以便作临场巧妙的调度处理，并主持茶会始终。

4．提供茶水服务

茶会正式举行期间，由固定工作人员在更换发言者的期间，负责添茶倒水服务。

5．做好送客工作

茶会结束后，要留好通道，先送领导、贵宾，再送普通参会者。部分宾客，还要随人一直送到住宿处或就餐处。

6．进行善后处理

茶会全程结束后，对所有返程人员，要提前订好机票、车票、船票，并分头送至机场、车站、码头。对在茶会场地所借设备、物品等及时清理、归还，并将场地打扫干净。

7．茶会结束总结

茶会结束后，要进行一次会议总结和文案总结。总结经验，吸取教训，以利今后茶会的举行。

## 模块小结

本模块介绍了茶会的种类，茶会设计与组织以及特色茶会，旨在掌握茶会设计与茶会准备的方法，能够举办特色茶会，满足企业和消费者的需要。

**关键词**　茶会设计　茶会组织

1．中国是茶的故乡，有着悠久的种茶历史，又有着严格的敬茶礼节，还有着奇特的饮茶风俗。客来敬茶，是中国人最早重情好客的传统美德与礼节。

2．茶道是一种以茶为媒的生活礼仪，也被认为是修身养性的一种方式。它通过沏茶、赏茶、饮茶，增进友谊，清心修德，学习礼法，是一种有益的和美仪式。中国人至少在唐朝或唐朝以前，就在世界上首先将茶饮作为一种修身养性之道。

3．随着科学健康饮食观念的普遍推广，现代人们更乐于用各种形式的茶会来替代酒宴，既联络交流情感，又悠闲自如。喜庆活动开个茶话会，既简便经济，又典雅庄重。

**知识链接**

**茶　礼**

茶礼是我国古代婚礼中一种隆重的礼节。明许次纾在《茶疏·考本》中说："茶不移本，植必子生。"古人结婚以茶为礼，认为茶树只能从种子萌芽成株，不能移植，否则就会枯死。因此，把茶看做是一种"至性不移"的象征。所以民间男女订婚以茶为礼，女方接受男方聘礼，叫下茶、受茶或定茶，并有一家不吃两家茶的谚语。同时还把整个婚姻的礼仪总称为“三茶六礼”。三茶就是订婚时的下茶、结婚的定茶、同房时的合茶。下茶又有男茶女酒之称，即订婚时，除男方送如意压帖外，女方要回送几缸绍兴酒。婚礼时，还要行三道茶仪式。三道茶者，第一杯白果，第二杯莲子、枣儿，第三杯是茶。吃的方式为接杯之后，双手捧之，深深作揖，然后用杯碰一下嘴唇，即由家人收去；第二道亦如此；第三道，作揖后才可饮。这是最尊重的礼仪。这些繁文缛节现在虽然简化了，但婚礼上的敬茶之礼仍被沿用。

## ● 实践项目

请根据自己设计的茶会方案，参与组织一次茶会。

## ● 能力检测

请写一份茶会设计文案。

## ● 案例分享

### 敬老茶会

浙江省茶叶学会自1999年起至2007年已连续举办了七届敬老茶会。从单一学术团体主办发展到和有关单位联合举办，从单纯的品茗会发展到结合产品推介会，以会养会，规模亦由小到大，虽然是敬老茶会，但每次有不同主题，如“庆祝国际老人年”、“展望新世纪茶业”、“品新茶，话小康，促发展”、“雁荡毛峰”等。举办朗诵敬茶歌，老年保健知识讲座，即兴赋诗，合影留念，自由发言、共叙友情，品尝新茶，茶艺表演，专家座谈等形式多样的茶会活动，使与会人员、合作主办单位受益匪浅。

## ● 思考与练习题

1. 试述茶会的种类。
2. 如何进行茶会设计？
3. 需要从哪些方面进行茶会准备？

# 项目五 茶艺基础

**项目导引**

茶艺是包括茶叶品评技法和艺术操作手段的鉴赏以及品茗美好环境的领略等整个品茶过程的美好意境，其过程体现形式和精神的相互统一，是饮茶活动过程中形成的文化现象。它起源久远，历史悠久，文化底蕴深厚，并与宗教结缘。饮茶可以提高生活品质，扩展艺术领域。自古以来，插花、挂画、点茶、焚香并称“四艺”，尤为文人雅士所喜爱。茶艺还是高雅的休闲活动，可以使精神放松，拉近人与人之间的距离，化解误会和冲突，建立和谐的关系等。本项目重点介绍了冲泡技艺和品饮要领等，并结合现实生活的需要简单介绍了茶点、茶餐等方面的知识。

**知识目标**

1. 熟悉茶点的种类。
2. 了解茶餐及其养生之道。
3. 熟练操作泡茶基本手法、茶艺和品饮技艺。

**能力目标**

1. 培养学生动手能力，掌握茶艺冲泡的基本技能。
2. 领悟整个茶艺的精神内涵，从练习中找出特别的感觉，达到形神兼备的境界。

**项目分解**

模块一　泡茶基本手法

模块二　茶艺和品饮技艺

模块三　茶点茶餐

模块四　茶艺要领

## 模块一　泡茶基本手法

**知识目标**

1. 了解泡茶过程中基本手法的重要性。

2. 掌握茶巾的折取方法，取用器物方法，置茶取茶样手法，提壶、握杯、温具手法以及冲泡常用手法。

**能力目标**

1. 规范泡茶基本动作，培养学生在实操中典雅的气质。
2. 在泡茶的过程中，领悟到中国茶文化的礼仪之美。

**工作任务**

不仅要熟练掌握泡茶的基本手法，还要规范泡茶的动作，增加行茶过程的美感，培养学生优雅大方的行为举止。

# 任务一 茶巾折法及取用法、取用器物手法以及置茶取茶样手法

## 一、茶巾

茶巾又称为茶布，用麻、棉等纤维制造，用于擦拭茶具及水痕，托垫茶壶等。

### 1. 茶巾的折法

#### (1) 长方形（八层式）

用于杯（盖碗）泡法时，以此法折叠茶巾呈长方形放茶巾盘内。以横折为例，将正方形的茶巾平铺桌面，将茶巾上下对折至中心线处，接着将左右两端竖折至中心线，最后将茶巾竖着对折即可。将折好的茶巾放入茶盘内，折口朝内。

#### (2) 正方形（九层式）

用于壶泡法时，不用茶巾盘。以横折法为例，将正方形的茶巾平铺于桌面，将下端向上折至茶巾 2/3 处，接着将茶巾对折，然后将茶巾右端向左竖折至茶巾 2/3 处，最后对折即成正方形。将折好的茶巾放入茶盘中，折口朝内。

### 2. 茶巾的取用手法

双手平伸，掌心向下，虎口张开，手指斜搭在茶巾两侧，大拇指与另四指夹拿茶巾（女士为了展示动作的优雅，可微翘小指）；两手夹拿茶巾后同时向外侧转腕，使原来手背向上转腕为手心向上，茶巾顺势斜放在左手掌呈托拿状，右手则握住随手泡壶把并将壶底放左手的茶巾上，以防冲泡过程中出现滴洒。

茶巾的取用手法如图 5-1 和图 5-2 所示。

图 5-1 茶巾八层式折法的取用手法

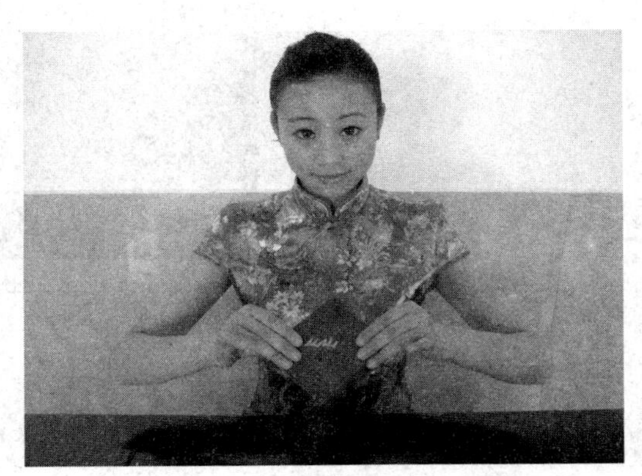

图 5-2 茶巾九层式折法取用手法

## 二、取用器物手法

### 1．捧取法

搭于胸前或者前方桌沿的双手向两侧移至肩宽，双手掌心相对捧住器物基部移至需安放的位置（见图 5-3），轻轻放下后收回；再去捧第二件物品，动作完毕复位。捧取法用于捧取茶样罐、箸匙筒、花瓶等物。

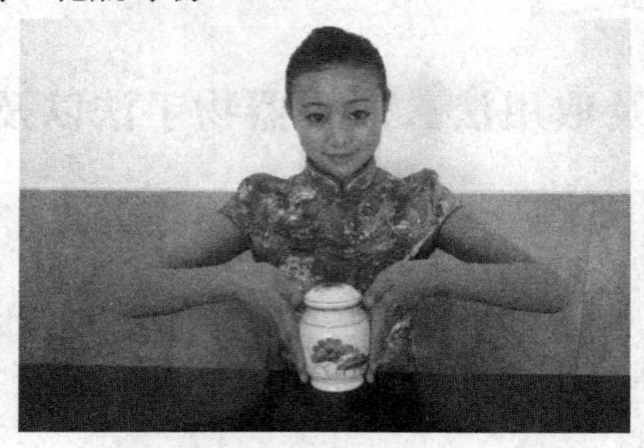

图 5-3　捧取法

### 2．端取法

双手手心向上，掌心下凹，平稳移动物件。端取法用于端取赏茶盘、茶巾盘、扁形茶荷、茶匙等。

## 三、取茶置茶法

### 1．开闭茶样罐盖

对于套盖式茶样罐而言，双手捧住茶样罐，两手大拇指、食指同时用力向上推盖。当其松动后，左手持罐，右手开盖。张开虎口右手，用大拇指与食指、中指捏住盖外壁，转动手腕取下后按抛物线轨迹移放到茶盘中或茶桌上。取茶完毕仍以抛物线轨迹取盖扣回茶样罐，用两手食指向下用力压紧，盖好后放回。开茶罐盖的手法如图 5-4 所示。

图 5-4　开茶罐盖手法

### 2．取置茶样

#### (1) 茶荷、茶匙法

左手横握已开盖的茶样罐，开口向右移至茶荷上方；右手手背向上，以大拇指、食指及中指三指捏茶匙，伸进茶样罐中将茶叶轻轻拨入茶荷内，称为“拨茶入荷”；目测估计茶样量，足够后右手将茶匙放入茶艺组合中；依前法取盖压紧盖好，放下茶样罐。待赏茶完毕后，右手重取茶匙，从左手托起的茶荷中将茶叶分别拨进冲泡器具中。此法适用于取用弯曲、粗松的茶叶，它们容易纠结在一起，不容易用倒的方式将它们倒出来。如冲泡名优绿茶时常用此法取茶样。茶荷、茶匙法如图 5-5 所示。

图 5-5　茶荷、茶匙法

（2）**茶则法**

左手横握已开盖的茶样罐，右手大拇指、食指、中指和无名指四指捏住茶则柄从茶艺组合中取出茶则。将茶则插入茶样罐，手腕向内旋转舀取茶样，左手手腕配合向外旋转，令茶叶疏松易取。茶则舀出的茶叶待赏茶完毕后直接投入冲泡器具，然后将茶则复位，再将茶样罐盖好复位。此法适合取用各种类型的茶叶。茶则法如图 5-6 所示。

图 5-6　茶则法

## 任务二　提壶、握杯、温具手法

### 一、提壶手法

侧提壶：大型壶是右手的食指、中指钩住壶把，左手食指、中指按住壶纽或盖；中型壶是右手食指、中指钩住壶把；小型壶是右手拇指和中指钩住壶把。

飞天壶：右手大拇指按住盖纽，其他四指钩住壶把。

提梁壶：右手除中指外四指握住提梁，中指抵住壶盖。大型壶，右手握提梁把，左手食指、中指按壶的盖纽。

无把壶：右手握住茶壶口两侧外壁。

## 二、握杯手法

大茶杯：无柄杯是右手握住茶杯基部，女士用左手指尖托杯底（见图 5-7）；有柄杯是右手食指、中指钩住杯柄，女士用左手指尖轻托杯底。

闻香杯：右手手指把闻香杯握在掌心，或者把闻香杯捧在两手间（见图 5-8）。

品茗杯：右手大拇指、中指握杯两侧，无名指抵住杯底，食指及小指自然弯曲。女士握杯时食指与小指呈兰花指状，左手指尖托住杯底（见图 5-9）。

盖碗：右手大拇指与中指扣在杯身两侧，食指按在盖纽处，无名指和小指搭住碗壁（见图 5-10）。女士左手把盖碗连杯托端起，放在左手掌心。为了使动作优雅美观，女士可微翘小指。

图 5-7　大茶杯握杯手法

图 5-8　闻香杯握杯手法

图 5-9　品茗杯握杯手法

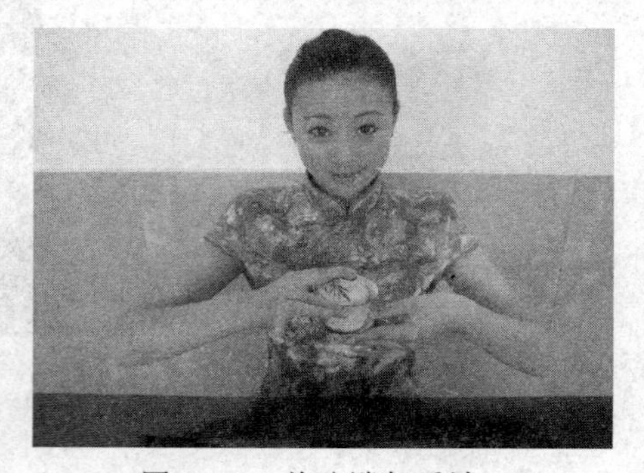

图 5-10　盖碗端起手法

## 三、温具手法

### 1. 温壶法

开盖是左手大拇指、食指和中指按在壶纽上，揭开壶盖，把壶盖放到盖置（茶盘）中。注汤是右手提壶，按逆时针方向低斟，使水流顺茶壶口冲进茶壶中；再将开水壶升高，使水从高处冲入茶壶；等注水量为茶壶的 1/2 时再低斟，使开水壶及时断水，轻轻放下。加盖是将左手开盖的顺序颠倒过来。荡壶是双手取茶巾放在左手手指上，右手把茶壶放在茶巾上，双手按逆时针方向转动，使茶壶各部分充分接触开水。倒水是运用上面介绍的不同的提壶手法把水倒进水盂。

2．温盅及滤网法

揭开盅盖，把滤网放到盅内，注入开水。

3．温杯法

大茶杯：右手提壶逆时针转动，使水流沿茶杯壁冲入，约容量的 1/3 后断水，使茶杯内外均用开水烫到。小茶杯：翻杯时把茶杯相连排成一字或者圆圈，右手提壶，杯内注入开水至满；使茶杯内外均用开水烫到。

4．温盖碗法

斟水是提壶逆时针向盖内注水，注入碗内的 1/3 容量时壶断水，开水壶复位。翻盖是右手取茶匙插到缝隙里，左手手背朝外护在盖碗外，手掌轻靠碗沿；右手用茶匙从内向外拨动碗盖，左手用拇指、食指和中指把碗盖盖在碗上。烫碗是右手大拇指和中指搭在碗身中间部位，食指抵住盖纽下凹处；左手托碗底，端起盖碗，右手呈逆时针转动，使盖碗内各部位接触热水。倒水是右手提盖纽把碗盖靠右斜盖；端起盖碗移到水盂上，水从盖碗左侧倒进水盂。

## 任务三　冲泡常用手法

### 一、单手回旋注水法

单手提水壶，手腕逆时针回旋，令水流沿茶壶口（茶杯口）内壁冲入茶壶内。

### 二、双手回旋注水法

如果开水壶比较重，可用双手回旋注水法冲泡。右手提壶，左手垫茶巾托在壶底部；右手手腕逆时针回旋，令水流沿茶壶口（茶杯口）内壁冲入茶壶（杯）内（见图 5-11）。

图 5-11　双手回旋注水法

### 三、高冲与低斟法

乌龙茶冲泡时常用此法。冲茶时，须将水壶提高使开水环壶口、沿壶边冲入，避免直冲入壶心；而且要做到注水不断续也不急促，这种冲点茶的方式，谓之“高冲”。采用高冲法有三大优点：一是能使茶在壶（杯）中上下翻动旋转，吸水均匀，有利于茶汁浸出；二是使热力直冲罐底，随着水流的单向巡回和上下翻旋，能使茶汤中的茶汁浓度相对一致；三是使首次冲入的沸水，随着茶的旋转与翻滚及叶片的舒展，去除茶中附着的尘埃和杂质，为乌龙茶的洗茶打下基础。

茶叶经高冲法冲点后，就要适时进行分茶，也称为洒茶或斟茶，就是将茶壶中的茶汤，斟到各个茶杯中。分茶时，提茶壶宜低不宜高，以略高于茶杯口沿为度；而后，再一一将茶壶中的茶汤倾入各个茶杯，这叫"低斟"。这样做的目的有三个：一是避免因高斟而使茶香飘散，从而降低杯中香味；二是避免因高斟而使茶汤泡沫泛起，从而影响茶汤的美观；三是避免因高斟而使分茶时发出"滴滴"的不雅之声。

高冲低斟是指泡茶程序中的两个动作，前者是指泡茶时，要提高水壶的位置，使水流从高而下冲入茶壶；后者是指分（斟）茶时，要放低茶壶的位置，使茶汤从低处进入茶杯。这是茶人长期泡茶经验的总结，是泡茶中不可忽略的两道程序。

## 四、浸润泡与"凤凰三点头"

分段冲泡中的浸润泡和"凤凰三点头"是泡茶技与艺结合的典型，一般采用杯泡法，多用于冲泡绿茶、红茶、黄茶、白茶中的高档茶。

第一次冲泡称为浸润泡（也称温润泡），用回旋注水至杯容量的 1/3；需要时还可以"摇香"，目的在于使茶叶在杯中翻滚，在水中浸润，使芽叶舒展。这样做的目的，一则可使茶汁容易浸出；二则可以使品茶者在茶的香气挥发之前，能闻到茶的真香。

第二次冲泡一般采用"凤凰三点头"，水壶由低至高反复三次，水流不间断，恰好注入所需七分水量就应提腕断流收水。其意有三：一是使品茶者欣赏到茶在杯中上下左右回旋，使杯中茶汤均匀，犹如凤凰展翅的美姿；二是可以使茶汤上下左右回旋，使杯中茶汤均匀一致；三是表示主人向来宾鞠躬三次以示欢迎。

"凤凰三点头"注水法如图 5-12 所示。

图 5-12 "凤凰三点头"注水法

## 五、"关公巡城"与"韩信点兵"

如何将一壶茶汤均匀地倒入各杯之中，这是泡茶的功力所在。在这方面，最讲究的要数闽南和广东潮汕地区的茶人了。其做法是，一旦用茶壶冲泡好功夫茶后，在分茶汤时，为使各个小茶杯中的茶汤浓度均匀一致，使每杯茶汤的色泽、滋味、香气尽量接近，做到平等待客，一视同仁，为此，先将各个小茶杯“一”字、“品”字或“田”字排开，采用来回提壶洒茶，称之为“关公巡城”。又因为留在茶壶中的最后几滴茶，往往是最浓的，是茶汤的精华、醇厚部分，为避免各杯茶汤浓度不一，最后还要将茶壶中留下的几滴茶汤，分别一滴一杯，一一滴入到每个茶杯中，此称“韩信点兵”。

“关公巡城”手法如图 5-13 所示。

图 5-13 “关公巡城”手法

## 六、“游山玩水”与“巡回倒茶法”

在分茶时，通常是右手大拇指和中指握住壶柄，食指抵壶盖纽或纽的侧边，再端起茶壶，在茶船上沿逆时针方向荡一圈，目的在于除去壶底的附着水滴，这一过程称为“游山玩水”。接着是将端着的茶壶置于茶巾上按一下，以吸干壶底水分。最后，才是将茶壶中的茶汤倒入茶杯中，用“关公巡城”和“韩信点兵”法分茶，又称“巡回倒茶法”。

这种分茶法的最大优点是，各杯茶汤的色、香、味相对一致，充分体现了茶人的平等待人精神，使饮茶者心灵进入到“无我”的境地。

“游山玩水”手法如图 5-14 所示。

图 5-14 “游山玩水”手法

## 模块小结

这一模块重点介绍了泡茶的基本手法，这是茶事服务人员必须掌握的一项基本技能，在平时为客人的服务过程中，要严格按照泡茶的基本手法，根据不同的茶叶选择不同的冲泡手法。

**关键词**　温具手法　冲泡手法

### 特别提示

1. 茶巾要清洁、卫生、无异味，将茶巾完整的一面面对客人（寓意将美好的留给客人），用后清洗干净。

2. 在冲泡过程中，身体要保持良好的姿态，头要正，肩要平，眼神与动作要和谐自然。在泡茶过程中要沉肩、垂肘、提腕，要用手腕的力量带动手的动作，切忌肘部高高抬起。

3. 冲泡过程中左右手要尽量交替进行，不可总用一只手去完成所有的动作，并且左右手尽量不要有交叉的动作。

4. 茶道用具的摆放是极富科学性和艺术性的。取、放茶具要“轻”、“准”、“稳”。“轻”是指轻拿轻放茶具，既表现了茶人对茶具的珍爱之情，同时也是个人修养的体现。“准”是指茶具取出和归位要准，要取哪个茶具，眼、手应准确到位，不能毫无目的。同时，茶具归位时要注意归于原位，不能因取放过程而偏离原有位置。“稳”是指取放茶具的动作过程要稳，速度均匀，茶具本身要平稳，每次停顿位置要协调，给人以稳重大方之感。

**知识链接**

“游山玩水”作为泡茶的一个步骤，既是泡茶技法潜在的需要，也是茶艺表演艺术的特殊表现特色。“游山玩水”这一技法的发源可追溯到明代。当然，当时并不称“游山玩水”。明许次纾《茶疏》提到：“先握茶手中，俟汤既入壶，随手投茶汤。以盖覆定，三呼吸时，次满倾盂内，重投壶内，用以动荡香韵，兼色不沉滞。更三呼吸顷，以定其浮薄，然后泻以供客，则乳嫩清滑，馥郁鼻端。”其中的“用以动荡香韵”即是今时的“游山玩水”技法形式。当时的“用以动荡香韵”技法，所重视的不是艺术表现，而是“兼色不沉滞”的泡茶效果。然而，这种操作在当时并不引起广泛的重视，原因是这个看起来简单随意的操作所起到的作用并不易被更多人认识及理解，有多少人能认识到“用以动荡香韵”的操作有助于达到“兼色不沉滞”的效果呢？当然不会很多，只有那些达到醉茗香境界的茶人才会领会其真谛并在泡茶中注意发挥其特殊作用。正因为这样，尽管早在明代就提出了用以动荡香韵的技法，但明清两代，在泡茶饮茶史料中并不多见，不管在那种饮茶场合，或者对多数人来说，泡茶过程在悬壶高冲后往往是静静地等待，过了一会才能提壶斟茶。随着茶艺的推广，尤其是随着茶艺表演的开展，“游山玩水”（当然还有其他称谓）步骤才被看做是不可忽视的艺术表现形式，并不断地充实其内容，提升其文化内涵，作为富有意味的茶艺表演艺术形式。

（资料来源：郑永球：《〈论茶艺演示的技艺和内容内涵〉之八——游山玩水》，载《广东茶业》，2004年3期）

## ● 实践项目

**一、分组练习并掌握以下各种手法**

1. 茶巾的折法及取用手法。
2. 取器物手法及取茶置茶手法。
3. 提壶、握杯及温具的手法。

**二、分组练习并掌握冲泡的各种手法**

1. 单、双手回旋注水法。
2. 高冲低斟法。
3. “凤凰三点头”的手法。
4. “关公巡城”、“韩信点兵”的手法。
5. “游山玩水”的手法。

## ● 能力检测

<table>
<tr><th colspan="2">实践项目</th><th>个人评价</th><th>小组评价</th><th>老师评价</th><th>小组推优展示</th></tr>
<tr><td colspan="2">茶巾的折法及取用手法</td><td></td><td></td><td></td><td></td></tr>
<tr><td colspan="2">取器物手法</td><td></td><td></td><td></td><td></td></tr>
<tr><td colspan="2">取茶置茶手法</td><td></td><td></td><td></td><td></td></tr>
<tr><td colspan="2">提壶手法</td><td></td><td></td><td></td><td></td></tr>
<tr><td colspan="2">握杯手法</td><td></td><td></td><td></td><td></td></tr>
<tr><td colspan="2">温具手法</td><td></td><td></td><td></td><td></td></tr>
<tr><td rowspan="5">冲泡手法</td><td>单、双手回旋注水法</td><td></td><td></td><td></td><td></td></tr>
<tr><td>高冲低斟法</td><td></td><td></td><td></td><td></td></tr>
<tr><td>“凤凰三点头”</td><td></td><td></td><td></td><td></td></tr>
<tr><td>“关公巡城”、“韩信点兵”</td><td></td><td></td><td></td><td></td></tr>
<tr><td>“游山玩水”</td><td></td><td></td><td></td><td></td></tr>
</table>

# 模块二　茶艺和品饮技艺

### 知识目标

1. 掌握泡好一壶茶必须具备的五要素，了解各因素在冲泡过程中所起到的重要作用。
2. 了解冲泡任何一种茶叶需要共同遵守的基本冲泡程序。
3. 掌握品饮的基本步骤。

### 能力目标

1. 学会灵活运用根据不同茶类的特点，调整水温、茶具、浸润时间和茶叶的用量，

从而泡出一壶好茶。

2. 在品茶过程中追求精神的享受，培养学生艺术修养。

**工作任务**

掌握如何能够泡好一壶茶，体会品茶的精神内涵。

## 任务一　泡茶的要素

茶叶中的化学成分是组成茶叶色、香、味的物质基础，其中多数成分能在冲泡过程中溶解于水，从而形成了茶汤的色泽、香气和滋味。泡茶时，应根据不同茶类的特点，调整水的温度、浸润时间和茶叶的用量。从而使茶的香味、色泽、滋味得以充分发挥。综合起来，泡好一壶茶主要有五大要素：第一是茶叶用量，第二是泡茶水温，第三是冲泡时间，第四是冲泡次数，第五是茶具。

### 一、茶叶用量

茶叶用量就是每杯或每壶中应当放入的茶叶分量。泡好一杯茶或一壶茶，首先要掌握茶叶用量。茶叶的用量并没有统一标准，主要根据茶叶种类、茶具大小及消费者的饮用习惯而定。一般而言，水多茶少，滋味淡薄；茶多水少，茶汤苦涩不爽。因此，细嫩的茶叶用量要多；较粗的茶叶用量可少些。

普通的红、绿茶类（包括花茶），可大致掌握在 1 克茶冲泡 50～60 毫升水。如果是 200 毫升的杯（壶），那么，放入 3 克左右的茶叶，冲至七八分满，就成了一杯浓淡适宜的茶汤。若饮用云南普洱茶，则需放茶叶 5～8 克。

饮乌龙茶注重品味和闻香，故要汤少味浓，用茶量以茶叶与茶壶容积比例来确定，茶量大致是茶壶容积的 1/3～1/2。广东潮汕地区饮乌龙茶的人，用茶量达到茶壶容积的 1/2～2/3。

### 二、泡茶水温

古人十分讲究泡茶的水温，认为煮水“老”、“嫩”都会影响到开水的质量，故应严格掌握煮水程度。自古以来，人们在煮水程度的掌握上积累了不少经验，至今仍可参考沿用。最早辨别煮水程度的方法是形辨，正如陆羽《茶经·五之煮》中指出的：“其沸，如鱼目，微有声，为一沸；缘边如涌泉连珠，为二沸；腾波鼓浪，为三沸。已上水老不可食也。”以后，又发展到形辨和声辨。明许次纾在《茶疏》中写道：“水，入铫，便须急煮，候有松声，即去盖，以消息其老嫩，蟹眼之后，水有微涛，是为当时，大涛鼎沸，旋至无声，是为适时，过则汤老而香散，决不堪用。”最全面的辨别方法要属明张源《茶录》中介绍的：“汤有三大辨十五小辨。一曰形辨，二曰声辨，三曰气辨。形为内辨，声为外辨，气为捷辨。如虾眼、蟹眼、鱼眼、连珠皆为萌汤，直至涌沸如腾波鼓浪，水气全消，方是纯熟。如初声、转声、振声、骤声，皆为萌汤，直至无声，方是纯熟。如气一缕、二缕、三四缕，及缕乱不分，氤氲乱绕，皆为萌汤，直至所直冲贯，方是纯熟。”从以上经验可知，水要急火猛烧，待水煮到纯熟即可，切勿文火慢煮，久沸再用。

据测定，用 60℃的开水和 100℃的开水冲泡茶叶，在时间、水量和用茶量相同的情况下，茶汤中的茶汁浸出物含量，前者只是后者的 45%～65%。这就是说，冲泡茶的水温高，茶汁就容易浸出，茶汤的滋味也就更浓；冲泡茶的水温低，茶汁浸出速度慢，茶汤的滋味也就相对淡一些。“冷水泡茶慢慢浓”说的就是这个意思。

泡茶水温的高低与茶的老嫩、松紧、大小有关。大致说来，茶叶原料粗老、紧实、整叶的，要比茶叶原料细嫩、松散、碎叶的，茶汁浸出要慢得多，所以冲泡水温要高。当然，水温的高低还与冲泡的茶叶品种有关。

具体说来，高级细嫩名茶，特别是名优高档的绿茶，冲泡时水温应在 80℃左右。只有这样，泡出来的茶汤清澈不浑，香气醇正而不钝，滋味鲜爽而不熟，叶底明亮而不暗，使人饮之可口，视之动情。如果水温过高，汤色就会变黄；茶芽因“泡熟”而不能直立，失去欣赏性；维生素遭到大量破坏，降低茶的营养价值；咖啡碱、茶多酚很快浸出，又使茶汤产生苦涩味，这就是茶人常说的把茶“烫熟”了。反之，如果水温过低，则渗透性较低，往往使茶叶浮在表面，茶中的有效成分难以浸出，茶味淡薄，同样会降低饮茶的功效。大宗红茶、绿茶和花茶，由于茶叶原料老嫩适中，故可用 90℃左右的开水冲泡。

冲泡乌龙茶、普洱茶等特种茶，由于原料并不细嫩，加之用茶量较大，所以须用刚沸腾的 100℃开水冲泡。特别是乌龙茶为了保持和提高水温，要在冲泡前用滚开水烫热茶具；冲泡后用滚开水淋壶加温，目的是增加温度，使茶香充分发挥出来。

至于边疆地区人民喝的紧压茶，要先将茶捣碎成小块，再放入壶或锅内煎煮后，才可供饮用。

## 三、冲泡时间

茶叶的冲泡时间与茶叶种类、泡茶水温、用茶数量和饮茶习惯等都有关。

如用茶杯泡饮普通红茶、绿茶，每杯放干茶 3 克左右，用沸水 150～200 毫升，冲泡时宜加杯盖，避免茶香散失。时间以 2～3 分钟为宜，太短，茶汤色浅淡；太长，增加汤色涩味，香味还易丧失。不过，新采制的绿茶可冲水不加杯盖，这样汤色更艳。饮茶量多的，冲泡时间宜短，反之则宜长。质量好的茶，冲泡时间宜短，反之宜长些。

茶的滋味是随着时间延长而逐渐增浓的。据测定，用沸水泡茶，首先会浸泡出咖啡碱、维生素、氨基酸等；大约到 3 分钟时，浸出物浓度最佳，这时饮起来，茶汤有鲜爽醇和之感，但缺少饮茶者需要的刺激味。以后，随着时间的延续，茶多酚浸出物含量逐渐增加。因此，为了获取一杯鲜爽甘醇的茶汤，可用如下改良冲泡法（主要指绿茶）：将茶叶放入杯中后，先倒入少量开水，以浸没茶叶为度，加盖 3 分钟左右，再加开水到七八分满，便可趁热饮用。当喝到杯中尚余 1/3 左右茶汤时，再加开水，这样可使前后茶汤浓度更加均匀。

对于注重香气的乌龙茶、花茶，泡茶时，为了不使茶香散失，不但需要加盖，而且冲泡时间不宜太长，通常 2～3 分钟即可。由于泡乌龙茶时用茶量较大，因此第一泡 1 分

钟就可将茶汤倾入杯中，自第二泡开始，每次应比前一泡增加 15 秒左右，这样泡出的茶汤比较均匀。

白茶冲泡时，要求沸水的温度在 70℃左右，一般在 4～5 分钟后，浮在水面的茶叶才开始徐徐下沉。这时，品茶者应以欣赏为主，观茶形，察沉浮，从不同的茶姿、颜色中使自己的身心得到愉悦，一般到 10 分钟，方可品饮茶汤；否则，不但失去了品茶艺术的享受，而且茶汤饮起来淡而无味。这是因为白茶加工未经揉捻，细胞未曾破碎，所以茶汁很难浸出，以致浸泡时间须相对延长，同时只能重泡一次。

另外，冲泡时间还与茶叶老嫩和茶的形态有关。一般说来，凡原料较细嫩，茶叶松散的，冲泡时间可相对缩短；相反，原料较粗老，茶叶紧实的，冲泡时间可相对延长。

## 四、冲泡次数

据测定，茶叶中各种有效成分的浸出率是不一样的，最容易浸出的是氨基酸和维生素 C；其次是咖啡碱、茶多酚、可溶性糖等。一般茶冲泡第一次时，茶中的可溶性物质能浸出 50%～55%；冲泡第二次时，能浸出 30%左右；冲泡第三次时，能浸出约 10%；冲泡第四次时，只能浸出 2%～3%，几乎是白开水了。所以，通常茶叶以冲泡三次为宜。

颗粒细小、揉捻充分的红碎茶和绿碎茶成分很容易被沸水浸出，一般都是冲泡一次就将茶渣滤去，不再重泡；速溶茶也是采用一次冲泡法；功夫红茶则可冲泡 2～3 次；而条形绿茶如眉茶、花茶通常只能冲泡 2～3 次；白茶和黄茶一般也只能冲泡 1 次，最多 2 次。

品饮乌龙茶多用小型紫砂壶，在用茶量较多（约半壶）的情况下，可连续冲泡 4～6 次，甚至更多。

## 五、茶具

另外，茶叶与茶具的搭配是很重要的，需要“门当户对”，这也是泡好茶的重要因素。我国的茶具品种丰富，各民族与各地区的饮茶习俗多样，茶具的具体搭配有很大的差异，再者由于个人的爱好与品位不一，冲泡技艺的不断创新，茶具自然也不断变化与创新。在初步掌握茶具、茶性的基础上，可以自由选择搭配茶具。

把握茶具质地的目的是掌握泡茶过程的散热速度。一般而言，密度高、胎身薄的，散热速度快（保温效果差）；密度低、胎身薄的，散热速度慢（保温效果好）。茶具的质地还包括吸水率，吸水率太高的冲泡器不宜使用。因为泡完茶，茶具的胎身吸满了茶汤，放久了容易有异味，而且不卫生，所以应选用吸水率低的冲泡器。硬度低的器物并不代表吸水率高。

重香气的茶叶要选择硬度较高的壶或杯，这类茶有绿茶类和轻发酵的茶类，如龙井、碧螺春、文山包种茶及其他嫩芽茶叶等，另外，瓷壶、玻璃杯或盖碗散热速度快，泡出茶汤的香味较清扬，冲泡频率较高。重滋味的茶，要选择硬度较低的壶来泡，如乌龙茶。其他如外形紧结、枝叶粗老的茶以及普洱茶等，应选择陶壶、紫砂壶来冲泡。

## 任务二　泡茶的基本程序

泡茶的程序和礼仪是茶艺形式部分很重要的表现，这部分也称为“行茶法”。行茶法分为三个阶段，第一个阶段是准备，第二个阶段是操作，第三个阶段是结束。

准备阶段是指在客人来临前的所有准备工作，准备工作的多少视情况决定，但必须保障操作工作能顺利进行为止。操作阶段是指整个泡茶过程。结束阶段是操作完成后的收拾工作。

不同的茶类有不同的冲泡方法，但冲泡任何一类茶，以下泡茶程序是需要共同遵守的。

### 一、选具

根据将要冲泡的茶叶以及品饮人数选择并且布置好相应的茶具。

### 二、观茶

在泡饮之前，通常要进行观茶。观茶时，先取一杯干茶，置于白纸上（或盛茶专用器具上），让品饮者先欣赏干茶的色、形，再闻一下香，充分领略茶的天然风韵；或者倾斜旋转茶叶罐，将茶叶倒入茶则。用茶匙把茶则中的茶叶拨入赏茶盘，欣赏干茶的成色、嫩匀度，嗅闻干茶香气。

### 三、温杯洁具

将选好的茶具用开水一一加以冲泡，以提高杯温。在冬天，温杯尤显重要，它有利于茶叶的冲泡。温杯的同时也起到清洁用具的目的，平添饮茶情趣。

### 四、置茶

置茶是将茶叶从茶盘或茶则中均匀拨入各个茶壶（杯、盏）内。

### 五、冲泡

将温度适宜的开水注入茶壶。如果冲泡重发酵茶或茶形紧结的茶叶时，要先洗茶，即让茶叶有一个舒展的过程，然后将开水再次注入壶中，一段时间后，即可将茶汤倒出。

### 六、奉茶

冲泡后尽快将茶用双手递给客人，以便让客人不失时机地闻香品尝。为避免茶叶长时间浸泡在水中，失去应有风味，在第二、第三泡时，可将茶汤倒入公道杯中，再将茶汤低斟入品茶杯中。

### 七、品饮

饮茶前，一般多以闻香为先导，再品茶啜味。饮一小口，让茶汤在嘴内回荡，与味蕾充分接触，然后徐徐咽下，并用舌尖抵住齿根并吸气，回味茶的甘甜。

### 八、收具

品茶结束后，应将茶杯收回，壶（杯、盏）中的茶渣倒出，将所有茶具清洁后归位。

## 任务三　品 饮 步 骤

品饮与喝茶不同，喝茶主要是为了解渴，没什么讲究。品饮则是为了追求精神上的满足，重在品啜，从茶汤的色、香、味得到艺术的美感，追求精神上的愉悦和情感上的抒发。茶汤品饮的步骤如下。

### 一、闻茶香

无盖茶杯可以直接闻茶汤飘逸出的香气，如用盖杯、盖碗，则可取盖闻香。感官闻香气一般分为热嗅、温嗅、冷嗅三种，热嗅判断香气是否正常，有无异味，如有无烟、焦、酸、馊、异及陈霉等气味；温嗅判断香气的高低、类型、清浊；冷嗅主要看其香的持久程度。

### 二、观茶汤色泽

茶汤色泽因茶而异，即使是同一类茶，茶汤色泽也有不同，大体上说，绿茶茶汤绿而清澈；红茶茶汤红艳、明亮；乌龙茶茶汤黄亮、浓艳。

### 三、品茶味

小口喝茶，细品其味，使茶汤从舌尖到舌两侧再到舌根，以辨绿茶的鲜爽、红茶的浓甘，同时也可在尝味时再体会一下茶的香气。茶叶中鲜味物质主要是氨基酸类物质，苦味物质是咖啡碱，涩味物质是多酚类，甜味物质是可溶性糖。红茶制造过程中多酚类的氧化产物有茶黄素和茶红素，其中茶黄素是汤味刺激性和鲜爽的主要因素，茶红素是汤味甜醇的主要因素。

### 四、品茶时的精神享受

品茶不光是品尝茶的滋味，而是在了解茶的知识和文化的同时，提高品茶者的自身修养，并增进茶友之间的感情。

## 模块小结

在这个模块里对泡茶的基本知识进行了详细的介绍，让学生了解到哪些因素会影响到茶汤的色香味，对泡茶的基本程序有了初步的接触，为以后学习各种茶类的行茶程序打下了坚实的基础。同时也教会学生如何品茶，领悟茶的精神。

**关键词**　五大要素　泡茶的基本程序　品饮步骤

### 特别提示

1. 茶与水的用量还与饮茶者的年龄、性别有关。大致来说，中老年人比年轻人饮茶要浓，男性比女性饮茶要浓。如果饮茶者是老茶客或是体力劳动者，一般可以适量加大茶量；如果饮茶者是新茶客或是脑力劳动者，可以少放一些茶叶。

2. 一般来说，茶不可泡得太浓，因为浓茶有损胃气，对脾胃虚寒者有甚，茶叶中含有鞣酸，太浓太多，可收缩消化黏膜，妨碍胃吸收，引起便秘和牙黄；同时，太浓的茶汤和太淡的茶汤不易体会出茶香嫩的味道。古人谓饮茶“宁淡勿浓”是有一定道理的。

3. 判断水的温度可先用温度计和计时器测量，等掌握之后就可凭经验来断定了。当然，所有的泡茶用水都是煮开，以自然降温的方式来达到控温的效果。

**知识链接**

**关于黑茶品饮方式的创新**

黑茶的品饮方式可概括为两大类型：清饮和调饮。其中调饮又包括风味调饮和保健调饮。

清饮，即在冲泡、煮饮黑茶时不加任何辅料，重在享受黑茶的自然之味。其基本技巧是“三看、三闻、三品、三回味”。

三看：一看干茶的外观形状，如在观赏金花茯砖时可借助专用放大镜；二看茶汤的色泽，可借鉴法国鉴赏红酒的方法，把装着黑茶茶汤的玻璃杯对着光内倾45°，仔细欣赏黑茶茶汤晶亮红艳的美妙汤色；三看叶底的整碎度、柔韧度和色泽。

三闻：一闻茶香的纯度，看是否夹杂有异味；二闻黑茶特有的本香，要注意体验开汤后开阔上扬的茶香、温柔醇和的陈香或迷人的“菌花香”三闻香气的持久性。闻茶香可借助瓷质公道杯。瓷质内壁易挂香，公道杯肚大口小，聚香饱满，这样可更细腻地感悟到黑茶那妙不可言的茶香。

三品：一品黑茶入口之初独特的刺激感，二品黑茶甜而不腻的醇和感，三品优质黑茶在四泡之后显露出的太和之气和柔顺的化境。

三回味：舌尖回味甘甜，满口生津；口腔回味甘醇，齿颊留香；喉底回味甘爽，心旷神怡。

清饮黑茶重在“五官并用”、“六根共识”，但是，要真正掌握这种品饮艺术，必须通过严格培训和长期实践，黑茶要想快速风靡全国并走向世界，应当高度重视调饮茶艺的创新。在这方面红茶很值得借鉴。红茶之所以能在国际茶叶交易中占约80%的份额，其中很重要的一个原因是，红茶的调饮方式多种多样，能满足不同国家、不同民族、不同信仰、不同年龄、不同社会地位人的不同需求。

历史上黑茶主销西北少数民族地区。我国西北少数民族传统上有着调饮黑茶的习俗，如蒙古族、哈萨克族的奶茶，藏族的酥油茶，土族的熬茶，南疆维吾尔族的香茶，东乡族、撒拉族的八宝茶，西安回族的煮湖茶等。另外，黑茶还可以调制出多种风味宜人的果茶、蜂蜜茶、冰茶、姜片茶等。这些茶不仅美味可口，而且营养丰富。如果配合悠扬的民族音乐，绚丽的民族服装，再佐以饦饦馍、粉蒸羊肉、小酥肉、牛羊肉饼、甑糕、牛肉锅贴、羊眼包子、艾窝窝、耳朵眼炸糕、锟馍、空心果、炸麦鸟、牛肉干巴、烤肉、馓子、馕、那仁等少数民族风味小吃，一定能吸引很多人追捧。笔者认为，调饮型黑茶茶艺与民族音乐和民族风味小吃相结合，是一个极有开发前景的大市场。

在黑茶调饮方面，特别有开发价值的还有中小学生早餐奶茶。奶茶营养丰富，其中的蛋白质、矿物质、维生素恰好可以补充传统早餐食品的营养不足，促进儿童和青少年生长发育。与纯奶相比，奶茶中含有适量茶碱、咖啡碱、可可碱，这些生物碱能提神醒脑，使学生上课时精神饱满，增强记忆力，提高学习成绩。另外，早餐奶茶香气浓郁，美味可口，并且能配制出许多种儿童喜爱的香型，所以，只要研发出小巧精美，操作便捷的早餐奶茶熬制设备，在现代大都市中，早餐奶茶也一定会像在高原牧区一样，成为家长喜爱、学生欢迎的饮品。

在保健调饮方面，黑茶可与花草、水果和中草药配伍，开发出祛病健身茶、时令保健茶、美容养颜茶、延年益寿茶等四大系列产品。

（资料来源：林治：《论黑茶茶艺创新与消费传播》，载《中国黑茶产业发展高峰论坛论文集》，第44～49页）

## ● 思考与练习题

**一、判断题**

1. 泡茶用的开水可以用文火慢煮，久沸再用。 （ ）

2. 冲泡高档绿茶应用100℃的开水。 （ ）

3. 冲泡乌龙茶、普洱茶等特种茶，须用刚沸腾的100℃开水冲泡。特别是乌龙茶为了保持和提高水温，要在冲泡前用滚开水烫热茶具，冲泡后用滚开水淋壶加温。 （ ）

4. 对于注重香气的乌龙茶、花茶，泡茶时，为了不使茶香散失，不但需要加盖儿，而且冲泡时间不宜长，通常2～3分钟即可。 （ ）

5. 颗粒细小、揉捻充分的红碎茶和绿碎茶的成分很容易被沸水浸出，一般都是冲泡三次再将茶渣滤去。 （ ）

6. 重滋味的茶，要选择硬度较低的壶来泡，例如乌龙茶。其他如外形紧结、枝叶粗老的茶以及普洱茶等，应选择陶壶、紫砂壶冲泡。 （ ）

**二、简答题**

1. 泡茶的基本程序是什么？

2. 品饮的步骤是什么？

# 模块三　茶 点 茶 餐

**知识目标**

1. 了解茶点的种类。

2. 了解茶餐及其保健功能。

**能力目标**

1. 用餐前后喝茶是非常讲究的，注意掌握喝茶的种类和时机。
2. 学会向客人推荐茶餐，增强其保健养生意识。

**工作任务**

根据客人需要合理推荐茶餐。

## 任务一　茶 点 种 类

茶点是对在饮茶过程中佐茶的茶点、茶果和茶食的统称。其主要特征是分量较少、体积较小、制作精细、样式清雅。

茶在被作为专门饮料之前，就是以茶点的形式出现的。在隋唐以前的相当长的一段时期内，人们将茶制作成茶点或“茗粥”来食用。“茶果”一词，最早出现在王世几的《晋中兴书》中。

人们品茶，佐以茶点茶果，已成习惯。往日仅清饮一杯的情景已不多见。特别是到茶馆大多采用自助式，许多茶点茶果摆放在那里，任顾客随意选用，选多选少，茶资相同。

茶点大致可以分为五大类。

1）干果类：瓜子、花生、栗子、杏仁、松子、梅子、枣子、杏干、山楂、橄榄、开心果等。

2）鲜果类：橙子、苹果、香蕉、提子、菠萝、猕猴桃、西瓜等。

3）糖果类：芝麻糖、花生糖、贡糖、软糖、酥糖等。

4）西点类：蛋糕、曲奇饼、凤梨酥、吐司等。

5）中式点心类：包子、粽子、汤圆、豆腐干、茶叶蛋、笋干、各式卤品等。

注意：茶点不宜选择过于油腻、辛辣和有怪味的食品，避免影响味觉而喧宾夺主。

## 任务二　茶　　餐

中国人喝茶不但是为生津解渴，增进生活的情趣，还是为充分发挥茶的保健功效。茶叶含有多种矿物质，可以帮助降低血脂、血糖，预防高血压和蛀牙，抗自由基，利尿、杀菌又防癌，就算冲泡过几次的茶叶也仍含有纤维素和蛋白质，可以拿来煮菜汤或作为花肥使用。

现代人讲究饮食的多元化和养生概念，茶馔也是如此。茶膳多以春茶入菜，因春茶不施用化肥，又富含多种维生素，茶叶本身即有杀菌作用。传说“神农尝百草，日遇七十二毒，得茶而解之。”唐代《本草拾遗》中也说“茶为万能之药”，因此茶膳具有一定的保健功能，同时，茶膳也顺应了人们返璞归真的饮食要求。

制作茶膳并不难，饭店、家庭都可以烹制，一般来说，以茶入馔主要有以下两种方式。

一种是将茶叶当做调料来用，取茶叶的香气来达到提味的目的，一般是不吃茶叶的。龙井虾仁、龙井蛤蜊汤、文山包种鸡汤、白毫乌龙红烧牛肉等就是这类方式中比较典型的。这种以茶叶调味的模式也最容易，如龙井蛤蜊汤，做法是先将龙井茶泡开，滤出茶

汤备用；用开水煮蛤蜊，水中放少许姜丝去腥；当蛤蜊煮到张开时，倒入茶汤，灭火即可。再如文山包种鸡汤，只要在煮好的清鸡汤中浸入茶包，几分钟后茶汁即散入汤中。类似这样的做法还可以用在排骨汤上。关键是茶包不能久煮，否则茶香就会流失。

另一种做法是将茶叶做成美味佳肴直接入口。如果茶叶很嫩，泡开后就可以当做蔬菜直接食用；如果茶叶太老，可以将茶叶研磨成粉，或是将泡开的茶叶剁碎成茶叶饺子。红茶用热油在锅里爆炒至酥后，与鸡丁和青椒拌炒是异常美味的。而白毫乌龙红烧牛肉也很简单，将牛肉烫去血水后，切块入锅炖，再加入笋或萝卜，将白毫乌龙茶泡开，滤去茶汁作为茶汤备用；待牛肉炖烂时，加入茶汤熬煮片刻即可。炸雀舌是一道凉菜，将芽头肥壮的绿茶裹上鸡蛋、淀粉炸制，形似雀舌，精巧别致。春芽龙须这道菜是选用新鲜的绿豆芽，掐头去尾，微咸却清香，白绿相间，颜色甚是动人。

内行人把以茶为主料或是以茶为配料做成的菜肴，称之为茶膳，如浙江的龙井鸡丝，福建的铁观音炖鸭。茶叶入菜，可将食材的质感与茶叶特有的风味融为一体，成品无汁，味透肌里。早在清朝也只是以菜佐茶，当年扬州人饮早茶时，用豆腐干丝做茶菜，同如今广州饮早茶时吃的茶点有相似之处。真正常见的茶菜当属茶叶蛋，观光区的食品小摊、早点摊等都有售卖。

## 模块小结

在这个模块里简单介绍了各式茶点，由于茶叶具有保健成分，为了迎合现代人的养生需要，茶餐开始受人瞩目。

**关键词** 茶点 茶餐

**用餐喝茶的注意事项**

1. 餐前适合喝普洱茶或红茶。餐前一般是空腹，空腹喝刺激性强的茶会引起心悸、头昏、眼花、心烦，俗称“茶醉”，同时也会降低血糖，让人更感觉到饥饿。而红茶、普洱茶的深红汤色及沉稳香气能促进食欲。

2. 餐后适合喝乌龙茶、绿茶、花茶。这类茶有比较重的香气，餐后喝，能带来轻松愉快的感觉。

3. 掌握用餐喝茶的时机。无论是餐前 茶还是餐后茶，最好能与用餐时间相隔半小时，才能真正达到饮茶保健的最好效果。

4. 休闲茶食与茶的搭配可概括成一个小口诀，即“甜配绿，酸配红，瓜子配乌龙”。

**知识链接**

**茶 膳 制 作**

**食谱一：铁观音番茄牛肉汤（3人份）（见图5-15）**

材料：铁观音6克、番茄2个、洋葱1个、奶油20克、牛肉丁500克、月桂叶1片、罗勒叶1克。

调料：鸡粉1/2大匙、糖1/4小匙、精盐1/4小匙。

做法：

1. 铁观音用 1 000 毫升的热水冲泡 4 分钟后，滤出茶汁。

2. 番茄切丁，洋葱去皮切丁。

3. 平底锅加热，放入奶油，爆香洋葱丁、番茄丁、牛肉丁后，倒入茶汁，依序放入月桂叶、罗勒叶及调料。

4. 以小火煮 30 分钟即可。

图 5-15　铁观音番茄牛肉汤

**小叮咛**

1. 铁观音甘润浓郁的口感及迷人的熟果香气，很适合搭配肉食，结合番茄及牛肉的营养成分，是另一种创新口味的展现。

2. 也可用猪肉、鸡肉替代牛肉。

**食谱二：碧螺春蒸鲜虾**（**2 人份**）（**见图 5-16**）

材料：碧螺春茶叶适量（6～8 克）、鲜虾 300 克。

调料：精盐 1/2 小匙。

做法：

1. 先将水煮开备用。

2. 把虾及碧螺春茶叶盛盘，放在蒸笼架上。

3. 用大火蒸 5～6 分钟，取出。

4. 拌上精盐即可。

图 5-16　碧螺春蒸鲜虾

**小叮咛**

1. 也可使用蒸锅。

2. 碧螺春可换成乌龙茶或龙井茶，用量可稍微增加以加强香气。

3. 碧螺春香气特别清爽高雅，能减轻海鲜的腥味。

## ● 思考与练习题

### 一、判断题

1. 茶点是对在饮茶过程中佐茶的茶点、茶果和茶食的统称。其主要特征是分量较少、体积较小、制作精细、样式清雅。（　　）

2. 茶点宜选择过于油腻、辛辣和有怪味的食品。（　　）

3. 无论是餐前茶还是餐后茶，都能真正达到饮茶保健的最好效果。（　　）

4. 休闲茶食与茶的搭配可概括成一个小口诀，即“甜配红，酸配绿，瓜子配乌龙”。（　　）

5. 春天可选择带有薄荷香味的糖果、桃酥、香糕、玫瑰瓜子等，使花香果香，一并进入口中。（　　）

6. 重阳节——品绿茶，用绿豆糕、云片糕类佐茶。端午节——品宁红，粽子是主打。（　　）

### 二、简答题

1. 茶点的种类有哪些？

2. 一般来说，以茶入馔主要有哪两种方式？

**三、生活实践操作**

根据课本介绍的知识链接或者在网上搜集相关知识，在家学做一道茶餐，写出品尝后的心得体会。

# 模块四　茶 艺 要 领

**知识目标**

1. 了解茶艺的冲泡要领。
2. 了解茶艺的品饮要领。

**能力目标**

领悟泡茶和品茶的艺术魅力，追求精神的享受，把品茗审美化、艺术化。

**工作任务**

除熟练地掌握冲泡技艺外，还要提高品饮的层次，追求更高的生活境界。

日常饮茶多因解渴需要而用大杯（碗），这只是为满足生理上的需要，对泡茶方式和茶具、环境没有多大要求，自然也就没有什么艺术可言。但将这种大杯（碗）喝茶提升到品饮的层次，则是为了满足精神上的需求，对泡茶方式、器具、环境以及参与者本身都有一定的要求，品饮就具有一定的艺术性。而当人们对这种艺术性有了自觉的追求时，泡茶和品茶也就成为一门生活艺术。茶艺指的是泡茶的技艺和品茶的艺术，两者是统一的整体。它传达的是：纯、雅、礼、和的茶道精神理念。它传播的是：人与自然的交融；启发人们走向更高层次的生活境界。

## 任务一　冲 泡 要 领

### 一、“神”是艺的生命

“神”指茶艺的精神内涵，是茶艺的生命，是贯穿于整个冲泡过程的连接线。从冲泡者的脸部所显露的神态、光彩、思维活动和心理状态等，可以表现出不同的境界，对他人的感染力也就不同，它反映了冲泡者对茶道精神的领悟程度。能否成为一名茶艺高手，“神”是最重要的衡量标准。

### 二、“美”是艺的核心

茶的冲泡艺术之美表现为仪表美与心灵美。仪表是冲泡者的外表，包括容貌、姿态、风度等；心灵是指冲泡者的内心、精神、思想等，在整个泡茶过程中通过冲泡者的设计、动作和眼神表达出来。冲泡者始终要有条不紊地进行各种操作，双手配合，忙闲均匀，动作优雅自如，使主客都全神贯注于茶的冲泡及品饮之中，忘却俗务缠身的烦恼，以茶来修身养性，陶冶情操。

### 三、“质”是艺的根本

品茶的目的是为了欣赏茶的品质。一人静思独饮，数人围坐共饮，乃至大型茶会，人们对茶的色、香、味、形的要求甚高，总希望饮到一杯平时难得一品的好茶。冲泡者要泡好一杯茶，应努力以茶配境、以茶配具、以茶配水、以茶配艺，要把前面分述的内容融会贯通地运用。例如，绿茶的特点是“干茶绿、汤色绿、叶底绿”，冲泡时能否使“三绿”完美显现，就是茶艺的根本。

### 四、“匀”是艺的功夫

茶汤浓度均匀是冲泡技艺的功力所在。同一种茶看谁泡得好，即能使三道茶的汤色、香气、滋味最接近，将茶的自然科学知识和人文知识全融合在茶汤之中，实质上就是比“匀”的工夫。冲泡同一种茶叶，要求每杯茶汤的浓度均匀一致，就必须练就凭肉眼能准确控制茶与水的比例，不至于使茶汤过浓或过淡。一杯茶汤，要求在容器中上下茶汤浓度均匀，如将一次冲泡改为两次冲泡就会有较好的效果；在调节三道茶的匀度时，则利用茶的各种物质溶出速度比例的差异，从冲泡时间上调整。

### 五、“巧”是艺的水平

冲泡技艺能否巧妙运用是冲泡者要反复实践、不断总结才能提高的，要从单纯的模仿转为自我创新。在各种茶艺表演中，要具有随机应变、临场发挥的能力，从“巧”字上做文章。

## 任务二　品 饮 要 领

在茶文化的历史发展过程中，饮茶素有喝茶和品茶之分。喝茶是一种满足生理需求的活动，它可以在任何环境下进行，而品茶则注重韵味，将品饮活动脱离了解渴的实用意义而上升为精神活动，把品茗审美化、精神化、艺术化，从中追求一种高雅脱俗、悠然自得的境界，从而获得精神享受。品茶的内容除观赏泡茶技艺外，还包括观赏茶的外形、汤色，嗅香气，品滋味，领略茶的风韵以及欣赏品茶环境等方面。这些都可称为泡茶技艺，亦可称之品茶之道。

### 一、领略茶的风韵

在品茶时，要先闻茶香。苏东坡曾写道：“仙山灵草湿行云，洗遍香肌粉未匀。”在苏东坡的笔下茶香透人肌骨，茶本身就是一个遍体生香的美人。茶香有的甜润馥郁，有的清幽淡雅，有的高爽持久，有的鲜灵沁心。对于茶香的鉴赏一般至少要经过“三闻”才可实现。一是闻干茶的香气，二是闻开泡后充分显示出来的茶的本香，三是闻茶香的持久性。经过“三闻”后观看茶汤色泽，茶色之美包括干茶的茶色、叶底的颜色以及茶汤的汤色三个方面，在茶艺中主要是鉴赏茶的汤色之美。不同的茶类应具有不同的标准汤色。在茶叶审评中常用的术语有“清澈”，表示茶汤清净透明而有光泽；“鲜艳”，表示汤色鲜明而有活力；“鲜明”，表示汤色明亮略有光泽；“明亮”，表示茶汤清净透明。“乳

凝”，表示茶汤冷却后出现的乳状浑浊现象；“浑浊”，表示茶汤中有大量悬浮物、透明度低，是劣质茶的表现。观茶色后便要尝味。茶有百味，其中主要有“苦、涩、甘、鲜、活”。品鉴茶的天然之味主要靠舌头，因为味蕾在舌头的各部位分布不均，一般人的舌尖对甜味敏感，舌两侧前部对咸味敏感，舌侧对酸涩敏感，舌根对苦味敏感，所以在品茗时应小口细品，让茶汤在口腔内缓缓流动，使茶汤与舌头各部分的味蕾充分接触，以便精细而准确地判断茶味。古人品茶最重茶的“味外之味”。不同的人有不同的社会地位、不同的文化底蕴、不同的生活环境和心情，从茶中品出的“味”也不同。品赏的鉴别能力需反复实践才能提高，直至精通。经常和有经验的茶友交流，也可以提高品茶的能力，感受到各种茶的风格。

## 二、欣赏品茶环境

所谓品茶环境，即品茶的场所，它包括了外部环境和内部环境两个部分。对于外部环境，中国茶艺讲究野幽清寂，渴望回归自然。在这种环境中品茶，茶人与自然最易展开精神上的沟通。茶人品茶的内部环境要求窗明几净、装修简素、格调高雅、气氛温馨，使人有亲切感和舒适感。无论如何布置陈列，都要力求雅致简洁，体现宁静、安静、和谐的气氛。境幽室雅，令人流连忘返，使尘心平静，达到精神上的升华。鉴赏茶具设施，茶具的精美与好茶、好水珠联璧合，为饮茶爱好者所追求。品茶器具大多兼顾实用性和艺术性，不仅要质地精良，有益于茶汤色、香、味的表现，而且要造型美观，配搭相宜，茶、水、器三美兼备，再加上泡茶技艺的配合，品啜欣赏，更增情趣。

品茶赏器乃人生乐事，历来备受赞许，宋代诗人梅尧臣曾有“小石冷泉留早味，紫泥新品泛春华”的绝唱。习茶品茗者，若具备一些壶艺知识和一定的艺术鉴赏能力，一定会观之赏心悦目，品茗时更加心旷神怡。

## 模块小结

在这个模块里对茶艺服务人员提出了更高的艺术要求，即领悟冲泡要领和品饮要领，学会感受茶文化的艺术的风采。

**关键词**　茶艺　品饮

### 特别提示

通过本模块的相关知识学习，学生平时不仅要注重有关茶文化知识的积累，还要提高自身的艺术修养，在实践中大胆创新，追求“忘我境界”。

**知识链接**

**“宜茶”与“茶禁”**

对茶的品饮环境，自古以来就有许多的叙述，明代冯可宾曾提出适宜品茶的十三个条件。

一要“无事”：超凡脱俗，自由自在，悠然自得。

二要“佳客”：人逢知己，志同道合，推心置腹。

三要"幽坐"：环境幽雅，心平气静，无忧无虑。

四要"吟诗"：茶可引思，品茶吟诗，以诗助兴。

五要"挥翰"：茶墨结缘，品茗泼墨，可助清兴。

六要"徜徉"：青山翠竹，小桥流水，花园小径，胜似闲庭信步。

七要"睡起"：一觉醒来，香茶一杯，可清心净口。

八要"宿醒"：酒醉饭饱，茶可破睡。

九要"清供"：杯茶在手，佐以茶果、茶食，自然相得益彰。

十要"精舍"：居室要幽雅，以增添品饮情趣。

十一要"会心"：品尝茶时，深知茶中事，做到心有灵犀。

十二要"赏鉴"：精于茶道，会鉴评，懂欣赏。

十三要"文童"：有茶童侍候，烧水奉茶，得心应手。

冯可宾还提出了不适宜品茶的七条禁忌。

一是"不如法"：指烧水、泡茶不得法。

二是"恶具"：指茶器选配不当，或质次或玷污。

三是"主客不韵"：指主人和宾客间口出狂言，行动粗鲁，缺少修养。

四是"冠裳苛礼"：指官场间不得已的被动应酬。

五是"荤肴杂陈"：指大鱼大肉，荤油杂陈，有损茶的"本质"。

六是"忙冗"：指忙于应酬，无心赏茶、品茶。

七是"壁间案头多恶趣"：指室内布置凌乱，垃圾满地，俗不可耐令人生厌。

冯可宾提出的宜茶十三条和禁忌七条，归纳起来包括四个方面，即品饮者的心理素质、茶的本身条件、人际间的关系和周边的自然环境。

明代徐渭在《徐文长秘集》中说："茶宜精舍，云林，竹炉，幽人雅士，寒宵几坐，松月下，花鸟间，清白石，绿藓苍苔，素手汲泉，红妆扫雪，船头吹火，竹里飘烟。"许次纾也在《茶疏》中提出了"宜于饮茶二十四时"，即"心手闲适，披咏疲倦，意绪棼乱，听歌闻曲，歌罢曲终，杜门避事，鼓琴看画，夜深共语，明窗几净，洞房阿阁，宾主款狎，佳客小姬，访友初归，风日晴和，轻阴微雨，小桥画舫，茂林修竹，课花责鸟，荷亭避暑，小院焚香，酒阑人散，儿辈斋馆，清幽寺观，名泉怪石。"

前人的记载中充分说明了我国自古以来就十分重视品茗环境，认为人与自然应成为和谐的一体。

## ● 思考与练习题

**一、填空题**

1.（　　　　　　）是艺的生命，（　　　　　　）是艺的核心，（　　　　　　）是艺的根本，（　　　　　　）是艺的功夫，（　　　　　　）是艺的水平。

2. 茶艺是指（　　　　　　　　　　　　　　　　　　　　　　　　）。

3. 品饮要领包括（　　　　　　　　　　　　　　　　　　　　　　）。

**二、心灵感悟**

1. 通过阅读知识链接，谈谈自己对品饮环境的认识。

2. 有人说："人生如茶，品茶如品人生"，谈谈人生与茶的关系。

# 项目六
# 茶艺技能

### 项目导引

作为茶艺师，应该具有较高的文化修养，得体的行为举止，熟悉和掌握茶文化知识以及泡茶技能，做到以神、情、技动人。训练茶艺技能就是训练泡茶过程中的细部动作，通过严格的训练，规范行茶动作，增加行茶过程的美感；通过茶艺师的规范得体的表现，传递出茶文化的精髓。本项目旨在通过茶艺技能的学习，规范动作、提升修养。

### 知识目标

1. 熟悉各类茶叶的冲泡方法。
2. 了解各类茶叶冲泡器具的性能作用。
3. 掌握各类茶叶的性能、冲泡要领。

### 能力目标

1. 培养学生动手能力，掌握各类茶叶的冲泡方法。
2. 规范行茶动作，增加行茶过程的美感。
3. 娴熟地操作冲泡器具。
4. 动作规范，提升美感。

### 项目分解

模块一　玻璃茶具泡法茶艺技能
模块二　盖碗泡法茶艺技能
模块三　大壶泡法茶艺技能
模块四　壶杯泡法功夫茶艺技能
模块五　壶盅泡法功夫茶艺技能
模块六　碗杯泡法功夫茶艺技能
模块七　碗盅泡法功夫茶艺技能

## 模块一　玻璃茶具泡法茶艺技能

### 知识目标

1. 了解绿茶的基本特点及冲泡要求。

2. 掌握玻璃杯冲泡的基本手法及基本程序，学会正确地选择泡茶用水。

**能力目标**

1. 规范泡茶基本动作。
2. 掌握规范、得体的操作流程及典雅、大方的动作要领。
3. 能自纠错误，熟练操作。

**工作任务**

熟练掌握玻璃杯冲泡的基本手法，规范泡茶动作，增加行茶过程的美感，培养优雅大方的行为之美。

## 任务一 知识准备

玻璃杯泡法盛行于我国长江流域，特别是盛产西湖龙井、君山银针等各种细嫩名优绿茶、黄茶的长江下游地区。人们喜爱在品饮名优绿茶、黄茶时观赏茶芽在茶汤中优美的形态和色泽，因此冲泡这类茶叶时多采用透明的玻璃杯，进而形成了玻璃杯泡法茶艺。

冲泡名优绿茶使用敞口厚底无刻花玻璃杯，能观察到杯中茶叶沉浮起落，茶芽似春笋般排列整齐，上下相对，形态十分优美。此外，由于茶芽叶比较细嫩，用高温的开水或不易散热的茶具会影响茶汤的色、香、味；而玻璃杯传热、散热较快，适合细嫩茶叶的冲泡；同时，玻璃茶具质地透明，用玻璃杯泡茶，明亮的茶汤、芽叶的细嫩柔软、茶芽在沏泡过程中的上下起伏、芽叶在浸泡过程中的逐渐舒展等情形，可以一览无余，给人以美的享受。

## 任务二 实践操作

操作技能：玻璃杯具泡法茶艺。

器具准备如下。

主泡器：无刻花透明玻璃杯三至六只。

备水器：随手泡、凉汤壶。

辅助器：茶盘、茶叶罐（含茶叶）、茶道组（只用茶匙）、茶巾、茶巾盘、水盂、茶荷。

### 一、布席

茶艺师上场后行鞠躬礼，落座。

将凉汤壶、茶叶罐、茶道组、茶巾、茶巾盘、水盂、茶荷分置于茶盘两侧，以方便操作。

按从右到左、从后到前的顺序翻杯并置于茶盘上。若放三只杯，在茶盘上呈对角线排列（左后、中、右前），或按“一”或“品”字形摆放在茶盘的中心位置；若放四只杯，摆成规矩的四方形；若放五只杯，可按“金木水火土”五行放置（五角星形），或在四只杯的基础上中间加一只；若放六只杯，前后各放三只杯，平行对称。

在布席过程中要注意物品应准备齐全，摆放整齐，具有美感，便于操作。

## 二、择水

选用清洁的天然水（矿泉水、纯净水、自来水等）。

## 三、候汤

用随手泡将水煮至初沸（90℃左右），因为冲泡细嫩茶叶需要低温泡茶，初沸后将水注入凉汤壶中备用。

## 四、赏茶

茶艺师用茶匙将茶叶从茶叶罐中轻轻拨入茶荷，禁用茶则，以免折断干茶。将茶荷双手捧起，由助泡人员送至客人面前请客人欣赏干茶外形、色泽及嗅闻干茶香。赏茶完毕，将茶荷归还给茶艺师。如果有必要，用简短的语言介绍即将冲泡的茶叶的品质特征和文化背景。（见图 6–1）

在赏茶程序中要求取茶动作轻缓、不掉渣，语言介绍生动、简洁。

图 6–1　玻璃杯具泡法茶艺的赏茶

## 五、洁杯

采用逆时针悬壶手法注水至玻璃杯 1/3 处，按照从前到后、先左后右最后中间的顺序洁杯，然后用滚杯法将水倒入水盂。（见图 6–2 至图 6–4）

图 6–2　洁杯一

图 6–3　洁杯二

图 6–4　洁杯三

## 六、置茶

茶艺师双手拿取茶荷，然后左手虎口张开托住茶荷，注意茶荷开口朝右，右手拿茶匙，根据茶叶的情况采用不同的投茶方法（上投法、中投法、下投法），按照从前到后、先左后右最后中间的顺序将茶叶从茶荷中拨入茶杯中。每 50 毫升水用茶 1 克。若茶杯多，投茶时可分次完成。若茶荷中有未用完的茶叶，倒回茶叶罐，盖好罐盖并复位。（见图 6-5）

在置茶程序中尽量做到双手放松，手势优美；动作不急不缓，避免将茶叶洒在杯外；准确把握投茶量。

图 6-5　玻璃杯具泡法茶艺的置茶

## 七、温润泡

将凉汤壶中已凉至 80～85℃的水以回旋注水法按照从前到后、先左后右最后中间的顺序注入杯中（水量为玻璃杯容量的 1/4 左右），使茶叶充分浸润、吸水膨胀。注意开水注入时不要直接浇到茶叶上，要逆时针沿杯内壁注入开水，以免烫坏茶叶。

左手托玻璃杯杯底，右手扶杯身，以逆时针方向回旋三圈。此时杯中茶叶充分吸水舒展，开始散发香气。温润时间约 15～50 秒，视茶叶的紧结程度而定。

在温润泡程序中尽量做到注水量均匀，水流沿杯内壁下落，润茶动作美观。（见图 6-6、图 6-7）

图 6-6　温润泡一

图 6-7　温润泡二

## 八、冲泡

右手执壶，茶巾置于左手托于凉汤壶底部，采用“凤凰三点头”的手法按照从前到后、先左后右最后中间的顺序高冲注水，促使茶叶上下翻动、飞舞。这一手法能使开水充分激荡茶叶，加速茶叶中各种有益物质的溶出。冲泡水量控制在七分满。

在冲泡程序中要求右手提壶有节奏地由低至高反复点三下，使茶壶三起三落水流不间断，水量控制均匀。（见图 6-8）

图 6-8　冲泡

## 九. 奉茶

茶艺师右手轻握杯身（注意不要握或捏到杯口），左手托杯底，双手将泡好的茶一一端放到奉茶盘上，由助泡人员端起奉茶盘。茶艺师离席，带领助泡人员行至客席，由茶艺师按主次、长幼顺序奉茶给客人，使用礼貌用语，并行伸掌礼。奉茶完毕，茶艺师、助泡人员归位。（见图 6-9）

图 6-9　玻璃杯具泡法茶艺的奉茶

## 十、品茶

品茶时，先闻香，次观色，再品味，而后赏形。女性一般以左手手指轻托茶杯底，右手持杯；男性可单手持杯。

一杯香茗在手，香气清如幽兰，汤色清澈明亮，芽笋林立，婷婷可人。趁热品啜茶汤的滋味，细品慢咽，体会茶的醇和、清淡；深吸一口气，使茶汤由舌尖滚至舌根，轻轻的苦、微微的涩，细品舌有余甘。

## 十一、续水

当客人杯中只余 1/3 左右茶汤时，需要及时续水。如果水温过低，达不到泡茶的标准，需将壶中已烧沸未用尽的温水倒掉，重新煮水。通常情况下，一杯茶续水两次，续水手法采用“凤凰三点头”或“高冲低斟法”均可。

## 十二、复品

第二泡茶香最浓，滋味最醇，要充分体验甘泽润喉、齿颊留香的感觉。第三泡茶淡若微风，应静心体会，静坐回味，茶趣无穷。

## 十三、收具

茶事完毕，将桌上、茶盘上泡茶用具整理归位。将客人不再使用的杯子清洗干净，整齐地摆放在茶盘上，用茶巾将茶盘擦拭干净。

茶艺师及助泡人员行鞠躬礼，退场。

# 模块小结

本模块着重学习玻璃茶具泡法茶艺技能。玻璃茶具具有质地透明、传热散热较快等特点，适合嫩绿茶叶的沏泡，而且在冲泡过程中能更好地欣赏茶叶形态的变化，给人以美的享受。在学习的过程中要注重保持心态的平和及玻璃杯具泡茶的动作规范。

**关键词** 投茶方法 温润泡 凤凰三点头

## ● 能力检测

| 操作程序 | 操作要求 |
|---|---|
| 备具 | 物品准备齐全，摆放整齐，具有美感，便于操作 |
| 赏茶 | 取茶动作轻缓、不掉渣，语言介绍生动、简洁 |
| 洗杯 | 水量均匀，逆时针回旋 |
| 置茶 | 选择合适的投茶方式，准确把握投茶量 |
| 温润泡 | 注水量均匀，动作美观 |
| 冲水 | 熟练运用“凤凰三点头” |
| 奉茶 | 按主次、长幼顺序奉茶给客人，使用礼貌用语，并行伸掌礼 |
| 收具 | 将使用过的杯子清洗干净，整齐地摆放在茶盘上，用茶巾将茶盘擦拭干净 |

## ● 思考与练习题

1. 为什么要控制冲泡绿茶的水温？
2. 简介上投法、中投法、下投法。

# 模块二　盖碗泡法茶艺技能

### 知识目标

1. 了解盖碗的基本特点。
2. 掌握盖碗泡法茶艺的基本手法及基本程序，学会正确地选择泡茶用水。

### 能力目标

1. 规范泡茶基本动作。
2. 掌握规范、得体的操作流程及典雅、大方的动作要领。
3. 能自纠错误，熟练操作。

### 工作任务

熟练掌握盖碗冲泡的基本手法，规范泡茶动作，增加行茶过程的美感，培养优雅大方的行为之美。

## 任务一　知识准备

盖碗又称“三才杯”，盖为天、托为地、碗为人，盖、托、碗三位一体。茶蕴杯中，象征着“天涵之，地载之，人育之”，天地人三才合一，共同化育出茶的精华。

盖碗茶具上常绘有山水花鸟图案，而以白底青花瓷具较为常见，适于冲泡普通绿茶、花茶、黄茶、黑茶、白茶、功夫红茶等。

## 任务二 实践操作

操作技能：盖碗泡法茶艺。

器具准备如下。

主泡器：盖碗（含碗托）三至四套。

备水器：随手泡。

辅助器：茶盘、茶叶罐（含茶叶）、茶道组（只用茶匙）、茶巾、茶巾盘、水盂、茶荷。

### 一、布席

茶艺师上场后行鞠躬礼，落座。

将茶叶罐、茶道组、茶巾、茶巾盘、水盂、茶荷分置于茶盘两侧，以方便操作。

将三套盖碗在茶盘上呈对角线排列（左后、中、右前），或按“一”或“品”字形摆放在茶盘的中心位置。

在布席过程中要注意物品应准备齐全，摆放整齐，具有美感，便于操作。

### 二、择水

选用清洁的天然水（矿泉水、纯净水、自来水等）。

### 三、候汤

用随手泡将水煮至二沸（95℃左右）。

### 四、赏茶

茶艺师用茶匙将茶叶从茶叶罐中轻轻拨入茶荷，禁用茶则，以免折断干茶。将茶荷双手捧起，由助泡人员送至客人面前请客人欣赏干茶外形、色泽及嗅闻干茶香。赏茶完毕，将茶荷归还给茶艺师。如果有必要，用简短的语言介绍即将冲泡的茶叶的品质特征和文化背景。

在赏茶程序中要求取茶动作轻缓、不掉渣，语言介绍生动、简洁。

### 五、洁碗

按照从前到后、先左后右最后中间的顺序，依次洁碗。

在本程序中尽量做到动作美观，翻杯盖无声响，注水时采用逆时针回旋法。

### 六、置茶

右手大拇指和中指夹持盖碗盖纽两侧，食指按住盖纽中间凹陷处，向内逆时针转动手腕，将碗盖斜搭在碗托一侧或将碗盖斜插于碗托右侧。按照从前到后、先左后右最后中间的顺序依次将碗盖揭开放好。

左手拿茶荷，右手拿茶匙，双手放松，手势优美，动作不急不缓，将茶叶拨入盖碗中，准确把握投茶量，投茶量为每 50 毫升水用茶 1 克。

## 七、温润泡

当随手泡中的水到达二沸，即气泡如涌泉连珠时，关掉随手泡开关，将水注入凉汤壶。按照从前到后、先左后右最后中间的顺序注水（约碗容量的 1/4），然后盖上碗盖。左手托盖碗底，右手持盖碗，以逆时针方向回旋三圈，使茶叶充分浸润吸水膨胀。此时杯中茶叶充分吸水舒展，开始散发香气。温润时间约 15～50 秒，视茶叶的紧结程度而定。

## 八、冲泡

按照从前到后、先左后右最后中间的顺序再次揭盖。

右手执壶，茶巾置于左手并托于凉汤壶底部，采用“凤凰三点头”的手法按照从前到后、先左后右最后中间的顺序高冲注水，促使茶叶上下翻动、飞舞。这一手法能使开水充分激荡茶叶，加速茶叶中各种有益物质的溶出。注水毕，按揭盖的顺序复盖，汤壶、茶巾归位。

在冲泡程序中要求右手提壶有节奏地由低至高反复点三下，使茶壶三起三落水流不间断，水量控制均匀。

## 九、奉茶

茶艺师双手将泡好的茶一一端放到奉茶盘上，由助泡人员端起奉茶盘。茶艺师离席，带领助泡人员行至客席，由茶艺师按主次、长幼顺序奉茶给客人，使用礼貌用语，并行伸掌礼。奉茶完毕，茶艺师、助泡人员归位。

## 十、品茶

闻香：端起盖碗置于左手。左手托碗托，右手大拇指、食指、中指捏住盖纽，逆时针转动手腕让碗盖边沿浸入茶汤，接着右手顺势揭开碗盖，碗盖内侧朝向自己，凑近鼻端左右平移嗅闻茶香。

观色：嗅闻茶香后，用碗盖撇去茶汤表面的浮叶，边撇边观赏汤色，然后将碗盖左低右高斜盖在碗上（盖碗左侧留一小缝）。

品饮：右手大拇指、中指捏住碗沿下方，食指轻搭盖纽，提起盖碗，手腕向内旋转 90°，使虎口朝向自己（饮茶时手掌将嘴部遮掩住，比较雅观），从小缝处小口啜饮。

## 十一、续水

当客人杯中只余 1/3 左右茶汤时，需要及时续水。如果水温过低，达不到泡茶的标准，需将壶中已烧沸未用尽的温水倒掉，重新煮水。通常情况下，盖碗茶续水两次。

茶艺师用左手大拇指、食指、中指提起碗盖，将碗盖斜挡在盖碗左侧，右手提壶用回转高冲法注水，复盖。汤壶归位。

## 十二、复品

第二泡茶香最浓，滋味最醇，要充分体验甘泽润喉、齿颊留香的感觉。第三泡茶淡若微风，应静心体会，静坐回味，茶趣无穷。

## 十三、收具

茶事完毕，将桌上、茶盘上泡茶用具整理归位。将客人不再使用的杯子清洗干净，整齐地摆放在茶盘上，用茶巾将茶盘擦拭干净。

茶艺师及助泡人员行鞠躬礼，退场。

# 模块小结

盖碗俗称“三才杯”，意喻天地人和。盖碗可冲泡大多数茶叶品种，学习时要根据冲泡茶叶的不同，控制各类茶叶的适宜冲泡时间，从而采取不同的冲泡方法。

**关键词** 洁碗　冲水　温润泡　闻香

**知识链接**

**泡茶用水的分类和选择**

“水为茶之母，器为茶之父。”可见用什么水泡茶，对茶的冲泡效果起着十分重要的作用。在我国历史上不少爱茶之人，对泡茶用水很有研究，并撰写了许多专门论水的著作。

**一、泡茶用水的分类**

泡茶用水要选择符合国家或地方饮用水标准的水，而且要用取得卫生许可证的生产单位生产的水。目前市场上的各种饮用水大致可分为5种类型：

**1. 天然水**

天然水包括江、河、湖、泉、井及雨水。用这些天然水泡茶应根据水源、环境、气候等因素，判断其洁净程度。对取自天然的水经过滤、臭氧化或其他消毒过程的简单净化处理，既保持了天然又达到洁净，也属天然水之列。在天然水中，泉水是泡茶最理想的水，泉水杂质少、透明度高、污染少，虽属暂时硬水，加热后，呈酸性碳酸盐状态的矿物质被分解，口感特别微妙。用泉水煮茶，甘洌清芬俱备。然而，由于各种泉水的含盐量及硬度有较大的差异，也并不是所有泉水都是优质的，比如有些泉水含有硫磺，不能饮用。至于深井水泡茶，效果如何，主要取决于水的硬度，不少深井水为永久性硬水，用于泡茶，茶汤品质、口味很不理想。

**2. 自来水**

自来水是最常见的生活饮用水，其水源一般来自江、河、湖泊，属于加工处理后的天然水，为暂时硬水。因其含有较多的氯，饮用前需置清洁容器中1～2天，让氯气挥发，煮开后用于泡茶，水质还是可以达到要求的。

**3．矿泉水**

我国对饮用天然矿泉水的定义是：从地下深处自然涌出的或经人工开发的、未受污染的地下矿泉水，含有一定量的矿物盐、微量元素或二氧化碳气体，在通常情况下，其化学成分、流量、水温等动态指标在天然波动范围内相对稳定。与纯净水相比，矿泉水含有丰富的锂、锶、锌、溴、碘、硒和偏硅酸等多种微量元素，饮用矿泉水有助于人体对这些微量元素的摄入，并调节肌体的酸碱平衡。但饮用矿泉水应因人而异。由于矿泉水的产地不同，其所含微量元素和矿物质成分也不同，不少矿泉水含有较多的钙、镁、钠等金属离子，是永久性硬水，虽然水中含有丰富的营养物质，但用于泡茶效果并不佳。

**4．纯净水**

纯净水是蒸馏水、太空水等的合称，是一种安全无害的软水。纯净水是以符合生活饮用水卫生标准的水为水源，采用蒸馏法、电解法、逆渗透法及其他适当的加工方法制得，纯度很高，不含任何添加物，可直接饮用的水。用纯净水泡茶，其效果还是相当不错的。

**5．活性水**

活性水包括磁化水、矿化水、高氧水、离子水、自然回归水、生态水等品种。这些水均以自来水为水源，一般经过滤、精制和杀菌、消毒处理制成，具有特定的活性功能，并且有相应的渗透性、扩散性、溶解性、代谢性、排毒性、富氧化和营养性功效。由于各种活性水内含微量元素和矿物质成分各异，如果水质较硬，泡出的茶水品质较差；如果属于暂时硬水，泡出的茶水品质较好。

**6．净化水**

净化水是通过净化器对自来水进行二次终端过滤处理制得的。其净化原理和处理工艺一般包括粗滤、活性炭吸附和薄膜过滤等三级系统，能有效地清除自来水管网中的红虫、铁锈、悬浮物等成分，降低浊度、余氧和有机杂质，并截留细菌、大肠杆菌等微生物，从而提高自来水水质，达到国家饮用水卫生标准。但是，净水器中的粗滤装置要经常清洗，活性炭也要经常换新，时间一久，净水器内胆易堆积污物，繁殖细菌，形成二次污染。净化水易取得，是经济实惠的优质饮用水，用净化水泡茶也是不错的选择。今天我们选择泡茶用水，不但要了解水中的各种成分，了解水的口味，还必须了解国家对饮用水的水质标准。

无论用哪一类水泡茶，都要求洁净、甘甜、清洌、无异味；若是名茶鉴赏，择水更要挑剔些，最好是所品茶产地的山泉水。

**二、泡茶用水的选择**

从泡茶角度来说，影响茶汤品质的主要因素是水的硬度。含有较多量的钙、镁离子的水称为硬水；反之，含有少量的钙、镁离子的水称为软水。具体标准以钙、镁离子含量超过 8 毫克/升的水为硬水，少于 8 毫克/升的水为软水。如果水的硬度是由钙和镁的硫酸盐或氯化物引起的，这种水是永久性硬水；如果水的硬度是由含有碳酸氢钙和碳酸氢镁引起的，这种水则是暂时硬水。暂时硬水通过煮沸，所含的碳酸氢盐就分解生成不溶于水的碳酸盐而沉淀，硬水就变成了软水。平时，铝壶烧水，壶底有一层白色沉淀物，就是碳酸盐。

水的硬度和 pH 值关系密切，而 pH 值又影响茶汤色泽及口味。当 pH 值大于 5 时，汤色加深，pH 值达到 7 时茶黄素就会氧化而损失掉。其次，水的硬度还影响茶叶中有效

成分的溶解，软水中含有其他溶质少，茶叶中有效成分的溶解度就高，口味较浓，而硬水中含有较多的钙、镁离子和矿物质，茶叶中有效成分的溶解度就低，故茶味较淡。如果水中铁离子含量过高并和茶叶中多酚类物质结合，茶汤就会变成黑褐色，甚至还会浮起一层“锈油”，使人无法饮用。如果水中镁的含量大于 2 毫克/升，茶味就会变淡；钙的含量大于 2 毫克/升，茶味就会变涩，若达到 4 毫克/升时，茶味则会变苦。由此可见，泡茶用水，选择软水或暂时软水为宜。

总而言之，泡茶用水应以悬浮物含量低、不含有肉眼能见到的悬浮微粒、总硬度不超过 25°、pH 值小于 5，以及非盐碱地区的地表水为好。

（资料来源：http://hi.baidu.com/liuyunchayi/item/b9dc6793574f86f429164714）

## ● 能力检测

| 操作程序 | 操作要求 |
|---|---|
| 备具 | 物品准备齐全，摆放整齐，具有美感，便于操作 |
| 赏茶 | 取茶动作轻缓、不掉渣，语言介绍生动、简洁 |
| 温杯 | 逆时针回旋，动作美观，翻盖无声响 |
| 置茶 | 选择合适的投茶方式，准确把握投茶量 |
| 温润泡 | 注水量均匀，动作美观 |
| 冲水 | 熟练运用“凤凰三点头” |
| 奉茶 | 双手不碰杯口，按主次、长幼顺序奉茶给客人，使用礼貌用语，并行伸掌礼 |
| 闻香 | 右手持杯盖，动作美观 |
| 品茶 | 双手捧杯，品饮不露齿 |
| 收具 | 将使用过的杯子清洗干净，整齐地摆放在茶盘上，用茶巾将茶盘擦拭干净 |

## ● 思考与练习题

1. 通过实践，你认为茶在冲泡过程中应如何传达“神、美、质、匀、巧”不同境界的美？

2. 水质与茶汤品质有何关系？泡茶用水最基本的择水标准是什么？

# 模块三 大壶泡法茶艺技能

### 知识目标

1. 了解大壶泡法的基本特点。
2. 掌握大壶泡法茶艺的基本手法及基本程序。
3. 学会正确地选择泡茶用水，掌握正确的泡茶水温。

**能力目标**

1. 规范泡茶基本动作。
2. 掌握规范、得体的操作流程及典雅、大方的动作要领。
3. 能自纠错误，熟练操作。

**工作任务**

熟练掌握大壶冲泡的基本手法，规范泡茶动作，增加行茶过程的美感，培养优雅大方的行为之美。

## 任务一 知识准备

壶泡法就是在茶壶中泡茶，然后分斟到茶杯（盏）饮用的一种泡茶方法，因茶、因时、因地的不同而不同，大体可分为大壶泡法和小壶泡法（参见本项目的模块四）。茶具可选用成套紫砂、青瓷、青花瓷、白瓷或素色花瓷茶具。注意茶杯内壁以白色为佳，便于欣赏茶汤真色。壶泡法适于冲泡普通绿茶、黄茶、黑茶、白茶、功夫红茶、花茶。

## 任务二 实践操作

操作技能：大壶泡法茶艺。

器具准备如下。

主泡器：瓷质茶壶一只、有柄或无柄瓷杯（含托），并倒扣放置在奉茶盘上。

备水器：随手泡、凉汤壶。

辅助器：奉茶盘、大茶盘、茶叶罐（含茶叶）、茶道组（只用茶匙）、茶巾、茶巾盘、水盂、茶荷。

### 一、布席

茶艺师上场后行鞠躬礼，落座。

将茶叶罐、茶道组、茶巾、茶巾盘、水盂、茶荷分置于大茶盘两侧，以方便操作。

将奉茶盘上的茶杯依次用双手翻正并放置在大茶盘内，按先左后右的顺序“一”字或弧线形排开。

在布席过程中要注意物品应准备齐全，摆放整齐，具有美感，便于操作。

### 二、择水

选用清洁的天然水（矿泉水、纯净水、自来水等）。

### 三、候汤

用随手泡将水煮至二沸（95℃左右）。

## 四、赏茶

茶艺师用茶匙将茶叶从茶叶罐中轻轻拨入茶荷，禁用茶则，以免折断干茶。将茶荷双手捧起，由助泡人员送至客人面前请客人欣赏干茶外形、色泽及嗅闻干茶香。赏茶完毕，将茶荷归还给茶艺师。如果有必要，用简短的语言介绍即将冲泡的茶叶的品质特征和文化背景。

在赏茶程序中要求取茶动作轻缓、不掉渣，语言介绍生动、简洁。

## 五、洁壶

揭开壶盖，单手用拇指、食指、中指捏盖纽掀开壶盖，逆时针转动手腕将壶盖放置于茶盘上。

提随手泡，按弧线运动轨迹回转手腕一圈低斟，然后提腕高冲至壶容量的 1/4，复压腕低斟，回转手腕壶嘴上扬断水，复盖。

左手拿茶巾，右手持壶放在左手茶巾上，双手协调动作，让壶身内部充分接触热气，荡涤冷气，然后弃水。

## 六、置茶

揭开壶盖，单手用拇指、食指、中指捏盖纽掀开壶盖，逆时针转动手腕将壶盖放置于茶盘上，然后左手托茶荷，右手拿茶匙拨茶入壶，以壶的容量决定投茶量，每 50 毫升用茶 1 克。

## 七、温润泡

当随手泡中的水到达二沸，即气泡如涌泉连珠时，关掉随手泡开关，将水注入凉汤壶。采用回旋注水法向壶内注入少量（约茶壶容量的 1/4）开水，使茶叶充分浸润吸水膨胀，此时杯中茶叶充分吸水舒展，开始散发香气。温润时间约 15～50 秒，视茶叶的紧结程度而定。

右手握壶把或提梁，左手上搁置茶巾托住壶底，逆时针转动茶壶三圈，归位。

## 八、冲泡

左手复揭盖，然后双手执壶，采用“凤凰三点头”的手法注水至壶肩，促使茶叶上下翻动、飞舞。这一手法能使开水充分激荡茶叶，加速茶叶中各种有益物质的溶出。注水毕，按揭盖的顺序复盖，汤壶、茶巾归位。

在冲泡程序中要求右手提壶有节奏地由低至高反复点三下，使茶壶三起三落水流不间断，水量控制均匀。

## 九、静蕴

静置 2～5 分钟。

## 十、洁杯

在静蕴等待之时，按先左后右的顺序洁杯。

## 十一、分茶

双手或单手持壶，按先左后右的顺序斟茶入杯。为避免叶底闷黄，斟茶完毕后茶壶复位并揭开壶盖放置在茶盘上。

## 十二、奉茶

茶艺师双手将泡好的茶一一端放到奉茶盘上，由助泡人员端起奉茶盘。茶艺师离席，带领助泡人员行至客席，由茶艺师按主次、长幼顺序奉茶给客人，使用礼貌用语，并行伸掌礼。奉茶完毕，茶艺师、助泡人员归位。

## 十三、品茶

品茶时，先闻香，次观色，再品味，而后赏形。女性一般以左手手指轻托茶杯底，右手持杯；男性可单手持杯。

## 十四、续水

若茶壶中的茶汤已尽或不多时，则准备泡第二道茶。双手或单手执壶，采用“凤凰三点头”直接向茶壶内注水至壶肩。每壶茶一般泡 2～3 次，因茶类而异，也可依宾客要求而定。

若宾客茶杯中只余 1/3 左右茶汤时，需要及时续水。茶艺师持茶壶直接向宾客杯中斟茶，注意斟茶动作轻柔，以免茶汤溅出。

## 十五、复品

第二泡茶香最浓，滋味最醇，要充分体验甘泽润喉、齿颊留香的感觉。第三泡茶淡若微风，应静心体会，静坐回味，茶趣无穷。

## 十六、收具

茶事完毕，将桌上、茶盘上泡茶用具整理归位。将客人不再使用的杯子清洗干净，整齐地摆放在茶盘上，用茶巾将茶盘擦拭干净。

茶艺师及助泡人员行鞠躬礼，退场。

# 模块小结

在茶事活动中，使用大壶冲泡法比较少见，但作为一种冲泡方法，茶艺师是必须掌握的。在练习过程中，由于大壶体积较大，操作时既要注意安全，也要顾及动作的美观。

关键词　静蕴　分茶　续茶

## ● 能力检测

| 操作程序 | 操作要求 |
|---|---|
| 备具 | 物品准备齐全，摆放整齐，具有美感，便于操作 |
| 赏茶 | 取茶动作轻缓、不掉渣，语言介绍生动、简洁 |
| 温杯 | 逆时针回旋，动作美观，翻盖无声响 |
| 置茶 | 选择合适的投茶方式，准确把握投茶量 |
| 温润泡 | 注水量均匀，动作美观 |
| 冲水 | 熟练运用“凤凰三点头” |
| 奉茶 | 双手不碰杯口，按主次、长幼顺序奉茶给客人，使用礼貌用语，并行伸掌礼 |
| 收具 | 将使用过的杯子清洗干净，整齐地摆放在茶盘上，用茶巾将茶盘擦拭干净 |

## ● 思考与练习题

1. 我国有几个茶区？各茶区分别生产哪些茶类？
2. 茶具按材料分有哪些种类？各有哪些优缺点？

# 模块四　壶杯泡法功夫茶艺技能

**知识目标**

1. 了解壶杯泡法的基本特点。

2. 掌握壶杯泡法茶艺的基本手法及基本程序，学会正确地选择泡茶用水，掌握合适的水温。

**能力目标**

1. 规范泡茶基本动作。
2. 掌握规范、得体的操作流程及典雅、大方的动作要领。
3. 能自纠错误，熟练操作。

**工作任务**

熟练掌握壶杯冲泡功夫茶的基本手法，规范泡茶动作，增加行茶过程的美感，培养优雅大方的行为之美。

## 任务一　知识准备

功夫茶起源于宋代，在广东的潮州府（今潮汕地区）及福建的漳州、泉州一带最为盛行，乃唐、宋以来品茶艺术的承袭和深入发展。苏辙有诗曰：“闽中茶品天下高，倾身事茶不知劳”。欲饮功夫茶，须先有一套合格的茶具。茶壶是陶制的，以紫砂为最优。壶为扁圆鼓形，长嘴长柄，颇为古雅，有两杯、三杯、四杯壶之分，容量多在 120 毫升以内，装一次茶，冲泡五六道。精巧别致、洁白如玉的小茶杯，直径不过 5 厘米，高 2 厘米，容量为 25 毫升左右。盛放杯、壶的茶盘名曰“茶船”，凹盖有漏孔，可蓄废茶水约半升。整套茶具本身就是一种工艺品。除此之外，装茶叶的茶叶罐，或陶或锡，也被列入全套茶具中。比起品饮绿茶、红茶的方式，算是用具多、操作程序繁复者，因此被称为功夫茶。此功夫，乃为沏泡的学问，品饮的功夫。

壶杯泡法功夫茶艺是最早形成的功夫茶艺，发源于武夷山，在清朝中期就发展成熟了，后传至闽南及粤台，是各种功夫茶艺的始祖。

传统功夫茶具虽多，但茶人们却认为“四宝”是必备之物：孟臣罐（小紫砂陶壶）、若琛瓯（小薄瓷杯）、玉书碨（烧水陶壶）、潮汕炉。现代壶泡法工夫茶具对传统虽有继承，但也有发展变化。

## 任务二 实践操作

操作技能：壶杯泡法功夫茶艺。

器具准备如下。

主泡器：紫砂壶一把，品饮杯四只。

备水器：随手泡一把。

辅助器具：茶盘、茶船、茶道组合、茶巾、茶叶罐（含茶叶）、茶道组、水盂、茶荷。

### 一、布席

茶艺师上场后行鞠躬礼，落座。

将茶叶罐、茶道组、茶巾、水盂、茶荷、茶船分置于大茶盘两侧，以方便操作。

### 二、择水

选用清洁的天然水（矿泉水、纯净水、自来水等）。

### 三、候汤

用随手泡将水煮至二沸至三沸（95～100℃），待随手泡中水汽冲开壶盖为度。

### 四、赏茶

茶艺师用茶匙将茶叶从茶叶罐中拨入茶荷。将茶荷双手捧起，由助泡人员送至客人面前请客人欣赏干茶外形、色泽及嗅闻干茶香。赏茶完毕，将茶荷归还给茶艺师。如果有必要，用简短的语言介绍即将冲泡的茶叶的品质特征和文化背景。

在赏茶程序中要求取茶动作轻缓、不掉渣，语言介绍生动、简洁。

### 五、温壶

左手提壶用回旋注水法淋壶（连盖），至水流遍壶身。揭开壶盖，温壶。温壶后将壶内的热水依次循环注入品饮杯。

## 六、置茶

单手（左右手均可）用拇指、食指、中指捏盖纽掀开壶盖，逆时针转动手腕将壶盖放置于茶盘上。然后左手托茶荷，右手拿茶匙拨茶入壶。疏松条形青茶用量为茶壶容积的 2/3 左右，球形及紧结的半球形青茶的用量为茶壶容积的 1/3 左右。

## 七、高冲

右手提起随手泡逆时针悬壶高冲。高冲是功夫茶冲泡中的关键技艺。高冲利于激荡茶叶，水要冲至与壶口相平，注意不要向壶中心冲水，以免冲破茶胆。右手拿起壶盖逆时针推掉壶口的浮沫，左手提壶将盖上的浮沫冲净后盖好，以使茶汤清新纯净。用回旋手法用沸水再淋浇壶身，至壶嘴水流外溢，以保持和提高壶温。

## 八、温杯

采用“狮子滚绣球”的传统功夫茶温杯法温杯。温杯毕，将杯内废水倒于水盂。

## 九、运壶

右手持茶壶让壶底与茶船边沿轻触，逆时针方向滑一圈，俗称“游山玩水”。目的是刮去茶壶底部残水和通过晃动茶壶使茶汤均匀。运壶后在茶巾上拭干茶壶水分。

## 十、低斟

为避免茶壶里的碎茶堵住壶嘴，右手持茶壶滴数滴茶汤于茶船里。然后沿杯口巡回低斟，谓之“关公巡城”。感觉茶汤将尽时，改为向各杯点斟茶汤，谓之“韩信点兵”。为保证茶汤浓度一致，需要观察各茶杯里的茶汤，若汤色稍淡，将茶壶中余下的茶汤多点数滴，汤色较深者，少点几滴。

低斟的目的是使各杯中的茶汤浓淡一致，并且不至于使香气散尽，同时也避免茶汤溅出杯外和汤面形成泡沫影响美观。

## 十一、奉茶

茶艺师双手将泡好的茶一一端放到奉茶盘上，由助泡人员端起奉茶盘。茶艺师离席，带领助泡人员行至客席，由茶艺师按主次、长幼顺序奉茶给客人，使用礼貌用语，并行伸掌礼。奉茶完毕，茶艺师、助泡人员归位。

若宾客围坐较近，不必使用奉茶盘。茶艺师直接用双手捧取品饮杯，先在茶巾上吸干杯底水分，再将茶杯放到客人面前。

## 十二、品饮

喝茶时，拿取茶杯要用大拇指和食指扶着杯沿，中指顶着杯底，这叫“三龙护鼎”。

将杯中茶置鼻端前后左右地徐徐移动，嗅闻茶香。将茶汤分三口啜饮，徐徐咽下，茶汤在口腔内应停留一会儿，用舌尖两侧及舌面、舌根充分领略茶的滋味。

### 十三、续茶

依次收回品饮杯，注入开水重新温杯，然后温壶。在进行第二、三道茶的冲泡时，要保持足够的茶汤浓度，因此采用延长冲泡时间的方法。第二道茶应冲泡 1 分 15 秒左右，第三道茶应冲泡 1 分 40 秒左右。如果茶叶耐泡，还可继续冲泡第四、五道茶，甚至更多道。斟茶、奉茶程序同第一道茶。

### 十四、赏底

用茶夹或茶匙从茶壶中夹或拨出一两条茶叶放入空杯中，注入开水。鉴赏叶底，谓之“乌龙戏水”。

### 十五、收具

茶事完毕，将桌上、茶盘上泡茶用具整理归位。将客人不再使用的杯子清洗干净，整齐地摆放在茶盘上，用茶巾将茶盘擦拭干净。

茶艺师及助泡人员行鞠躬礼，退场。

## 模块小结

壶杯泡法又称为闽式小壶点茶法，是闽北常见的一种品茶方式。它的特点是选用宜兴紫砂壶作为冲泡工具，配备白瓷小杯或者内面挂白釉的紫砂杯，在冲泡过程中可闻香、观色，在喝茶的过程中得到美的享受。功夫茶艺程序繁复，手法讲究，注意在学习的过程中用心体会，融会贯通。

**关键词** 温壶 点茶 闻香 冲泡时间

**知识链接**

**功夫茶的来历**

武夷茶被誉为茶中珍品，而大红袍更是荣膺“茶王”称号，享至高之誉。在古代只有皇帝才可享用，以至于派生出许多脍炙人口的传说和故事。其中传得最广的要算大红袍茶名的由来。传说，古时有一秀才进京赶考，路过武夷山，因饱受风寒，腹胀如鼓，生命垂危。天心寺僧见状，立即将他抬回寺中，施以九龙窠壁所产的茶叶。茶喝下去，果见奇效，秀才不但很快恢复健康，而且还感到脑子特别清醒、灵敏。后来他高中状元。不久，他回天心寺还愿谢恩时，又带回一些那次所喝的茶叶回京。

当时京城上下惶惶不安，原来是皇后腹胀如鼓，疼痛不止，太医束手无策。状元斗胆，向皇上陈言武夷茶之神功，皇后饮用后，腹痛即止，积食日消。龙颜大悦，命状元前往嘉赏。状元至九龙窠以自己的红袍盖在茶树上，顶礼膜拜。揭袍后，茶树焕发红光，大红袍由此得名。

此传说不胫而走，大红袍身价日高，古今文人墨客吟诗作赋以赞之。有的更传得神乎其神，说“七片大红袍能化掉一碗米饭”、“能治百病”，等等。还传当时由于难于上崖，寺僧则训猴采之；又传大红袍茶能自顾安身，有窃之者，即行腹痛，非弃之不能愈，等等。其实，大红袍是以嫩叶呈紫红色而得名，乃是一特殊名丛。其树干较粗，分枝颇盛，叶深绿色，叶缘向上伸展，光滑发亮；香高味醇，岩韵极为明显。其主要原因是品种先天优良，生长环境独特，制作工艺精湛。大红袍原栽于九龙窠及北斗峰、竹窠等处，现今人们却以九龙窠悬崖之上的那6株为正宗，据载它们的树龄已逾340多年。

（资料来源：http://www.11tea.com/culture/3215）

## ● 能力检测

| 操作程序 | 操作要求 |
|---|---|
| 备具 | 物品准备齐全，摆放整齐，具有美感，便于操作 |
| 赏茶 | 取茶动作轻缓、不掉渣，语言介绍生动、简洁 |
| 温杯 | 逆时针回旋，动作美观，翻盖无声响 |
| 置茶 | 选择合适的投茶方式，准确把握投茶量 |
| 温润泡 | 注水量均匀，动作美观 |
| 冲水 | 熟练运用“凤凰三点头” |
| 分茶 | 水量保持八分满 |
| 奉茶 | 双手不碰杯口，按主次、长幼顺序奉茶给客人，使用礼貌用语，并行伸掌礼 |
| 品茶 | 手法正确，品饮得当 |
| 收具 | 将使用过的杯子清洗干净，整齐地摆放在茶盘上，用茶巾将茶盘擦拭干净 |

## ● 思考与练习题

1. 紫砂壶有哪些特点？
2. 通过泡茶技能训练，你认为怎样判定泡茶手法的高低？

# 模块五　壶盅泡法功夫茶艺技能

### 知识目标

1. 了解壶盅泡法的基本特点。

2. 掌握壶盅泡法茶艺的基本手法及基本程序，学会正确地选择泡茶用水，掌握合适的水温。

### 能力目标

1. 规范泡茶基本动作。
2. 掌握规范、得体的操作流程及典雅、大方的动作要领。
3. 能自纠错误，熟练操作。

**工作任务**

熟练掌握壶杯冲泡功夫茶的基本手法，规范泡茶动作，增加行茶过程的美感，培养优雅大方的行为之美。

## 任务一 知识准备

台湾高山乌龙茶源于乌龙茶发祥地——福建武夷山。但是福建乌龙茶的制茶工艺传到台湾后又有所改变，依据发酵程度和工艺流程的区别可分为：轻发酵的文山包种茶和冻顶包种茶；重发酵的台湾高山乌龙茶。台湾高山乌龙茶茶形美观整洁，色泽墨绿有光泽。因产地不同，冲泡后各具独特的清香、茶香、果香、焦糖香等味道。台湾高山茶滋味醇厚，汤色橙黄，叶底柔嫩呈绿叶红镶边。因为高山气候冷凉，早晚云雾笼罩，平均日照短，使茶树芽叶所含儿茶素类等苦涩成分较低，而茶氨酸及可溶氮等对甘味有贡献的成分含量提高，且芽叶柔软，叶肉厚，果胶质含量高，因此高山茶具有色泽翠绿鲜活，滋味甘醇、滑软、厚重带活性，香气淡雅，水色蜜绿显黄及耐冲泡等特性。

## 任务二 实践操作

操作技能：壶盅泡法功夫茶艺。

器具准备如下。

主泡器：紫砂小壶一把、公道杯一只、品茗杯四套（含闻香杯、杯垫）。

备水器：随手泡。

辅助器具：茶盘、茶道组、茶巾、茶船、茶叶罐（含茶叶）、水盂、茶荷。

### 一、布席

茶艺师上场后行鞠躬礼，落座。

将茶具一一摆好，茶壶与公道杯并排置于茶盘之上，闻香杯与品茗杯一一对应，并列而立。随手泡、茶叶罐置于左手边。茶道组、水方置于右手边。干净茶巾折叠整齐备用。

在布席程序中要求物品应准备齐全，摆放整齐，具有美感，便于操作。

### 二、择水

选用清洁的天然水（矿泉水、纯净水、自来水等）。

### 三、候汤

用随手泡将水煮至二沸至三沸（95～100℃），待随手泡中水汽冲开壶盖为度。

### 四、赏茶

茶艺师用茶匙将茶叶从茶叶罐中拨入茶荷。将茶荷双手捧起，由助泡人员送至客人面前请客人欣赏干茶外形、色泽及嗅闻干茶香。赏茶完毕，将茶荷归还给茶艺师。如果

有必要，用简短的语言介绍即将冲泡的茶叶的品质特征和文化背景。（见图 6-10）

在赏茶程序中要求取茶动作轻缓、不掉渣，语言介绍生动、简洁。

图 6-10　壶盅泡法功夫茶艺的赏茶

## 五、温壶

揭开壶盖，用左手拿起随手泡，注满茶壶后盖上壶盖，接着右手拿壶，将水注入公道杯，然后将公道杯中的水倾入水盂。（见图 6-11、图 6-12）

图 6-11　温壶一

图 6-12　温壶二

## 六、置茶

揭开壶盖，置茶漏于壶口。用茶则量取茶叶，置入茶荷。将茶荷中的茶叶用茶匙拨入茶壶。疏松条形青茶用量为茶壶容积的 2/3 左右；球形及紧结的半球形青茶的用量为茶壶容积的 1/3 左右。投茶量应把握准确，注意投茶时不要将茶叶洒落到茶盘上。（见图 6-13）

图 6-13　壶盅泡法功夫茶艺的置茶

## 七、摇香、闻香

茶叶入壶后，快速盖上壶盖。双手捧壶，轻轻上下晃动几次。目的是为了使干茶香借热度挥发出来，有利于开泡后茶质的溶出。将壶盖打开一小缝，嗅闻摇香后的茶味，有助于进一步了解茶性。在摇香的过程中应动作优美、轻盈。闻香时，壶盖开口不要太大。

## 八、洗茶

左手执随手泡，将 100℃的沸水高冲入壶。待水沫溢出壶口时，用壶盖轻轻抹去，盖上壶盖，淋去浮沫。立即将茶汤注入公道杯，分于各闻香杯中。洗茶之水可以用于闻香。

## 九、烫杯

用茶夹夹住闻香杯，旋转 360° 后，将闻香杯中的热水倒入品茗杯。用茶夹夹住品茗杯，旋转360° 后，杯中水倒入茶盘。

## 十、冲水

执随手泡高冲沸水入壶，使茶叶在壶中尽量翻腾，盖上壶盖。第一泡时间为 1 分钟。采用回旋的手法再次浇淋壶身，使壶内外温度保持一致。1 分钟后，将茶汤注入公道杯。（见图 6-14）

图 6-14　冲水

## 十一、投汤

公道杯置于干燥茶巾上拭干水分，将茶水分至各闻香杯中。每个品茗杯中茶汤均匀，茶量八分满。（见图 6-15、图 6-16）

图 6-15　投汤一

图 6-16　投汤二

## 十二、奉茶

茶艺师双手将泡好的茶一一端放到奉茶盘上，由助泡人员端起奉茶盘。茶艺师离席，带领助泡人员行至客席，由茶艺师按主次、长幼顺序奉茶给客人，使用礼貌用语，并行伸掌礼。奉茶完毕，茶艺师、助泡人员归位。（见图 6-17）

若宾客围坐较近，不必使用奉茶盘。茶艺师直接用双手捧取品饮杯，先在茶巾上吸干杯底水分，再将茶杯放到客人面前。

图 6-17　壶盅泡法功夫茶艺的奉茶

## 十三、品饮

喝茶时，拿取茶杯要用大拇指和食指扶着杯沿，中指顶着杯底，这叫“三龙护鼎”。将杯中茶置鼻端前后左右地徐徐移动，嗅闻茶香。将茶汤分三口啜饮，徐徐咽下，茶汤在口腔内应停留一会儿，用舌尖两侧及舌面、舌根充分领略茶的滋味。（见图 6-18、图 6-19）

图 6-18　品饮一

图 6-19　品饮二

## 十四、续茶

依次收回品饮杯，注入开水重新温杯，然后温壶。在进行第二、第三道茶的冲泡时，要保持足够的茶汤浓度，因此采用延长冲泡时间的方法。第二道茶应冲泡 1 分 15 秒左右，第三道茶应冲泡 1 分 40 秒左右。如果茶叶耐泡，还可继续冲泡第四、五道茶，甚至更多道。斟茶、奉茶程序同第一道茶。

## 十五、收具

茶事完毕，将桌上、茶盘上泡茶用具整理归位。将客人不再使用的杯子清洗干净，整齐地摆放在茶盘上，用茶巾将茶盘擦拭干净。

茶艺师及助泡人员行鞠躬礼，退场。

## 模块小结

壶盅泡法又可称为台式小壶乌龙点茶法，是台湾地区常见的一种品茶方式。它是在秉承大陆茶文化精髓的基础上，结合本地的民俗风情而产生的功夫茶茶艺。它的特点是注重泡茶过程及茶人内心世界的反省和感悟。因此应注意在学习的过程中用心体会，融会贯通。

**关键词** 摇茶 闻香 淋壶 投汤

**知识链接**

**紫 砂 陶**

宜兴陶瓷有 5000 多年的历史了。5000 多年前，这里的先民就开始在这片土地上制陶，而且一直没有中断过，5000 多年来，不管什么朝代，宜兴陶瓷一直制，一直有。在宜兴有一个古老的传说，说是在 2400 多年前的春秋战国时期，越国的范蠡帮助越王勾践灭亡了吴国之后，就弃官隐退，带着美女西施乘一叶轻舟来到太湖之滨的宜兴定居，并以制陶为业。后来当地人尊奉他为陶业祖师，称他为“陶朱公”。当然，这仅仅是个传说。千百年过去了，作为陶都的宜兴，最为知名的是它的紫砂陶。可以说宜兴的紫砂陶在世界上是独一无二的。

宜兴紫砂陶是集陶瓷工艺和器皿造型、雕塑、绘画、书法、文学、金石艺术于一体的综合性艺术，它始于北宋，盛于明清，大致经历了以下几个发展阶段。

**1．自宋代延至明正德（约 10 世纪至 16 世纪），为紫砂陶初创时期**

1976 年，宜兴羊角山古窑遗址出土了大量紫砂陶残器。经南京大学历史系和南京博物院鉴定，这座紫砂古窑址的年代为北宋。1966 年南京出土的吴经墓（明嘉靖十二年墓葬）紫砂提梁壶一件，其紫砂造型，制作技法与羊角山宋窑残器的拼复件对比，完全一脉相承。宋代诗人欧阳修、梅尧臣等的诗作中，也都有关于紫砂茶具的诗句，明正德年间，见诸文献的记载的杰出陶工有金沙寺僧和供春。

**2．明嘉靖至万历年间，是宜兴紫砂的成熟时期**

先有董翰、赵梁、元畅、时鹏“四大家”，继有时大彬、李仲芳、徐友泉“三大家”。其中以时大彬最负盛名。其制壶技法一改早期的制法，完全改用槌片、围圈、打身筒的成型法和泥片镶接成型法，是紫砂技艺上的一个飞跃。

**3．明末至清代，为紫砂工艺的繁荣时期**

明末至清雍乾年（17 世纪晚期至 18 世纪初期），紫砂工艺向装饰纹样，花样图案造型发展。明末项圣思所做“桃杯”（现存南京博物院），制作技巧精细，形象完善，结构纤密，可谓砂器瑰宝。这一阶段最突出的代表为清康熙年间的陈鸣远，作品以技巧和创

意见称。19 世纪早期紫砂风格有很大转变，关键人物是仕子学者陈鸿寿（号曼生），他对紫砂陶艺的贡献，是第一次把篆刻作为一种装饰手段施于壶上。清道光、咸丰年间，杰出的紫砂名手有邵大亨，其作品精于选泥造型深邃，技艺高超，开一代纤巧糜繁之风，赢得盛誉。

**4．近代和现代，宜兴紫砂达到鼎盛时期**

这一时期从泥料质地到工艺流程，从紫砂科研到流派创新都有新的发展，名手有黄玉麟、裴石民、朱可心、顾景舟、蒋蓉、汪寅仙等。其中顾景舟的作品线条流畅温顺，气势浑厚磅礴，堪称“壶艺泰斗”。历代紫砂名人，利用宜兴得天独厚的紫砂陶土，用灵巧的双手和聪明才智，创作出富有民族、文化特色和艺术生命的紫砂陶艺珍品。著名书画艺术家刘海粟、李可染、唐云、程十发、韩美林等也都为紫砂作品自撰铭文，题诗作画，并自创新款，使紫砂的艺术境界和文化层次有了新的升华。

（资料来源：http://www.hudong.com/wiki/%E7%B4%AB%E7%A0%82%E5%A3%B6）

## ● 能力检测

| 操作程序 | 操作要求 |
| --- | --- |
| 备具 | 物品准备齐全，摆放整齐，具有美感，便于操作 |
| 赏茶 | 取茶动作轻缓、不掉渣，语言介绍生动、简洁 |
| 洗杯 | 逆时针回旋，动作美观，翻盖无声响 |
| 置茶 | 选择合适的投茶方式，准确把握投茶量 |
| 温润泡 | 注水量均匀，动作美观 |
| 冲茶 | 注水量均匀，润茶动作美观 |
| 巡茶 | 手法正确，分量均匀 |
| 点茶 | 汤色均匀，手法优美 |
| 奉茶 | 双手不碰杯口，按主次、长幼顺序奉茶给客人，使用礼貌用语，并行伸掌礼 |
| 品茶 | 三龙护鼎，用心品味 |
| 收具 | 将使用过的杯子清洗干净，整齐地摆放在茶盘上，用茶巾将茶盘擦拭干净 |

## ● 思考与练习题

1. 冲泡不同茶类如何选择冲泡器具？
2. 冲泡茶叶时如何煮水？

# 模块六　碗杯泡法功夫茶艺技能

### 知识目标

1. 了解碗杯泡法的基本特点。

2. 掌握碗杯泡法茶艺的基本手法及基本程序，学会正确地选择泡茶用水，掌握合适的水温。

**能力目标**

1. 规范泡茶基本动作。
2. 掌握规范、得体的操作流程及典雅、大方的动作要领。
3. 能自纠错误，熟练操作。

**工作任务**

熟练掌握壶杯冲泡功夫茶的基本手法，规范泡茶动作，增加行茶过程的美感，培养优雅大方的行为之美。

## 任务一　知识准备

“功夫茶”一词最早来源于广东潮汕一带，因此潮州功夫茶是中国茶艺中最具代表性的一种，它是在唐宋时期就已存在的“散茶”品饮法的基础上发展起来的。虽然盛行于闽粤港台地区，但其影响早已遍及全国，远及海外。潮州功夫茶是融精神、礼仪、冲泡技艺、巡茶艺术、评品质量为一体的完整的茶道形式，既是一种茶艺，也是一种民俗，是“潮人习尚风雅，举措高超”的象征。潮州功夫茶历史悠久，盛行于宋朝，至今已有千年历史。品茶早已成为潮汕人生活中不可少的一部分。

冲泡功夫茶，必须配备有上乘的茶叶、精雅的茶具及好的水，然后是程式讲究的冲泡方法，才能品尝出其韵味。因此，潮州功夫茶实际上是一种讲究茶叶、水质、火候及冲泡技法的茶艺。

盖碗泡乌龙茶在潮汕一带很流行。这一泡法比较适用于冲泡高香、轻发酵、轻焙火的青茶。

## 任务二　实践操作

操作技能：碗杯泡法功夫茶艺。

器具准备如下。

主泡器：白瓷盖碗一套、若琛杯（含杯托）四只。

备水器：随手泡。

辅助器具：茶道组合、茶荷、茶巾、水方、赏茶盘、茶船、茶叶罐（含茶叶）。

### 一、布席

茶艺师上场后行鞠躬礼，落座。

将茶盘放置台面中心，盖碗放置茶盘右侧，若琛杯环列茶盘上。茶叶罐（含茶叶）、茶道组、茶巾、水盂、茶荷、茶船分置于大茶盘两侧，以方便操作。

在布席程序中要注意物品应准备齐全，摆放整齐，具有美感，便于操作。

### 二、择水

选用清洁的天然水（矿泉水、纯净水、自来水等）。

## 三、候汤

用随手泡将水煮至二沸至三沸（95～100℃），待随手泡中水汽冲开壶盖为度。

## 四、赏茶

茶艺师用茶匙将茶叶从茶叶罐中拨入茶荷。将茶荷双手捧起，由助泡人员送至客人面前请客人欣赏干茶外形、色泽及嗅闻干茶香。赏茶完毕，将茶荷归还给茶艺师。如果有必要，用简短的语言介绍即将冲泡的茶叶的品质特征和文化背景。

在赏茶程序中要求取茶动作轻、不掉渣，语言介绍生动、简洁。

## 五、温碗

揭开碗盖，注水至盖碗的 1/2，盖上杯盖。右手大拇指与中指捏住盖碗沿，食指轻抵盖纽提起盖碗（不连托），将热水从盖碗盖子与碗沿间隙中巡回倒入若琛杯中。将注满水的若琛杯依顺序清洗。手法是：右手大拇指搭杯沿处，中指扣杯底圈足侧拿起前杯，将其轻放在后杯热水内，食指推动前杯外壁，大拇指与中指辅助，三指协同将此杯在后杯热水中清洗一周，然后提杯沥尽残水复位，接着一一温杯。最后一杯不再滚洗，直接转动手腕，让热水回转至整个杯壁，再将热水倒掉即可。（见图 6-20、图 6-21）

在温碗程序中要求动作优美大方，熟练。

图 6-20　温碗一

图 6-21　温碗二

## 六、置茶

双手捧茶荷先平摇几下，令茶叶分层。左手托住茶荷，右手取茶匙将面上的粗大茶叶拨到一边，先舀取细碎茶叶放进盖碗，再取粗大茶叶置其上方（目的是冲泡后细碎茶渣不易倒出）。疏松条形青茶用量为茶碗容积的 2/3 左右，球形及紧结的半球形青茶的用量为茶碗容积的 1/3 左右。投茶量的多少应视青茶的紧结成度、整碎程度及品味灵活掌握。（见图 6-22）

图 6-22　碗杯泡法功夫茶艺的置茶

## 七、温润泡

右手提随手泡回转手腕向盖碗内注入开水，应使水流顺着碗沿打圈冲入至满。左手提碗盖由外向内刮去浮沫即迅速盖上。右手大拇指、食指和中指三指提盖碗将温润泡的热水倒进茶船，顺势将盖碗浸入茶船。

## 八、冲茶

左手揭盖碗盖子放盖置上，右手提开水壶回转手腕向盖碗内注水，同样水流应顺着碗沿打圈冲入，至八分满。左手盖上，静置 1 分钟左右。（见图 6-23）

图 6-23　碗杯泡法功夫茶艺的冲水

## 九、温杯

将注满水的若琛杯依顺序清洗。手法是：右手大拇指搭杯沿处、中指扣杯底圈足侧拿起前杯，将其轻放在后杯热水内，食指推动前杯外壁，大拇指与中指辅助，三指协同将此杯在后杯热水中清洗一周，然后提杯沥尽残水复位，接着一一温杯。最后一杯不再滚洗，直接转动手腕，让热水回转至整个杯壁，再将热水倒掉即可。（见图 6-24）

图 6-24　温杯

## 十、低斟

右手大拇指、食指和中指三指提拿盖碗先到茶巾上按一下，吸尽盖碗外壁残水。不揭盖，用“关公巡城”手法将茶汤分入若琛杯。观察各杯茶汤颜色，用“韩信点兵”手法用最后几滴茶汤来调节浓度。分茶毕，将盖碗置回盖碗托上。一般的轻发酵乌龙茶在茶汤筛尽后，宜揭开盖碗盖子，令叶底冷却，易于保持其固有的香气与汤色。

### 十一、奉茶

如果来客围坐较近，不必使用奉茶盘。直接用双手捧取品茗杯，先到茶巾上轻按一下，吸尽杯底残水后将茶杯放在杯托上（也可不用）。双手端杯托将茶奉给来宾，并点头微笑行伸掌礼。（见图 6-25）

图 6-25　碗杯泡法功夫茶艺的奉茶

### 十二、品茶

喝茶时，拿取茶杯要用大拇指和食指扶着杯沿，中指顶着杯底，这叫“三龙护鼎”。将杯中茶置鼻端前后左右地徐徐移动，嗅闻茶香。将茶汤分三口啜饮，徐徐咽下，茶汤在口腔内应停留一会儿，用舌尖两侧及舌面、舌根充分领略茶的滋味。喝毕握杯再闻杯底香，用双手掌心将茶杯捂热，令香气进一步散发出来，或者单手虎口握杯来回转动闻香。

### 十三、续茶

依次收回品饮杯，注入开水重新温杯，然后温壶。在进行第二、第三道茶的冲泡时，要保持足够的茶汤浓度，因此采用延长冲泡时间的方法。第二道茶应冲泡 1 分 15 秒左右，第三道茶应冲泡 1 分 40 秒左右。如果茶叶耐泡，还可继续冲泡第四、第五道茶，甚至更多道。斟茶、奉茶程序同第一道茶。

### 十四、收具

茶事完毕，将桌上、茶盘上泡茶用具整理归位。将客人不再使用的杯子清洗干净，整齐地摆放在茶盘上，用茶巾将茶盘擦拭干净。

茶艺师及助泡人员行鞠躬礼，退场。

## 模块小结

碗杯泡法主要用于潮汕式功夫茶的冲泡。因为我国福建、广东两地的人特别喜欢喝乌龙茶，冲泡、品饮非常讲究。它的特点是注重泡茶过程及茶人内心世界的反省和感悟。这一泡法比较适用于冲泡高香、轻发酵、轻焙火的乌龙茶。

**关键词** 冲水 刮沫 巡茶 点茶

**知识链接**

**紫砂陶器泡茶的特点**

紫砂茶具造型简练、大方，色泽淳朴、古雅。用其泡茶，使用的年代越久，壶身色泽就愈加光润古雅，泡出来的茶汤也就越醇郁芳馨，甚至在空壶里注入沸水都会有一股清淡的茶香。

根据科学分析，紫砂壶确实保有茶汤原味的功能，它能吸收茶汁，而且具有耐冷耐热的特性。总括来说，紫砂陶有五大特点。

第一，香味蕴。紫砂陶是从砂锤炼出来的陶，既不夺茶香气又无熟汤气，故用以泡茶色香味皆蕴。

第二，吸收茶汁。砂质茶壶能吸收茶汁，使用一段时日能增积“茶锈”，所以空壶里注入沸水也有茶香。

第三，便于洗涤。日久不用，难免异味，可用开水泡烫两三遍，然后倒去冷水，再泡茶原味不变。

第四，冷热急变适应性强。寒冬腊月，注入沸水，不因温度急变而胀裂；而且砂质传热缓慢，无论提、抚、握、拿，均不烫手。

第五，紫砂陶质耐烧。冬天置于温火烧茶，壶也不易爆裂。当年苏东坡用紫砂陶提梁壶烹茶，有“松风竹炉，提壶相呼”的诗句，也绝非偶然。这也是古今中外讲究饮茶的人特别喜爱用紫砂壶的原因之一。

再论它的实用性，紫砂壶是用于泡茶注茶的。对于紫砂壶的性能“色香味皆蕴”过去早有定论。而且，科学研究也对紫砂壶的“暑月越宿不馊”一事，用紫砂壶与陶瓷做了详细测试，的确证实了紫砂壶较陶瓷优越了许多，这一结论是基于紫砂原料的独特性。紫砂壶实用性强，乃在于它具有比较高的气孔率，使其具有透气性好的优点。据《中国陶都史》记载：紫砂泥料“特点是含铁量比较高……”，紫砂器的显微结构中存在大量的团聚状气孔。它的气孔有两种类型，一种是团聚内部的气孔，另一种是包裹在团聚体周围的气孔群，且大部分属于开口型气孔，紫砂器良好的透气性可能与这种特殊的显微结构有关。据宜兴陶瓷公司对各陶土的理化工艺性能测定，发现紫砂泥的气孔率高达 10%以上。因而又说明了透气性好，当然就是泡茶“色香味皆蕴”和“暑月越宿不馊”的主要原因了。紫砂泥的可塑性和结合能力好，则是其有利于工艺装饰的原因。再则紫砂泥的焙烧温度范围也宽，为 1 190 ~ 1 270℃目前烧成温度约控制在 1 200℃，这是紫砂制品不渗漏、不老化，越使用越显光润的又一原因。以上均说明了，这种粉质细砂岩的紫砂土，是宜陶宜壶的最佳泥料，也是陶都宜兴特有的宝藏。

试想，为什么人们称紫砂器是独树一帜呢？实际就是说，它具有独到之处：即独特的原料构成独特的实用性能和独特的艺术价值。为此，紫砂陶之所以成为中国的名陶，乃实至名归，受之无愧。

现在有很多人误以为凡是陶壶都是紫砂壶，其实不然。用江苏宜兴紫砂陶土烧制而成的紫砂陶茶具，才是举世公认的质地最好的茶具。

（资料来源：http://www.hudong.com/wiki/%E7%B4%AB%E7%A0%82%E5%A3%B6）

## ● 能力检测

| 操作程序 | 操作要求 |
| --- | --- |
| 备具 | 物品准备齐全，摆放整齐，具有美感，便于操作 |
| 赏茶 | 取茶动作轻缓、不掉渣，语言介绍生动、简洁 |
| 温杯 | 逆时针回旋，动作美观，翻盖无声响 |
| 置茶 | 选择合适的投茶方式，准确把握投茶量 |
| 摇茶 | 动作美观，无茶叶散落 |
| 洗茶 | 动作美观、迅速，茶叶不外流 |
| 烫杯 | 动作美观、连贯 |
| 淋壶 | 逆时针悬壶冲水 |
| 冲水 | 熟练运用“凤凰三点头” |
| 投汤 | 手法正确，分量均匀，台面干净 |
| 收具 | 将使用过的杯子清洗干净，整齐地摆放在茶盘上，用茶巾将茶盘擦拭干净 |

## ● 思考与练习题

1. 功夫茶温润泡的目的和方法是什么？
2. 摇茶有什么作用？

# 模块七　碗盅泡法功夫茶艺技能

### 知识目标

1. 了解碗盅泡法的基本特点。
2. 掌握碗盅泡法茶艺的基本手法及基本程序，学会正确地选择泡茶用水，掌握合适的水温。

### 能力目标

1. 规范泡茶基本动作。
2. 掌握规范、得体的操作流程及典雅、大方的动作要领。
3. 能自纠错误，熟练操作。

工作任务

熟练掌握壶杯冲泡功夫茶的基本手法，规范泡茶动作，增加行茶过程的美感，培养优雅大方的行为之美。

## 任务一　知 识 准 备

云南是世界茶树原生地，全国乃至全世界各种各样茶叶的根源大多在云南的普洱茶产区。普洱茶的历史非常悠久，早在三千多年前就已出现，只不过那时还没有普洱茶这个名称。普洱茶属于黑茶，因产地旧属云南普洱府（今普洱市），故得名。现在泛指普洱茶区生产的茶，是以公认普洱茶区的云南大叶种晒青毛茶为原料，经过后发酵加工而成的散茶和紧压茶。外形色泽褐红，内质汤色红浓明亮，香气独特陈香，滋味醇厚回甘，叶底褐红。云南普洱茶传统加工制作技艺分为生茶制作技艺和熟茶制作技艺。生茶即为阳光杀青，全天然、手工石磨压制的，明清时代延续下来，作为进贡朝廷的茶品；熟茶为 1974 年云南与广东茶叶公司发明的人工渥堆发酵方法，人工制作的普洱茶"越陈越香"被公认为是普洱茶区别其他茶类的最大特点，"香陈九畹芳兰气，品尽千年普洱情。"普洱茶是"可入口的古董"，不同于别的茶贵在新，普洱茶贵在陈，高品质的普洱茶不仅有品饮价值，还有一定的收藏价值。

## 任务二　实 践 操 作

操作技能：碗盅泡法功夫茶艺。

器具准备如下。

主泡器：盖碗一套、玻璃茶盅、品茗杯四只。

备水器：随手泡。

辅助器具：茶道组、茶荷、茶巾、水方、赏茶盘、茶船、茶叶罐（含茶叶）。

### 一、布席

将茶盘擦拭干净备用。将盖碗和玻璃茶盅横向呈"一"字摆放在茶盘内侧。将品茗杯摆放在盖碗的前侧。茶盘左侧摆放茶叶罐和水方，右侧摆放茶道组和随手泡。将茶巾折叠整齐备用。

本程序要求物品应准备齐全，摆放整齐，具有美感，便于操作。

### 二、择水

选用清洁的天然水（矿泉水、纯净水、自来水等）。

### 三、候汤

用随手泡将水煮至二沸至三沸（95～100℃），待随手泡中水汽冲开壶盖为度。

## 四、赏茶

茶艺师用茶匙将茶叶从茶叶罐中拨入茶荷。将茶荷双手捧起，由助泡人员送至客人面前请客人欣赏干茶外形、色泽及嗅闻干茶香。赏茶完毕，将茶荷归还给茶艺师。如果有必要，用简短的语言介绍即将冲泡的茶叶的品质特征和文化背景。

在赏茶程序中要求取茶动作轻缓、不掉渣，语言介绍生动、简洁。

## 五、温杯

揭开碗盖，将沸水注入盖碗中，盖上杯盖，浇淋碗身，以便提高盖碗温度。右手大拇指与中指捏住盖碗沿，食指轻抵盖纽提起盖碗（不连托），将热水从盖碗盖子与碗沿间隙中倒入茶盅。将茶盅里的水依次倒入品茗杯，再将品茗杯的水倒入茶海。（见图 6-26、图 6-27）

图 6-26　温碗一

图 6-27　温碗二

## 六、置茶

用茶刀从紧压茶（饼、砖、沱等）上撬下适量（5～10克）茶叶，将撬下来的茶叶放入盖碗中。（见图 6-28）

图 6-28　碗盅泡法功夫茶艺的置茶

## 七、洗茶

将沸水冲入盖碗中，这称为第一泡。一般情况下第一泡是不喝的，用来洗去茶中灰尘以及让茶叶遇水泡开，以便后几泡能有饱满地道的茶味。第一泡时沸水应迅速从杯中倒掉，避免茶味被过度洗走。（见图 6-29、图 6-30）

图 6-29　洗茶一

图 6-30　洗茶二

## 八、冲泡

冲泡紧压茶的水温应在 95℃以上。用悬壶高冲的手法向盖碗内注水，盖上杯盖静置 1 分钟。

## 九、出汤

将茶汤从盖碗中倒出，茶盅上面可加滤网以便滤除茶叶碎末，尽量控净盖碗中的茶汤，以免影响口味。

在出汤程序中要求时间把握准确，手法纯熟。

## 十、分茶

将公道杯中的茶汤分入每个小茶杯中，茶汤应浓淡均匀，茶量七分满。

## 十一、奉茶

如果来客围坐较近，不必使用奉茶盘。直接用双手捧取品茗杯，先到茶巾上轻按一下，吸尽杯底残水后将茶杯放在杯托上（也可不用）。双手端杯托将茶奉给来宾，并点头微笑行伸掌礼。（见图 6-31、图 6-32）

图 6-31　奉茶一

图 6-32　奉茶二

## 十二、品茶

喝茶时，拿取茶杯要用大拇指和食指扶着杯沿，中指顶着杯底，这叫“三龙护鼎”。将杯中茶置鼻端前后左右地徐徐移动，嗅闻茶香。将茶汤分三口啜饮，徐徐咽

下。茶汤在口腔内应停留一会儿，用舌尖两侧及舌面、舌根充分领略茶的滋味。喝毕握杯再闻杯底香，用双手掌心将茶杯捂热，令香气进一步散发出来，或者单手虎口握杯来回转动闻香。（见图 6-33）

## 十三、续茶

依次收回品饮杯，注入开水重新温杯，然后温壶。在进行第二、第三道茶的冲泡时，要保持足够的茶汤浓度，因此采用延长冲泡时间的方法。第二道茶应冲泡 1 分 15 秒左右，第三道茶应冲泡 1 分 40 秒左右。如果茶叶耐泡，还可继续冲泡第四、第五道茶，甚至更多道。斟茶、奉茶程序同第一道茶。

图 6-33　品茶

## 十四、收具

茶事完毕，将桌上、茶盘上泡茶用具整理归位。将客人不再使用的杯子清洗干净，整齐地摆放在茶盘上，用茶巾将茶盘擦拭干净。

茶艺师及助泡人员行鞠躬礼，退场。

## 模块小结

碗盅泡法常会用于普洱茶的冲泡。普洱茶因其制作工艺、存放方式与其他茶类有较大区别，因此在冲泡操作程序上会有一些差异。在冲泡过程中，注意动作的动态美和神韵美。

**关键词**　温杯　润茶　冲泡

### ● 能力检测

| 操作程序 | 操作要求 |
|---|---|
| 备具 | 物品准备齐全，摆放整齐，具有美感，便于操作 |
| 赏茶 | 取茶动作轻缓、不掉渣，语言介绍生动、简洁 |
| 温杯 | 逆时针回旋，动作美观，翻盖无声响 |
| 置茶 | 选择合适的投茶方式，准确把握投茶量 |
| 摇茶 | 动作美观，无茶叶散落 |
| 洗茶 | 动作美观、迅速，茶叶不外流 |
| 烫杯 | 动作美观、连贯 |
| 淋壶 | 逆时针悬壶冲水 |
| 冲水 | 熟练运用“凤凰三点头” |
| 投汤 | 手法正确，分量均匀，台面干净 |
| 收具 | 将使用过的杯子清洗干净，整齐地摆放在茶盘上，用茶巾将茶盘擦拭干净 |

### ● 思考与练习题

1. 如何欣赏茶艺表演的动作美和神韵美？
2. 请列举六大茶类中有代表性的名茶。

# 项目七
# 茶艺表演

**项目导引**

茶艺是如何泡好一壶茶和享受一杯茶的艺术，是在茶道精神和美学理论指导下进行的一种高尚的文化活动，它是由人、茶、水、器、境、艺六大要素组成，茶艺表演是艺术地整合这六要素中美的因素，用美陶醉自己并用美感染别人的生活艺术形式。本项目主要介绍茶艺表演的基本要求、茶艺创编的基本原则和各环节的基本要求、茶艺解说词的创作、流行茶艺表演与特色茶艺表演等知识。

**知识目标**

1. 掌握茶艺表演的基本要求。
2. 了解流行茶艺表演的基本形式。
3. 了解特色茶艺表演的基本形式。

**能力目标**

1. 具有从事茶艺表演创编工作的基本能力。
2. 具有从事茶艺表演解说词的创作的能力。

**项目分解**

模块一　茶艺表演的基本要求
模块二　流行茶艺表演
模块三　特色茶艺表演

## 模块一　茶艺表演基本要求

**知识目标**

1. 了解茶艺表演的艺术特征。
2. 了解茶艺表演的基本原则。

**能力目标**

1. 掌握茶艺创编的基本方法。
2. 掌握茶艺表演解说词创作的要领及基本方法。

**工作任务**

1. 了解茶艺表演的特征。
2. 把握茶艺编创的基本原则。
3. 掌握茶艺编创的基本环节的要求。
4. 能够进行茶艺表演解说词的创作。

## 任务一　茶艺表演的艺术特征

茶艺，是指如何泡好一壶茶的技术和如何享受一杯茶的艺术。茶艺表演是在茶艺的基础上产生的，它是通过各种茶叶冲泡技艺的形象演示，科学地、生活化地、艺术化地展示泡饮过程，使人们在精心营造的幽雅环境氛围中，得到美的享受和情操的熏陶。茶艺表演是茶文化的动态展示形式，它源于生活而高于生活，它既为“艺”，就需提供一个欣赏的过程，或者说，茶艺必须有一个展示茶之美并让人感悟茶之美的过程，茶艺表演则是这一欣赏过程的艺术化。

茶艺表演在我国自古有之，随着现代茶艺的蓬勃发展，茶艺表演也逐渐成为一种全新的艺术表现形式。与一般的艺术表演相比，茶艺表演既具有一般艺术表演的共性特征，也存在着一些个性特征，具体内容如下。

### 一、茶之性——静

茶树默默生长在大自然中，禀山川之灵气，得日月之精华，天然赋有谦谦君子之风。自然条件决定了茶性微寒，味醇而不烈，与一般饮料不同，饮后使人清醒而不过度兴奋，更加安静、冷静、宁静、平静、雅静。因此茶事活动一般都应具有静的特点。静不是死板，静是活的，要由动来达到静，比如有些人心里很烦，若让他去面壁，去思考，那更烦，更可怕。可是如果让他专心把茶泡好，他自然就“进去”了，就“静”了。所以动中有静，静中有动，这是一个很简单的入静法门，又是很快乐的。茶艺和一般的艺术不同，它是静的艺术，动作不宜太夸张，节奏也不宜太快，音乐不宜太激昂，灯光不宜太强烈。

### 二、茶之魂——和

“和”既是中国茶道的核心，也是中国茶艺的灵魂。自孔子创立儒家以来，直到后来孟子、荀子等大家的丰富，“和”一直是中国儒家哲学的核心思想。历代茶人在茶事活动中常会注入儒家修身养性、锻炼人格的功利思想，同时也就将儒家的一些精髓融入茶事当中，并提出茶具有中和、高雅、和谐、和平、和乐、和缓、宽和等意义。因此无论是煮茶过程、茶具的使用，还是品饮过程、茶事礼仪的动作要领，都要不失“和”的风韵，选择的主题不宜太过对立、冲突、争斗、尖锐。

### 三、茶之韵——雅

雅可与高尚、文明、美好、规范等内容相联系，与雅一起组成的美好词汇有高雅、儒雅、文雅、风雅、优雅、清雅、淡雅、古雅、幽雅等。雅也是中国茶艺的主要特征之一，它是在“和”、“静”的基础上形成的神韵。在整个茶艺表演过程中，表演者应从始至终表现出高雅、文雅、优雅的气质，不能俗气、俗套、俗不可耐。

茶艺表演的这三个艺术特征，我们在整个编创过程中应紧紧遵循，从整个茶事活动中体现出来。

## 任务二　茶艺编创的基本原则

### 一、生活性与文化性相统一

茶艺是一门生活艺术，是饮茶生活的艺术化。茶艺不能脱离生活，高高在上，远远地供人观看。茶艺要走下舞台，走入家庭，走进日常生活，还原其生活性。茶艺要走出“表演”，其动作、程式不宜舞台化、戏剧化，更不能矫揉造作、过度夸张，而是要符合生活常识、习惯。

茶艺源于日常生活，但又超越日常生活，成为一种风雅文化。茶艺是一门综合性艺术，其中蕴涵许多文化要素，诸如美学、书画、插花、音乐、服装等。文化性是对生活性的提升，使饮茶从物质生活上升到精神文化层面，从而使茶艺成为中国文化不可缺少的组成部分。

生活性是茶艺的本性，在茶艺编演中不能背离这一点。文化性是茶艺的特性，在茶艺编演中要尽量与相关文化艺术结合，表现其高雅。

### 二、科学性与艺术性相统一

科学泡茶（含煮茶）是茶艺的基本要求。茶艺的程式、动作都是围绕着如何泡好一壶茶、一杯（盏、碗）茶而设计的，其合理与否，检验的标准是看最后所泡出的茶汤质量。因此，泡好茶汤是茶艺的基本也是根本要求。科学的茶艺程式、动作是针对某一类茶或是某一种茶而设计的，以能最大限度地发挥茶的品质特性为目标。凡是有违科学泡茶的程式、动作，尽管具有观赏性，也要去除。

茶艺无疑又是一门艺术，作为艺术，必须符合美学原理。所以，茶艺程式和动作的设计以及表演者的仪容、仪表等都要符合审美的要求，一招一式都要带给人以美的享受。有些虽不能发挥但又不影响茶的品质的程式、动作，因符合审美艺术性要求，亦可保留。

科学性是茶艺编演的基础，艺术性则是茶艺成为一门艺术的根本所在。

### 三、规范性与自由性相统一

各类、各式的茶艺，必须具有一定的程式、动作的规范要求，以求得相对的统一、固定，这也就是俗话所说的“无规矩不成方圆”。规范是法度，但在茶艺编演中切忌千篇一律的刻板程式、动作，不能因为规范而扼杀个人的创造。茶艺可以不受规范的限制，不必拘泥于固定的程式、动作，可以展示茶艺师的个性风格，自由发挥。茶艺表演达到一定境界时，表演的形式甚至内容已经淡化，重要的是表演者的个性展现，准确说是个人修养的展现。自由不是随心所欲，而是建立在规范的基础上的自由。

规范性是共性，是同，是茶艺得以良好传承的前提；自由性是个性，是异，是茶艺多姿多彩的必然要求。规范性与自由性的统一，是个性寓于共性之中，是求同存异。

### 四、创新性和继承性相统一

创新是一切文化艺术发展的动力和灵魂，茶艺也不例外。所以，在茶艺编演的动作及程式设计中不应墨守成规，要勇于创新，与时俱进，创造出茶艺的新形式、新内容。

茶艺的创新又不是无本之木、无源之水、无中生有，而是在继承传统茶艺优秀成果的基础上的创新，是推陈出新。继承不是因循守旧，而是批判性地加以继承，创造性地加以发展。

创新性是茶艺发展的客观要求，继承性是茶艺创新的必要前提。没有创新，茶艺就不能持续发展；没有继承，茶艺就缺少深厚的文化积淀。

继承传统是创新的基础，创新又是对传统的发展。一方面，对传统茶艺的某些方面要原汁保留，另一方面，又要创造适应当代社会生活的需要、符合当代审美要求的新形式、新内容。

## 任务三　茶艺编创的基本环节

### 一、主题设计

茶艺的主题是指茶艺在创作时，作者有意识地把一个观念，乃至一种理想作为茶艺想象艺术的主题来创作。主题是茶艺表演的灵魂。无论是取材于古代文献记载还是现实生活，表演型茶艺都要有一个主题。如周文棠先生根据朱权《茶谱》中的记载文献编创的《公刘子朱权茶道》；南昌女子职业学校编创的《仿唐宫廷茶艺》是根据唐代清明茶宴来反映唐代茶文化的盛况；《禅茶》则是根据佛门喝茶方式及用茶来招待客人的习惯进行的编创，以体现禅茶一味的思想；婺源的《文士茶》则是根据明清徽州地区文人雅士的品茗方式进行的编创，反映的是明清茶文化的高雅风韵；《白族三道茶》则是取材于少数民族茶俗，通过一苦二甜三回味的三道茶，来告诫人们人生要先吃苦后享福。有了明确的主题后，才能根据主题来构思节目风格，编创表演程序、动作，选择茶具、服装、音乐等。

在主题茶艺中，附带的解说词可帮助茶艺师和茶客理解茶艺主题。如表现梁祝爱情主题的《蝴蝶结茶艺》、表现母子亲情主题的《送子游学茶艺》、表现地方待客礼俗的《祝福茶茶艺》等。

一套完美的茶艺不但应该包括一定的程序，更应该具有一定的文化内涵和茶道精神。茶艺程序虽然繁复且有特色，但不外乎备器、煎水、赏茶、洁具、置茶、泡茶、奉茶、饮茶这几个基本程序，关键是看其间的关系和构成。好的茶艺程序总是针对某一类茶叶精心设计的，程序安排总是以能最大限度地体现该类茶叶品质为基本出发点，而且始终都紧紧围绕这一主题，通过茶艺表演，把茶品特点发挥得淋漓尽致。

茶艺的文化内涵包括历史文化、地域文化和民俗文化。一套好的茶艺程序应该体现丰富的历史文化内涵，从茶席、茶器、茶品、服饰设计乃至解说词、音乐配置等，都应该有历史文化的影子，这样才显得厚重，才更具特色。地域文化、民俗文化对茶艺的影响也是如此。文化是一个相当宽泛的概念，茶艺设计者应该认真总结和对待，使茶艺程序经得起推敲和考验，最终登上文化艺术的殿堂。

## 二、程式设计

茶艺程式，顾名思义，是指茶艺表演或茶叶冲泡的具体程序和方式。茶艺程序编排，是指怎样编排好泡好一壶茶的各个环节的动作和技艺的特定行为，它是茶艺表演最重要的环节，可以说是整个茶艺表演的“主心骨”或主线，整个过程实质上是以茶艺师为核心、把茶艺师的素质要素与茶艺的物质要素和意境要素科学链接、融合、提升的过程。在茶艺程式编排上，要注意把握好以下六个方面。

### 1. 茶艺表演的内涵要求

俗话讲：“外行看热闹，内行看门道”，不少茶艺爱好者在观赏茶艺时往往只注意表演时的服装美、道具美、音乐美以及动作美而忽视了最本质的东西——茶艺程序编排的科学性及其内涵美。其实，茶艺程序编排的科学性和内涵美才是茶艺表演的核心。茶艺表演的内涵要求主要看以下四个方面。

**(1) 顺应茶性**

顺应茶性就是按照程序来操作，应能把茶叶的内质发挥得淋漓尽致，泡出一壶好茶来。各种茶的茶性（如品质风格、粗细程度、老嫩程度、发酵程度等）千差万别，所以冲泡不同的茶叶所选用的器皿、水温、置茶方式、置茶量、冲泡时间等也应而各不相同。这一要点就是要掌握泡茶最为本质、最有技术含量的“泡茶三要素”（茶叶用量、泡茶水温、浸泡时间）。例如，泡铁观音等颗粒形乌龙茶时，因其在制作过程中经过多次做紧，茶叶已经非常紧实了，等茶叶泡开舒展后，体积会增加 3 倍左右。因此茶量控制在泡茶容器容积的 1/3 左右为宜。水温一定等到电动煮水壶烧开为止。据测，电动煮水壶烧开时水温也只能到 96～97℃。第一遍温茶时，浸泡时间要缩到最短，使其茶叶内有效成分不随茶汤流失。接着的第一泡茶浸泡的时间可以长一些，因为是颗粒形茶，所以内含物不可能一下子就释放出来，需等茶叶舒展开才易出滋味。所以，到了第二泡以后，时间就应逐次递减。表演茶艺，如果不能把茶的色、香、味最充分地展示出来，如果泡不出一壶真正的好茶，那么表演得再花哨也称不上好茶艺。

**(2) 科学卫生**

目前我国流传较广的茶艺多是在传统的民俗茶艺的基础上整理出来的。有个别程序按照现代人的眼光来看是不科学、不卫生的。有些茶艺的温具程序是把倒入品茗杯的茶汤倒在紫砂壶上。紫砂壶是公共泡茶用具，品茗杯是要接触个人口唇的，绝对不能颠倒。又如一些地方茶文化中，泡茶习惯是喝一遍将杯子重新淋洗过，再重新开始另一轮的喝茶。这些风俗虽然有它特定的文化在里面，且寓意甚好，但仍与现今的生活方式不大协调。对于传统民俗茶艺中不够科学、不够卫生的程序，在整理时应当大胆扬弃，或者找出变通的方法将它有选择的改革。在编创茶艺程式时，同样要全面考虑所有细节，使其符合科学卫生。

**(3) 符合茶道**

茶艺应符合茶道所倡导的人文精神和基本理念。茶艺表演的编排程序必须遵循茶道的基本精神，以茶道的基本理论为指导。违背茶道的表演，充其量只能说是表演，而不是茶艺表演。说到茶道，人们最先想到的是日本茶道。而日本茶道是由我国传入的，我国才是茶道真正的发祥地。由于深受老子思想的“道可道，非常道”的影响，国人把“道”看得无上崇高，对于茶道也不敢随便下定义、作概括。但是我们可以从日本茶道的“和、静、清、寂”中体会，也可以从庄晚芳先生的中国茶道基本精神“廉、美、和、敬”中感受，让茶道精神在自己的头脑中形成特有的概念。

（4）文化品味

文化品味是指各个程序的名称和解说词应当具有较高的文学水平，解说词的内容应当生动、准确、有知识性和趣味性，应能够艺术地介绍出所冲泡的茶叶的特点及历史。

一套茶艺程序只有顺应茶性、科学卫生、符合茶道，且具有较高的文化品位，才是一套完美的茶艺程序。

茶艺表演的内涵要求是一个整体的综合的要求，在整套茶艺表演中，对于茶席的布置、茶艺的程式和茶艺师素养等有一个中心要求，那就是一切都要以茶文化内涵为主线和根本，所有的茶艺要素设计和茶艺表演技艺，都必须能够充分体现和弘扬茶叶的历史文化和茶道精神，这是茶艺表演的灵魂所在。

**2．茶艺表演的形式要求**

茶艺的表演形式是很独特的，一方茶席、一张茶几、一套茶器、一位茶艺师就可以进行表演了，如果需要或为了加强效果，还可以配解说词、配音乐，甚至一名或数名助泡人。因此，单从形式上看，茶艺表演和戏曲表演（这里所说的戏曲主要指昆曲和京剧，下同）最为接近。这种形式的好处是简洁集中，主题鲜明，能一开始就引起观众注意。不足之处是表演形式较为单一，内容大同小异，缺少变化，其艺术性和观赏性相对于戏曲要逊色很多。

当然在趣味化和艺术化的同时，也要注意茶艺的实用性和独特性，说到底，茶艺只是一门茶叶冲泡艺术，衡量茶艺表演成功与否，除了程式编排、文化内涵等诸多因素外，与冲泡出来的茶品质量也有着直接关系，切不可为茶艺而茶艺。仅就这一点而言，茶艺表演又要比戏曲表演难度大了许多。

茶艺的形式美还体现在茶艺表演者的服饰和扮相上。一般而言，茶艺师及助泡人的服饰以简洁、明快为主，而且很有些复古的意味，类似于戏曲里的青衣。因此在设计服饰时，诸如头发的样式、头饰的选择，服装的颜色、式样，衣领、衣扣及袖口、裤脚的纹饰等，都要和整体茶艺表演氛围相协调，最忌讳庸俗和脂粉气。对茶艺师能否戴手镯可以区别对待，纤纤玉腕上挂一环温润的玉镯更能增添茶艺表演的观赏性，何乐而不为呢？至于化妆，小型场合的表演以不着妆或仅着淡妆为主，如果是较大场合，不妨着妆浓一些，可以参照戏曲青衣的扮相，这样效果会更好一些。

茶艺师及其茶侣是不主张用气味浓烈的香水及颜色很艳的化妆品的，诸如彩色指甲油、深色眼影、大红色的口红等，因为这和茶艺表演的整体气氛不兼容。但色彩及气味很柔和、很淡的香水和化妆品还是可以适当用一些，切记不可太过。

**3．茶艺表演的结构要求**

茶艺结构包括两个概念：位置结构和动作结构。位置结构指舞台、茶器、茶艺师之间的关系和构成。由于茶艺表演最初给观众以视觉冲击的就是位置结构，因此如何协调好位置结构中舞台、茶器、茶艺师这三者之间的关系，使之更加合理，就成为一个很重要的问题。相对于戏曲表演而言，茶艺表演是静止的，占用的舞台空间也很有限，这就需要我们在舞台背景布置及灯光上下工夫。譬如在舞台布景上可以借鉴中国传统绘画中“高、远、深”的透视法，以传统山水画或古典诗词、茶经茶谱为主题，强化茶艺表演的古典美。另外茶席的设计，茶几、茶器、壁挂等的摆放位置也很重要，除实用性外，也应该考虑其视觉美感和效果。

动作结构是指茶艺表演过程中动作间的关系和构成。由于茶艺表演过程持续时间较短，一般在 20 分钟左右，这就要求茶艺表演应该一气呵成，不能有松散拖沓甚至冷场的情况出现。结构紧凑并不意味着中间没有停顿，和音乐一样，一首传统大曲的时间也只有十几分钟，但其中有强弱、有起伏、有停顿、有变化，这些都是我们可以借鉴的。茶艺表演的强弱起伏可以由动作完成，而停顿和变化则要由动作结构来调整。譬如煎水时都有一个等待时间，如何巧妙利用这一时机给观众以“此时无声胜有声”的感觉至关重要。这就如同书法和绘画，满纸都是墨会使人感觉喘不过气来，合理留白则能起到意想不到的艺术效果。如果用绘画语言中的“密不透风，疏能走马”来指导茶艺表演，也许会起到意想不到的效果。

#### 4．茶艺表演的环境要求

在讲茶艺位置结构时就已经涉及茶艺表演的舞台背景布置这一问题，如果将表演环境移到庭院或室内则又是另外一番景象了。

在庭院表演时，四周的亭台水榭及山石林木最堪入茶，如果有一池春水或一曲回廊，则更能增加茶艺表演的神韵。江南园林是最适宜于传统茶艺表演的，犹如昆曲最初就是在江南园林里幽幽传唱一样。这里不需要任何人为的布景，也不需要任何解说和配乐，甚至也不需要观众。四时景物变化就是最好的布景，风声、水声、鸟鸣声就是最好的音乐和解说，亭台水榭及山石林木就是最好的观众。

在室内表演时，诸如墙上字画和壁挂、博古架上器物的陈设、花架上花盆及花品的选择等，都是需要认真考虑的因素。

#### 5．茶艺表演的动作要求

茶艺动作包括手的动作、眼的动作、身体的动作和面部的表情。相对于戏曲表演而言，茶艺表演的动作很简单，如何在舞台上通过简单的道具和动作语言把茶艺丰富的文化内涵和人文精神充分展示出来，对茶艺表演者提出了很高的要求。仅就茶艺动作语言而言，国内外茶艺专家和茶艺师有不同见解，但也有一些共同遵守的规定：茶艺师上场及谢场时，要行鞠躬礼，行礼时双手可自然交叉身前或垂于身体两侧；茶艺表演开始时手的动作要逆时针画圆，这是对客人的尊重；手臂运动要自然柔和，以曲线为主，柔中有刚；脸部要面带微笑，口唇自然微启，视线要随着双手动作流动等。这些都还是一些粗浅“功夫”，距离茶艺表演的要求还差很远。单靠“兰花指”、“凤凰三点头”之类的简单动作语言显然远远不能满足人们的欣赏趣味和要求，茶艺表演的动作应该有创新、有变化、有突破，应该把茶艺表演提升更高的层次和品位。今后的茶艺教学和培训可把形体训练也加进来，而且要适当侧重，这对提高茶艺表演中的

动作美大有助益。

6．茶艺表演的神韵要求

谈茶艺的神韵美离不开前面提到的五点，只要这五点都做到了，茶艺的神韵美差不多也就有了。当然，茶艺的神韵美和茶艺师的表演及茶艺程式的编排关系最为密切。茶艺神韵是一个比较抽象和空灵的概念，但它又离不开具体的茶艺表演形式，是一种更加理性化和精神化的东西，也是认真咀嚼后的心得。

譬如绘画，古人区分绘画作品为能品、妙品、神品、逸品，其中神品、逸品最有神韵。再譬如诗歌，《沧浪诗话》区分诗歌为九品，九品外还有神品，其中神品为诗歌美之极致。

茶艺神韵也是如此。茶艺表演可以区分为下品、上品和神品。举凡没有个性、没有特点、东拼西凑的“混合型茶艺”都属于下品；举凡编排合理、有一定茶文化内涵的茶艺表演可归为上品；神品的要求很高，不但要有个性、有特点、有一定的茶文化内涵，更要有一定的茶道精神在里面，更要有一种神韵在其中，能达到出神入化的境地，为茶艺表演之极致。如何使茶艺表演达到出神入化的境地呢？除了上面谈到的因素外，茶艺师的个人修养和气质以及对茶的感悟尤其重要。茶艺表演到了一定境界时，所表演的形式甚至内容已经淡化了，重要的是表演者的个性表现——准确地说是人性的表现。如何处理好其间关系，如何把善良、美好的人性通过茶艺表演凸显出来，不仅是一个优秀茶艺师应该经常思考和实践的话题，也是评判茶艺表演有没有神韵的标准。

## 三、茶艺六要素设计

茶艺是一门生活艺术，构成这门艺术的六要素是人、茶、水、器、境、艺。要实现茶艺之美，就必须做到六美荟萃，相得益彰，才能使茶艺达到尽善尽美的境界。

1．人之美

六要素中首要的是人，人是万物之灵，人是社会的核心，人之美是自然美的最高形态，人的美是社会美的核心。在茶艺诸要素中茶由人制、境由人创、水由人鉴、茶具器皿由人选择组合、茶艺程序由人编排演示，人是茶艺最根本的要素，同时也是景美的要素。从大的方面讲，人的美有两个含义。一是作为自然人所表现的外在的形体美；另一方面是作为社会人所表现出的内在的心灵美。从茶艺美学的角度出发，茶人之美应从以下四个方面进行塑造。

（1）仪表美

茶艺审美从一开始，就特别注意演示者的仪表美。仪表美是形体美、服饰美与发型美的综合表现。

1）形体美。费尔巴哈曾经说过：“世界上没有什么比人更美、更伟大。”那么怎样才是茶人的形体美呢？简而言之，即是发育正常、五官端正、四肢匀称、身材适中、容貌可人。另外，对于手和牙齿也有较高的要求。

2）服饰美。俗话说：“三分长相，七分打扮。”服饰可反映出着装人的性格与审美趣味，并且会影响到茶艺表演的效果。茶艺表演中的服饰首先应当与所要表演的茶艺内容相适应，符合主题，衣着端庄、大方、得体，符合审美要求。其次才是做工和质地。宫廷茶艺有宫廷茶艺的要求，如“唐代宫廷茶礼表演”，表演者的服饰应该是唐代宫廷服饰；民俗茶艺有民俗茶艺的格调，如“白族三道茶表演”应着白族的民族特色服装；“禅茶”表演则以禅衣为宜等。就一般的茶艺而言，表演者宜穿着具有民族特色的服装，在正式的表演场合不宜佩戴过多的饰品和涂抹有香味的化妆品，不可戴手表，涂有色指甲油。

3）发型美。发型美是仪表美三要素中比较容易被忽视的一个要素。发型设计必须结合茶艺的内容，服装的款式，以及表演者的年龄、身材、脸形、发型、发质等因素，尽可能取得整体和谐美的效果。

**（2）风度美**

一个人的风度，是在长期的社会生活实践中和一定的文化氛围中逐渐形成的，是个人性格、气质、情趣、素养、精神世界和生活习惯的综合外在表现，是社交活动中的无声语言。风度美包括仪态美、神韵美两个部分。仪态美主要表现在礼仪周全、待人诚恳、举止端庄。一个人在社交活动中的行为姿态、举手投足都在无声地表现着他的风度，这些在茶艺实践中都非常重要。神韵美是一个人的神情风韵的综合反映，主要表现在眼神和脸部表情，即文学作品中所描写的“一笑百媚生”。神韵美可通过眉目传神来打动人心，给人以美的享受。

**（3）语言美**

“良言一句三冬暖，恶语伤人六月寒。”这句话形象而生动地概括了语言美在社交中的作用。茶艺的语言美包含了语言规范和语言艺术两个层次。语言规范是语言美的最基本的要求，其最大特点是彬彬有礼，热情庄重，使听者消除生疏感，产生亲切感。语言规范还要求杜绝不尊重宾客的蔑视语、缺乏耐心的烦躁语、不文明的口头语、自以为是或刁难他人的斗气语。

语言艺术是指“话有三说，巧说为妙”。巧说即强调说话一要“达意”，二要“舒适”。“达意”即语言要准确，吐音要清晰，用词要得当，不可含糊其辞，也不可随意夸大。“舒适”即要求说话的声音柔和悦耳，吐字娓娓动听，节奏抑扬顿挫，风格诙谐幽默，表情真诚自信，表达流畅自然。

**（4）心灵美**

心灵美是人的其他美的依托，是人的思想、情操、意志、道德和行为美的综合体现，是人的“深层”之美。在茶事活动中的心灵美，表现在“仁者自爱”和“仁者爱人”两个方面。

“仁者自爱”是指境界达到了不事外求，不假人为，不立事功，而是坦然地表现自爱之心，显然这种“自爱”不是狭隘地只爱自己，而是对自己人格的自信、自尊、自爱。有这种胸怀的人必然旷达自如，能以爱己之心爱人，以天地胸怀来处理凡尘俗事，表现出“仁者爱人”之行，这才是最感人的心灵美。

古希腊哲人柏拉图曾说：“身体美与心灵美的和谐一致是最美的境界。”学习茶道，修习茶艺可以使茶人达到仪表美、神韵美、语言美和心灵美的高度和谐。我们可以自豪地说：至善至美哉，茶人！

**2．茶之美**

对于同一事物，不同的人有不同的态度。面对茶，茶艺师应该用艺术的眼光，带着

感情色彩和想象力去全面鉴赏茶的名之美、形之美、色之美、香之美、味之美。

(1) **茶名之美**

我国名茶的名称大多数都很美，这些茶名大体上可分为五大类。第一类是地名加茶树的植物学名称，从这类茶名我们一眼即可了解该茶的名种和产地，如西湖龙井、武夷山大红袍等；第二类是地名加茶叶的外形特征，如六安瓜片、君山银针等；第三类是地名加上富有想象力的名称，如庐山云雾、敬亭绿雪、恩施玉露等；第四类是有着美妙动人的传说或典故，如碧螺春、铁罗汉、绿牡丹等；第五类的茶名以丰富的文化素材为背景资料或以吉祥物命名或以历史人物命名，也多能引发茶人美好的联想，如普陀佛茶、太平猴魁、文君茶等。赏析茶名之美，实际上是赏析中国传统文化之美，是赏析茶人心灵之美，从赏析茶名之美中，我们不仅可以学到茶文化知识，而且可以看出我国茶人的艺术底蕴和美学素养，可以体会茶人爱茶的全方位追求。

(2) **茶形之美**

我国的自然茶包括绿茶、红茶、乌龙茶、黄茶、白茶、黑茶、拼配茶和非茶之茶等，这些茶的外观形状虽有差别，但在茶人的眼里无论什么茶，都各有其形态之美。高档的绿茶、红茶、黄茶、白茶等多属于芽茶类，以绿茶为例就可细分为光扁平直的扁形茶，细紧圆直的针形茶，紧结如螺的螺形茶，弯秀如眉的眉形茶，芽壮成朵的兰花形茶，单芽扁平的雀舌形茶，圆如珍珠的珠形茶，片状略卷的片形茶，细紧弯曲的曲形茶和卷曲成环的环形茶这十种类型；乌龙茶也自有乌龙茶之美，例如安溪铁观音有“青蒂绿腹蜻蜓头，美如观音重如铁”之说，而武夷岩茶则有“乞丐的外形，菩萨的心肠，皇帝的身价”之说。

(3) **茶色之美**

茶叶的色泽在感官上先声夺人，给人一种质量感，在茶艺表演中则给人一种赏心悦目的美感。茶色之美包括干茶的茶色、叶底的颜色及茶汤的汤色三个方面，在茶艺中主要是鉴赏茶的汤色之美。如清澈、鲜艳、鲜明、明亮、乳凝、浑浊等都是形容茶汤颜色的专用名词。

(4) **茶香之美**

香气是茶叶的灵魂，也是茶的媚人之处。茶香缥缈不定，变化无穷，有的甜润馥郁，有的清幽淡雅，有的高爽持久，有的鲜灵沁心。按照评茶专业术语，仅茶香的特性就有清香、高香、幽香、毫香、嫩香、甜香、果香、乳香、火香、陈香等，按照茶香的香型可分为花香型和果香型或者细分为水蜜桃香、板栗香、木瓜香、兰花香、桂花香等，按照香气的表现则可分为馥郁、干爽、浓郁、浓烈、醇正、醇和、平和等。对于茶香的鉴赏，茶人们一般至少要三闻。三闻有不同的方式：其一，一闻干茶的香气，二闻开泡后充分飘逸出来的茶的本香，三闻茶香的持久性；其二，一从氤氲上升的水汽中闻香，二从杯盖内壁上闻香，三从闻香杯或公道杯慢慢地细闻杯底留香；其三，一闻热香，二闻温香，三闻杯底冷香。

(5) **茶味之美**

茶汤中溶解的化学物质多达数百种，综合后百味杂陈，其中主要有苦、涩、甘、酸、鲜、活。古人品茶最重茶的“味外之味”。不同社会地位，不同文化底蕴，不同心情的人在不同的环境中，从茶中品出的“味”也大不相同。

3．水之美

“从来名士能评水，自古高僧爱斗茶。”郑板桥的这幅茶联极生动地说明了“评水”是茶艺的一项基本功。早在唐代，陆羽在《茶经》中对宜茶用水就有明确的规定。他说：“其水用山水上、江水中、井水下。”明代的茶人张源在《茶录》中写道：“茶者，水之神也；水者，茶之体也。非真水莫显其神，非精茶曷窥其体。”许次纾在《茶疏》中提出：“精茗蕴香，借水而发，无水不可论茶也。最早提出评水标准的是宋徽宗赵佶，他在《大观茶论》中写道：“水以清轻甘洁为美。轻甘乃水之自然，独为难得。”这位精通百艺独不懂得治国的皇帝最先把“美”与“自然”的理念引入到鉴水之中，升华了茶文化的内涵。现代茶人认为“清、轻、甘、洌、活”五项指标俱佳的水，才称得上宜茶美水。茶人们常说“水是茶之母”或“水是茶之体，茶是水之魂”，水之美是茶艺的一大要素。以上论述均说明了在我国茶艺中精茶必须配美水，才能给人至高的享受。

4．器之美

《周易·系辞》中载：“形而上者谓之道，形而下者谓之器。”形而上是指无形的道理、法则、精神，形而下是指有形的物质。在茶艺中，我们要重视形而上，即在茶艺中要以道驭艺，用无形的茶道来指导茶艺。受“美食不如美器”思想的影响，我国自古以来无论是饮还是食，都极看重器之美。到了近代，茶的品种已发展到六大类上千种，而茶具更是琳琅满目，美不胜数。我们按质地来分类，茶具可分为陶土茶具，瓷器茶具、玻璃茶具、金属茶具、漆器茶具、竹木茶具、其他茶具等七大类。按照茶具的功能可分为烧火器具、煮水器具等十类。

（1）择器

选择茶具是茶艺的基本功之一，在选择茶具时应当因茶制宜、因人制宜、因艺制宜、因境制宜，并发挥自己的创造性，根据美学的法则进行合理搭配。

其一，因茶制宜。

选择茶具时首先必须了解茶性、顺应茶性，使所选茶具能充分发挥茶性，即茶具要为展示茶的内在美服务。例如，冲泡乌龙茶宜用紫砂壶或盖碗，冲泡红茶宜选用较宽松的圆瓷壶，冲泡高档绿茶宜选用晶莹剔透的玻璃杯，冲泡花草茶或调配浪漫音乐红茶宜选用造型别致的鸡尾酒杯。试想一下，如果选用紫砂壶冲泡西湖龙井，那么龙井茶“色绿、香郁、味醇、形美”的四绝，至少有两绝你享受不到，而且因为紫砂壶保温性能好，稍不留神，水温过高就会闷坏了茶，造成熟汤失味，龙井茶那淡淡的豆花香和鲜醇的滋味你也享受不到。这样，即使你选用的紫砂壶出于工艺美术大师之手，无比名贵，你的选择仍是失败的。

其二，因人制宜。

不同年纪、不同民族、不同地区、不同教养、不同阶层的人有不同的爱好。在不影响展示茶的色、香、味、形的前提下，茶具的选择和搭配要充分考虑到人的因素。例如同样是冲泡乌龙茶，若是广东潮汕人，宜选用“功夫茶四宝”（潮汕风炉、玉书碨、孟臣罐、若琛瓯）进行搭配组合；若是台湾的朋友，则可选用紫砂壶、公道杯、闻香杯、品茗杯等进行搭配组合；若是青年情侣，则可选用同心杯进行组合；若是炒股的茶友，则

可选一把朱砂壶来泡茶。

其三，因艺制宜。

不同的茶艺表现形式，对茶具的组合有不同的要求。例如，宫廷茶艺要求茶具华贵，文士茶艺要求茶具雅致，民俗茶艺要求茶具朴实，宗教茶艺要求茶具端庄，企业营销型茶艺则要求所使用的茶具便于最直观地介绍茶叶的商品特性。总之，茶具的组合是为茶艺表演服务的，它必须充分考虑茶艺所要表现的时代背景和思想内容。

其四，因境制宜。

选择茶具还应当充分注意泡茶的场所和环境，注意环境的装修格调与基本色调，力求做到茶具美与环境美相互照应、相得益彰。

（2）**布席**

布席指在选定了茶具之后，结合花艺、香艺、挂画或点缀以奇石古玩，把茶席和茶室环境布置得协调，力求主题鲜明、美观实用并具有文化内涵。

在布席过程中要注意美学法则的灵活应用。特别要注意简素美、均齐美与不均齐美相结合，同时要注意调和对比与多样统一法则的应用。

简素美表现为在茶席布置时不摆设多余的物件，不张挂有碍于突出主题的字画，如果要插花，也必须力求素雅简洁，清丽脱俗。在不均齐美法则的应用方面，初学茶艺的人最常见的毛病是喜欢选用质地相同、花色一致的成套茶具，不懂得大胆选配质感、花色、造型“和而不同，违而不犯”的茶具。在摆台布席时，还要注意茶具与茶具之间、茶具与其他物品之间、茶具与环境之间的协调与照应，只有这样，茶席的布置才能做到如春云初展、春花乍放一样，在尚未开始泡茶时，就抢眼夺目，给人以美的感受。

5．**艺之美**

茶艺的艺之美，主要包括茶艺程序编排的内涵美和茶艺表演的动作美、神韵美、服装道具美等方面。茶艺之美在于实践，重在习艺的过程。茶艺表演的动作必须符合三个要求：一是动作圆活、连绵、轻盈；二是动作自然、优美、和谐；三是动作来源于生活，高于生活。

每一门表演艺术都有其自身的特点和个性，在表演时要准确把握个性，掌握尺度，表现出茶艺独特的美学风格，茶艺是茶文化的精粹和典型的物化形式。作为茶艺师，应该具有较高的文化修养，得体的行为举止，熟悉和掌握茶文化知识以及泡茶技能，做到以神、情、技动人，也就是说，无论在外形、举止乃至气质上，都有更高的要求。“韵”是我国艺术美学的最高范畴，可以理解为传神、动心、有余意，在古典美学中常讲“气韵生动”，茶艺要达到气韵生动要经过三个阶段的训练。第一阶段要求达到熟练，这是打基础，因为只有熟练才能生巧。第二阶段要求动作规范、细腻、到位。第三阶段才是要求传神达韵。在传神达韵的练习中要特别注意“静”和“圆”，关于以静求韵，明代著名琴师杨表正在其《弹琴杂说》中讲得很生动：“凡鼓琴，必择净室高堂，或升层楼之上，或于林石之间，或登山巅，或游水湄，或观宇中；值二气高明之时，清风明月之夜，焚香静室，坐定，心不外驰，气血和平，方能心与神合，灵与道合。”也就是说要弹好琴，首先必须身心俱静，气血和平。茶通六艺，琴茶一理。“圆”就是指整套动作要一气贯穿，成为一个生命的机体，让人看了觉得有一股元气在其中流转，感受到其生命力的充实与弥漫。

6．境之美

人们普遍以为："饮酒喝气氛，品茶品文化。"品茶和作诗一样，特别强调情景交融，特别重视境之美。中国的茶艺要求在品茶时做到环境、艺境、人境、心境四境俱美。茶艺表演中的意境要素主要包括环境要求、茶席布置、背景音乐三个方面。这是茶艺表演的辅助要素，但对于突出茶艺表演的主题，弘扬茶道精神和营造与茶艺表演相适应的氛围都十分重要。在茶艺表演中，要从整体环境的格调、茶艺师的服饰、茶席茶具的布置和图文声乐的选择四个部分去分别考虑和设计意境要素的内涵及其相互协调性。

（1）环境美

中国茶艺一般讲究幽旷清寂，渴望回归自然。所追求的外部环境之美，大体上可分为四种类型：一为幽寂的寺观丛林之美，二为山野自然之美，三为幽雅的都市园林之美，四为朴素的田园农家之美。唐朝的钱起在《与赵莒茶宴》中写道："竹下忘言对紫茶，全胜羽客醉流霞。尘心洗尽兴难尽，一树蝉声月影斜。"诗中描述的竹影婆娑、蝉鸣声声是典型的清寂的环境，在这种环境中品饮清茶感到尘心洗尽，心灵空明。只要你有爱美之心和审美的素养，在大自然的竹林中、小溪旁、荷塘边、树荫里、芳丛中、碧岩下或是一树红叶、几丛菊花，处处都是品茗佳境。

然而，在现代生活中，古人所追求的自然环境我们难以寻找，环境的污染、交通的不便，使我们不得不放弃对室外环境的追求。所以，很多时候，我们更讲究的是室内品茗环境。室内同样要求清静、雅致。我们现在所讲的室内的要求其实就是对古人自然环境要求的人工再造。关于茶艺表演的室内环境的设计与布置，其格调和主题意境应当因所表演的茶类和茶叶的不同而有所差异。名优绿茶类的茶艺表演，应当突出清雅、宁静、自然与活力等意境，比如营造一些类似"大地回春"、"翠绿欲滴"等主题；乌龙茶的表演则应当侧重营造欢快、活泼、奋发向上、充满朝气等意境，比如"香飘四季"、"青春焕发"、"荷塘秋色"、"一柱冲天"等主题背景；红茶的茶艺意境则应当体现出热烈、坚定、雄壮、不折不挠的力量，营造一些诸如"雨打芭蕉"、"白雪红梅"、"风华正茂"和"满山红遍"等主题环境；而陈年黑茶的茶艺背景，则突出成熟、沉稳、厚重、慈祥、和谐等主题，设计一些有如"海纳百川"、"和风细雨"、"夕阳无限"、"一览众山小"等意境。

室内品茗环境设计除了要与茶艺表演主题的意境协调外，还要求窗明几净、装修简素、格调高雅、气氛温馨，使人有亲切感和舒适感。室内装潢陈设应简洁素雅，不可富丽堂皇，奇异夺目。要令品茶人有洁净、清静之感、对茶、对茶友心生恭敬之意。在光线设计上，最好取自然采光，但忌阳光直接照射。室内光线不能明亮耀眼，但也不能像酒吧、咖啡馆那样采用较为昏暗的光源。如采用人工光源，最好是选用连续光谱的光源（如白炽灯）。因为日光灯类等不连续光谱的光源会影响茶叶的品评。茶室内部应宁静空寂，忌嘈杂，可以播放一些背景音乐，但不能过于强烈。一般多选择那些能够显示茶的历史文化和独特韵味的中国传统艺术形式，如评弹、琵琶等。室内空气应新鲜、纯净，忌各种气味（如燃香、空气清新剂、香水、香花、菜肴等）。

（2）艺境美

茶通六艺，在品茶时则讲究六艺助茶。六艺泛指琴、棋、书、画、诗和金石古玩的

收藏与鉴赏等，以六艺助茶时，特别重于音乐和字画。

在我国古代士大夫修身四课——琴、棋、书、画中，琴摆在第一位。琴代表着音乐。背景音乐可以营造意境，也最能使人静心。音乐，特别是我国古典名曲有助于茶人的心除烦涤尘，清静忘我。茶艺过程中最宜选播以下三类音乐。

其一是我国古典名曲。我国古典名曲幽婉深邃，韵味悠长，有一种令人荡气回肠、销魂摄魄之美，是牵着茶人回归自然、追寻自我的温柔的“手”。这类名曲有《春江花月夜》、《彩云追月》、《塞上曲》、《平湖秋月》等。

其二是精心录制的大自然之声，如山泉飞瀑、小溪流水、雨打芭蕉、风吹竹林、秋虫鸣唱等都是极美的音乐，我们称之为“天籁”，也称之为“大自然的箫声”，很适于创作意境型茶艺。

其三是近代作曲家专门为品茶而谱写的音乐，如《闲情听茶》、《香飘水云间》、《桂花龙井》、《听壶》等。听这些音乐可使茶人的心徜徉于茶的无垠世界中。让心灵随着乐曲和茶香，翱翔到茶馆之外，更美、更雅、更温馨的洞天府第中去；这样的音乐适合比较休闲的饮茶形式。

在茶席布置上，可以给以想象、给予创新。茶台上可以摆设除茶具之外的一些背景、道具，诸如茶食、花器等。营造高雅的意境，我们还常借助名家字画、金石古玩、花木盆景等作为背景装饰。在这些装饰中，楹联常能起到画龙点睛的作用，尤应精心挑选。但是凡此种种布置，首先是要求以茶为本，即做到意境与所冲泡的茶叶特点和茶艺主题相互衬托、协调，以泡茶的程式和技艺为主线，种种发挥最终都要回归到茶的意境和茶道的精神实质中去。花器不可过大、过于艳丽，否则会冲淡茶艺典雅的氛围；颜色搭配上要协调，不可夸张另类。作为背景的楹联、字画要选择与茶有关或意境相近的题材。

**（3）人境美**

所谓人境，即指品茗人数以及品茗者的素质所构成的人文环境。我们认为品茶不忌人多，但忌人杂。人数不同，可以有不同的品茗方式。

其一，独品得神。

一个人品茶没有干扰，心更容易达到虚静，精神更容易集中，情感更容易随着飘然四溢的茶香而升华，思想更容易达到物我两忘的境界。独自品茶，实际上是茶人的心在与茶对话，最容易做到心驰宏宇，神交自然，尽得中国茶道之神髓，所以称之为“独品得神”。

其二，对啜得趣。

品茶不仅可以是人与自然的沟通，而且可以是茶人之间心与心的相互沟通。邀一知心好友相对品茗，无论是红颜知己还是肝胆兄弟，或推心置腹倾诉衷肠，或无须多言即心有灵犀；或松下品茶论弈，或幽窗啜茗谈诗，都是人生乐事，所以称之为“对啜得趣”。

其三，众饮得慧。

众人品茗，人多，议论多，话题多，信息量大。在茶艺馆清静幽雅的环境中，大家最容易打开话匣子，相互交流思想，启迪心智，所以称之为“众饮得慧”。在茶事活动中只要善于引导，无论人多人少，都可以营造出一个良好的人境。

**（4）心境美**

品茗是心的歇息、心的放牧，所以品茗场所应当如风平浪静的港湾，让被生活风暴折磨得疲惫不堪的心得到充分歇息；品茗场所应当如芳草如茵的牧场，让平时被“我执”、

“法执”囚禁的心，在这里能自由自在地“漫步”；品茗的场所应当如温暖宜人的温泉，让被世俗烟尘熏染了的心，在这里能痛痛快快地“洗”个干净。从某种意义上说，人们品茗为的就是品出一份好心境，所谓好的心境主要是指闲适、虚静、空灵、舒畅。有了这样的心境，在品茶时才能做到“在枯寂之苦中见生机之甘”，才能在不完全的现实世界中享受一点和谐，在刹那间体会永久。

## 任务四　茶艺表演解说词的创作

茶艺表演时不能过多地开口说话，只是通过冲泡技艺来表现主题，但这种表演形式所蕴涵的内容却不易被观众所理解。茶艺表演又是新兴的艺术，许多观众对此还不熟悉，所以需要对表演内容进行解说，这样可以引导观众更好地欣赏茶艺表演，帮助观众理解表演的主题和相关内容，使茶艺表演达到更好的艺术效果。

解说词的内容主要包括节目的名称、主题、艺术特色及表演者单位、姓名等内容。创作解说词时首先应考虑的是观看茶艺表演的群体类别。如果观看者是专业人士，解说词就应简明扼要，并挑要点介绍，否则就会画蛇添足，显得多此一举；如果是普通观众，解说词就要通俗、易懂，专业术语不能太多，不然会使观看者如坠云雾，不明白所说何意。

其次，是要注意解说词的内容。解说词的内容应是对茶艺表演的背景、茶叶特点、人物等进行简单介绍，应能够使人明白此次表演的主题和内容。如江西的《客家擂茶》在表演前有一段这样的介绍：“客家擂茶是流行于江西赣南地区客家人的饮茶习俗。客家人为了躲避战乱，举族迁居到南方的山区。他们保留了一种古老的饮茶习俗，就是将花生、芝麻、陈皮等原料放在特制的擂钵中捣烂，然后冲入开水调制成一种既芳香可口，又具有疗效的饮料，民间称为擂茶。”这段解说词简明扼要地概括了擂茶的流行地点、饮用人群、制作方法及疗效，让人们对擂茶有了一定的了解又增添了兴趣。又如《禅茶》表演前的介绍：“中国的茶道早在唐代就开始盛行，这与佛教有着密切的关系……整个表演在深沉悦耳的佛教音乐中进行，表演者庄重、文静的动作使人不知不觉地进入一种空灵寂静的意境。”这段解说词中对禅茶的起源、盛行的原因、追求的意境都作了阐述，即使从未接触过禅茶，通过这番介绍也能略知一二。

再次是解说词的艺术性，茶艺表演有着非常强的艺术性，如果解说词太过直白，就会降低整个茶艺表演的质量。江西婺源的《文士茶》在表演前这样介绍到：“文士茶是流行于江西婺源地区的民间传统品茶艺术之一。婺源自古文风鼎盛，名人辈出，文人学士讲究品茶追求雅趣。因此文士茶以儒雅风流为特征，讲究三雅——饮茶人士之儒雅、饮茶环境之清雅、饮茶器具之高雅，追求三清——汤色清、气韵清、心境清，以达到物我合一、天人合一的境界。”如此美妙的解说词将人们带入了“天人合一”的品茗境界里。文字虽不多，但却将茶艺所具有的“和、静、雅”的特征一一点出，具有很强的艺术感染力。当然，解说词的艺术性并不代表一定要用一些晦涩难懂、过于专业或过于艺术化的词语，而是指解说词要写得优美，有意境和感染力。

在讲解茶艺解说词时还要注意以下几方面。一是使用标准普通话。作为对公众的茶艺表演解说，应采用普通话让大家都能听懂。若不能使用普通话或普通话不标准，则会使人听不懂，降低解说词的艺术感染力。二是脱稿，在解说时最好不要拿稿，不然会给

人留下对表演不熟悉的印象，同时，在解说当中还应与观众交流，拿着稿子就无法交流，也给人一种不尊敬他人的感觉。三是解说时应带有感情色彩，同样的文字，不同人阐述可以达到不同的效果。在解说时应投入感情，语气应抑扬顿挫，注意朗诵技巧。如果解说时毫无感情可言，即使表演再精彩、解说词写得再美，也会使效果大打折扣。

## 模块小结

本模块介绍了茶艺表演的艺术特征，茶艺表演编创的基本原则，重点介绍了茶艺编创各环节的基本要求，尤其是主题设计、程式设计和茶艺六要素设计的具体要求及操作方法。

**关键词** 茶艺主题 茶艺程式 茶艺表演六要素 茶艺意境 茶艺解说词

一套完美的茶艺表演不但应该包括一定的程序，更应该具有一定的文化内涵和茶道精神，并且茶艺程序设计始终都紧紧围绕一定的主题，通过茶艺表演，把茶品特点发挥得淋漓尽致。茶艺程式的设计必须是顺茶性、合茶道、科学卫生且具有较高文化品位的，同时茶艺表演意境的设计对于突出茶艺表演主题，弘扬茶道精神和营造与茶艺表演相适应的氛围也起到十分重要的作用。

**知识链接**

### 中国茶道与美学

人们经常论述茶艺、茶道与美学的关系，多是从文艺创作的一般美学原则来罗列茶道、茶艺的诸多美学特征，涉及方面很广，如有人认为中国茶道之美有自然之美、淡泊之美、简约之美、虚静之美、含蓄之美。但对一般茶人而言，却有目迷五色，难得要领之感。因而希望能够从中提炼、概括出最具本质特征的茶道之美。

**一、清静之美**

清静之美是种静态的美，柔性的美，和谐的美。它是中国茶道美学的客观属性，这种客观属性首先来源于茶叶本身的自然属性。作为山茶科山茶属多年生常绿木本植物的茶树，性喜湿润气候和微酸性土壤，耐阴性强，不喜太阳直射，而喜漫射光。多生长在云遮雾罩的山野，不耐严寒，也不喜酷热。客观的自然条件决定了茶性微寒，味醇而不烈，甘而微涩，具有清火、解毒、提神、健脑、清心、明目、消食、减脂诸功能，饮后使人更为安静、宁静、冷静、文静、雅静，是一种有益于人类的温性饮料。

**二、中和之美**

从审美主体角度而言，主要是人与人和、人与天和、人与物和，达到物我合一，天人合一的境界。人与人和是指处理人际关系时要和诚处世，敬爱待人，而要做到这一点，首先要从自我做起，修身养性，“调神和内”，达到身与心和，只有自己的情操陶冶好了，才能协调好人际关系，从而达到净化社会风气的目的。人与天和是指处理人与自然环境的关系，包括室外环境和室内环境以及人文环境，都要和谐相处，融为一体。人与物和是指人与茶、水、火、器等物质对象的关系要搭配合理、协调。诸如茶叶的选择、水温的掌握、火候的控制、器物的配置等都有一个合适的"度"，要不偏不倚，过与不及都是缺陷，应该加以避免。从审美对象而言，主要是茶艺诸要素的协调配合，要注意合理、和谐，不走偏锋。明代许次纾的《茶疏》云："茶滋于水，水藉乎器，汤成于火，四者相须，缺一则废。"茶、水、汤、火，互为依存，相辅相成，互相调和才能泡出一壶好茶汤来。

**三、儒雅之美**

茶得天地之精华，禀山川之灵气，在大自然的怀抱中形成了平和、淡雅的自然属性。在所有饮料中，只有它与中国人谦恭、俭朴、温文尔雅的性情最为贴近。文人雅士们认为通过品茗活动可以修身养性以使自己的心志更为高雅。所以唐人将品茶集会的茶会称之为"雅集"，将品茗艺术的韵味称之为"雅韵"。唐代刘贞亮在《茶十德》中就明确指出"以茶雅心"。《大观茶论》中将饮茶称为"雅尚"，即高雅的时尚。这些都赋予了茶树自然属性之外的人文色彩。于是茶树天然形成的固有的客观的自然美与审美主体茶人主观的审美情趣、审美评价和审美理想有机融合起来，在茶人的茶艺审美实践中形成了一种具有浓郁的文化韵味的儒雅之美。

（资料来源：陈文华，载《农业考古》，2008 年第 5 期）

## ● 实践项目

创编一项茶艺表演节目。

## ● 能力检测

**茶艺表演的标准**

| 考 核 项 目 | 标 准 要 求 | 个人评价 | 小组评价 | 老师评价 | 小组推优展示 |
|---|---|---|---|---|---|
| 表演 | 表演要自然、规范、熟练、优美，韵律舒展流畅与音乐相符 | | | | |
| 解说 | 解说词与表演配合恰到好处，词语使用恰当，声音流畅，语言简练、优美、娴熟，要用普通话 | | | | |
| 茶汤 | 所泡茶汤符合所用茶的茶汤标准，如红茶红艳透明，绿茶清澈碧绿等 | | | | |
| 搭配 | 服装、服饰、发型搭配是否合理美观。茶具组合是否合理，与所表演的茶艺是否配套；茶具是否清洁卫生 | | | | |
| 交流 | 表演人员之间相互配合、协调，反映出整体的美感 | | | | |
| 音乐 | 所配的音乐要同表演的茶艺相协调，音量大小适中，要优美动听 | | | | |
| 程序编排 | 整个表演自始至终的程序编排要科学合理，时间在 25 分钟为宜 | | | | |

## ● 案例分享

**老舍茶馆《五环茶艺》赏析**

第一次观赏到由老舍茶馆创编的《五环茶艺》表演时，我一下子就被深深吸引住了，

这台茶艺表演不但“创意”绝佳，而且“创艺”（艺术效果）也是可圈可点。可以说，《五环茶艺》成功的创意给今后中国茶艺的发展带来一种思考。因为，表演型茶艺的创意思维是一个复杂的辨证的思维过程，一切要经过创编者大胆的探索、发现与整合。这种“创意”思维归纳可分为“定向、逼近、成型、引深”四个阶段。

**1．定向**

这一阶段主要是茶艺创编者发现历史抑或现代的事件，并收集周围感性和理性的重要信息（奥运）。初步考虑需要“创意”及“创艺”一套什么样的表演型茶艺，同时运用丰富的联想，从茶叶的冲泡概念的经验中获得启发，寻找最佳创意点来决定自己创艺方向以及该表演型茶艺名称（课题）。

剖析：2008 年恰逢奥运走进中国，对这一全球性的盛事，各行各业均利用奥运这一契机大做文章。那么奥运与中国茶艺有没有一种契合点（共同点）呢？有！茶叶是绿色食品，而这一物质的背后渗透的却是中国茶文化精神，体现的是人文关怀。它与 2008 北京奥运的口号“绿色奥运”、“人文奥运”不谋而合；中国茶文化的精髓是“和合”，而奥林匹克大家庭追求的正是一种“和谐”；中国六大茶类有六种颜色，而奥运五环加底色恰好也是六种颜色。问题的关键是如何创编和整合这套茶艺呢？创意有了，定向也找到了。

**2．逼近**

表演型茶艺的创编者最大的毅力和决心，乃集中精力，以不懈的努力，寻找中国茶艺和奥运相关联、相近的、相融的和相似的地方。于是创编者向定向目标进行一种思想冲击，去逼近、逼近、再逼近自己的主题（五环茶艺）。

剖析：奥运有五环标志，分红、黄、蓝、黑、绿五种颜色，而中国六大茶类分为青、红、黄、绿、黑、白六种颜色，除青茶之色稍与奥运五环中的蓝色有些许误差之外，其他均可谓天然巧合。那么白茶之色去向何处逼近呢？有了！五环底色恰好是白色。于是五环的五色加底色成就了六色，与中国六大茶类的六色逼近了，而且真可谓具有异曲同工之妙啊！

**3．成型**

创编者的创意在经过深思熟虑后，常常会产生顿悟与灵感。此时此刻的创意逼近可以使创编者情绪亢奋，如痴如醉、思维敏锐。顿悟可以在酝酿中产生，也可以在酝酿后期的思维松弛中突然发生。当新的观点和新结论产生时，表演型茶艺内在的“意”和“艺”也就进入了创意思维成型期。

剖析：五环的五种颜色需要五人来表演，需要五人身着五种颜色的服装来显示五色的个性。如何来协调六大茶类之“六色”与五环“五色”的关系呢？这的确需要一种勇气和大胆创想。于是让五环底色的白色与白茶相呼应起来。这的确是神来之笔的“创意”。身着五种颜色民族服装的表演者在分别冲泡各自颜色的茶类之前，共同把第一道所泡之茶定格为白茶。然后，五位表演者再根据自己服装颜色来冲泡相同颜色的茶。

**4．引深**

新观点、新思维、新“创意”产生后可能并不十分完善，还需要通过必要的试演和验证来不断地完善与深化思维，使其更加系统，更加丰满，更加成熟。

剖析：当一台表演型茶艺成型后，就开始把深化思维过程中的思想实施“引深”。因为《五环茶艺》的成功表演，既寄于它的大背景——奥运，也寄于它所折射的绿色和人文理念；既要考虑六大茶类的泡法、技巧，也要考虑舞台背景、灯光、音乐以及那扣人心弦的解说词，也就是“创艺”部分。

结论：中国茶文化被赋予清和、俭约、廉洁、求真、求美的人格思想，形成中华民族由来已久的文化心理。中国茶文化的核心概念是“和合”文化，所倡导的“大众参与，大众认同，大众分享，大众成就”理念与奥林匹克崇尚的“团结与友谊”精神不谋而合。奥运“五环”标志中的白底，加上黄、绿、蓝、红、黑的五环颜色，与中国六大茶类中青、红、黄、绿、蓝、黑、白颜色相似，给人以中国茶文化与奥林匹克注定有一种难以割舍的情愫以及一种共同理念的主张。这就是《五环茶艺》的成功之处。从另一个角度思考，奥运平台已经筑起，一种让世界范围内对中国茶文化的重新认识给“中国茶艺”的发展带来全新的机遇。通过奥运，让中国茶艺走向世界，同时也推动了中国茶产业经济的发展。

（资料来源：舒曼，丁香茗铁观音茶业，http://www.dxmtea.com）

## ● 思考与练习题

1. 茶艺表演的内涵要求有哪些？
2. 如何理解茶艺表演的神韵？
3. 简述茶艺表演六要素的基本构成。

# 模块二　流行茶艺表演集萃

**知识目标**

了解流行茶艺表演创编的基本知识。

**能力目标**

能够创编茶艺表演。

**工作任务**

掌握流行茶艺创编的方法。

## 任务一　西湖龙井茶艺表演

### 一、器皿选择

玻璃杯四只，白瓷壶一把，随手泡一套，锡茶叶罐一个，茶道具一套，脱胎漆器茶盘一个，陶茶池一个，香炉一个，香一支，茶巾一条，特级狮峰龙井 12 克。

### 二、基本程序

1）点香——焚香除妄念。

2）洗杯——冰心去凡尘。

3）凉汤——玉壶养太和。

4）投茶——清宫迎佳人。

5）润茶——甘露润莲心。

6）冲水——凤凰三点头。

7）泡茶——碧玉沉清江。

8）奉茶——观音捧玉瓶。

9）赏茶——春波展旗枪。

10）闻茶——慧心悟茶香。

11）品茶——淡中品致味。

12）谢茶——自斟乐无穷。

## 三、解说词

“上有天堂，下有苏杭。”西湖龙井是素有“人间天堂”之称的杭州市的名贵特产。清代嗜茶皇帝乾隆品饮了龙井茶之后，曾写诗赞道：“龙井新茶龙井泉，一家风味称烹煎。寸芽生自烂石上，时节焙成谷雨前。何必凤团夸御茗，聊因雀舌润心莲。呼之欲出辨才在，笑我依然文字禅。”今天就请各位当回皇帝过把瘾，品一品润如莲心的龙井茶，并欣赏龙井茶茶艺。

第一道：焚香除妄念。

俗话说：“泡茶可修身养性，品茶如品味人生。”古今品茶都讲究首先要平心静气。“焚香除妄念”即通过点燃这支香来营造一个祥和、肃穆的气氛，并达到驱除妄念，心平气和的目的。

第二道：冰心去凡尘。

茶是至清至洁，天涵地育的灵物。泡茶要求所用的器皿也必需至清至洁：这道程序是当着各位嘉宾的面，把本来就是干净的玻璃杯再烫洗一遍，以示对嘉宾的尊敬。

第三道：玉壶养太和。

今天我们冲泡的狮峰龙井茶芽极细嫩，若直接用开水冲泡，会烫熟茶芽造成熟汤失味，所以我们把开水先注入到瓷壶中养一会儿。待水温降到 80℃左右时再用来冲茶。用这样不温不火、恰到好处的水泡出的茶才色香味俱美。

第四道：清宫迎佳人。

苏东坡有诗云：“戏作小诗君一笑，从来佳茗似佳人。”他把优质茶比喻成让人一见倾心的绝代佳人。“清宫迎佳人”即用茶匙把茶叶投入到冰清玉洁的玻璃杯中。

第五道：甘露润莲心。

向杯中注入约 1/3 容量的热水，起到润茶的作用。

第六道：凤凰三点头。

冲泡龙井也讲究高冲水。在冲水时使水壶有节奏地三起三落而水流不间断，这种冲水的技法称为“凤凰三点头”，意为凤凰再三向嘉宾们点头致意。

第七道：碧玉沉清江。

冲水后，龙井茶吸收了水分，逐渐舒展开来并慢慢沉入杯底，我们称之为“碧玉沉清江”。

第八道：观音捧玉瓶。

佛教故事中传说大慈大悲的观音菩萨常捧着一个白玉瓶，净瓶中的甘露可消灾祛病，救苦救难。这道程序是茶艺小姐向客人奉茶，意在祝福好人一生平安。

第九道：春波展旗枪。

杯中的热水如春波荡漾，在热水的浸泡下，龙井茶的茶芽慢慢地舒展开来，尖尖的茶芽如枪，展开的叶片如旗。一芽一叶的称之为“旗枪”，一芽两叶的称之为“雀舌”，展开的茶芽簇拥着立在杯底，在清碧澄静的水中或上下浮沉或左右晃动，栩栩如生，宛如春兰初绽，又似有生命的绿精灵在起舞。所以有的茶人称这个特色程序为“杯中看茶舞”，十分生动有趣。

第十道：慧心悟茶香。

龙井茶有四绝：“色绿、形美、香郁、味醇”。所以我们品饮龙井要一看、二闻、三品味。刚才我们看了杯中茶舞之后，现在来闻一闻茶香。龙井茶的香郁如兰而胜于兰。乾隆皇帝在闻茶香时曾形容说好比是“古梅对我吹幽芬”。来让我们细细地再闻一闻，看看能不能找到这种茶香袭人的感觉。

第十一道：淡中品致味。

品饮龙井也极有讲究，清代茶人陆次之说：“龙井茶，真者甘香而不洌，啜之淡然，似乎无味，饮过之后，觉有一种太和之气，弥漫于齿颊之间，此无味之味，乃至味也。”请各位慢慢啜，细细品，让龙井茶的太和之气沁入我们的肺腑，使我们益寿延年。让龙井茶的“无味”启迪我们的灵性，使我们对生活有更深刻的感悟。

第十二道：自斟乐无穷。

品茶之乐，乐在闲适，乐在怡然自得。在品了头道茶之后，我们的茶艺表演就告一段落了，接下来请各位自斟自酌，通过亲自动手，从茶事活动中去感受修身养性，品味人生的无穷乐趣。

## 任务二　碧螺春茶艺表演

### 一、器皿选择

玻璃杯四只，随手泡一套，木茶盘一个，茶荷一个，茶艺用品组一套，茶池一个，茶巾一条，香炉一个，香一支。

### 二、基本程序

1）点香——焚香通灵。

2）涤器——仙子沐浴。

3）凉水——玉壶含烟。

4）赏茶——碧螺亮相。

5）注水——雨涨秋池。

6）投茶——飞雪沉江。

7）观色——春染碧水。

8）闻香——绿云飘香。

9）品茶——初尝玉液。

10）再品——再啜琼浆。

11）三品——三品醍醐。

12）回味——神游三山。

## 三、解说词

“洞庭无处不飞翠，碧螺春香万里醉。”烟波浩渺的太湖包孕吴越，太湖洞庭山所产的碧螺春集吴越山水的灵气和精华于一身，是我国历史上的贡茶。新中国成立之后，被评为我国的十大名茶之一。现在就请各位嘉宾来品啜这难得的茶中瑰宝，并欣赏碧螺春茶茶艺。这套茶艺共十二道程序。

第一道：焚香通灵。

我国茶人认为“茶须静品，香能通灵”。在品茶之前，首先点燃这支香，让我们的心平静下来，以便以空明虚静之心，去体悟这碧螺春中所蕴含的大自然的信息。

第二道：仙子沐浴。

今天我们选用玻璃杯来泡茶。晶莹剔透的杯子好比是冰清玉洁的仙子，“仙子沐浴”即再清洗一次茶杯，以表示我对各位的崇敬之心。

第三道：玉壶含烟。

冲泡碧螺春只能用 80℃左右的开水。在烫洗了茶杯之后，我们不用盖上壶盖，而是敞着壶，让壶中的开水随着水汽的蒸发而自然降温。请看这壶口蒸汽氤氲，所以这道程序称之为“玉壶含烟”。

第四道：碧螺亮相。

“碧螺亮相”即请大家传着鉴赏干茶。碧螺春有“四绝”——“形美、色艳、香浓、味醇”，赏茶是欣赏它的第一绝——“形美”。生产 500 克特级碧螺春约需采摘七万个嫩芽，你看它条索纤细、卷曲成螺、满身披毫、银白隐翠，多像民间故事中娇巧可爱且羞答答的碧螺姑娘。

第五道：雨涨秋池。

唐代李商隐的名句“巴山夜雨涨秋池”是个很美的意境。“雨涨秋池”即向玻璃杯中注水，水只宜注到七分满，留下三分装情。

第六道：飞雪沉江。

飞雪沉江即用茶导将茶荷里的碧螺春依次拨到已冲了水的玻璃杯中。满身披毫、银白隐翠的碧螺春如雪花纷纷扬扬飘落到杯中，吸收水分后即向下沉，瞬时间白云翻滚，雪花翻飞，煞是好看。

第七道：春染碧水。

碧螺春沉入水中后，杯中的热水溶解了茶里的营养物质，逐渐变为绿色，整个茶杯好像盛满了春天的气息。

第八道：绿云飘香。

碧绿的茶芽，碧绿的茶水，在杯中如绿云翻滚，氤氲的蒸汽使得茶香四溢，清香袭人。这道程序是闻香。

第九道：初尝玉液。

品饮碧螺春应趁热连续细品。头一口如尝玄玉之膏，云华之液，感到色淡、香幽、汤味鲜雅。

第十道：再啜琼浆。

这是品第二口茶。二啜感到茶汤更绿、茶香更浓、滋味更醇，并开始感到了舌体回甘，满口生津。

第十一道：三品醍醐。

醍醐可直释为奶酪。在佛教典籍中用醍醐来形容最玄妙的“法味”。品第三口茶时，我们所品到的已不再是茶，而是在品太湖春天的气息，在品洞庭山盎然的生机，在品人生的百味。

第十二道：神游三山。

古人讲茶要静品、茶要慢品、茶要细品，唐代诗人卢仝在品了七道茶之后写下了传颂千古的茶歌《走笔谢孟谏大夫寄新茶》：“五碗肌骨清，六碗通仙灵。七碗吃不得也，唯觉两腋习习清风生。”在品了三口茶之后，请各位嘉宾继续慢慢地自斟细品，静心去体会七碗茶之后“清风生两腋，飘然几欲仙。神游三山去，何似在人间”的绝妙感受。

## 任务三　茉莉花茶茶艺表演

### 一、用具

三才杯（小盖碗）若干只，白瓷茶壶一把，木制托盘一个，开水壶两把（或随手泡一套），青花茶荷一个，茶道具一套，茶巾一条，花茶每人二至三克。

### 二、基本程序

1）烫杯——春江水暖鸭先知。

2）赏茶——香花绿叶相扶持。

3）投茶——落英缤纷玉杯里。

4）冲水——春潮带雨晚来急。

5）闷茶——三才化育甘露美。

6）敬茶——一盏香茗奉知己。

7）闻香——杯里清香浮清趣。

8）品茶——舌端甘苦人心底。

9）回味——茶味人生细品悟。

10）谢茶——饮罢两腋清风起。

## 三、解说词

花茶融茶之韵与花之香于一体，通过“引花香，增茶味”，使花香、茶味珠联璧合，相得益彰。从花茶中，我们可以品出春天的气息。花茶是诗一般的茶，所以在冲泡和品饮花茶时也要求有诗一样美的程序。今天为大家表演的花茶茶艺共有十道程序。

第一道：烫杯——春江水暖鸭先知。

“竹外桃花三两枝，春江水暖鸭先知”是苏东坡的一句名诗。苏东坡不仅是一个多才多艺的大文豪，而且是一个至情至性的茶人。借助苏东坡的这句诗描述烫杯，请各位嘉宾充分发挥自己的想象力，看一看在茶盘中经过开水烫洗之后，冒着热气的、洁白如玉的茶杯，像不像一只只在春江中游弋的小鸭子？

第二道：赏茶——香花绿叶相扶持。

赏茶也称为“目品”。目品是花茶三品（目品、鼻品、口品）中的头一品，目的是观察、鉴赏花茶茶坯的质量，主要是观察茶坯的品种、工艺、细嫩程度及保管质量。今天请大家品的是特级茉莉花茶，这种花茶的茶坯多为优质绿茶，茶坯色绿质嫩，在茶中还混合有少量的茉莉花干，花干的色泽应白净明亮，这称之为“锦上添花”。在用肉眼观察了茶坯之后，还要干闻花茶的香气。通过上述鉴赏，我们一定会觉得好的花茶确实是“香花绿叶相扶持”，极富诗意，令人心醉。

第三道：投茶——落英缤纷玉杯里。

“落英缤纷”是晋代文学家陶渊明先生在《桃花源记》一文中描述的美景。当我们用茶导把花茶从茶荷中拨进洁白如玉的茶杯时，花干和茶叶飘然而下，恰似“落英缤纷”。

第四道：冲水——春潮带雨晚来急。

冲泡花茶也讲究高冲水。冲泡特级茉莉花茶时，要用90℃左右的开水。热水从壶中直泄而下，注入杯中，杯中的花茶随冲入的水流上下翻滚，恰似“春潮带雨晚来急”。

第五道：闷茶——三才化育甘露美。

冲泡花茶一般要用三才杯，茶杯的盖代表天，杯托代表地，中间的茶杯代表人。茶人认为茶是“天涵之，地载之，人育之”的灵物。闷茶的过程象征着天、地、人三才合一，共同化育出茶的精华。

第六道：敬茶——一盏香茗奉知己。

敬茶时应双手捧杯，举杯齐眉，注目嘉宾并行点头礼，然后从右到左，依次一杯一杯地把沏好的茶敬奉给嘉宾，最后一杯留给自己。

第七道：闻香——杯里清香浮清趣。

闻香也称为“鼻品”，这是三品花茶的第二品。品花茶讲究“未尝甘露味，先闻圣妙香”。闻香时三才杯的天、地、人不可分离，应用左手端起杯托，右手轻轻地将杯盖掀开一条缝，从缝隙中去闻香。闻香时主要看三项指标：一闻香气的鲜灵度，二闻香气的浓郁度，三闻香气的纯度。细心地闻优质花茶的茶香是一种精神享受。您一定会感悟到在天、地、人之间，有一股新鲜、浓郁、醇正、清和的花香伴随着清悠高雅的茶香，氤氲上升，沁人心脾，使人陶醉。

第八道：品茶——舌端甘苦人心底。

品茶是指三品花茶的最后一品——口品。在品茶时依然是天、地、人三才杯不分离，依然是用左手托杯，右手将杯盖的前沿下压，后沿翘起，然后从盖与杯的缝中品茶。品茶时应小口喝入茶汤，使茶汤在口腔中稍事停留，这时轻轻用口吸气，使茶汤在舌面流动，以便茶汤充分与味蕾接触，有利于更精细地品悟出茶韵；然后闭紧嘴巴，用鼻腔呼气，使茶香直贯脑门，只有这样才能充分领略花茶所独有的“味轻醍醐，香薄兰芷”的花香与茶韵。

第九道：回味——茶味人生细品悟。

茶人认为一杯茶中有人生百味，有的人“啜苦可励志”，有的人“咽甘思报国”。

无论茶是苦涩、甘鲜，还是平和、醇厚，从一杯茶中茶人都会有良多的感悟和联想，所以品茶重在回味。

第十道：谢茶——饮罢两腋清风起。

唐代诗人卢仝在他的传颂千古的《走笔谢孟谏议寄新茶》一诗中写出了品茶的绝妙感受。他写道：“一碗喉吻润，二碗破孤闷。三碗搜枯肠，唯有文字五千卷。四碗发轻汗，平生不平事，尽向毛孔散。五碗肌骨清，六碗通仙灵。七碗吃不得也，唯觉两腋习习清风生。”茶是祛襟涤滞，致清导和，使人神清气爽、延年益寿的灵物，让我们共同干了这头道茶后，再请各位嘉宾慢慢自斟自品，去寻找卢仝七碗茶后“两腋习习清风生”的绝妙感受。好，请让我以茶代酒，祝大家多福多寿，长健长乐！

## 任务四　铁观音茶艺表演

### 一、茶具组合

紫砂壶一把，茶盅（公道杯）一把，闻香杯一组，品茗杯一组，随手泡一套，木茶盘一个，茶荷一个，茶道具一套，茶池一个，茶巾一条，香炉一个，香一支。

### 二、基本程序

1）第一道：孔雀开屏。
2）第二道：火煮山泉。
3）第三道：叶嘉酬宾。
4）第四道：孟臣沐淋。
5）第五道：若琛出浴。
6）第六道：乌龙入宫。
7）第七道：高山流水。
8）第八道：春风拂面。
9）第九道：重洗仙颜。
10）第十道：游山玩水。
11）第十一道：祥龙行雨。
12）第十二道：珠联璧合。
13）第十三道：鲤鱼翻身。
14）第十四道：敬奉香茗。
15）第十五道：喜闻幽香。

16）第十六道：三龙护鼎。

17）第十七道：鉴赏汤色。

18）第十八道：细品佳茗。

## 三、解说词

第一道：孔雀开屏。

这是孔雀向它的同伴展示它美丽的羽毛，在泡茶之前，让我借“孔雀开屏”这道程序向大家展示我们这些典雅精美、工艺独特的功夫茶具。茶盘：用来陈设茶具及盛装不喝的余水。宜兴紫砂壶：也称孟臣壶。茶海：也称茶盅，与茶滤合用起到过滤茶渣的作用，使茶汤更加清澈亮丽。闻香杯：因其杯身高，口径小，用于闻香，有留香持久的作用。品茗杯：用来品茗和观赏茶汤。茶道一组，内有五件：茶漏放置壶口，扩大壶嘴，防止茶叶外漏；茶则量取茶叶；茶夹夹取品茗杯和闻香杯；茶匙拨取茶叶；茶针疏通壶口。茶托：托取闻香杯和品茗杯。茶巾：拈拭壶底及杯底的余水。随手泡：保证泡茶过程的水温。

第二道：火煮山泉。

泡茶用水极为讲究，宋代大文豪苏东坡是一个精通茶道的人，他总结泡茶的经验时说：“活水还须活火烹”。火煮甘泉，即用旺火来煮沸壶中的山泉水，今天我们选用的是纯净水。

第三道：叶嘉酬宾。

叶嘉是宋代诗人苏东坡对茶叶的美称，叶嘉酬宾是请大家鉴赏茶叶，可看其外形、色泽，以及嗅闻香气。这是铁观音，其颜色青中藏翠，外形为包揉形，以匀称、紧结、完整为上品。

第四道：孟臣沐淋。

孟臣是明代的制壶名家（惠孟臣），后人将孟臣代指各种名贵的紫砂壶，因为紫砂壶有保温、保味、聚香的特点，泡茶前我们用沸水淋浇壶身可起到保持壶温的作用。亦可借此为各位嘉宾接风洗尘，洗去一路风尘。

第五道：若琛出浴。

茶是至清至洁，天涵地育的灵物，用开水烫洗一下本来就已经干净的品茗杯和闻香杯，使杯身杯底做到至清至洁，一尘不染，也是对各位嘉宾的尊敬。

第六道：乌龙入宫。

茶似乌龙，壶似宫殿，取茶量通常为壶量的二分之一，这主要取决于大家的浓淡口味。苏轼把乌龙入宫比成佳人入室，他言：“戏作小诗君一笑，从来佳茗似佳人。”在诗句中把上好的乌龙茶比作让人一见倾心的绝代佳人，轻移莲步，使得满室生香，形容乌龙茶的美好。

第七道：高山流水。

茶艺讲究高冲水，低斟茶。

第八道：春风拂面。

用壶盖轻轻推掉壶口的水沫。乌龙茶讲究“头泡汤，二泡茶，三泡四泡是精华”。功夫茶的第一遍茶汤，我们一般只用来洗茶，俗称温润泡，亦可用于养壶。

第九道：重洗仙颜。

意喻着第二次冲水，淋浇壶身，保持壶温，让茶叶在壶中充分地释放香气。

第十道：游山玩水。

功夫茶的浸泡时间非常讲究，过长苦涩，过短则无味，因此要在最佳时间将茶汤倒出。

第十一道：祥龙行雨。

取其“甘霖普降”的吉祥之意。“凤凰点头”象征着向各位嘉宾行礼致敬。

第十二道：珠联璧合。

我们将品茗杯扣于闻香杯上，将香气保留在闻香杯内，称为“珠联璧合”。在此祝各位嘉宾家庭幸福美满。

第十三道：鲤鱼翻身。

在中国古代的神话传说中，鲤鱼翻身跃过龙门可化龙升天而去，我们借这道程序，祝福在座的各位嘉宾跳跃一切阻碍，事业发达。

第十四道：敬奉香茗。

坐酌淋淋水，看间涩涩尘，无由持一碗，敬于爱茶人。

第十五道：喜闻幽香。

请各位轻轻提取闻香杯向内倾斜 45°，把高口的闻香杯放在鼻前轻轻转动，你便可喜闻幽香，高口的闻香杯里如同开满百花的幽谷，随着温度的逐渐降低，你可闻到不同的芬芳。

第十六道：三龙护鼎。

即用大拇指和食指轻扶杯沿，中指紧托杯底，这样举杯既稳重又雅观。

第十七道：鉴赏汤色。

现请嘉宾鉴赏铁观音的汤色呈金黄明亮。

第十八道：细品佳茗。

第一口玉露初品，茶汤入口后不要马上咽下，而应吸气，使茶汤与舌尖、舌面的味蕾充分接触。您可小酌一下；第二口好事成双，这口主要品茶汤过喉的滋味是鲜爽、甘醇，还是生涩、平淡；第三口三品石乳，您可一饮而下。希望各位在快节奏的现代生活中，充分享受那份幽情雅趣，让忙碌的身心有个宁静的回归。

## 任务五　大红袍茶艺表演

### 一、器皿选择

木制茶盘一个，宜兴紫砂母子壶一对，龙凤变色杯若干对，茶道具一套，茶巾两条，开水壶一个，热水器一套，香炉一个，茶荷一个。

### 二、基本程序

1）第一道：恭迎茶王。

2）第二道：焚香静气。

3）第三道：喜遇知己。

4）第四道：大彬沐淋。

5）第五道：茶王入宫。

6）第六道：高山流水。

7）第七道：春风拂面。

8）第八道：乌龙入海。
9）第九道：一帘幽梦。
10）第十道：玉液移壶。
11）第十一道：祥龙行雨。
12）第十二道：凤凰点头。
13）第十三道：夫妻和合。
14）第十四道：鲤鱼翻身。
15）第十五道：敬献香茗。
16）第十六道：细闻天香。
17）第十七道：三龙护鼎。
18）第十八道：鉴赏双色。
19）第十九道：初品奇茗。
20）第二十道：再斟流霞。
21）第二十一道：白鹤展翅。
22）第二十二道：敬杯谢茶。

## 三、解说词

世界文化与自然双遗产地武夷山，不仅是风景名山、文化名山，而且还是茶叶名山，大红袍是清代贡茶中的极品，乾隆皇帝在品饮了各地贡茶后曾题诗评价道："就中武夷品最佳，气味清和兼骨鲠。"现在我们就请各位嘉宾当回皇帝过把瘾，品啜茶王大红袍。

第一道：恭迎茶王。

"千载儒释道，万古山水茶。"在碧水丹山的良好生态环境中，武夷山所生产的大红袍"臻山川精英秀气之所钟，品具岩骨花香之胜"。现在我们请出名满天下的茶王——大红袍。

第二道：焚香静气。

（茶须静品，香可通灵）我们焚香一敬天地，感谢上苍赐给我们延年益寿的灵芽；二敬祖先，是他们用智慧和汗水，把灵芽变成了珍饮；三敬茶神，茶那赴汤蹈火、以身济世的精神我们一定会薪火相传。

第三道：喜遇知己。

清代乾隆皇帝在品饮了大红袍之后曾赋诗说："武夷应喜添知己，清苦原来是一家。"这位嗜茶皇帝，不愧为大红袍的千古知音，现在就请大家细细的观赏名满天下的大红袍，希望各位嘉宾也能像乾隆皇帝一样，成为大红袍的知己。

第四道：大彬沐淋。

时大彬是明代制作紫砂壶的一代宗师，他制作的紫砂壶被后人视为至宝，所以后代茶人常把名贵的紫砂壶称为"大彬壶"。在茶人眼里"水是茶之母，壶为茶之父"，要冲泡大红袍这样的茶王，只用有大彬壶才能相配。

第五道：茶王入宫。

即把大红袍请入茶壶。

第六道：高山流水。

武夷茶艺讲究高冲水，低斟茶。高山流水有知音，这倾泻而下的热水，如瀑布在鸣奏着大自然的乐章。请大家静心聆听，希望这高山流水能激发您心中的共鸣。

第七道：春风拂面。

用壶盖轻轻刮去茶汤表面的白色泡沫，以便茶汤更加清澈亮丽。

第八道：乌龙入海。

我们品茶讲究“头泡汤，二泡茶，三泡四泡是精华”。我们把头一泡的茶汤用于汤杯或直接注入茶盘，称之为乌龙入海。

第九道：一帘幽梦。

第二次冲入开水后，茶与水在壶中相依偎，相融合。这时，还要继续在壶的外部浇淋开水，以便让茶在滚烫的壶中，孕育出香，孕育出妙不可言的岩韵。这种神秘的感觉恰似一帘幽梦。

第十道：玉液移壶。

冲泡大红袍，我们要准备两把壶，一把用于泡茶，称为母壶；一把用于储存茶汤，称为子壶，把泡好的茶倒入子壶称之为玉液移壶。

第十一道：祥龙行雨。

将壶中的茶汤快速而均匀地注入闻香杯称之为祥龙行雨，取其甘霖普降的吉祥之意。

第十二道：凤凰点头。

当改为点斟的手法时称为凤凰点头，象征着向各位嘉宾行礼致敬。

第十三道：夫妻和合。

把品茗杯扣合在闻香杯上称为夫妻和合，也称龙凤呈祥，祝福天下有情人终成眷属，祝所有的家庭幸福美满。

第十四道：鲤鱼翻身。

把扣合好的杯子翻转过来称为鲤鱼翻身，祝在座的各位嘉宾事业发达、前程辉煌。

第十五道：敬献香茗。

把冲泡好的大红袍敬献给各位嘉宾。

第十六道：细闻天香。

大红袍的茶香锐则浓长，清则悠远，如梅之清逸，如兰之高雅，如熟果之甜润，如乳香之温馨。来请大家细闻这妙不可言的天香。

第十七道：三龙护鼎。

这是持杯的手势，三个手指喻为“三龙”，茶杯如鼎故名三龙护鼎，这样持杯即稳当又雅观。

第十八道：鉴赏双色。

大红袍的茶汤清澈艳丽，呈深橙黄色，在观赏时要注意欣赏茶水的颜色以及茶水在杯沿、杯中和杯底会呈现出明亮的金色光圈，所以称为鉴赏双色。

第十九道：初品奇茗。

品头道茶。品茶时我们啜入一小口茶汤不要急于咽下，而是用口吸气让茶汤在口腔中流动并冲击舌面、舌尖和舌侧的味蕾，以便精确的品出这一泡茶的火功水平。

第二十道：再斟流霞。

“流霞”是清亮艳丽的茶汤的代名词。再斟流霞即为大家斟这第二道茶（斟茶时应斟

入闻香杯)。

第二十一道:白鹤展翅。

现在请大家像茶艺师那样,把品茗杯扣在闻香杯上,然后用单手大幅度地把对扣的杯子翻转过来,这样的手势称为白鹤展翅。白鹤展翅,一飞冲天,直上青云,这道程序是让我们共同祝愿我们的祖国飞跃发展,展翅腾飞。

第二十二道:敬杯谢茶。

最后请大家干了这杯中之茶。这第三道茶是茶中的精华,希望大家的生活像大红袍一样芳香持久,回甘无穷!

## 任务六　普洱茶茶艺表演

### 一、器皿选择

茶盘一只,紫砂壶(公道壶)一把,若琛杯(小茶杯)四只,茶叶罐一只,赏茶碟(闻香碟)一只,盖碗一套,茶巾一块,水盂一只,茶匙组合一副,开水壶一只,沸水。

### 二、基本程序

1)摆盏备具。
2)淋壶湿杯。
3)赏茶投茶。
4)洗茶。
5)沏茶。
6)赏汤。
7)分茶。
8)敬茶。
9)握杯。
10)闻香。
11)品茗。

### 三、普洱茶茶艺表演解说

中国是茶的故土,而云南则是茶的发源地及原产地,几千年来勤劳勇敢的云南各民族同胞利用和驯化了茶树,创始了人类种茶的汗青,为茶而歌,为茶而舞,敬茶如神,茶已深深地渗透到各民族的血脉中,成为了生命中最为重要的元素。同时,在漫长的茶叶饮用历史中创造出了绚烂的普洱茶文化,使之成为“香飘千里外,味酽一杯中”的享誉寰球的历史名茶。今天很荣幸为大家冲泡普洱茶,并将历史悠久、滋味醇正的普洱茶呈现于大家面前。

第一道:摆盏备具。

正式冲泡之前,首先为您介绍一下冲泡普洱茶所用到各类精致茶具。

第二道:淋壶湿杯。

茶自古便被视为一种灵物,所以茶人们恳求沏茶的器具必须不染纤尘,一干二净,同时还可以提升壶内外的温度，增加茶香，蕴蓄茶味。

品茗杯以若琛制者为佳，白底兰花，底平口阔，质薄如纸，色洁如玉，不薄不能起香，不洁不能衬色；而四季用杯，也各有色别，春宜“牛目”杯、夏宜“栗子”杯、秋宜“荷叶”杯、冬宜“仰钟”杯，杯宜小宜浅，小则一啜而尽，浅则水不留底。

第三道：赏茶投茶。

普洱茶采自世界茶树的发源地，云南乔木型大叶种茶树制成，芽长而壮，白毫多，内含大量茶多酚、儿茶素、溶水浸出物、多糖类物质等成分，营养丰厚，具有越陈越香的特性。投茶量为壶身的三分之一即可。

第四道：洗茶。

玉泉高致，涤尽凡尘。普洱茶不同于普通茶，普通茶论新，而普洱茶则讲究陈，除了品饮之外还具有收藏及鉴赏价值，时间存放较久的普洱茶难免在存放过程中沾染浮沉，所以泡茶前宜快速冲洗干茶两至三遍，这个程序俗称为“洗茶”。

第五道：沏茶。

水抱静山，冲泡普洱茶时勿直面冲击茶叶，破坏茶叶构造，需逆时针旋转进行冲泡。

第六道：赏汤。

普洱茶冲泡后汤色唯美，似醇酒，有“茶中XO”之称，红油透亮，心旷神怡，令人浮想联翩。

第七道：分茶。

平分春色，俗语说：“酒满敬人，茶满欺人。”分茶以七分为满，留有三分茶情。

第八道：敬茶。

齐眉案举，敬奉香茗，各位贵宾得到茶杯后，切莫急于品味，可将茶杯静置于桌面上，十秒钟后静观汤色，会发现普洱茶汤红浓透亮，油光显现，茶汤表面似有若无的盘旋着一层白色的雾气，称之为陈香雾。只有一定年月的普洱茶才具有如此奇妙的现象，并且时间存放越久的茶沉香雾越明显。

第九道：握杯。

下面告诉大家一个正确的握杯方式，用食指和拇指轻握杯沿，中指轻托杯底，形成三龙护鼎。姑娘翘起兰花指，寓意温柔秀气；男士则收回小指，寓意做事自始至终，大权在握。

第十道：闻香。

暗香浮动。普洱茶香不同于普通茶，普通茶的香气是活动于一定范围内，如龙井茶有豆花香，铁观音有兰花香，红茶有蜜香，但普洱茶之香却永无定性，变幻莫测，即便是同一种茶，不同的年月、不同的场所、不同的人、不同的心情，冲泡出来的味道都会不同；而且普洱茶香气甚为独特，品种多样，有樟香、兰香、荷香、枣香、糯米香等。

第十一道：品茗。

品字由三口组成，第一口可用舌尖细细体味普洱茶特有的醇、活、化，第二口可用牙齿悄然品尝普洱茶，感受其特有的顺滑绵厚和微微粘牙的感觉，最后一口可用喉咙用心体会普洱茶生津顺柔的感觉。

鲁迅先生说，有好茶喝，会喝好茶，是一种清福。让我们都来做生活的艺术家，泡一壶好茶，让自己及身边的人享受到这种清福。

## 模块小结

本模块介绍了西湖龙井、碧螺春、茉莉花、铁观音等流行茶艺表演编创的基本程序和各环节的基本内容。

**关键词** 茶艺表演茶具组合　茶艺表演基本程序　茶艺表演解说词

**知识链接**

色彩、书法、绘画在不同风格茶艺背景中的应用

| 茶艺类型 | | 风格特征 | 书法形式 | 绘画形式 | 参考颜色 |
|---|---|---|---|---|---|
| 古朴淡雅 | 文人茶 | 淡雅风采，怡情悦性 | 行草（隶） | 写意 | 浅绿<br>浅蓝<br>粉红<br>白色 |
| | 禅师茶 | 寂静省净，修身养性 | 行草（隶） | 写意 | |
| | 仕女茶 | 轻盈婉约，柔情慧心 | 行草（隶） | 写意，工兼写 | |
| 豪华高贵 | 富贵茶 | 华贵中显耀权势 | 五体均可 | 工笔 | 黄色、橙色、红色、极色 |

（资料来源：李瑞文，郭雅玲，载《农业考古》，1999年第4期）

## ● 实践项目

选择并熟练掌握本模块中你所喜爱的一套茶艺。

## ● 能力检测

| 考核项目 | 标准要求 | 个人评价 | 小组评价 | 老师评价 | 小组推优展示 |
|---|---|---|---|---|---|
| 环境美 | 格调和主题意境应当与所表演的茶类和茶叶相适应。室内装潢陈设应简洁素雅，要令品茶人有洁净、清静之感，对茶、对茶友心生恭敬之意 | | | | |
| 茶叶美 | 茶叶的色、香、味、形、名皆美 | | | | |
| 人性美 | 仪表美、风度美、语言美、心灵美 | | | | |
| 茶具美 | 茶具配套组合，或砂，或陶，或瓷，都显示出精美的特色并与茶相宜，并能更好地突出茶艺表演的主题 | | | | |
| 服装美 | 合身、端庄大方的服装，与茶艺表演的主题相协调 | | | | |
| 语言美 | 不论是茶艺中的解说词还是与客人交流，都讲究礼仪，语音语调娓娓动听，显示出语言美 | | | | |
| 音乐美 | 音乐节奏舒缓飘逸，适合表演主题，或清脆悦耳，或绵绵动听使人陶醉，显示出茶艺音乐之美 | | | | |
| 动作美 | 在茶艺中那优美的姿态，那柔滑轻松的手法都显示出舞蹈之美 | | | | |

## ● 案例分享

**时空逆转的茶艺表演**

一次国际茶会中，一场声势浩大的唐代宫廷茶艺表演正在进行：表演者身穿仿唐服装，在古典音乐伴奏下，手提现代的玻璃水壶正在冲泡盖碗茶，茶具选用的也都是青花瓷器。此次表演结束后，有专家评论说这场唐代宫廷茶艺表演是一次时空逆转的茶艺表演，将现代的泡茶方式套到唐代去，完全违背历史常识。

**点评：**茶艺表演的编创应遵循历史。众所周知，唐代泡茶方式是煮茶，即将茶饼碾碎过筛后放到锅里去煮，并不是用茶叶直接冲泡。唐代不仅没有玻璃水壶，就是青花瓷器也是在元代才开始盛行起来。因此编创茶艺节目时，应要尽量掌握相关的历史知识和考古常识，以免贻笑大方。

（资料来源：杨涌，《茶艺服务与管理》，东南大学出版社，2007年）

# 模块三　特色茶艺表演集萃

**知识目标**

了解特色茶艺表演创编的基本知识。

**能力目标**

能够创编茶艺表演。

**工作任务**

掌握特色茶艺创编的方法。

## 任务一　文士茶茶艺表演

### 一、器皿选择

三才杯（白瓷盖碗）若干只，木制托盘一个，开水壶，酒精炉一套（或随手泡一套），青瓷茶荷一个，茶道组合一套，茶巾一条，茶叶罐一个（内装高级绿茶）。

### 二、基本程序

1）备器。
2）焚香。
3）涤器。
4）赏茶。
5）投茶。
6）洗茶。

7）冲泡。

8）献茶。

9）收具。

## 三、解说词

文士茶是对古时文人雅士的饮茶习惯加以整理而得来，属汉族的盖碗泡法，所用茶具为盖碗，茶叶为高档绿茶。茶艺小姐所穿服饰为江南妇女的传统服装——罗裙。这种服装古朴大方，展示出汉族年轻妇女的成熟美。

文士茶的艺术特色是意境高雅，凡而不俗。它给人以高山流水、巧遇知音的艺术享受。在表演上追求的是汤清、气清、心清、境雅、器雅、人雅的儒士境界。

下面我们请茶艺表演队表演文士茶。

第一道：备器。

三才杯（白瓷盖碗）若干只，木制托盘一个，开水壶、酒精炉一套（或随手泡一套），青瓷茶荷一个，茶道组合一套，茶巾一条，茶叶罐一个（内装高级绿茶）。

第二道：焚香。

一位少妇手拈三炷细香默默祷告，这是在供奉茶神陆羽。

第三道：涤器。

品茶的过程是茶人涤洗自己心灵的过程，熬茶涤器，不仅是洗净茶具上的尘埃，更重要的是在净化提升茶人的灵魂。

第四道：赏茶。

由主泡人打开茶叶罐，用茶匙拨茶入茶荷，由两位副泡人托盘端于客人面前，用双手奉上，稍欠身，供客人鉴赏茶叶，并由解说人介绍茶叶名称、特征、产地。

第五道：投茶。

主泡人用茶匙将茶叶拨入三才杯中，每杯3～5克茶叶。投茶时，可遵照五行学说按金、木、水、火、土五个方位一一投入，不违背茶的圣洁特性，以祈求茶带给人们更多的幸福。

第六道：洗茶。

这道程序是洗茶、润茶，向杯中倾入温度适当的开水，用水量为茶杯容量的1/4或1/5。迅速放下水壶，提杯按逆时针方向转动数圈，并尽快将水倒出，以免泡久了造成茶中的养分流失。

第七道：冲泡。

提壶冲水入杯，通常用“凤凰三点头”法冲泡，即主泡人将茶壶连续三下高提低放，此动作完毕，一盏茶即注满七成，表示对来客的极大敬意。

第八道：献茶。

由两位副泡人（茶艺小姐）托放置茶杯盘向几位主要来宾（专家、领导、长辈等）敬献香茗，面带微笑，双手欠身奉茶，并说：“请品茶！”

第九道：收具。

敬茶后，根据情况可由助泡人再给贵宾加水1～2次，主泡人将其他茶具收起，然后三位表演者退台谢幕。

**知识链接**

文士茶茶艺，也称“文人茶道”。茶道经文人士大夫的参与和传播，形成了一种“文人茶道”，它是茶道的精髓。

在唐代繁华的社会里，很多人追求一种奢华的物质生活，“物精极、衣精极、屋精极”是他们的生活目标。

人们相互争斗和倾轧，社会流行着奢侈和虚夸之风。当时有正义感的文人士大夫们，对这种奢华之风非常不屑。他们常聚在一起品茶、探讨茶艺，博古论今，无所不谈。

陆羽著有《茶经》一书，陆羽用自己的一生从事茶文化的研究，他对茶叶的栽培与采摘，茶具、茶器的制作，烹茶时水源的选择，烹茶、酌茶时身体的动作进行了规范和总结，并赋予茶道一种特殊的文化内涵，即饮茶、赋茶、以茶示俭、以茶示廉，这与文人茶道的精神是极为吻合的。

文人茶道在陆羽茶道的基础上融入了琴、棋、书、画，它更注重一种文化氛围和情趣，注重一种人文精神，提倡节俭、淡泊、宁静的人生。茶人在饮茶、制茶、熏茶、点茶时的身体语言和规范动作中，在特定的环境气氛中，享受着人与大自然的和谐之美；没有嘈杂的喧哗，没有人世的争纷，只有鸟语花香、溪水流云和悠扬的古琴声，茶人的精神得到一种升华。它充分地反映了文人士大夫们希望社会少一些纷争，多一些宁静；少一些虚华，多一些真诚，茶具的朴实也说明了茶人们反对追求奢华的风气，希望物尽其用、人尽其才。可以说“文人茶道”是一种“艺”（制茶、烹茶、品茶之术）和“道”（精神）的完美结合。光有“艺”只能说有形而无神，光有“道”只能说有神而无形。所以说，没有一定的文化修养和良好品德的人是无法触入到茶道所提倡的精神之中的。

茶道被文人视为一种陶冶心性、体悟人生、抒发情感的风雅之事，有独酌自饮的清幽，也有集会联谊的雅趣。

**【附录】**

江西婺源茶道表演团的“文士茶”是颇受人们赞赏的。

在高雅悠扬的古典乐曲声中，三位年轻的姑娘身着家乡特有的卷草纹罗裙，腕佩玉镯，端庄大方地上场了。左右两位从容地将八只青花盖碗排在一张长台上，中间那位姑娘焚香，这是供奉茶神陆羽。“涤器”之后“置茶”，只见姑娘从锡罐中舀出茶叶，通过茶则把茶叶均匀地投入八只盖碗中，注入少量热水浸润，待茶叶舒张后又将热水倒去。此时炉上的壶水已沸，她在“冲注”时，连续三次高冲低斟将沸水注入盖碗内，此动作完毕，每盏茶即七成满，这种手法叫“凤凰三点头”。盖泡三分钟后，才端向茶客。敬茶时，姑娘举杯齐眉，茶客则恭敬起立“受茗”。按风俗要求，茶客“受茗”后先要微微揭盖由远至近地闻香，然后再盖上，稍等片刻再闻香一次。而后掀盖细观汤色，接着轻吸品味。“文士茶”选用外形挺秀、白毫微露的新嫩“茗眉”，水又取自名泉，因此，汤色清澈，叶底明亮，香气持久，滋味醇厚。

茶客饮完半碗茶后，姑娘又端来沸水上“二巡茶”，直到最后收起茶具。

在这个过程中，姑娘们表演了十八道程序。文士茶的成功所在，就是通过这些特殊的艺术手法将文人墨客们喜好斯文、追求雅趣的特点表现得淋漓尽致。文士茶的特色是意境高雅，凡而不俗，让人们步入超尘脱俗的境界，真可谓一盅“文士茶”，满腹儒雅气。

## 任务二　禅茶茶艺表演

### 一、器皿选择

炭炉一个，电水壶一只，紫砂壶一把，竹茶盘一个，茶道具一套，茶杯若干个，铜磬一个，木鱼一个，佛珠一串，插花一组。

### 二、基本程序

1）祥云遥至。
2）众缘和合。
3）不染尘埃。
4）法轮初转。
5）菩提一叶。
6）入世济生。
7）万缘放下。
8）漫天法雨。
9）偃溪水声。
10）观色悟空。
11）甘露遍洒。
12）反归自性。
13）祥开泓境。
14）香雾空濛。
15）三业清净。
16）随波逐浪。
17）上善若水。
18）乘愿再来。

### 三、解说词

“佛缘本是前生定，一笑相逢对故人。”我们每个人此时此刻的相见，都是生命中的预约，很高兴能在此为您表演《禅茶一味》。此表演共分十八道程序，大家可以用平和虚静的心态来领略《禅茶一味》的真谛。

第一道：祥云遥至（点香）。

人生百年，宛如浮云，若非宿缘，岂能相见。炉香乍热，法界蒙熏，海会菩萨，悉来云集。让这袅袅的香雾，幽雅的梵呗，平和我们的心境，一扫胸中的愁云。

第二道：众缘和合（介绍茶具）。

佛对众生是无缘大慈的，也正如我们对各种茶具的喜爱一样不分彼此。佛教的基本观点认为，世间的一切都是由于各种条件的组合而成就，失去其中一个环节，就有可能无法完成。所以，我们要尊重世间的每个人与每件事。一如我们眼前的茶具，样样平等，没有差别。

第三道：不染尘埃（清洗茶具）。

佛教的僧侣及信徒们在四月初八“佛诞日”时要举行浴佛法会，即用香汤沐浴释迦太子像。我们烫洗茶具时也可使茶具洁净无尘，也昭示出礼佛修身可使心中洁净无尘，心无挂碍。

第四道：法轮初转（清洗茶杯）。

法轮喻指佛法，而佛法就存在于日常平凡的生活琐事之中。洗杯时眼前转的是杯子，心中动的则是佛法。洗杯的目的是使茶杯洁净无尘；礼佛修身的目的是使心中洁净无尘。在转动杯子洗杯时，祈愿大家可以因看到杯转而心动悟道。

世间的一切都在转变之中，我们无法寻找到一个永恒不变的事物，这就是宇宙的真相。人生亦复如此，借此可以完善提升自我。

第五道：菩提一叶（鉴赏茶叶）。

佛法是无处不在的，古德曰：“青青翠竹，悉是法身。郁郁黄花，无非般若。”用什么样的心来感受，就会有什么样的世界。诸位，从这片叶子中你们看到了什么？思悟佛道，观茗亦是如此。

第六道：入世济生（投茶入壶）。

地藏王菩萨为救度众生曾表示：“我不入地狱，谁入地狱”。无量劫来，于地狱烦恼火宅，化现清凉莲池。茶亦似人，长于山林，耐寒忍暑，刚经火烹，又临水煮。投茶入壶，如菩萨入世，泡出的茶汤令人振奋精神，在此茶性和佛理是相通的。

第七道：万缘放下（第一泡清洗茶叶）。

走入红尘，利益人群。首先要把自身的烦恼牵挂丢弃，褪去最后一丝无明，彻底奉献大众。茶本洁净仍然要洗，追求的就是一尘不染，诸佛菩萨追求的都是大彻大悟，照见五蕴皆空，开显般若智慧。归的都是般若之门，般若即是无量智慧，佛便具有这样的智慧。

第八道：漫天法雨（高壶冲泡，用“凤凰三点头”的手法）。

佛法无边润泽众生，泡茶冲水如漫天法雨普降，使人如醍醐灌顶，豁达开悟。

第九道：偃溪水声（壶中茶水注入公道杯中）。

师备禅师曾指引初入禅林者以倾听偃溪流水声为门径，参禅悟道，杯中之水如偃溪水声，可启人心智，助人觉悟。

第十道：观色悟空（观赏公道杯中茶汤的品相）。

菩萨无所住而生其心，观世间一切如梦幻泡影，了不可得。度一切众生，却丝毫不执著功德。但行好事，不问前程。壶中升起的热气如慈云袅袅，使人如沐春风，心生善念。

第十一道：甘露遍洒（用“关公巡城”的手法分别注入各杯）。

普施甘露是使众生转迷成悟，离苦得乐的法门，而茶古称甘露，先苦后甘，可见佛茶一理，禅茶一味。

第十二道：反归自性（翻转闻香杯）。

佛性处处存在，包容一切，天地万物，无不受到佛的慈悲爱护。转五浊恶世为清净佛土，转迷惑颠倒为皈依正觉，转三涂苦难为人天善果。

第十三道：祥开泓境（分送茶杯至各位茶客手中）。

佛发大慈悲心，大愿力，在此祝愿各位永在吉祥泓境之境。

第十四道：香雾空濛（香光庄严）（闻香）。

经云：“如染香人身有香气。”道德生活产生的清香持久不失，不受顺风、逆风的影响，且是最好的庄严。将闻香杯轻轻提起，双手拢杯闻香，这沁人心脾的馨香可怡养身心。

第十五道：三业清净（持杯）。

我们把持杯的姿势，即用拇指、食指扶住杯身，中指托杯底，寓意为三业清净。指我们能够控制自己身、口、意三类行为，不受染污，起心动念、举口动舌、举首投足能为自己和别人带来欢喜。

第十六道：随波逐浪（品茗）。

云门宗接引学人的一个原则便是随波逐浪，随缘接物。品茶也应如此，将茶汤由舌尖滑至两侧再缓缓咽下，自由地体悟茶中百味，还可能从茶汤中悟出禅机佛理。品茶分为三口，其中一口为喝、二口为饮，三口为品。

第十七道：上善若水（上白开水）。

既是圆满之灵觉，品过茶后再饮一小杯白水，细细回味，便会有苦尽甘来的圆满之感。古人赞叹水有多种美好品质，随圆就方，不失本色。

第十八道：乘愿再来（道别）。

从捻禅师曾云：自古禅茶一味，茶要常饮，佛要勤修，品过茶后要谢茶，谢茶则是为了各位以后相约再品茶。

有缘即至无缘去，一任青风送明月。

让我们常怀感恩的心，慈爱世人，恩惠万物。

愿大家六时吉祥。南无阿弥陀佛！

## 任务三　道茶茶艺表演

### 一、器皿选择

茶盘一个，紫砂壶一对，茶道具一套，锡茶叶罐一个，烧水用具一套，品茗杯六个，茶巾一条，茶荷一个。

### 二、基本程序

1）赏水——上善若水任方圆。

2）赏茶——南方嘉木共欣赏。

3）洗具——尘心洗净兴难尽。

4）投茶——返璞归真道自然。

5）洗茶——涤除玄鉴澄心宁。

6）浸润——羽化成仙保尽年。

7）高冲——天人合一以为和。

8）分茶——宁静致远清心体。

9）奉茶——精诚所至导清和。

10）品茶——啜英咀华任逍遥。

## 三、解说词

南方有嘉木，谁与共天堂。陆羽在《茶经》中写道“茶者，南方之嘉木也。”茶可以益智明思，促使人们修身养性，冷静从事，休歇尘缘，静静地品一杯茶，在享受这难得的“浮生半日闲”之际，心灵也必将得到澡雪与升华，从而心物一如，归家稳坐，方能蓦然发现本来面目，水穷云起，春生夏长，柳绿花红。剥掉人类为使自己所谓的神圣而制造的一切伪装，按照人生的本来面目去真实地享受生活。接下来由我们南方嘉木茶艺表演队为大家献上道茶茶艺。

第一道：赏水——上善若水任方圆

上善若水，水善利万物而不争。水有不争之心，尚能善利万物；人有不争之心，故能体道延年。

第二道：赏茶——南方嘉木共欣赏

道生一，一生二，二生三，三生万物。万物负阴而抱阳，冲气以为和。人茶同根，茶中有人生百味，品茗可养生，啜苦以励志。

第三道：洗具——尘心洗净兴难尽

茶人像彻底大扫除一样，排除主观欲念、主观成见、一切教条迷信以及世俗强加给我们的种种“真理”，做到去私除妄，使内心达到一私不留、一妄不存、一尘不染、一相不着，使心灵达到光明莹洁、空净玲珑。

第四道：投茶——返璞归真道自然

今时制茶，不假罗磨，全具元体。较于饼茶，散茶还了生命本源。抛弃一切伪装，本色做人。心简单了，万事也就简单了，通达事理，畅游生命、去除生命之遮蔽和心灵之重负，生命原本的意义也就诞生了。马卸重负，行更远，人卸重担，健康长寿。

第五道：洗茶——涤除玄鉴澄心宁

心宁静了，元神才能充分发挥作用。心清净了，自会觉得天阔地广，鸟飞鱼跃，悠然自得。在漫长的人生道路上，虽急驰而不会摇摆，虽远奔却不会疲劳。在修行中生活，在生活中修行，达到宁静致远。

第六道：浸润——羽化成仙保尽年

茶之功，淡远清真，意在品茗养生，澡雪精神，追寻自我之道。此时此刻，犹如空谷幽兰，暗香浮动，令人如痴如醉，使人神清意远。茶是由金、木、水、火、土五行相生相克，达到调和而成的天地之间的灵物，原天地之美而达万物之理。

第七道：高冲——天人合一以为和

我与天地同根，与万物一体。在不完全的现实世界中享受一点和谐，在刹那间体会永久。漫长人生道路，虽急驰而不会摇摆，虽远奔却不会疲劳。无思无虑之清心，一颗不争之心，一颗万有之心。

第八道：分茶——宁静致远清心体

分茶需静，静则明，静则虚，静可虚怀若谷，静可内敛含藏，静可洞察明澈，静可体道入微。以虚静推于天地，通于万物，此谓之天乐。“心不为物所投”追求心的彻底解放，使自己的心境清净、恬淡、寂寞、无为，使自己的心灵随着茶香弥散，仿佛与宇宙相融合，升华到无我的境界。

第九道：奉茶——精诚所至导清和

道可道，非常道。茶道无形，看不见，摸不着，说不得，它和禅一样，一说就错。道家认为“知和曰常”，提倡“和其光，同其尘”。无论与什么样的人一同品茶，都应和诚处世，和蔼亲人，和乐品茗。真者，精诚之至也。不精不诚，不能动人。以茶待客，品茗叙怀，茶友间真情得以发展，达到互见真心之境界。故道大，天大，地大，人亦大。

第十道：品茶——啜英咀华任逍遥

逍遥之境，是舍弃私我、不论功名的境界，是能跨越时空，让自己的心自由翱翔的境界。品茶应无所束缚，无所滞碍，以彻底的审美情调和艺术精神在品茶过程中吮吸生生之气，品味人生乐趣，感受人与天地万物豁然贯通的无上快慰，真正领悟到茶的世界是万物和谐、共生共荣、相互依赖的世界。从而达到养生健体，益寿延年的目的。

## 任务四　清代宫廷茶艺表演

三清茶以贡茶为主料，佐以清高幽香的梅花、清醇莹润的松子、清雅芳香的佛手，三样清品，合称“三清”。

史料记载三清茶是当年南宋赵构皇帝在临安恩赐大臣的。乾隆皇帝也很喜爱三清茶，他曾写有《三清茶》一诗，并留下与群臣共品三清茶的联句程序。现代人经过反复研究，推出了这套宫廷三清茶茶艺。古代皇帝在茶中加梅花、松子、佛手这三样清品，用其招待大臣，自有其宗教和政治意义。梅花寓一种精神，象征五福；松柏四季常青，凌寒不凋，寓意长寿；佛手谐音福寿。这三者都是古代文化中的吉祥之物，同时又可入药，有滋补健体的作用。因此，用三清茶敬奉宾客，既寄托了人们对健康、富裕、美好生活的向往，又赋予其反腐倡廉的积极意义。

### 一、原料组合

龙井茶，梅花干、松子仁，佛手柑。

### 二、器皿选择

细瓷壶一把，九龙三才杯（盆碗）一套（皇帝专用），景德镇粉彩描金三才杯（盖碗）六套（群臣用），镀金小匙一把，小银匙六把，锡茶罐一个（内装贡茶龙井）、小银罐（或精细小瓷碗）三个，脱胎漆托盘两个（其中一个向皇帝献茶用），炭火炉（�炉）一个，陶水罐一把。

### 三、基本程序

1）调茶——武文火候斟酌间。

2）敬茶——三清香茗奉君前。

3）赐茶——赐茶愿臣心似水。

4）品茶——清茶味中悟清廉。

## 四、解说词

第一道：调茶——武文火候斟酌间。

调茶由专职宫女进行，三清茶是以乾隆皇帝最爱喝的狮峰龙井茶为主料，佐以梅花、松子仁和佛手柑冲泡而成。梅花香清形美性高洁，它的五个花瓣象征五福，也预示着当年五谷丰登；松子仁洁白如玉，形象爽口，松树长寿，不怕严寒，象征着事业永远兴旺；佛手与“福寿”谐音，象征着福寿双全。现在由一位宫女将佛手柑切成丝投入细瓷壶中，冲入沸水至1/3壶时，浸泡5分钟，再投入龙井茶，然后冲水至壶满。与此同时，另一位宫女用银匙将松子仁、梅花分到各个盖碗中。最后把泡好的佛手柑、龙井茶冲入各杯中。

第二道：敬茶——三清香茗奉君前。

宫女调好茶后，由主管太监把皇帝专用的九龙杯放入托盘，双手托过头顶，以跪姿敬奉“皇帝”（主客）。

第三道：赐茶——赐茶愿臣心似水。

“皇帝”接过新奉的香茗后，自己首先掀盖小啜一口，然后宣谕宫女赐茶。乾隆皇帝在《三清茶联句》的序言中对赐茶的目的讲得很明白，他是希望大臣饮茶后能“心清似水”，做一个清正廉明的好官。

第四道：品茶——清茶味中悟清廉。

品饮三清茶主要目的不仅是祈求“五福齐享”、“福寿双全”，更重要的是从龙井茶的清醇、梅花的清韵、松子和佛手的清香中去细细品悟一个“清”字。在日常生活中时时注意澡雪自己清纯的心性，培养自己清高的人格，努力做一个勤政爱民、清廉自律的“清官”，精行俭德、处世清白之人。

**【附录】**

宫廷茶艺，又称“富贵茶艺”，为君王、权臣所享用。“富贵茶”一词脱胎于“富贵汤”。五代苏虞撰写《仙芽传》有“十六汤品”，称“富贵汤”，“以金银为器，惟富贵者具焉”。富贵茶重排场，讲气势，选用高价绝品茶叶，金银精制茶器，珍傲天下名泉，捏拿得宜汤候，雄豪富丽茶室，显示豪奢气派。1987年陕西省扶风县法门寺出土的茶具，包括银质金花茶碾子、银质金花茶罗子、银质龟形茶粉盒、银茶则、银茶匙、银涂金盐台、银质镏金坛子、银香炉、琉璃茶碗、茶托等，即为唐代宫廷茶具代表。富贵茶常用于朝廷各种礼仪，如清明节敬神祭祖（荐新茶）、款待群臣（赐新茶）以及吉庆喜宴等。

# 任务五　信阳毛尖茶道表演

信阳毛尖为历史名茶，是中国十大名茶之一，属绿茶类，始创于清末。优质信阳毛尖头道苦二道甜，并且耐泡，一般冲泡3～5道尚有较浓的熟果香，而劣质的毛尖最多泡2次。

信阳毛尖滋味鲜醇，投茶量可用1:50的比例。水温85℃，浸泡时间为3～5分钟。

## 一、器皿选择

玻璃杯三只，玻璃壶一把，茶叶罐一个，茶具组合一套，茶盘一个，紫砂茶池一个，茶巾一条，茶荷一个，特级毛尖茶适量。

## 二、基本程序

1）赏茶——初识仙姿。
2）辨水——鉴茶赏霖。
3）煮水——清泉出沸。
4）备器——静心备具。
5）烫杯——流云浮月。
6）投茶——茗入晶宫。
7）润茶——芙蓉出水。
8）闻香——鉴香别韵。
9）高冲——有凤来仪。
10）敬茶——敬奉香茗。

## 三、解说词

各位来宾聚一堂，赏茗鉴艺共相商。茶呈雅韵点点翠，品茶悟道倾心尝。今日敬君茗一盏，愿君普善盏盏汤。茶汤明绿人心醉，共度明静好时光。

第一道：赏茶——初识仙姿。

茶叶渊源发中国，天女散花织绮罗。撒下九九香茶籽，九九茶苗势而播。

凡此九九吉祥意，信阳名茶久久系。据史记载商代始，天赐贡品唐传奇。

三千种饮史无涯，茶道辉煌堪明霞。东坡居士曾赞誉，淮南第一信阳茶。

诸君品鉴干茶禅，条索紧实芽叶展。传统手工工艺制，品高净绿遂天然。

第二道：辨水——鉴茶赏霖。

真水甘为茶之体，清茶当为水之神。真茶方窥水明澈，真水乃显茶韵深。

品茶之水贵在质，清爽甘冽谁人识？龙潭泉水毛尖饮，名茶名水伴佳日。

第三道：煮水——清泉出沸。

佳茗冲泡需择水，八成水温更滋味。高温叶底无颜色，低温茶汁无浸兑。

第四道：备器——静心备具。

名优清茶兹于水，澄明泉水集于器。何物冲泡绿茗好？玻璃器皿晶莹具。

剔透之杯集色感，澈净之器俱味香。茶芽上下翩飞舞，仙姿袅袅意悠长。

第五道：烫杯——流云浮月。

佳茗灵水备宜具，冲泡堪讲精技艺。温杯冰心去凡埃，减小温差茶香溢。

杯器冰清明亦纯，流云浮月涤飞尘。净水划杯转乾坤，温杯技艺明若琛。

第六道：投茶——茗入晶宫。

信阳毛尖香醇酽，粗细匀品意理玄。从左到右一一入，圣洁物性传福缘。

第七道：润茶——芙蓉出水。

茶乃冰清圣洁物，其性明翠不可污。好茶独得精华处，信阳毛尖名非沽。

相传茶仙瑶池赴，敬奉香茗至王母。手捧金壶并玉杯，悬壶高冲点玉露。

入水三成转杯体，浸润茶芽残汁拟。涤尽凡间尘埃土，王母心阅玉液匹。

芙蓉出水清清水，头茶茗沉点点尘。洗尽古今人不倦，碗转曲尘茶异神。

第八道：闻香——鉴香别韵。

茶芽湿润心莲郎，花果香芬散清芳。板栗香并鸦雀嘴，明明翠翠绿豆汤。

第九道：高冲——有凤来仪。

中华泱泱礼仪邦，传统点茶注满汤。凤凰回眸三点头，寓意礼敬情昭朗。

提壶高冲清泉出，凤舞九天鸾交互。芽叶水中高低舞，曼妙仙姿冰清处。

第十道：敬茶——敬奉香茗。

坐酌泠泠清净水，相煎瑟瑟禅悦尘。谨敬清寂柔和德，至交相接泰平纯。

无由将持茗一盏，敬奉至君情谊深。戏作小诗君一笑，从来佳茗似佳人。

## 任务六　香茶醇酒解烦忧茶艺表演

中国文人素来喜欢以“茶和酒”来知人论世，尤其热衷于将两者并举。不管平日里爱品的是普洱、滇红还是月光美人，爱喝的是红酒、白酒还是生啤，也不论喜好的是对影独酌还是结伴相饮，体现出来的并不是一个人的生活习惯，而是一种品位、气质、性格，甚至是一种人生。

古人说得好：“酒类侠，茶类隐，酒固道广，茶亦德素。”“茶和酒”一直是个意蕴深长的话题，千百年来总让许多人心怀着一种独特的情趣。

### 一、原料组合

熟普洱茶，白葡萄酒，鲜奶，冰块，方糖。

### 二、器皿选择

玻璃煮水茶壶一套，瓷质泡茶壶一把，玻璃茶盅一个，玻璃盛酒器一个，高脚酒杯两个，玻璃水盂一个，茶荷一个。

### 三、基本程序

1）温壶具——夜温馨。

2）投干茶——润心茶。

3）洁杯——赏佳茗。

4）加冰块——水火融。

5）置蜜糖——蜜糖吟。

6）鉴美酒——英雄赋。

7）赏汤色——揽天下。

8）调佳酿——温柔乡。

9）观色香——情意绵。

10）谢宾客——醉醇香。

## 四、解说词

第一道：温壶具——夜温馨。

风清良宵夜，我们在温馨的茶室里品饮这样一杯浸润心脾的香茶，它有茶的香，也有酒的醇；它有艳艳的茶色，也有淡淡的酒味……

至此，您或许可以明白什么叫做清乐忘忧，或许也会明白有种艳丽的汤饮可以荡涤心情，融化生活。

第二道：投干茶——润心茶。

古往今来，文士皆好茶，英雄皆爱酒；南方人多喜茶，北方人多善酒。正所谓“雨窗小啜，则如沐蜀楚吴越之清风；倚剑独饮，可以吸燕赵秦陇之劲气”。

第三道：洁杯——赏佳茗。

茶与酒都是待客之佳品、聚友之媒介，可二者又有着质的区别。

茶性如水，清幽、儒雅、隽永；酒性如火，鲜明、热情、外向。

茶如隐士，酒似豪杰；茶当静品，酒应聚饮；茶可清心，酒能醉神。

第四道：加冰块——水火融。

茶为“涤烦子”，酒为“忘忧君”。茶与酒同为饮品，难分仲伯。

酒是刚烈刺激的，而茶是柔顺平和的。

酒似乎充满了感性，茶却似乎充满了理性。

第五道：置蜜糖——蜜糖吟。

其实我们不妨换个心情，换一种品茶饮酒的方式：找一处静谧的场所，听着悠扬的古琴，品着带有酒味的香茶，让心跟着茶叶慢慢地舒展，缓缓地释放，感受那清茶酒香带给你的知足与清醒，让情宁静、沉淀……

第六道：鉴美酒——英雄赋。

选择酒，可以“举杯笑对人生”，无论是醉了的痛楚与凄美，还是豪放与解脱，抑或是超然与潇洒，它们都是世间一种最惬意的氛围——热情洋溢、豪情万丈、淋漓酣畅、气冲霄汉。

第七道：赏汤色——揽天下。

喜欢茶，可以是“把壶纵览天下”，可以是醒着的开心与失落，可以是醒着的坦荡与至诚，也可以是醒着的淡泊与宁静，它们都是人生一种最美好的境界——茶烟缭绕、芬芳四溢、热气氤氲、曼妙多姿。

第八道：调佳酿——温柔乡。

茶是一种生活，酒也是一种生活。酒和茶有许多相通的地方：觥筹交错之后，人散夜阑、灯尽羹残，醉病酒伤可以用杯清茶来治；茶喝多了，君子之间淡如水，可以在酒里体会一下甘若醴的温暖，以及市井里不精致但却扎实亲切的生活。

第九道：观色香——情意绵。

茶、酒相融，犹如情意相通。茶给人解闷，酒予人消愁，正所谓“驱愁知酒力，破睡见茶功！”

今夜，茶香酒浓不仅仅是为了口感的愉悦，更是为了让我们的心情放松，重新充电，充满智慧和灵光。

第十道：谢宾客——醉醇香。

美酒清茶千年友，酒醇茶香涤烦忧。

以茶当酒情如故，以酒入茶意深浓。

中国人喝茶饮酒的历史，都已超过千年。饮食男女之中，原本有大学问，茶盅酒碗里累积的情趣和风韵，决定了它们绝不仅仅是两种不同的饮品。

生活的艺术与生命的体验，都在烹茶煮酒中渐渐沉淀，化成了只可意会、难以言传的神妙境界。其中所蕴含的人生真谛，只能各自细心体会。

# 任务七　七夕情人茶艺

茶艺即饮茶艺术，是艺术性的饮茶，是饮茶生活艺术化。黑茶茶艺包括黑茶品评技法和黑茶艺术性冲泡的鉴赏以及品茗美好环境的领略等整个品茶过程的美好意境，其过程体现形式和精神的相互统一。

黑茶是中国特有的茶类，安化是中国黑茶的发源地，湖南怡清源茶业将湖湘文化与中国传统文化相融合，独创了黑玫瑰黑茶茶艺。

在中国传统节日中最具浪漫色彩的节日——七夕节里，怡清源“黑玫瑰”被“祥和中国节”组委会选定为“千古情缘鹊桥会”“定情茶”。“黑玫瑰”融合玫瑰花与安化黑茶的精华。玫瑰花，美的化身，爱的灵魂；安化黑茶，千年历练，厚重香醇。“黑玫瑰”茶艺恰好与鹊桥会的主题符合，成为“爱的见证”。

## 一、器皿选择

玻璃煮水茶壶一套，怡清源“如诗杯”一套，茶海一个，品茗杯四只。

## 二、基本程序

1）赏茶——我的骄傲，您的鹊桥。
2）洁具——弱水三千，只饮一瓢。
3）冲泡——死生契阔，与子成说。
4）闷茶——衣带渐宽，无怨无悔。
5）出汤——青青子衿，悠悠我心。
6）敬茶——比翼双飞，白头偕老。

## 三、解说词

在炎炎夏日里，那个清凉的童话，把我们的眼光引向鹊桥。
“金风玉露一相逢，便胜却人间无数”，这是爱的深情；

“七月七日长生殿，夜半无人私语时”，这是爱的温柔；

“在天愿作比翼鸟，在地愿为连理枝”，这是爱的忠贞。

情定七夕节，相约黑玫瑰。下面请欣赏为大家带来的“祥和中国节——千古情缘鹊桥会”“订情茶”——黑玫瑰茶茶艺。祝天下有情人终成眷属。

第一道：赏茶——我的骄傲，您的鹊桥。

黑玫瑰茶，中国第一款女性生态美容养颜茶，融合玫瑰花与安化黑茶的精华。黑玫瑰茶，永不凋谢的玫瑰，爱得坚贞，爱得深沉，因此被组委会选为“定情茶”，成为祥和中国节“爱的见证”。

“黑玫瑰”：我的骄傲，您的鹊桥。“玫瑰”不凋谢，爱情不退色！

第二道：洁具——弱水三千，只饮一瓢。

冲泡“黑玫瑰”，可以选用专为黑玫瑰设计的配套茶具怡清源如诗杯，也可选用如意杯。“如诗杯”轻巧美丽的款式充满着浪漫的小资情调，如诗般的美丽；“如意杯”简单大气，可以实现茶、汤分离。

冲泡黑玫瑰，冲泡前，先取沸水将茶具清洗一遍。刨除杂念，洁净我心，以待佳茗。

自古以来，中国人把茶看得很神圣，视为仙草、灵草、吉祥物。茶也被视为爱情忠贞的象征。虽有弱水三千，冥冥之中只为这一道茶而来，来寻回那份似曾远去的对爱情的忠贞、对婚姻的责任。

第三道：冲泡——死生契阔，与子成说。

“黑玫瑰”是压制茶，冲泡时一般用一到两颗即可。取茶投入杯中，冲入沸水。冲泡黑玫瑰，水温要达到100℃，才能将茶叶中的内含物质和芳香成分充分泡出来。

滚烫的水犹如滚烫的心。此时的茶已不仅仅是茶，而是爱的信物，一旦约定，天不老，情难绝，直教生死相许。

第四道：闷茶——衣带渐宽，无怨无悔。

为使茶叶内含物充分浸泡出来，达到理想的口感，第一泡需要闷茶2～3分钟。只有在水的浸润下，茶的颜色才能在茶汤中慢慢浮现。佳人才子，红豆相思，亦如玫瑰花与安化黑茶，我中有你，你中有我。像婚恋民俗“绑红线”的男女，“月老”的红线绑定了两颗心，就有了两情的交融，不论悲喜，不论聚离，终身不渝，无怨无悔。

第五道：出汤——青青子衿，悠悠我心。

待到“黑玫瑰”汤色变得红亮时，就可以出汤了，出汤就是将茶和水分离。“黑玫瑰”活血美容，排毒养颜，被誉为“杯中的美容院”。将茶均匀分至透明的品茗杯中，就可以品饮了。

中国古代讲究茶礼，定情要有“下茶”礼，结婚要有定茶礼，洞房要同饮一杯茶，称之为合茶。男女共注一杯茶，寓意将风雨同舟，同甘共苦。

入我相思门，知我相思苦，长相思兮长相忆，短相思兮无穷极。冲泡好的黑玫瑰茶，色如琥珀，透出幽幽玫瑰花香，茶香花香相互交融，在这高山之中、清朗月下感受独特的诗情画意，茶不醉人人自醉，仿佛漫步在玫瑰园中。

第六道：敬茶——比翼双飞，白头偕老。

中国婚宴讲究奉茶：以茶祭奠祖先，祝寿父母，招待客人。今夜，我们心怀爱的情愫，和各位朋友共同见证这一刻的浪漫，这一世的恩爱，这千年等一回的情缘。

我们用这象征着爱与坚守的黑玫瑰，祝福天地：纯净美好，万物祥和！祝福父母：吉星高照，安康幸福！祝福普天下有情人：结发为夫妻，恩爱两不疑，白头到老，比翼双飞！

黑玫瑰茶艺到此结束。谢谢欣赏。

# 任务八　丁香茶语

炎炎夏日，如何驱走炎热感受到凉爽呢？且让我们来品茶吧，捧一杯清茶，若是再逢一场雨就最好不过了，盛夏盼细雨犹如久旱祈甘霖，还要走进戴望舒的雨巷，透过丁香姑娘那淡淡的惆怅，为火红的盛夏氤氲一层淡淡的紫色，浸润一丝淡淡的清凉……

## 一、器皿选择

玻璃水壶一个，玻璃水盂一个，玻璃杯三只，赏茶荷一个，恩施玉露茶叶 9 克，工艺扇一把，丁香花一枝、花瓣若干。

## 二、基本程序

1）涤器烫杯——小巷听雨。
2）探花赏茶——一睹芳颜。
3）飘雪投茶——落英缤纷。
4）甘露润茶——雨浸瑞草。
5）飞瀑冲茶——雨巷绝唱。
6）丁香奉茶——神醉流霞。

## 三、解说词

骄阳似火汗浃背，雅集湖畔子期家，消暑借来丁香雨，清愁恰好煎绿茶。

在如诗如画的月湖畔，透过戴望舒那悠长的“雨巷”，静静地遥望霏霏细雨中的一抹轻烟。轻呷慢啜，细细地品味那壶间氤氲的一缕清香，感悟丁香一样淡淡地惆怅，共同去领略恩施玉露那忽升忽降春笋般的俏丽。在这流金铄石，暑气熏蒸的炎炎盛夏，请欣赏“丁香茶语”茶艺表演，为各位嘉宾带来一点清新、一丝沁凉。

第一道：涤器烫杯——小巷听雨。

小巷雨，杯中泉，时儿淅淅沥沥，时儿点点滴滴。

那点点滴滴的是丁香姑娘淡淡的心事……

第二道：探花赏茶——一睹芳颜。

云去青山空，云来青山白，云绕青山转，玉露满山怀。

雨巷观丁香，盛夏品清茶，观的是意境，品的是心境。

第三道：飘雪投茶——落英缤纷。

细雨，丝一样斜斜地、斜斜地洒在丁香姑娘的油纸伞上。

清茶，花一样轻轻地、轻轻地飘落冰清玉洁的水晶杯中。

第四道：甘露润茶——雨浸瑞草。

和风细雨注清泉，佳茗入宫展芳颜。若无绿叶多煎熬，哪得茶香留人间。

茶的氤氲里，干扁的茶叶如饥似渴地吸吮着琼浆，弥漫出沁人心脾的芳香。

第五道：飞瀑冲茶——雨巷绝唱。

结着愁怨的姑娘，只有走进雨巷，在油纸伞下哀怨彷徨，才成就了诗人的浪漫绝响，更有多少男儿期待逢着那个恬淡纯美如丁香般的姑娘……

高山依依，流水潺潺，凤凰点头，雨巷绝唱。清茶只有在沸水的激荡下，方展千姿百态的霓衣羽裳、兰芽玉蕊的风姿绰约；那是茶与水的对话，诉说着“我中有你，你中有我”的亘古爱恋，那才是千古绝唱。

第六道：丁香奉茶——神醉流霞。

丁香雨巷茶芬芳，沁人肺腑韵味长。

走来了，向你们走来的是花仙子；走来了，向你们走来的是茶仙子；她们像丁香一样芬芳，她们像茶一样高雅，洗尽愁肠。

思“百结”，吟《雨巷》，

丁香茶语如梦，琴断月湖旁，

纵有千般颜色，独赏一枝芳。

“丁香茶语”茶艺表演到此结束。谢谢欣赏！

## 任务九　月是故乡明

农历八月十五是中华民族的传统节日，分隔在海峡两岸的祖国儿女，每逢佳节倍思亲。记忆，是一捧月色，还是一杯香涩的茶？月圆，是千里乡音，还是催人泪的思念？一块块圆圆的月饼、一杯杯香郁的乌龙，凝聚着多少浓浓的乡愁，遥望苍穹的玉盘，共同发出一个古老的声音：“月是故乡明，人是故乡亲”。

### 一、器皿选择

紫砂壶一把，茶盅（公道杯）一把，闻香杯一组，品茗杯一组，电随手泡一套、木茶盘一个、茶荷一个，茶道具一套，茶池一个，茶巾一条，香炉一个，香一支。

冻顶乌龙茶适量。

### 二、基本程序

1）文火焚香，武火煮泉。

2）紫砂展屏，乌龙开颜。

3）瀑布注潭，乌龙游渊。

4）风拂龙面，再洗龙颜。

5）龙喷甘露，龙请君鉴。

6）龙悦点头，龙凤呈祥。

7）乌龙敬献，缅怀祖先。

## 三、解说词

“小时候，
乡愁是一枚小小的邮票，
我在这头，
母亲在那头。
长大后，
乡愁是一张窄窄的船票，
我在这头，
新娘在那头。
……
而现在，
乡愁是一湾浅浅的海峡，
我在这头，
大陆在那头。”

乡愁啊，乡愁，把盏问月，同饮“乌龙”，慢呷细品，“武夷”、“冻顶”，一半在大陆，一半在台湾，龙的传人涌动着“举头望明月，低头思故乡”的浓浓乡愁。

下面请欣赏《月是故乡明》茶艺表演。

天空升起了一轮明月，银光洒满浅浅的海峡。

是时候了，让我们一起领略：文火焚香，武火煮泉。

这炉馨香，来自海峡两岸，习习轻拂，海风上了滩；皎皎明亮，月光进了园。闻闻这炉香啊，这味，是那般浓淡相宜，那般厚薄相随；看看这炉香啊，这烟，是那般婀娜多姿，那般腾腾直上。

这壶甘泉，来自海峡两岸，有长江、黄河，有淡水溪、日月潭。习习轻拂，海风上了滩；皎皎明亮，月光进了园。瞧瞧这壶泉啊，这色，是那般清澈透亮，那般明净闪光；尝尝这壶泉啊，这味，是那般甜而不腻，醇而无味。

泉还在煮着，香还在焚着……

是时候了，让我们欣赏：紫砂展屏，乌龙开颜。

这套套茶具，来自海峡两岸，有宜兴有台南，习习轻拂，海风上了滩；皎皎明亮，月光进了园。告慰紫砂祖师大彬啊，您的后裔，姓有万家，代代相传，在大陆，在台湾。细细地观赏，慢慢地抚玩，造型是如此的奇特精巧，窑化是如此的泽润美妙，色彩是如此的紫玉金砂。

这杯杯乌龙，来自海峡两岸，产地广阔，品种亦繁，习习轻拂，海风上了滩；皎皎明亮，月光进了园。这边，那边，谁能不熟读陆羽的《茶经》，种植管理，采摘萎凋，发酵摇青，炒揉干燥，入壶前的冻顶乌龙哟，肥壮匀称，润泽流光，卷曲蛙背，朱边绿央。

香仍在焚，泉已沸……

是时候了，让我们惊叹：瀑布注潭，乌龙游渊。

“日照香炉生紫烟，遥看瀑布挂前川。飞流直下三千尺，疑是银河落九天。”我们眼前看到的悬泉淋壶，浪滚乌龙，仿佛一睹庐山真面目！

“纤云四卷天无河，清风吹空月舒波。沙平水息声影绝，一杯相属君当歌……我歌今与君殊科。一年明月今宵多”。有茶不饮奈月何？

风拂龙面：看的是壶面轻轻刮去的泡沫。

再洗龙颜：看的是头泡汤，二泡茶，三泡四泡是精华。汤洗茶具，精华细啜。

龙喷甘露：看的是滤后汤色，橙黄有金，金黄有橙！何等醇厚清香，何等纯净芬芳！

龙请君鉴：茶汤自公道杯斟入闻香杯，细细地嗅，香气浓郁，崖岩殊韵！

龙悦点头：公道杯里茶汤无几，用点斟法，韵味无穷，趣味无尽。

龙凤呈祥：品杯扣在闻杯上，一龙一凤呈吉祥。两杯紧扣把身翻，一凤一龙齐欢唱。

乌龙敬献：盘托茗杯，敬献诸君，三道过后，慢慢地啜。君能不赞叹：荡气回肠，喉底留甘！

是时候了，让我们凝思：龙游海峡，缅怀祖先。

习习轻拂，海风上了滩；皎皎明亮，月光入了园。这头，这半，月是故乡明；那头和那半，月是故乡明，在这“海上升明月”的佳节良宵，乌龙茶的祖先何在？在武夷，在宝岛，在岭南，在炎黄子孙的心间。有了乌龙游海峡，余光中的《乡愁》已成一段历史的记忆。

这炉香还在袅袅上升，溢香不断！

## 模块小结

本模块介绍了文士茶、禅茶、道茶等特色茶艺表演编创的基本程序和各环节的基本内容。

**知识链接**

### 泡茶的艺术要领

泡茶是门艺术也是门技术，需要不断的练习，不断的思索，不是单纯的模仿动作，而要有自己的风格，但也要遵循泡茶中的艺术要领。童启庆老师在《习茶》中非常详细地讲述了泡茶的5个基本要领。

**1．“神”是艺的生命**

“神”指茶艺的精神内涵，是茶艺的生命，是贯穿于整个沏泡过程中的连接线。从沏泡者的脸部所显露的神气、光彩、思维活动和心理状态，可表现出不同的境界，对他人的感染力也就不同。

**2．“美”是艺的核心**

欣赏茶的沏泡技艺，应该给人一种美的享受，包括境美、水美、器美、茶美和艺美。茶的沏泡艺术之美表现为仪表的美与心灵的美。仪表是沏泡者的外表，包括容貌、姿态、风度等；心灵美是指沏泡者的内心、精神、思想等，通过泡茶者的设计、动作和眼神表达出来。在整个泡茶的过程中，沏泡者始终要有条不紊地进行各种操作，双手配合，忙闲均匀，动作优雅自如，使主客都全神贯注于茶的沏泡及品饮之中，忘却俗务缠身的烦恼，以茶修身养性，陶冶情操。

**3．“质”是艺的根本**

品茶的目的是为了品赏茶的质量，一人静思独饮，数人围坐共饮，或是大型茶会中众人齐聚品饮，人们对茶的色、香、味、形之要求都很高，总希望喝到一杯好茶，泡茶者千万不可以为自己有青春容貌、华丽服饰、精巧茶具等优势就可以成功。特别是初到一地，由他人提供境、器、水、茶，自己全然陌生，稍一大意，就会有失水准，不一定能泡出好茶来。尤其是在懂茶、知茶不多的情况下，更要谦逊，向他人求教。

**4．“匀”是艺的功夫**

茶汤浓度均匀是沏泡技艺的功力所在。用同一种茶冲泡，要求每一杯茶汤的浓度均匀一致，就必须练就凭肉眼能准确控制茶与水的比例，不至于过浓或过淡。

**5．“巧”是艺的水平**

沏泡技艺能否巧妙运用是沏泡者的水平。初学者，常常是单纯模仿他人的动作，而不能真正领悟到泡茶精髓。

（资料来源：童启庆，《习茶》）

## ● 实践项目

选择一款你最钟爱的名茶，并根据这款名茶创编或改变一套舞台表演型茶艺。

## ● 能力检测

**茶艺表演泡茶要领**

| 考核项目 | 标准要求 | 个人评价 | 小组评价 | 老师评价 | 小组推优展示 |
|---|---|---|---|---|---|
| 选茶 | 根据客人多少、要求、时间、地域不同确定用什么茶 | | | | |
| 茶具 | 根据表演何种茶艺选用相配套的茶具 | | | | |
| 用水 | 根据条件和可能选用最好的泡茶用水 | | | | |
| 茶量 | 根据茶艺的种类决定放茶多少 | | | | |
| 方法 | 在茶艺表演中要“投茶有序，勿失时宜”，要根据不同的茶叶品种、不同的季节，要选好采用上投，还是中投，或是下投的方法 | | | | |
| 水温 | 高温致茶熟，低温味不出。要根据茶叶的品种老嫩，决定用水温度 | | | | |
| 水量 | 根据茶具和品饮的方式决定注水的多少 | | | | |
| 时间 | 在泡茶中用茶的品种不同、水温不同，冲泡的次数不同，所需要的时间也不相同 | | | | |
| 次数 | 在品茶中由于所用茶不同，冲泡的次数也不同 | | | | |

## ● 案例分享

### 茶席座位怎样安排

不论东方、西方，凡是开会、吃饭、喝酒、喝茶等，宾主的座位安排都有一定的规矩。这也是一种“道”。如果没有安排，就是不上道；安排不好或安排不对，就是旁门左道了。

茶席座位就是席位。出席一个茶会，席位安排是很重要的礼节，席位也是一个茶会氛围好与坏的开始，错误的席位往往会将精心设计的茶会，搞得黯然失色，不欢而散。

我国位于北半球，一年四季太阳都是从南方照射过来，而冬天的寒风则是由北方吹来。历代主要建筑总是采取“坐北朝南”的建筑方位。将大门开在南方以吸收阳光，避开寒风。这个方式的建筑方位，使得茶席座位的安排有了一个基本准则。

我们在屋内向着大门往外望，前方就是南方，背后就是北方，左手就是东方，右手就是西方。中国人的方位观与五行、五色、一年四季都有关联，所谓“左青龙、右白虎、前朱雀、后玄武、中黄土”。建筑物是固定的，茶桌、茶艺师是可以变动的。所以，茶席座位是在固定中有变化，在变化中有固定的。茶桌摆放的位置是变化中的固定，茶艺师坐的方位是固定中的变化。茶艺师坐定后，方位确定了，他的正前方是南方，他的后方是北方，他的左手是东方，他的右手是西方。这些方位学是根据中国的传统文化归纳、演绎而来。

面南而坐，是帝王座位；面北而坐是臣子的座位；坐东是主人的位置；西席是老师、贵宾的座位。有了以上坐席方位的原则依据，茶席座位的安排就有脉络了。

首先，茶桌摆放的位置，应在正对门的方位或进大门自己的左手边。茶桌摆放在正对门时，茶艺师就面对门而坐。茶艺师左手边是东道主座位，茶艺师右手边是西席，属老师或贵宾的座位。

因此，茶席座位的安排，是以茶艺师的方位而定的，茶艺师的方位又以茶桌摆放的位置来决定。茶桌摆放的位置，又以屋子的朝向和格局来决定。所以，安排茶席座位的原则，首先考虑的是茶桌、茶艺师方位，这些动态的因素；其次，就要考虑静态的宾客主次、身份、地位、辈分、长幼等条件了。

中国传统文化对于席位的安排，比较重视的是长幼、辈分的大小。在现代社会生活中，则比较重视个人的身份、地位，主客、陪客的次第。而茶席座位的安排，是依茶桌摆放的位置、茶艺师的方位来决定，是动中有静、静中有动的动态方位学。席位所表现出来的尊卑，既是绝对的，又是相对的。一位在社会上地位很高的人，在茶席中并不一定是主角。比如一位部长出席茶会，但是主人的老师也出席茶会，应以老师为尊……

中国的传统茶席讲究“天人合一”的思想，既顺应天，考虑五色、五行；也尊重人，讲究长幼有序。我认为，这两大主轴是在任何场合做席位安排之前，都应慎重思考的先决条件。因此，学习和了解茶席的知识，参与茶席，对于我们生活中的很多方面都是有借鉴价值的。

（资料来源：范增平，载《海峡茶道》，2011 年 6 月）

# 项目八
# 茶道概述

**项目分解**

模块一　中国茶道概述与《茶经》
模块二　中国茶道内涵及现代茶道精神
模块三　茶道与儒佛道
模块四　茶道与文学
模块五　茶道与艺术
模块六　茶道与茶俗

## 模块一　中国茶道概述与《茶经》

**知识目标**

了解中国茶道的基本概念，对《茶经》有认知。

**能力目标**

通过了解中国茶道的基本概念，促进茶艺表演修养的提升。

**工作任务**

将茶道运用于茶艺表演中。

作为中国文化的重要符号，茶不单纯是一种简单的生活消费品（“开门七件事，柴米油盐酱醋茶”），而是上升到了精神层面的高度，到了可谈论“道”的境界。中国人视“道”为体系完整的思想学说，是宇宙、人生的法则、规律，所以，中国人不轻易言道，但在中国的饮食、玩乐诸活动中，能升华为“道”的只有茶道。受老子的“道可道，非常道，名可名，非常名”的思想影响，“茶道”一词从使用以来，历代茶人都没有下过一个准确的定义。直到近年对茶道见仁见智的解释才多了起来。

认识茶道，首先对“道”要有所认知，其次要辨别清楚“茶道”和“茶艺”之间的区别与联系。“道”在《现代汉语词典》中解释为“技艺、技术”，例如“医道、茶道、花道、书道”等。但对“茶道”一词并未作解释。所以通过推理，茶道似乎可以被理解为研习茶的技艺或方法，但是这种解释有些牵强，更倾向于茶艺。茶道（tea ceremony）是烹茶、饮茶的艺术，是一种以茶为媒的礼仪或仪式，也被认为是修身养

性的一种方式，它通过种茶、制茶、沏茶、赏茶、饮茶，从而达到陶冶情操、提高个人综合素质，创造和谐社会，让我们的生活环境更加美好的目的。喝茶能静心、静神，有助于去除杂念，这与提倡“清静、恬适”的东方哲学思想一致，也符合儒佛道“内省修行”的思想。

为了更好地认识茶道，我们有必要对“茶道”、“茶艺”、“茶文化”，做一个明确的区分和界定，使它们既有区别，又互相联系。茶艺，是指制茶、烹茶、饮茶的技术，技术达到炉火纯青也就变成了一门艺术，具体而言，包括精茶、洁水、活水、妙器四个部分；而茶道不是简单的饮茶艺术，它是通过饮茶的艺术形式来达到修行得道的目的，茶道把饮茶与修道合二而一。一般说来，茶道的主要角色是茶人，包括烹茶的人和饮茶的人，茶道行茶的过程有主题，可严肃，可轻松，在这一过程中，茶人受到了礼法教育和道德修养的熏陶，文化和传统得到延续。而且，茶道还特别重视品饮的环境、茶室的格局和内部装饰是否顺乎自然，追求人与自然的和谐，达到天人合一。中国茶道集宗教、哲学、美学、道德、艺术于一体，是艺术、修行、达道的完美结合。

下面，我们来看看茶道和茶艺的具体表现形式，到底有什么不同？将茶当饮料解渴，大碗海喝，称之为喝茶；如果注重茶的色香味，讲究水质茶具，喝的时候又能细细品味，可称之为品茗；如果讲究环境、气氛、音乐、冲泡技巧及人际关系等，则可称之为茶艺；而在茶事活动中融入哲理、伦理、道德，通过品茗来修身养性、陶冶情操、品位人生、参禅悟道，达到精神上的享受和人格上的洗礼，这就是饮茶的最高境界——茶道。茶道不但讲求表现形式，而且注重精神内涵。茶艺是茶道的基础，是茶道的必要条件，茶艺可以独立于茶道而存在，而茶道则以茶艺为载体，依存于茶艺而存在。茶艺重点在“艺”，重在习茶艺术；茶道的重点在“道”，旨在通过茶艺修心养性、参悟大道。我们这里所说的“艺”，是指制茶、烹茶、品茶等艺术；我们这里所说的“道”，是指艺茶过程中所贯彻的精神。有道而无艺，那是空洞的理论；有艺而无道，艺则无精、无神。茶艺，有名，有形，是茶文化的外在表现形式；茶道，就是精神、道理、规律、本源与本质，它经常是看不见、摸不着的，但你却完全可以通过心灵去体会。茶艺和茶道，是艺中有道，道中有艺的关系，是物质与精神高度统一的结果。综上所述，茶艺、茶道的内涵、外延均不相同，应严格区别，不要混同。

那么，茶道和茶文化又是什么关系呢？茶道处于制茶技术之上，是茶文化的核心，是茶文化的上层领域，是茶文化的目的，是茶文化的灵魂。茶道概念的提出，把饮茶品茗从技艺层面提高到了精神层面的高度，这时品茗已经上升为修身养性、参悟禅理的方法与手段。通过茶，品茗的人进入到了一种天人合一、身心清净、愉悦的境界。

茶道、茶艺和茶文化三者之间的关系可以用图 8-1 来表示。

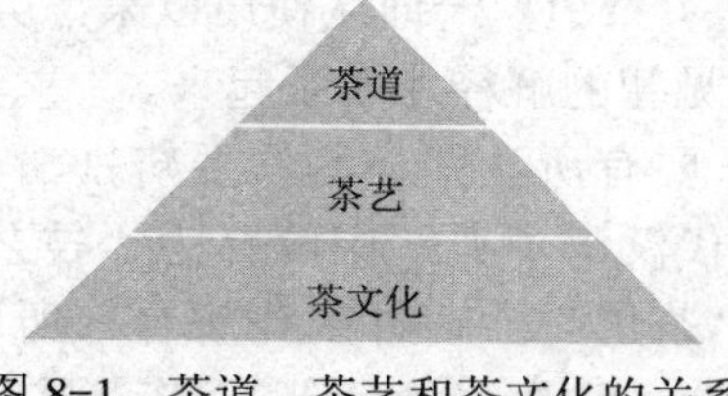


图 8-1　茶道、茶艺和茶文化的关系

根据茶道思想与活动目的及其反映的内容不同，茶道可大体分为修行类茶道、茶艺类茶道、技艺类茶道、风雅类茶道及综合类（复合类）茶道（见表 8-1）。

表 8-1　茶道的分类

| 名　称 | 修习目的 | 修习方式 | 环　境 | 适宜人群 |
|---|---|---|---|---|
| 修行类茶道 | 借助于饮茶养生怡情、体悟大道，达到超凡脱俗的境界 | 以清修为本，排除世俗欲望，参禅悟道 | 重视环境的选择，或皓月清风，或松涧泉边，或松竹之下，或明窗净几等 | 僧侣、道家或清雅脱俗之人 |
| 茶艺类茶道 | 运用沏泡技艺充分发挥茶的色、香、味、形，运用相宜技艺掩饰茶的不足，充分发挥茶的品质特征，让人们领略其优美的品质表现 | 拜师学艺，正规培训 | 文人茶艺、禅师茶艺、富贵茶艺、功夫茶艺、平民茶艺、江湖茶艺和儿童茶艺都需要与主题相协调的环境 | 茶艺师或茶艺爱好者 |
| 技艺类茶道 | 通过茶道活动来体现因自身的创造而产生的快乐，体现技艺的高度娴熟，使心灵达到精神需求的满足 | 熟能生巧，若有心修习，自然会手法老练，进而超越实用至审美的精神境界。需要长期艰苦的练习 | 对环境要求不高 | 专职茶艺、茶道人员 |
| 风雅类茶道 | 风雅类茶道除应具有茶艺类茶道的修习内容要求与各种要素外，重点在于茶道活动过程中人的仪表及整个活动空间内的感觉意境 | 在生活中修行，成为生活的一部分 | 环境、器物、景观、陈设等层次丰富 | 文人雅士 |
| 综合类（复合类）茶道 | 如今有许多茶道活动是将以上茶道复合，只不过侧重有主有次，现在的茶艺表演往往是技艺类、茶艺类、风雅类等茶道综合在一起表演：以技艺类茶道的细腻指法、流畅动作娴熟地配合茶艺类茶道的茶汤色、香、味、形的发挥，另有风雅类茶道的动作与姿态的优雅大气，配上茶器具组合艺术与茶席的赏心悦目等。也有比较简单的复合，如技艺类茶道与茶艺类茶道的简单复合，或技艺类茶道与风雅类茶道的简单复合等 | | | |

在当今世界上比较盛行的茶道有日本茶道、中国茶道、韩国茶道，三者之间各具特色。茶起源于中国，茶道也起源于中国，然后传播到日、韩等地，经过和当地文化的融合、历史的变迁从而形成了有着自己特色的茶道。中国与日韩茶道在茶与道上的区别。

表 8-2　中国与日韩茶道在茶与道上的区别

| | 茶 | 道 |
|---|---|---|
| 中国茶道 | 茶叶品种众多，六大基本茶类及再加工茶皆有独到的泡法 | 自由自在，潜修心性，品茶论道，交友叙旧，各得其所 |
| 日韩茶道 | 大多以蒸青绿茶（煎茶）为主，近年来也饮用乌龙茶。民间普遍用泡茶法，有喝冷茶的习惯 | 一大篇的繁文缛节和不断重复的规定动作，整个流程技法相对单一，比较注重表现形式的礼仪化 |

在博大精深的中国茶文化中，茶道是核心。茶道包括的备茶、品饮，并通过茶陶冶情操、修身养性，在陆羽的《茶经》中都得到明显的体现。《茶经》共十章。除四章是讲茶的性状起源、制茶工具、造茶方法和产区分布外，其余六章全部或主要是讲

煮茶技艺、要领与规范的。“四之器”详细描述了茶道所需的24种器皿，包括规格、质地、机构、造型纹饰、用途和使用方法；“五之煮”讲烤茶要领，选用燃料，鉴别水质，怎样掌握火候和培育茶的精华技巧；“六之饮”详细规定了饮茶应注意的九个问题，还提出品名贵之茶每次不要超过三盏以及三人饮茶、五人饮茶和七人饮茶各应如何进行；“七之事”列举历史上饮茶典故与名人逸事；“九之略”讲述在野外松间石上、清泉流水处和登山时在山洞里不同场所进行茶道时哪些器皿可以省略；“十之图”要求把《茶经》所写的茶事活动绘成图，挂在茶席一角使参加者在场能够看明白。陆羽对中国茶道的形成起着重要作用，在《茶经》中指出，“茶之为用，味至寒，为饮最宜精行俭德之人”，也就是说，通过饮茶活动陶冶情操，使自己成为具有美好的行为和简朴、道德高尚的人。陆羽的忘年交、诗僧、茶人皎然在《饮茶歌诮崔石使君》一诗中有：“一饮涤昏寐，情来朗爽满天地；再饮清我神，忽如飞雨洒轻尘；三饮便得道，何须苦心破烦恼……孰知茶道全尔真，唯有丹丘得如此。”皎然的茶道兼有“饮茶之道”之意，即“饮茶之艺”，使修行落实于饮茶艺术之中，艺不离道，道不离艺，由艺进道。唐朝封演的《封氏闻见记》卷六“饮茶”条载，“楚人陆鸿渐为茶论，说茶之功效，并煎茶炙茶之法。造茶具二十四事，以都统笼贮之。远近倾慕，好事者家藏一副。有常伯熊者，又因鸿渐之论广润色之。于是茶道大行，王公朝士无不饮者。”“王公朝士无不饮茶者”的茶道，当属“饮茶之道”，亦即“饮茶之艺”。从上述文献中可知：陆羽确立了茶道的表现形式与富有哲理的茶道精神，是中国茶道的奠基人，皎然辅助之功尤大，封演赋予了“茶道”的名称。

## 模块小结

“道由心悟”。如果一定要给茶道下一个定义，把茶道作为一个固定的、僵化的概念，反倒失去了茶道的神秘感，同时也限制了茶人的想象力，淡化了通过用心灵去悟道时产生的玄妙感觉。所以通过对茶道、茶艺、茶文化之间的关系的认知，来帮助我们理解茶道。

**关键词**　茶道　《茶经》

**知识链接**

**1. 陆羽生平**

陆羽（733—804年），字鸿渐，唐复州竟陵（今湖北天门）人。一生嗜茶，精于茶道，以著世界第一部茶叶专著——《茶经》闻名于世，对中国茶业和世界茶业作出了卓越贡献，被誉为“茶圣”，奉为“茶仙”，祀为“茶神”。

陆羽工于诗文，但传世不多，一生极富传奇色彩。他原是个被遗弃的孤儿，三岁的时候，被竟陵龙盖寺住持智积禅师在当地西湖之滨拾得，后取得陆羽一名。在龙盖寺，他不但学会了认字，还学会了烹茶事务。尽管如此，陆羽不愿皈依佛法，削发为僧。

十二岁时，他乘人不备逃出龙盖寺，到了一个戏班子里学演戏。他虽其貌不扬，又有些口吃，但却幽默机智，演丑角很成功，后来还编写了三卷笑话书《谑谈》。唐天宝五年（746年），竟陵太守李齐物在一次州人聚饮中，看到了陆羽出众的表演，十分欣赏他的才能和抱负，当即赠与诗书，并修书推荐他到隐居于火门山的邹夫子那里学习。后来陆羽与好友崔国辅常一起出游，品茶鉴水，谈诗论文。唐肃宗乾元元年（758年）陆羽来到升洲（今南京）钻研茶事。唐上元元年（760年）隐居山间，阖门著述《茶经》。

陆羽一生鄙夷权贵，不重财富，热爱自然，坚持正义。《全唐诗》中载有陆羽一首诗，正体现了他的品格。“不羡黄金罍，不羡白玉杯，不羡朝入省，不羡暮登台；千羡万羡西江水，曾向竟陵城下来。”陆羽的《茶经》是唐代和唐代以前有关茶业科学知识和实践经验的系统总结。《茶经》问世以来，即为历代人所钟爱，人们盛赞他为茶业的开创之功。宋代陈师道为《茶经》作序道：“夫茶之著书，自羽始。其用于世，亦自羽始。羽诚有功于茶者也！”陆羽逝世后，后人尊其为“茶神”，肇始于晚唐。

**2．名人论茶道**

（1）中国

吴觉农先生认为：茶道是“把茶视为珍贵、高尚的饮料，饮茶是一种精神上的享受，是一种艺术，或是一种修身养性的手段”。

庄晚芳先生认为：“茶道是一种通过饮茶的方式，对人民进行礼法教育、道德修养的仪式。”

陈香白先生认为：中国茶道包含茶艺、茶德、茶礼、茶理、茶情、茶学说、茶道引导七种义理，中国茶道精神的核心是和。中国茶道就是通过茶事过程，引导个体在美的享受过程中走向完成品格修养以实现全人类和谐安乐之道。陈香白先生的茶道理论可简称为“七艺一心”。

周作人先生对茶道的理解为：“茶道的意思，用平凡的话来说，可以称做为忙里偷闲，苦中作乐，在不完全现实中享受一点美与和谐，在刹那间体会永久。”

茶道学者金刚石提出：“茶道是表现茶赋予人的一种生活方向或方法，也是指明人们在品茶过程中懂得的道理或理由。”

台湾学者刘汉介先生提出：“所谓茶道是指品茗的方法与意境。”

台湾作家林清玄认为：“茶就代表着人与世界的和谐。”

（2）日本

1977年，谷川激三先生在《茶道的美学》一书中，将茶道定义为：以身体动作作为媒介而演出的艺术。它包含了艺术的因素、社交因素、礼仪因素和修行因素。

久松真一先生则认为：茶道文化是以吃茶为契机的综合文化体系，它具有综合性、统一性、包容性。其中有艺术、道德、哲学、宗教以及文化的各个方面，其内核是禅。

熊仓功夫先生从历史学的角度提出：茶道是一种室内艺能。艺能是人本文化独有的一个艺术群，它通过人体的修炼达到陶冶情操完善人格的目的。

人本茶汤文化研究会仓泽行洋先生则主张：茶道是以深远的哲理为思想背景，综合生活文化，是东方文化之精华。他还认为：“道是通向彻悟人生之路，茶道是至心之路，又是心至茶之路。”

**3．中国四大茶道**

文化背景不同便形成中国四大茶道流派。贵族茶道生发于“茶之品”，旨在夸示富贵；雅士茶道生发于“茶之韵”，旨在艺术欣赏；禅宗茶道生发于“茶之德”，旨在参禅悟道；世俗茶道生发于“茶之味”，旨在享乐人生。

## ● 思考与练习题

1. 茶道的含义是什么？它形成于什么朝代？
2. “喝茶”与“品茗”仅仅是说法不同吗？

# 模块二　中国茶道内涵及现代茶道精神

**知识目标**

认知中国现代茶道内涵。

**能力目标**

发扬中国现代茶道精神。

**工作任务**

能表述出中国现代茶道精神。

如果我们去翻阅古代文献资料的话，就会发现，到晋代以后，“茶”才被赋予了除物质功效之外的精神领域的功能。在晋代，人们已经认识到通过茶可以调节精神、和谐内心，并提倡一种简朴的生活方式。唐代诗人卢仝在著名的茶诗《走笔谢孟谏议寄新茶》中生动地描绘了饮茶的七个层次，除了第一个层次说的饮茶可以解渴的最低生理功效之外，后面的六个指的都是精神方面的感受，特别是到了第七层，分明已是明心悟道，飘飘欲仙了。卢仝将唐代品茶之道升华到一个更高层次，丰富、升华了茶道的内涵。而晚唐的刘贞亮在《茶十德》中，用非常理性的态度提出饮茶不仅是自我精神境界的提高，更有助于社会道德风尚的培育，这就将茶道对社会的功能和作用提高到了一个更高的层次上。宋徽宗赵佶的《大观茶论》中把茶道精神概括为“祛襟、涤滞、致清、导和”四个方面，明清时代的一系列茶文献，如明代朱权的《茶谱》、张源的《茶录》、许次纾的《茶疏》等，使得茶道的理念变得更为丰富完备。遗憾的是中国虽然最早提出了“茶道”的概念，也在该领域中不断实践探索，并取得了很大的成就，但却没有能够旗帜鲜明地以“茶道”的名义来发展这项事业，也没有规范出具有传统意义的茶道礼仪，在各种字典、词典上也未出现该词，以致不少人误以为茶道来源于异邦，这不得不说是一种遗憾。

在当代，中国茶道与文化艺术、地域民俗的融合使其内容更加丰富多彩，形式更加多种多样，同时，也表现出鲜活的个性风采。诸如广东、福建的功夫茶，白族的三道茶，满族的盖碗茶等形式，在这些不同地域的茶俗、茶礼、茶仪中，自始至终无不贯穿着中国茶道强烈的民族色彩、浓郁的文化气息。

从当今的现实生活来看，随着商品大潮的奔腾汹涌，社会竞争日益激烈以及人们生活节奏的加快，人际关系变得越来越紧张和浮躁，茶道的功能也就变得日益突出。在茶道的研习中，人们绷紧的心灵之弦得以松弛，倾斜的心理得以平衡，在茶道中，我们可以放缓生活节奏，享受愉悦，提升生活品质，感受优雅与娴静，“以茶养身”和“以道养心”，从而获得身心的健康。通过茶道的修身养性、品味人生、参禅悟道，更多的人获得了精神上的享受和人格上的陶冶，这是现代茶道所追求的目标和境界。

下面我们来看看现代中国精神到底包含一些什么内容？

首先，是“和”。“和”是中国茶道哲学思想的核心，是儒、佛、道三教共通的哲学理念。从“茶”字的结构来看，就包含了人生活在草木之中，茶是人与自然的和谐、人与人之间和谐的寓意。从行茶过程来看，茶人在按规定的动作备具、冲泡、奉茶、品饮当中，通过入席、焚香、奉茶、离席等哪怕是一个小小动作、表情的改变，相互的恭敬心就产生了，彼此间即使是陌生人，也变得其乐融融，这对改善人际关系，构建和谐社会是具有潜移默化之作用的。茶道中的“和合”精髓，影响了中国几千年，形成了最富有魅力的东方智慧与生活哲学。

其次，是“美”。“美”是指味、色、声、态的好，通过认知、体验提高人的审美情趣，美化我们的生活。美由心生，美就在茶人的心中，茶人的心有多美，意境就会有多美，审美的感受就会有多美。茶艺审美的过程就是茶人修身养性的过程，是茶人与自然沟通，与茶进行心灵对话，发现真我的过程。通过调动人体所有的器官去全面的感受茶道的美（六根：眼、鼻、嘴、耳、肤、意识），可以促使茶人超越自我，从自己的心中去寻找美。在追寻茶道的美的过程中，也就是在茶饮的“礼尚往来”过程中，声、色、味始终起着中介作用，不断刺激人的感官，从而实现了陶冶情性的目的。“声”是茶饮程序的实施过程，必然产生若隐若现、似有似无的响声，从而形成节拍，加强了日常生活中的自然律动感，显得谐和、协调。《茶经·五之煮》说煮水，“其沸如鱼目，微有声”。这些都属“声”的刺激。“色”主要是指茶饮过程中茶汤的色泽，茶类不同，茶汤的颜色也千差万别。不同的茶汤呈现出自然而又迷人的色泽，令饮茶者身心愉悦。“味”是茶饮过程中的“主角”，《茶经》中所有的措施，可以说都是为了维护其至高无上的尊贵地位。

再次，是“真”。“真”是中国茶道的起点，也是中国茶道的终极追求。中国茶道追求的“真”有三重含义：一是追求道之真，即通过茶事活动追求对“道”的真切体悟，达到修身养性，品味人生之目的；二是追求情之真，即通过品茗述怀，使茶友之间的真情得以发展，达到茶人之间互见真心的境界；三是追求性之真，即在品茗过程中，真正放松自己，在无我的境界中去放飞自己的心灵。中国茶道在从事茶事时所讲究的“真”，包括真茶、真香、真味；而且，环境最好是真山真水，挂的字画最好是名家名人的真迹，用的器具最好是真竹、真木、真陶、真瓷，还包含了对人要真心，敬客要真情，说话要真诚，心要真静、真闲。

最后是“清”。“清”即清洁，清廉，清净（清寂）之意，茶道的真谛不仅求事物外表清洁，更需要讲究心境的清寂、宁静、明廉、知耻。在静寂的境界中，饮清洁的茶汤，方能体会出饮茶之奥妙。在现代，清还有公正、廉洁之意。清茶一杯，以茶代酒，是古代清官的廉政之举，提倡的朴素、智慧的生活哲学，在现代也是倡导精神文明的高尚表现。

## 模块小结

茶道在很大程度上影响了中国人的思维、性格、行为、生活方式和生活理念。中国作为茶道的发源地，有着悠久的文化传统，茶道在中国曾有过耀眼的光芒，然而它在现代中国却似乎受到了冷遇，为常人所不了解。但是茶道的现代意义不容置疑，其基本精神更是饱含哲理。只要我们合理发扬它的现代价值，用好它，茶道必将在中华大地重新兴起，展现它应有的价值和作用。

**关键词**　现代茶道　内涵　精神

多想想研习茶道对现代生活的益处。

**知识链接**

日本茶道的基本精神归纳为“和、敬、清、寂”。

韩国茶道的基本精神归纳为“和、敬、俭、真”。

中国台湾的“中华茶艺协会”第二届大会通过的茶艺基本精神是“清、敬、怡、真”。

庄晚芳先生还归纳出中国茶道的基本精神为“廉、美、和、敬”。

“武夷山茶痴”林治先生认为中国茶道为“和、静、怡、真”。

我国台湾的国学大师林荆南教授将茶道精神概括为“美、健、性、伦”。

我国台湾的周渝先生近年来也提出“正、静、清、圆”。

- **案例分享**

2010年3月16日，北京泰元坊走进了北京名校——师大二附中的校园，为其国学社和高中部文科实验班的150多名师生，进行了一场别开生面的茶文化讲座——“好茶好心情”。茶文化作为中国传统文化最亲民的窗口，引起了到场同学们的极大兴趣。特别是在现在这个科技飞速发展的时代，东西方文化不断碰撞和融合，身处其中的年轻人更需要以文化来沉淀自己、塑造自己，彰显自我个性。很多同学都认真记笔记、提问题，洋溢着青春的风采，泰元坊精心准备的小奖品，更让获奖者笑逐颜开。

2010年3月13日，北京泰元坊应北京华夏儒商国学院之邀，在中央党校崇学山庄，为其周易讲习班和养生班的学员进行了题为“体验茶艺之美”的茶文化讲座。华夏儒商国学院成立于2002年，在实践中日趋形成以中国传统文化课程体系为主，辐射前沿应用类及学术类学科的多层次面向中国企业家的中国传统文化教育课程体系，先后培养了近3 000名全国各地（包括香港和台湾）的企业家。此次讲座，帮助企业家们澄清了很多茶艺生活中的误区，品尝了数款正宗的国内外名茶。讲座结束后，一些茶艺造诣颇深的企业家与主讲老师进行了深层次的学术交流。主办方也评价讲座效果超乎想象得好！

- **思考与练习题**

你所理解的现代茶道精神是什么？

## 模块三　茶道与儒佛道

**知识目标**

茶道与儒佛道之间的关系。

**能力目标**

通过学习，对设计宗教茶艺积累知识。

**工作任务**

设计一个以宗教为题材的茶艺表演。

下面我们从一个故事开始学习茶道与儒佛道的关系。从前，孔子、释迦牟尼和老子站在象征人生的一坛醋前，各自用手指蘸醋尝其味道。孔子说那是酸的，释迦牟尼认为是苦的，老子则断言那是甜的。可见，即使是同一个物体，如果从不同的角度和思想来看，也会有很大的不同。中国儒、佛、道各家因其形式与价值取向不尽相同，在茶道上也形成了各自的流派，具有各自鲜明的特点。佛教在茶中伴以青灯孤寂，要在明心见性；儒家以茶励志，沟通人际关系，积极入世；道家茗饮寻求空灵虚静，避世超尘，尝试从这个充满悲哀和痛苦的世界中找到美。儒佛道这种表面的区别确实存在，但他们也有一个共同的特点，那就是：和谐、平静，这些无疑形成了中国茶道丰富的精神内涵。

# 任务一　茶与儒学

儒家思想也称为儒教或儒学，由孔子创立于战国时期，是中国影响最大的流派，也是中国古代的主流意识。儒家学派对中国、东亚乃至全世界都产生过深远的影响。儒家，表现为尊孔重礼等，有国学之称。过去中国人尊的是皇天后土，以大地为母亲，所以平和、温厚、持久，这便成就了儒家的思想体系。其核心思想表现为“仁、义、礼、智”等，尤以中庸为本，互为得益为前提。而茶道与“礼”和“中庸思想”联系最为紧密。

礼是中国古代调整人际关系的一种行为规范。儒家之礼所追求的是人生和谐，而茶的属性所能产生的效果就是和谐，因而讲究茶礼便成了中国茶道中一个格外重要的内容。贡茶、赐茶、赠茶、敬茶、茶会、下茶都是历史上茶的礼节。贡茶由来已久，当百姓还没学会饮茶时便已将茶列为贡品，献给天子，以尽君臣之义。皇上赐茶以示恩宠，臣子何幸，感激涕零，受茶后当上表叩谢。茶渐成友谊的载体，亲朋好友之间以茶相赠，礼轻仁义重。因其纯洁高雅，文人更为看重，特别是新茶开园时节。如果能率先品尝朋友寄赠的香茶，能不喜出望外吗？中国人待客不外乎烟、酒、茶，茶较为大众化，无论男女老幼，无论士农工商，无论东西南北，适用于各种社交场合。茶宴、茶话、茶会形式类似，是以茶联谊，表示友情。茶艺表演中的“回旋高冲”、“凤凰三点头”在用一种无声的礼邀请客人来喝茶并致以问候。下茶则是中国古代婚俗，婚嫁以茶为礼，亦称“茶定”、“受茶”和“茶聘”，指代的是“纳征”最后核对“礼书”无误，双方家长点头认可这段婚姻，并在茶定后开始共同确定“迎亲书”。

在中国人的人际交往中，茶是老资格的“公关饮料”。客来敬茶是我国人民的传统礼节，不论贫穷与富贵之家，有朋自远方来，首先做的是以茶敬客。敬茶作为最简易、最普遍的方式，渐而成为一种民间习俗，从古至今相沿不衰。茶本是自然之物，双手端茶敬客，主人的一份真情把茶的自然属性和功能与交友之道、社会人际关系等巧妙地结合起来。茶成为相互交往、互敬互重，增进友谊的象征，无疑这充分体现了儒家的“礼仪”和“仁心”。在中国人的世俗生活中，处处有礼，处处有茶，有礼仪的地方就有茶，茶已成为礼仪的一个不可或缺的组成因素。也正因为此，中国也是闻名于世的礼仪之邦。

儒家的“中庸之道”，是中国人奉行的人生大道。茶文化经历了漫长的发展过程。茶

之为饮，促进了人们之间的交流与相处，营造的是一种纯洁、儒雅、和谐的气氛，恰好体现了儒家那种积极入世、中庸和谐的理想精神。“和”是儒家的至高理想境界。而茶道精神亦以“和”为最高境界，这充分说明了茶人深切地把握了儒家的“中和”哲学精神。儒家文化与茶道精神密不可分地结合在一起。如今，日常生活中约定俗成的“七分茶，八分酒”和“茶的品饮，三分解渴，七分品”，在泡茶时，讲究“酸甜苦涩调太和，掌握迟速量适中”的中庸之美。多一分过了少一分不到，不偏不倚是泡好茶的关键。投茶量不能过多或过少，泡茶的时间不能过长或过短，水的温度不能过高或过低，这些都是茶道之中的“中庸”。儒家视茶道为一种修身的过程。“修身齐家治国平天下”——高度的个人修养才能创造社会的完美与和谐。儒家的思想渗透到茶道精神中，把“中和”的道德境界和艺术境界统一起来，要求茶人首先要保持高尚情操，然后从茶具、茶器的选择使用到煮茶品饮，茶道的整个过程、茶事礼仪的动作要领都不失儒家端庄典雅的风韵。茶道因此而成为一种中和之道，融贯着儒家对“真、善、美”的追求。儒家的“中和”思想始终贯穿于中国茶道精神之中，最终成为了中华茶文化的核心思想。在儒家眼里和是中，和是度，和是宜，和是当，和是一切恰到好处，无过亦无不及。儒家对“和”的诠释，在茶的活动中表现得淋漓尽致。

## 任务二　茶与佛教

佛教是公元前 6—前 5 世纪由古代印度迦毗罗卫国（在今尼泊尔）的王子释迦牟尼创立的，最初从西域传入我国。东汉永平十年（67 年），佛教正式由官方传入中国，于唐末五代时达于极盛。禅宗使中国佛教发展到了顶峰，对中国古文化的发展具有重大影响。那么，佛教和茶道又是如何结合在一起的呢？

“天下名山僧占多”，南方的一些名山大川山高峰险，佳木参天，云遮雾绕，阳光漫射，雨量充沛，土地肥沃，为茶树的生长提供了得天独厚的自然环境。僧道寺院附近常常垦辟茶园。客观条件决定了寺院的僧人有时间、有文化来讲究茶的种植、采制、品饮艺术和写诗以宣传茶文化，使得饮茶逐渐成为寺院制度的一部分。在这些寺院中，设有“茶堂”和“茶鼓”，茶堂是禅僧辩论佛理、招待施主、品尝香茶的地方；茶鼓是召集众僧饮茶所击的鼓，通常设置在法堂的西北角。有些寺院还专设“茶头”掌握烧水煮茶，献茶待客；并在寺门前派“施茶僧”数名，施惠茶水。佛教寺院中的茶叶，称做“寺院茶”，一般有三种用途：供佛、待客、自奉。“寺院茶”根据佛教规制的不同，还有不少名目：每日在佛前、祖前、灵前供奉茶汤，称做“奠茶”；按照受戒年限的先后饮茶，称做“戒腊茶”；请所有众僧饮茶，称做“普茶”；化缘乞食得来的茶，称做“化茶”，等等。佛教的坐禅分六个阶段，每一个阶段焚香一枝，每焚完一枝香，寺院监值都要“打茶”，借以清心提神，消除长时间坐禅产生的疲劳。可见，在寺院中，饮茶扮演了一个非常重要的角色，变成了佛教参禅的一个必要条件，茶道的发展变化，足以影响佛教禅宗的发展变化。

在唐代轰动一时的禅宗“赵州吃茶去”，是茶禅一味的表现。说的是河北赵州有一禅寺，寺中一高僧名从念禅师，人称“赵州”，问新到僧：“曾到此间乎？”答：“曾到。”赵州说：“吃茶去！”又问一僧，答：“不曾到。”赵州又说“吃茶去！”后院主问：“为何到也‘吃茶去’，不曾到也‘吃茶去’？”赵州又说：“吃茶去。”赵州对三者均以“吃茶去”作答，正是反映茶道与禅心的默契，其意在消除学人的妄想，即所谓“佛法但平常，莫作奇特想”，不论来或没来过，或者相不相识，只要真心真意地以平常心在一起“吃茶”，就可进入“茶禅一味”的境界。正所谓：“唯是平常心，方能得清静心境；唯是清净心境，方可自悟禅机。”佛教协会主席赵朴初曾有诗云：“七碗爱至味，一壶得真趣。空持千百偈，不如吃茶去。”佛教禅宗参禅时需要茶叶，从而形成的嗜茶风尚，又促进了我国茶业和茶文化的发展。品茶是参禅的前奏，参禅是品茶的目的，二位一体，水乳交融，共同追求精神境界的提纯和升华。

还要特别指出，佛教对中国茶道向外传播起了重要作用，熟悉中国茶文化发展史的人都知道，第一个从中国学习饮茶，把茶种带到日本的是留学僧最澄。他于 805 年将茶种带回日本，种于比睿山麓，而第一位把中国禅宗茶理带到日本的僧人，即宋代从中国学成归去的荣西禅师（1141—1215）。荣西的《吃茶养生记》，从养生角度出发，介绍茶乃养生妙药、延龄仙术并传授我国宋代制茶方法及泡茶技术，并自此有了“茶禅一味”的说法。这一切都说明，中国茶道与佛教的关系是一个相互促进、共同发展的关系。

## 任务三　茶 与 道 教

道教由东汉张道陵创立，是我国唯一流传广泛的土生土长的宗教。南北朝时，道教开始盛行。初唐时，道教进入了第一个鼎盛时期。中国的茶文化无处不浸润着道教精神和道教的思想，茶与“道”结下了不解之缘。“茶之为饮，发乎神农氏”，道教敬奉的三皇之一——神农氏（农业之神），是最先使用茶作为解毒方子的。“神农尝百草，日遇七十二毒，得茶以解之”。神农为帮人民治病去痛，亲尝草木而多次中毒，终于寻茶得以解毒，并取名为“茶”。道教始祖张道陵也曾在“昌利山采服五芝众药，在隶上山始授弟子养形轻身法”。茶专家陶弘景在《茶录》记云：“苦茶轻身换骨，昔丹丘子，黄山君服之”，可见远古的仙人早已服之。东汉的葛玄就亲自开垦了一个“茶圃”，种茶饮茶以养生。唐末刘贞亮在总结茶的“十德”中，得出“以茶养生气，以茶养身体”。茶成了想得道成仙的道家修炼的重要辅助手段，甚至有人将其视为长生不老的灵丹妙药。

道士们品茶，也种茶。凡是道教宫观林立之地，也往往是茶叶盛产之地。道士们都于山谷岭坡处栽种茶树，采制茶叶，以饮茶为乐，提倡以茶待客，以茶为祈祷、祭献、斋戒，甚而“驱鬼妖”的贡品之一。在道教“做道场”时，献茶也成为必不可少的程式之一。道家追求的终极目标是通过修炼得到今生今世的成仙，而养生是成仙的基础。道教以方仙道为首的养形派认为，神依形生，形靠神立，养命固形，形神皆合方为康健。因此重视医药炼养，服食是其主要方术之一，草木是外养之精华，而茶自然就是养生佳品，外养之精华。

茶是吸取了天地灵气的自然之物，人乃宇宙的精灵。受道家天人合一哲学思想的影响，历代茶人都强调人与自然的统一，因而中国茶道将自然主义与人文精神有机地结合起来。茶的品格蕴含道家淡泊、宁静、返璞归真的神韵。茶性的清纯、淡雅、质朴与人性的静、清、虚、淡，两者“性之所近”，道家在发现茶叶的药用价值时，也注意到茶叶的平和特性，具有“致和”、“导和”的功能，可作为追求天人合一思想的载体，于是道家之道与饮茶之道和谐地融合在一起。在大自然的环境中饮自然之茶，并在饮茶中寻求对自然的回归，也就是天人合一、返璞归真。在茶事中，主张用本地之水煎饮本地之茶，强调茶与水的自然之道。品茶时，茶人强调“独啜曰神”，“独品得神”，追求天人合一，进入物我两忘的意境。特别值得一提的是陆羽在《茶经·四之器》中所设计的风炉，取之《易经》八卦配以五行，上刻“伊公羹、陆氏茶”。伊公就是远古的仙人，不食烟火只以羹食。惜墨如金的陆羽不惜用二百五十个字来描述他设计的风炉。指出，风炉用铁铸从“金”；放置在地上从“土”；炉中烧的木炭从“木”；木炭燃烧从“火”；风炉上煮的茶汤从“水”。煮茶的过程就是金木水火土，五行相生相克，并达到和谐平衡的过程。可见，茶满足了五行调和这一道家思想的核心内容。

## 模块小结

中国茶道吸收了古代哲学家的思想精华。儒家的中庸、和谐在中国茶道中表现明显；道家强调的天人合一，精神与物质统一的自然观、哲学观、美学观以及佛教朴素的思想境界都在中国茶道中体现得更加充分。

**关键词** 茶 儒教 佛教 道教

### 特别提示

如何真正理解“茶禅一味”？

**知识链接**

陆羽挚友僧人皎然虽削发为僧，但爱作诗、好饮茶，号称“诗僧”，又是一个“茶僧”。“静心”、“自悟”是禅宗主旨，皎然把这一精神贯彻到中国茶道中。茶人希望通过饮茶把自己与山水、自然、宇宙融为一体，在饮茶中求得美好的韵律、精神开释，这与禅的思想是一致的。唐代著名道家女茶人李冶，又名李季兰，出身名儒，不幸而为道士。据说，陆羽幼年曾被寄养李家，李冶与陆羽交情很深。后来，她在太湖的小岛上孤居，陆羽亲自乘小舟去看望她。李冶弹一手好琴，长于格律诗，在当时颇有名气。唐天宝年间（742—755），皇帝听说她的诗作得好，曾召之进宫，款留月余，又厚加赏赐。德宗时，陆羽、皎然在苕溪组织诗会，李冶是重要成员，所以，完全有理由说，是这一僧、一道、一儒家共同创造了唐代茶道格局。

### ● 案例分享

在一次国际茶会上看到一场“禅茶”表演，只见表演者个个身披大红袈裟，颈挂珍贵项链，使用名贵瓷器茶具，场上的气派显得富丽堂皇，请问这样的茶艺设计合理吗？如果不合理，应如何设计？

### ● 思考与练习题

试各举一个历史小故事来说明茶道与儒佛道之间的关系。

# 模块四　茶道与文学

**知识目标**

了解茶书的种类，历代出现的茶书；熟悉茶诗、茶词、茶散文、茶楹联。对我国茶文化加深认识，理解茶文化的内涵，熟悉我国传统文化。

**能力目标**

将茶诗、茶词、茶散文熟练地运用于茶艺表演的演说词中，增添茶艺表演的文化色彩；在茶馆设计与布置中能巧妙地运用茶联。

**工作任务**

设计西湖龙井、茉莉花茶、安溪铁观音、云南滇红、云南普洱的茶艺表演解说词。

## 任务一　茶与茶书

茶书是指专门论述茶叶种植、加工、冲泡、品尝的茶学著作。在唐以前，没有专门的茶学著作，只有内容涉及茶的一些零星篇章。自唐代陆羽《茶经》问世以后至清代为止，我国历史上刊印的各类茶书有百种之多，但流传至今的不过四五十种。这些茶书记载了历代茶叶的种植、采制、品饮、进贡、贸易等方面情况，具有极为重要的学术价值，是我们研究中国茶文化历史的主要资料来源。

古代茶书按其内容分类，大体可分为综合类、地域类、专题类和汇编类。

综合类茶书主要是记述论说茶树植物形态特征、茶名汇考、茶树生态环境条件，茶的栽种、采制、烹煮技艺，以及茶具茶器、饮茶风俗、茶史茶事等。如陆羽的《茶经》、赵佶的《大观茶论》、朱权的《茶谱》、许次纾的《茶疏》和罗禀的《茶解》等。

地域类茶书主要是记述福建建安的北苑茶区和宜兴与长兴交界罗茶区，北苑茶区有丁谓的《苑茶录》、宋子安的《安溪试茶录》、赵汝砺的《北苑别录》和熊蕃的《宣和北苑贡茶录》等；罗茶区有熊明遇的《罗茶记》、周高起的《洞山茶系》、冯可宾的《茶笺》和冒襄的《茶汇钞》等。

专题类茶书有专门介绍咏赞碾茶、煮水、点茶用具的茶书，如审安老人的《茶具图赞》；有杂录茶诗、茶话和典故的茶书，如夏树芳的《茶董》、陈继儒的《茶话》和陶谷的《茗录》等；有记述各地宜茶之水，并品评其高下的茶书，如张又新的《煎茶水记》、田艺蘅的《煮泉小品》和徐献忠的《水品》等；有专讲煎茶、烹茶技艺，述说饮茶人品、茶侣、环境等的茶书，如蔡襄的《茶录》、苏庆的《十六汤品》、陆树声的《茶记》和徐谓的《煎茶七类》等；有主要讨论茶叶采制掺杂等弊病的茶书，如黄儒的《品茶要录》；还有关于茶技、茶叶专卖和整饬茶叶品质的专著，如沈立的《茶法易览》、沈括的《本朝茶法》和程雨亭的《整饬皖茶文牍》等。

汇编类的茶书，有把多种茶书合为一集的，如喻政的《茶书全集》；有摘录散见于史籍、笔记、杂考、字书、类书以及诗词、散文中茶事资料，作分类编辑的，如刘源长的

《茶史》和陆廷灿的《续茶经》等。

## 一、唐代茶书

### 1．陆羽《茶经》

中国最早的茶书是唐代陆羽撰写的《茶经》，它可以说是世界上第一部茶学专著。《茶经》的内容比较全面，分卷上、卷中、卷下三部分，这三部分下面又有十节。卷上共三节内容：一之源，论茶的起源、特性、品质和种类；二之具，论采茶、制茶的用具；三之造，论茶叶的采制方法。卷中只有一节内容，即四之器，论煮茶、饮茶的器皿。卷下内容较多，共六节内容：五之煮，论烹茶方法、各地水质品第；六之饮，谈各地饮茶风俗；七之事，记述古今有关茶的典故和原产地；八之出，谈各地所产茶叶的特点；九之略，论哪些茶具、茶器可以省略；十之图，教人用绢帛抄《茶经》张挂。总的来说，《茶经》是中国古代最完备的一部茶书。《茶经》系统地总结了自古到唐朝的茶叶生产经验，很详细地搜集历代的茶叶史料，并认真地记述亲身调查和实践的结果，是茶文化不可多得的宝贵财富，至今仍然是茶学者重要的研究资料。

### 2．温庭筠《采茶录》

此书在北宋时期已佚失。现仅从《说郛》和《古今图文集成》的食货典中可看到该书包含辨、嗜、易、苦和致五类六则。

### 3．张又新《煎茶水记》

该书成于 825 年前后，是我国第一部专门论品茶用水的著作。论述煎茶用水对茶色香味的影响。在评述茶与水的关系时指出："夫茶烹于所产处，无不佳也。盖水土之宜，离其处，水功其半。"又指出茶汤品质不完全受水的影响，善烹、洁器也很重要："然善烹洁器，全其功也。"

### 4．苏庆《十六汤品》

书中内容是因陆羽《茶经》五之煮，将茶水煮沸的情况分为"第一沸（鱼目），第二沸（涌泉连珠）、第三沸（腾波鼓浪）"，所以也分为十六汤品，认为决定茶味的，就在汤之增减。

全书论述煮水、冲泡注水、泡茶盛器以及烧水用燃料的不同，并将茶汤分成若干品第：煎汤以老嫩来分有得一汤、婴汤、百寿汤三品；以注汤缓急来分有中汤、断脉汤、大壮汤三品；以贮汤的器类来分有富贵汤、秀碧汤、压一汤、缠口汤、减价汤五品；以煮汤的薪火来分有法律汤、一面汤、宵人汤、贼汤、大魔汤五品。

### 5．毛文锡《茶谱》

毛文锡为五代蜀国人，所撰《茶谱》成书于 935 年前后，已失传。该书主要是记述各产茶区的名茶，对其品质、风味及部分茶的疗效均有评论。书中还记述了多种散叶茶（芽茶），说明当时除饼茶外，散叶茶已产生并有所发展。

## 二、宋代茶书

宋代因茶事发达，出现了众多茶书。现择要介绍几部具有代表性的茶书。

1．蔡襄《茶录》

宋朝最重要的茶书要数蔡襄所著的《茶录》。蔡襄，北宋兴化仙游（今属福建晋江）人，字君谟，为北宋著名的茶叶鉴别专家。《茶录》上篇论茶，下篇论器。上篇共分十目，包括色、香、味、藏茶、炙茶、碾茶、罗茶、候茶、盏、点茶；下篇共分九目，包括茶焙、茶笼、砧椎、茶钤、茶碾、茶罗、茶盏、茶匙、汤瓶，主要论述茶汤品质和烹饮方法。

2．赵佶《大观茶论》

宋徽宗赵佶是宋朝第八位皇帝，死在东北。“大观”是赵佶的年号，赵佶于大观初年著《茶论》，因此后人称之为《大观茶论》。全书共 800 字，对茶之产地、茶季、采茶、蒸压、制造、品质鉴评、白茶等分别进行论述，对各种茶具和点茶技法进行了研讨，还论述了茶叶的色、香、味、贮藏、品名等问题，尤其是对宋代斗茶技艺作了详细介绍，内容十分全面、详细，是部很有价值的茶书。

3．黄儒《品茶要录》

黄儒，福建建安人，他在《品茶要录》中总结出“十说”，分别是：采造过时，白合盗叶，入杂，蒸不熟，过熟，焦釜，压黄，渍膏，伤焙，辨壑源、沙溪。《品茶要录》记述了茶叶品质与气候、鲜叶质量、制作工艺的关系及其原因。此外，《品茶要录》还详细记载了茶叶掺假的情况及分辨方法。

4．审安老人《茶具图赞》

审安老人不知其真实姓名，此书为第一部专门记述茶具的茶书，文字不多，主要是将焙茶、碾茶、筛茶、点茶等 12 种茶具的名称和实物图形编辑成书，附图 12 幅并加以说明，使后人对宋代茶具的具体形状有明确的了解。

## 三、明代茶书

明朝时，饮茶方式有了很大改变，重要表现是散型茶逐渐取代固形茶。在这种背景下反映新的见解和主张的茶书也应运而生。

1．朱权《茶谱》

朱权是明代皇帝朱元璋的第十七子，封为宁王。朱权的《茶谱》是明代前期一部重要的茶书。除序外，分品茶、收茶、点茶、熏香茶法、茶炉、茶灶、茶磨、茶碾、茶罗、茶架、茶匙、茶筅、茶瓯、煎汤法、品水等 16 则。他反对使用蒸青团茶杂以诸香，独倡蒸青叶茶的点茶法，“取烹茶之法，末茶之具，崇新改易，自成一家”。

2．许次纾《茶疏》

许次纾是明代钱塘人，字然明，嗜茶成癖，常与朋友饮茶吟诗作对，对茶颇有研究。《茶疏》内容丰富，包括产茶、今古制法、采摘、炒茶、岕中制法、收藏、置顿、取用、包裹、日用顿置、择水、贮水、舀水、煮水器、火候、烹点、秤量、汤候、瓯注、荡涤、饮啜、论客、茶所、洗茶、童子、饮时、宜辍、不宜用、不宜近、良友、出游、权宜、虎林水、宜节、辨讹、考本等章。其中“产茶”一项，完全没

有参照以前的文献资料，详细论述了当时产茶的情况；“今古制法”一项，则提出了比较新的观点，反对当时社会上流行的在团茶中混入香料的做法，认为这不仅抬高了茶价，而且会导致茶味的丧失。

3．罗禀《茶解》

罗禀是明代浙江慈溪人。其所著《茶解》一书分为总论、原、品、艺、采、制、藏、烹、水、禁、器等节，论述颇为切实，所记都是亲身经验。

## 四、清代茶书

清代茶书不多，有创意的更少，主要是以汇编历代资料为主。

刘源长《茶史》：《茶史》卷一分茶之原始、茶之名产、茶之分产、茶之近品、陆鸿渐品茶之出、唐宋诸名家品茶、袁宏道《龙井记》、采茶、焙茶、藏茶、制茶；卷二分品水、名泉、古今名家品水、贮水、候汤、茶具、茶事、茶之隽赏、茶之辨论、茶之高致、茶癖、茶效、古今名家茶咏、杂录、志地等共 30 目。

## 五、当代茶书

当代的茶书分工明确，大体可分三类：一类是关于茶业经济研究的，如吴觉农和胡浩川合撰的《中国茶叶复兴计划》、赵烈撰写的《中国茶业问题》；一类是关于种茶、制茶的，如吴觉农撰写的《茶树栽培法》、程天绶撰写的《种茶法》；一类是关于茶叶文史的，如胡山源编的《古今茶事》、王云五编的《全书集成初编茶录》。

# 任务二　茶 与 诗 词

我国是源远流长的诗之国，又是茶的故乡。因此在中国古代、现代文学作品中，以茶为主题的诗词、歌赋和散文数量繁多。据统计，就茶诗词来计算，唐代约有 500 首，宋代约有 1 000 首，金、元、明清和近代也有 500 首，总共加起约有 2 000 首以上，真可谓美不胜收。

## 一、茶诗

茶诗是我国最早咏及茶事的诗。

### 娇　女　诗

[西晋]左思

吾家有娇女，皎皎颇白皙。小字为纨素，口齿自清历。鬓发覆广额，双耳似连璧。明朝弄梳台，黛眉类扫迹。浓朱衍丹唇，黄吻澜漫赤。娇语若连琐，忿速乃明划。握笔利彤管，篆刻未期益。执书爱绨素，诵习矜所获。其姊字惠芳，面目璨如画。轻妆喜楼边，临镜忘纺绩。举觯拟京兆，立的成复易。玩弄眉颊间，剧兼机杼役。从容好赵舞，延袖象飞翮。上下弦柱际，文史辄卷襞。顾眄屏风画，如见已指擿。丹青日尘暗，明义为隐赜。驰骛翔园林，果下皆生摘。红葩缀紫蒂，萍实骤抵掷。贪华风雨中，倏忽数百适。务蹑霜雪戏，重綦常累积。并心注肴撰，端坐理盘槅。翰墨戢函案，相与数离逖。动为垆钲屈，屣履任之适。止为荼荈据，吹嘘对鼎䥶。脂腻漫白袖，烟熏染阿锡。衣被皆重地，难与沉水碧。任其孺子意，羞受长者责。瞥闻当与杖，掩泪俱向壁。

这是西晋左思的《娇女诗》，通过日常生活细节描写了自己两个小女儿天真活泼、顽皮娇憨的神态，生动逼真，声态并作，使两个幼儿的脾性跃然纸上，极像一幅风俗画。全诗56句，分三大段，只在第三段中有两句描写她们烧火烹茶的情景。“止为荼荈据，吹嘘对鼎䥶。”可知当时要把茶叶放到锅中去煮。这只是在诗中提到了茶，还不是专题的咏茶诗，真正的茶诗应该是以茶叶或茶事活动为主要描写对象的诗歌。符合这个条件的就是杜育的《荈赋》。

**荈　　赋**

[晋]杜育

灵山惟岳，奇产所钟。瞻彼卷阿，实曰夕阳。厥生荈草，弥谷被岗。承丰壤之滋润，受甘霖之霄降。月惟初秋，农功少休。结偶同侣，是采是求。水则岷方之注，挹彼清流。器泽陶简，出自东隅。酌之以匏，取式公刘。惟兹初成，沫沉华浮。焕如积雪，煜若春敷。

这是最早的茶诗，因距今时代久远，原作已经散失，现在看到的只是根据唐宋时代的类书收集起来的断简残篇。诗人杜育以优美的文字赞扬茶是“奇产”，生于山谷，满山遍野。土地肥沃，雨水丰沛，茶生长如此茂盛，茶如此之好。这首赋不仅写种茶、采茶，还有烹饮的生动描写。

李白的咏茶诗有《答族侄僧中孚赠玉泉仙人掌茶》。

**答族侄僧中孚赠玉泉仙人掌茶**

[唐]李白

尝闻玉泉山，山洞多乳窟。
仙鼠白如鸦，倒悬清溪月。
茗生此中石，玉泉流不歇。
根柯洒芳津，采服润肌骨。
丛老卷绿叶，枝枝相接连。
曝成仙人掌，似拍洪崖肩。
举世未见之，其名定谁传。
宗英乃禅伯，投赠有佳篇。
清镜烛无盐，愿惭西子妍。
朝坐有余兴，长吟播诸天。

这是继《荈赋》之后最早的一首真正的茶诗，它通篇都是描写仙人掌茶的来历、生长环境、形状、命名和功效。从中可以看到当时山居僧人采摘野生茶树的叶子，直接放在阳光下暴晒，然后放到锅里去煮。因此这首诗成为重要的茶叶资料和咏茶名篇。

皎然的《饮茶歌·诮崔石使君》。

**饮茶歌·诮崔石使君**

[唐]皎然

越人遗我剡溪茗，采得金芽爨金鼎。
素瓷雪色飘沫香，何似诸仙琼蕊浆。
一饮涤昏寐，清思爽朗满天地；
再饮清我神，忽如飞雨洒轻尘；
三饮便得道，何须苦心破烦恼。
此物清高世莫知，世人饮酒徒自欺。
愁看毕卓瓮间夜，笑向陶潜篱下时。
崔侯啜之意不已，狂歌一曲惊人耳。
孰知茶道全尔真，唯有丹丘得如此。

嗜茶的诗僧皎然，不仅知茶、爱茶、识茶趣，更写下许多饶富韵味的茶诗。这首诗是皎然同友人崔刺史共品越州茶时的即兴之作。此诗最重要的贡献是首次准确而深刻地揭示了饮茶的三个层次——涤寐、清神、悟道，并且最早提出“茶道”概念，在茶文化史上具有很大贡献。

卢仝的茶诗有《走笔谢孟谏议寄新茶》。

**走笔谢孟谏议寄新茶**

[唐]卢仝

日高丈五睡正浓，军将打门惊周公。
口云谏议送书信，白绢斜封三道印。
开缄宛见谏议面，手阅月团三百片。
闻道新年入山里，蛰虫惊动春风起。
天子须尝阳羡茶，百草不敢先开花。
仁风暗结珠琲蕾，先春抽出黄金芽。
摘鲜焙芳旋封裹，至精至好且不奢。
至尊之馀合王公，何事便到山人家。
柴门反关无俗客，纱帽笼头自煎吃。
碧云引风吹不断，白花浮光凝碗面。
一碗喉吻润，二碗破孤闷；
三碗搜枯肠，唯有文字五千卷。
四碗发轻汗，平生不平事，尽向毛孔散。
五碗肌骨清，六碗通仙灵；
七碗吃不得也，唯觉两腋习习清风生。
蓬莱山，知何处？玉川子乘此清风欲归去。
山上群仙司下土，地位清高隔风雨。
安得知，百万亿苍生命，堕在巅崖受辛苦。
便为谏议问苍生，到头还得苏息否？

卢仝，唐代诗人，范阳（今河北年县）人，别号玉川子。这首是他最有名的咏茶诗，常常被后代诗人文士用为典故，也称为“七碗茶诗”。在历代味茶诗中独领风骚，历久不衰，堪称绝唱。诗中，作者用赋的铺陈手法，直抒胸臆，写出了自己对品茶的独特感受以及由此而来的深深感慨。这首长诗奔放洒脱，语言自然流畅，近于口语。在幽默诙谐之中又凝聚着庄严的人生主题。其中对仗茶的特殊感受以及煎烹过程的描写，对于了解茶与中国文化的特点，颇有帮助。

元稹的茶诗《宝塔诗》，又名《一字至七字诗·茶》，此种体裁，不但在茶诗中颇为少见，就是在其他诗中也是不可多得的。

**宝　塔　诗**

[唐]元稹

茶，
香叶，嫩芽，
慕诗客，爱僧家。
碾雕白玉，罗织红纱。
铫煎黄蕊色，碗转曲尘花。
夜后邀陪明月，晨前命对朝霞。
洗尽古今人不倦，将至醉后岂堪夸。

宝塔诗是一种杂体诗，原称一字至七字诗，从一字句到七字句，或选两句为一韵，后又增至十字句或十五字句，每句或每两句字数依次递增一个字。元稹在他的宝塔茶诗自注中说：一字至七字诗，“以题为韵，同王起诸公送分司东郡作。”全诗一开头，就点出了主题是茶。接着写了茶的本性，即味香和形美。第三句，显然是倒装句，说茶深受“诗客”和“僧家”的爱慕，茶与诗，总是相得益彰的。第四句写的是烹茶，因为古代饮的是饼茶，所以先要用白玉雕成的碾把茶叶碾碎，再用红纱制成的茶罗把茶筛分。第五句写烹茶先要在铫中煎成“黄蕊色”，而后盛在碗中浮沫饽。第六句谈到饮茶，不但夜晚要喝，而且早上也要饮。结尾时，指出茶的妙用，不论古人或今人，饮茶都会感到精神饱满，特别是酒后喝茶有助醒酒。所以，元稹的这首宝塔茶诗，先后表达了三层意思：一是从茶的本性说到了人们对茶的喜爱；二是从茶的煎煮说到了人们的饮茶习俗；三是就茶的功用说到了茶能提神醒酒。

## 二、宋词

茶词中当以宋代茶词为代表。中华民族历史悠久、博大精深的茶文化，到宋代已经发展到了极致。在浩如烟海的宋词中，与茶相关的作品不计其数，从采茶到制茶，从茶的功用到烹茶之法及茶礼、分茶、斗茶、点茶、试茶、茶百戏等都有描述。其中，明确以咏茶为主旨者有 61 首，这 61 首词中以茶为题者 42 首，以茗为题者 1 首，无题者 18 首，具体而形象地反映出宋人的饮茶习尚。

**行香子·茶词**

[北宋]苏轼

绮席才终。欢意犹浓。酒阑时、高兴无穷。共夸君赐，初拆臣封。看分香饼，黄金缕，密云龙。

斗赢一水，功敌千钟。觉凉生、两腋清风。暂留红袖，少却纱笼。放笙歌散，庭馆静，略从容。

这首词笔法细腻，感情酣畅，词中惟妙惟肖地刻画了作者酒后煎茶、品茶时的从容神态，淋漓尽致地抒发了轻松、飘逸、“两腋清风”的神奇感受。

黄庭坚的茶词有《品令·茶词》。

**品令·茶词**

[北宋]黄庭坚

凤舞团团饼。
恨分破，教孤令。
金渠体静，只轮慢碾，玉尘光莹。
汤响松风，早减了二分酒病。
味浓香永。
醉乡路，成佳境。
恰如灯下，故人万里，归来对影。
口不能言，心下快活自省。

这首《品令·茶词》是作者咏茶词的奇作了。上片写碾茶煮茶。开首写茶之名贵。宋初进贡茶，先制成茶饼，然后以蜡封之，盖上龙凤图案。这种龙凤团茶，皇帝也往往以少许分赐从臣，足见其珍。下二句“分破”即指此。接着描述碾茶，唐宋人品茶十分讲究，须先将茶饼碾碎成末，方能入水。“金渠”三句无非形容加工之精细，成色之纯净。如此碾成琼粉玉屑，加好水煎之，一时水沸如松涛之声。煎成的茶，清香袭人，无须品饮先已清神醒酒了。

换头处以“味浓香永”承接前后。正待写茶味之美，作者忽然翻空出奇：“醉乡路，成佳境。恰如灯下，故人万里，归来对影。”以如饮醇醪、如对故人来比拟，可见其惬心之极。山谷茶诗中每有这种奇想，如《戏答荆州王充道烹茶四首》云：“龙焙东风鱼眼汤，个中即是白云乡”，甚至还有登仙之趣。也提到“醉乡”：“三径虽钼客自稀，醉乡安稳更何之。老翁更把春风碗，灵府清寒要作诗。”怀中之趣，碗中之味，确有可以匹敌的地方。词中用“恰如”二字，明明白白是用以比喻品茶。其妙处只可意会，不能言传。这几句话原本于苏轼《和钱安道寄惠建茶》诗：“我官于南（时苏轼任杭州通判）今几时，尝尽溪茶与山茗。胸中似记帮人面，口不能言心自省。”但黄庭坚稍加点染，添上“灯下”、“万里归来对影”等字，意境又深一层，形象也更鲜明。这样，他就将风马牛不相及的两桩事，巧妙地与品茶糅合起来，将口不能言之味，变成人人常有之情。

黄庭坚这首词的佳处就在于，把人们当时日常生活中心里虽有而言下所无的感受情趣，表达得十分新鲜具体，巧妙贴切，耐人品味。“恰如灯下，故人万里，归来对影。口不能言，心下快活自省”是这首词出奇制胜之妙笔，尤耐人寻味。

**水调歌头·咏茶**

[南宋]葛长庚

二月一番雨，昨夜一声雷。枪旗争展，建溪春色占先魁。采取枝头雀舌，带露和烟捣碎，炼作紫金堆。碾破香无限，飞起绿尘埃。

汲新泉，烹活火，试将来。放下兔毫瓯子，滋味舌头回。唤醒青州从事，战退睡魔百万，梦不到阳台。两腋清风起，我欲上蓬莱。

## 任务三　茶与楹联

在茶文化中，茶联是一颗璀璨的明珠，那洗练精巧的茶联含蓄蕴藉，或吟茶以遣兴，富有诗情画意；或唱茶以见趣，充满幽默机趣；或咏茶以言理，饱含生活哲理，无不给人带来思想和艺术美的享受。各地的茶馆、茶楼、茶室、茶叶店、茶座的门庭或石柱上，茶道、茶艺、茶礼表演的厅堂墙壁上，甚至在茶人的起居室内，常可见到悬挂有以茶事为内容的茶联。

茶联的出现，至迟应在宋代。但目前有记载的，而且数量又比较多的，乃是在清代，尤以清代的郑燮为最。清代的郑燮能诗、善画，又懂茶趣，善品茗，他在一生中曾写过许多茶联，如下：

汲来江水烹新茗，买尽青山当画屏。
扫来竹叶烹茶叶，劈碎松根煮菜根。
墨兰数枝宣德纸，苦茗一杯成化窑。
雷文古泉八九个，日铸新茶三两瓯。
山光扑面因潮雨，江水回头为晚潮。
从来名士能评水，自古高僧爱斗茶。
楚尾吴头，一片青山入座；
淮南江北，半潭秋水烹茶。

古今茶联层出不穷，细读品味，确有很高的欣赏价值，下列茶联联语通俗易懂，辛酸中有谐趣。

北京万和楼茶社有一副对联：

茶亦醉人何必酒；
书能香我无须花。

上海一壶春茶楼的对联：

最宜茶梦同圆，海上壶天容小隐；
休得酒家借问，座中春色亦常留。

福建泉州市有一家小而雅的茶室，其茶联这样写道：

小天地，大场合，让我一席；
论英雄，谈古今，喝它几杯。

福州南门外的茶亭悬挂一联：

山好好，水好好，开门一笑无烦恼；
来匆匆，去匆匆，饮茶几杯各西东。

清代乾隆年间，广东梅县叶新莲曾为茶酒店写过这样一副对联：

为人忙，为己忙，忙里偷闲，吃杯茶去；
谋食苦，谋衣苦，苦中取乐，拿壶酒来。

茶联不但可增添品茶情趣，还能招揽茶客。据说，从前在成都附近有一家茶馆兼酒店的铺子，老板姓张，名为“富才”。由于他的铺子简陋，生意萧条，最后只好由他儿子接手经营。他儿子请了一位叫高必文的知识分子写了一副对联，联语是："为名忙为利忙忙里偷闲且喝一杯茶去；劳心苦劳力苦苦中作乐再倒二两酒来。"联语幽默机趣，生动贴切，朗朗上口，雅俗共赏，引得过路人停步，观看之余，都想"偷闲、作乐"一番。主人张贴对联后，生意就日益兴隆。

欣赏一副副巧妙的茶联，就像喝一杯龙井香茶那样甘醇，耐人寻味，它使你生活中无形中多了几分诗意和文化的色彩，它能充实你的生活，使你增添无限的情趣。

松涛烹雪醒诗梦；
竹院浮烟荡俗尘。
尘滤一时净；
清风两腋生。
采向雨前，烹宜竹里；
经翻陆羽，歌记卢仝。
泉香好解相如渴；火候闲平东坡诗。
龙井泉多奇味；武夷茶发异香。
喜报捷音一壶春暖；畅谈国事两腋生风。
九曲夷山采雀舌；一溪活水煮龙团。
雀舌未经三月雨；龙芽新占一枝春。
瑞草抽芽分雀舌；名花采蕊结龙团。

**知识链接**

**苏东坡与茶联**

有一次，苏东坡出外游玩，来到一座庙中小憩。庙里主事的老道见他衣着简朴，相貌平常，随意说了声"坐"，又对道童说"茶"。和苏东坡交谈后，老道方觉客人才学过人，来历不凡，于是把苏东坡引至厢房，客气地说："请坐。"并对道童说："敬茶。"待老道知道来客是苏东坡时，连忙作揖说道："请上座。"并把东坡请进客厅，吩咐道童："敬香茶。"苏东坡离去时，老道请其写对联留念。东坡挥笔写道："坐请坐请上座，茶敬茶敬香茶。"

# 任务四　茶与散文

历代描写茶事的散文佳作也有不少，但真正以茶事为主题的散文佳作是从唐代开始，历宋元明清而不衰。这些散文不但寄托作者借茶而抒发其内心世界的种种，也记录着当时茶事活动的许多具体事物和现象，得以让我们了解更多的茶史资料。

**茶　　赋**

[唐]顾况

稽天地之不平兮，兰何为兮早秀，菊何为兮迟荣？皇天既孕此物兮，厚地复糅之而萌。惜下国之偏多，嗟上林之不生。至如罗玳筵、展瑶席，凝藻思、开灵液，赐名臣、留上客，谷莺啭，宫女嚬，泛浓华、漱芳津，出恒品、先众珍。君门九重、圣寿万春：此茶上达于天子也。滋饭蔬之精素，攻肉食之膻腻；发当暑之清吟，涤通宵之昏寐。杏树桃花之深洞，竹林草堂之古寺。乘槎海上来，飞锡云中至，此茶下被于幽人也。《雅》

曰:“不知我者，谓我何求。”可怜翠涧阴，中有碧泉流。舒铁如金之鼎，越泥似玉之瓯。轻烟细沫霭然浮，爽气淡烟风雨秋。梦里还钱，怀中赠橘，虽神秘而焉求？

### 三月三日茶宴序

[唐]吕温

三月三日，上巳禊饮之日也。诸子议以茶酌而代焉。乃拨花砌，憩庭阴，清风逐人，日色留兴。卧指青霭，坐攀香枝。闻莺近席而未飞，红蕊拂衣而不散。乃命酌香沫，浮素杯，殷凝琥珀之色；不令人醉？微觉清思，虽五云仙浆，无复加也。座右才子南阳邹子、高阳许侯，与二三子顷为尘外之赏，而曷不言诗矣。

### 茶　述

[唐]裴汶

茶，起于东晋，盛于今朝。其性精清，其味浩洁，其用涤烦，其功致和。参百品而不混，越众饮而独高。烹之鼎水，和以虎形，人人服之，永永不厌。得之则安，不得则病。彼芝术黄精，徒云上药，致效在数十年后，且多禁忌，非此伦也。或曰：多饮令人体虚病风。余曰：不然。夫物能祛邪，必能辅正，安有蠲逐聚病，而靡裨太和哉。今宇内为土贡实众，而顾渚、蕲阳、蒙山为上。其次则寿阳、义兴、碧涧、滬湖、衡山。最下者又鄱阳、浮梁。今者其精无以尚焉。得其粗者，则下里兆庶，瓯碗粉糅。顷刻未得，则谓甫病生矣。人嗜之若此者，西晋以前无闻焉。至精之味或遗也。因作《茶述》。

### 南有嘉茗赋

[北宋]梅尧臣

南有山原兮不凿不营，乃产嘉茗兮嚣此众氓。土膏脉动兮雷始发声，万木之气未通兮此已吐乎纤萌。一之日雀舌露，掇而制之以奉乎王庭。二之日鸟喙长，撷而焙之以备乎公卿。三之日枪旗耸，搴而炕之将求乎利赢。四之日嫩茎茂，团而范之来充乎赋征。当此时也，女废蚕织，男废农耕，夜不得息，昼不得停。取之由一叶而至一掬，输之若百谷之赴巨溟。华夷蛮貊，固日饮而无厌；富贵贫贱，不时啜而不宁。所以小民冒险而竞鬻，孰谓峻法之与严刑。呜呼！古者圣人为之丝枲絺络而民始衣，播之禾麰菽粟而民不饥，畜之牛羊犬豕而甘脆不遗，调之辛酸咸苦而五味适宜，造之酒醴而燕飨之，树之果蔬而荐羞之，于兹可谓备矣。何彼茗无一胜焉，而竞进于今之时？抑非近世之人，体惰不勤，饱食粱肉，坐以生疾，藉以灵荈而消腑胃之宿陈。若然，则斯茗也不得不谓之无益于尔身，无功于尔民也哉。

### 归田琐记·卷七·品茶

[清]梁章钜

余侨寓浦城，艰于得酒，而易于得茶。盖浦城本与武夷接壤，即浦产亦未尝不佳，而武夷焙法，实甲天下。浦茶之佳者，往往转运至武夷加焙，而其味较胜，其价亦顿增。其实古人品茶，初不重武夷，亦不精焙法也。画墁录云：“有唐茶品以阳美为上供，建溪、北苑不着也。贞元中，常衮为建州刺史，始蒸焙而研之，谓之研膏茶。丁晋公为福建转运使，始制为凤团。”今考北苑虽隶建州，然其名为凤凰山，其旁为壑，源沙溪，非武夷也。东坡作凤咮砚铭有云：“帝规武夷作茶囿，山为孤凤翔且嗅。”又作荔支叹云：“君不见武夷溪边粟粒芽，前丁后蔡相笼佳。”

直以北苑之名凤凰山者为武夷。渔隐丛话辨之甚详，谓北苑自有一溪，南流至富沙城下，方与西来武夷溪水合流，东去剑溪。然又称武夷未尝有茶，则亦非是。按武夷杂记云：“武夷茶赏自蔡君谟，始谓其过北苑龙团，周右父极抑之。盖缘山中不晓焙制法，一味计多徇利之过。”是宋时武夷已非无茶，特焙法不佳，而世不甚贵尔。元时始于武夷置场官二员，茶园百有二所，设焙局于四曲溪，今御茶园、喊山臺其遗迹并存，沿至近日，则武夷之茶，不胫而走四方。且粤东岁运，番舶通之外夷，而北苑之名遂泯矣。武夷九曲之末为星村，鬻茶者骈集交易于此。多有贩他处所产，学其焙法，以赝充者，即武夷山下人亦不能辨也。余尝再游武夷，信宿天游观中，每与静参羽士夜谈茶事。静参谓茶名有四等，茶品亦有四等，今城中州府官廨及豪富人家竟尚武夷茶，最著者曰花香，其由花香等而上者曰小种而已。山中则以小种为常品，其等而上者曰名种，此山以下所不可多得，即泉州、厦门人所讲工夫茶，号称名种者，实仅得小种也。又等而上之曰奇种，如雪梅、木瓜之类，即山中亦不可多得。大约茶树与梅花相近者，即引得梅花之味，与木瓜相近者，即引得木瓜之味，他可类推。此亦必须山中之水，方能发其精英，阅时稍久，而其味亦即消退，三十六峰中，不过数峰有之。各寺观所藏，每种不能满一斤，用极小之锡瓶贮之，装在名种大瓶中间，遇贵客名流到山，始出少许，郑重瀹之。其用小瓶装赠者，亦题奇种，实皆名种，杂以木瓜、梅花等物以助其香，非真奇种也。至茶品之四等，一曰香，花香、小种之类皆有之。

今之品茶者，以此为无上妙谛矣，不知等而上之，则曰清，香而不清，犹凡品也。再等而上之，则曰甘，清而不甘，则苦茗也。再等而上之，则曰活，甘而不活，亦不过好茶而已。活之一字，须从舌本辨之，微乎微矣，然亦必瀹以山中之水，方能悟此消息。此等语，余屡为人述之，则皆闻所未闻者，且恐陆鸿渐茶经未曾梦及此矣。忆吾乡林越亭先生武夷杂诗中有句云：“他时诧朋辈，真饮玉浆回。”非身到山中，鲜不以为欺人语也。

## 模块小结

在我国古代和现代文学作品中与茶有关的书籍、诗词、楹联、散文比比皆是，这些作品大都成为我国文学宝库中的奇葩。通过本部分内容的学习，让我们认识到茶与文化的结合发展一直没有间断过，进而帮助我们了解茶文化发展历史，领会茶文化给人类带来的享受，提升茶文化内涵和品味。

**关键词** 茶书 茶诗词 茶联 茶散文

### ● 思考与练习题

1. 在茶文化的发展过程中，陆羽的贡献有哪些？
2. 谈谈宋代我国茶文化发展对后世的影响？

# 模块五 茶道与艺术

**知识目标**

熟悉了解中国茶道与音乐、陶艺、花艺、香艺及歌、舞、戏曲之间的关联，欣赏与茶有关的艺术作品。

**能力目标**

将插花、薰香、歌舞、戏曲这些艺术安插在茶事活动中，增添味觉、视觉、触觉、嗅觉之美，为品茗增添风雅和韵味。

**工作任务**

在茶艺表演中如何用音乐、插花、香品、书画来营造艺境。

品茶不仅可以解渴，更是一种艺术。在中国饮茶史上，古人视饮茶与相关艺术为一体，大文豪苏东坡的诗句“从来佳茗似佳人”即可为证，“看雨、听风，抚琴、烹茶”又是一种何等到超然物外的精神境界。

## 任务一　中国茶道与音乐

我国音乐起源甚古，可以追溯到远古的炎黄时期。相传伏羲氏作琴，神农氏制曲，黄帝鼓琴，虞舜歌南风，以教化万民。而真正使音乐归于典雅并具有教化功用的，当归功于我国第一部诗歌总集——《诗经》的编撰。茶叶的发现与利用，也正是始于这一时期，有《茶经》为证：“茶之为饮，发乎神农氏，闻于鲁周公。”稍稍梳理一下历代有关饮茶的诗词，就会发现茶与音乐的关系由来已久。如唐代鲍君徽《东亭茶宴》、白居易《宿杜曲花下》、郑巢《秋日陪姚郎中登郡中南亭》、宋代曾丰《侯月烹茶吹笛》，以及苏轼《行香子·茶词》、黄庭坚《鹧鸪天·汤词》、曹冠《朝中措·汤》、吴文英《望江南·茶》等，就分别提到了古琴、笙歌、清唱、弦管、琵琶、笛、瑟等多种器乐和声乐。

后人在论及茶之所宜时也认为：“茶宜净室，宜古曲”。明人许次纾在《茶疏》中就提出了“听歌拍板、鼓琴看画、茂林修竹、清幽寺观”等二十多个适宜于饮茶的幽雅环境和事宜。这里的音乐一般都指中国民族音乐。

我国民族音乐发展到今天，不管是乐曲还是乐器，其内容和形式都十分丰富。乐器如古筝、古琴、洞箫、竹笛、琵琶、二胡、埙、瑟等。乐曲如反映月下美景的有《春江花月夜》、《月儿高》、《霓裳曲》、《彩云追月》、《平湖秋月》等；反映山水之音的有《高山流水》、《江流》、《潇湘水云》、《幽谷清风》等国；反映思念之情的有《塞上曲》、《阳关三叠》、《情乡飞》、《远方的思念》等；拟禽鸟之声态的有《海青拿天鹅》、《平沙落雁》、《空山鸟语》、《鹧鸪飞》等。有关植物的《梅花三弄》、《雨打芭蕉》等。茶人饮茶时伴以音乐，无疑是一种高雅的精神享受。只有熟悉古曲意境，才能让背景音乐成为牵着茶人回归自然，追寻自我的温柔的手，才能用音乐促进茶人的心与茶对话，与自然对话。

近代作曲家为品茶而谱写的音乐也有不少，如《闲情听茶》、《香飘水云间》、《桂花龙井》、《乌龙八仙》、《听壶》、《一筐茶叶一筐歌》、《奉茶》、《幽谷》、《竹乐奏》等。听这些乐曲可使茶人的心徜徉于茶的无垠世界中，让心灵随着茶香翱翔于茶馆之外更美、更雅、更温馨的茶的洞天福地中。

茶味有甘、苦之分，乐曲也有风、雅之别。譬如品饮西湖龙井，宜听《平沙落雁》，最能使人身心怡悦，如沐春风。而品饮陕西午子绿茶，宜听《广陵散》、《阳关三叠》，自

然使人遐想无限、幽思难忘。此外，钢琴、萨克斯、小提琴甚至轻音乐、流行音乐等也可以入茶。品茗艺术是一门开放型艺术，随时代的发展而变化，应该兼收并蓄，中西汇通，而不必只拘泥于古法。因此，饮茶时听听萨克斯，听听钢琴、小提琴等，也未尝不可，肯定会别有一番滋味在“茶”中。

饮茶时听音乐，能益茶德、发茶性、起人幽思。正如白居易在《琴茶》诗中所吟诵的：“兀兀寄形群动内，陶陶任性一生间。自抛官后春多醉，不读书来老更闲。琴里知音唯渌水，茶中故旧是蒙山。穷通行止常相伴，谁道吾今无往还。”

## 任务二　中国茶道与陶艺

茶具的发展与陶瓷生产密切相关。而陶瓷的产生和发展是先陶后瓷，瓷是由陶而来的。陶土茶具最初是粗糙的土陶，然后逐步演变为比较坚实的硬陶，再发展为表面敷釉的釉陶。宜兴古代制陶颇为发达，在商周时期，就出现几何印纹硬陶。秦汉时期，已有釉陶的烧制。

陶器中的佼佼者首推宜兴紫砂茶具，早在北宋初期就已经崛起，成为别树一帜的优秀茶具，明代大为流行。紫砂壶和一般陶器不同，其里外都不敷釉，采用当地的紫泥、红泥、团山泥抟制焙烧而成。宜兴紫砂壶造型奇特，千姿万状，古朴优美，雅致可爱，质地细腻；泡茶性能好，“既不夺香，又无熟汤气”，经久使用，蕴蓄茶味，且传热不快，不致烫手，若热天盛茶不易酸馊，即使冷热剧变也不会破裂，使用年久，光润古雅。紫砂壶不仅实用，且具有极高的艺术欣赏价值，有“世间茶具壶为首”之誉，历来备受赞赏。明代正德至万历年间，先后出现了龚春、时大彬两位制壶大家。

### 一、供春壶

供春又名龚春，原是明代进士吴颐山的书童，他天资聪慧，善于钻研。陪读主人在于宜兴金沙寺，见寺中一僧人善做细泥陶茶具，便偷学做壶。据说他仿造寺里白果树上的树瘿制成的“树瘿壶”生动逼真，广受好评。供春的制品被称为“供春壶”，造型新颖精巧，质地薄而坚实，被誉为“供春之壶，胜如金玉”。壶的底部刻有端正的楷体八字款“大明正德八年供春”，他是紫砂壶历史上第一个留下名字的壶艺家。

与供春同时代的制壶名家有誉为“四大家”的董翰、赵梁、元畅、时朋，以及李茂林。董翰以文巧著称，赵梁、元畅、时朋以古拙见长，李茂林擅小圆壶。

### 二、大彬壶

相继活跃于万历年间的时大彬、徐友泉、李仲芳、欧正春等名家，以时大彬的作品最佳，而徐友泉、李仲芳、欧正春等皆是时大彬的门下弟子。

时大彬开始以仿制供春壶而得名，喜欢制作形体较大的茶壶，后受到当时文人喜用小壶泡茶的影响，改作小壶，自创一格。时大彬制作的壶小巧玲珑，质朴古雅，色泽如栗，点缀在精舍几案上，更加符合饮茶品茗的趣味，一般文人雅士以书斋内陈置大彬壶为荣。故有“千奇万状信手出”、“宫中艳说大彬壶”的赞颂。

### 三、孟臣壶

明末清初，宜兴紫砂壶业出现了一批技艺高超、风格多样而多产的制壶人，如陈仲美、陈用卿、陈子畦、惠孟臣。

惠孟臣是第一个制造梨形壶、至今对紫砂壶在欧洲有最大影响的制壶人。他以制作朱泥小壶闻名。作品浑朴精妙，流传颇广，在大闽广地区尤受好评，成为潮汕功夫茶的“四宝”之一。清人施鸿保《闽杂记》记载：“漳、泉各属，俗尚功夫茶。茶具精巧，壶小如胡桃者，名孟公壶。杯极小者，名若琛杯。”

### 四、曼生壶

紫砂壶在明代迅速发展，成为茶具中的新贵，至清代则达到巅峰状态。清代紫砂名匠辈出，最著名的当属陈远、杨彭年、陈曼生。

陈曼生原为紫砂壶的爱好者，精于书法、绘画、篆刻，后出任江苏地方官时，与宜兴紫砂壶名家杨彭年结识。由陈曼生设计，杨彭年制作，郭频迦刻。这样由杨曼生与文人和陶艺家制造出来的紫砂壶，通常称为曼生壶。“曼生壶”造型简洁朴素，取材寓意深刻，铭文意境高远，书法配合得当融砂壶、诗文、书画于一体，将紫砂艺术导入新天地。传世之作有“梅雪壶”、“套环壶”、“半瓢壶”。

近代的制壶名人有顾景舟、朱可心、蒋蓉等，顾景舟的近作提璧壶和汉云壶，系出国礼品。此外，青年制壶艺人也是人才辈出。

**知识链接**

**紫砂壶**

相传紫砂壶的发明者是明代宜兴金砂寺的一个寺僧，他用紫砂细泥捏成圆形坯胎，加上嘴、柄、盖儿后烧制成壶。明代紫砂大家包括董翰、赵梁、元畅和时朋，以及时大彬、李仲芳、徐友泉等。清代制壶大师有陈鸣远、杨彭年、杨凤年兄妹和邵大亨、黄玉麟、程寿珍等。近代制壶大师有顾景舟、朱可心、蒋蓉等。

## 任务三　中国茶道与花艺

花艺，也称插花艺术，是指适当截取树木花草的枝、叶、花朵等，将其艺术地插入花瓶等花器中的方法和技术，以及欣赏其美丽的容姿及其生命力的艺术。插花的创作过程能给人以追求美、创造美的喜悦和享受，起到怡情养性、陶冶情操的作用。因此，插花也是反映人文化素养的标志之一，它能体现一个地区、一个民族乃至一个国家的文化传统。

插花艺术是将植物材料的自然美和人工的装饰美融合为一体的一门造型艺术。

### 一、插花的强调要点

1）插花的取材广泛。

2）插花艺术是一门构型艺术，集自然美与人工装饰美于一体。

## 二、插花的基本方法

插花的基本方法通常简称为“插花六法”。

1）高低错落：花枝的位置要高低前后错开，不要插在同一水平线上。

2）疏密有致：花和叶不要等距离排列，应有疏有密。

3）虚实结合：以花为实，叶为虚，插花要有花有叶。

4）仰俯呼应：上下左右的花枝都要围绕主枝相互呼应。

5）上轻下重：花苞在上盛花在下，浅色在上，深色在下，线状花在上，大型点状花在下。

6）上散下聚：基部花枝聚集，上部花枝疏散。

花艺现已成为茶室中的重要组成部分。陶渊明可以和野菊谈心，林和靖可以以梅为妻，据说周藏叔眠于船中，梦便和莲融于一体。牡丹的崇高、海棠的妩媚、兰花的安静……均能和茶融合在一起，构成美。

## 三、插花的艺术风格

插花按艺术风格不同分为西方式插花和东方式插花两种。

### 1．西方式插花

西方式插花起源于古埃及，原是用自然的、简单的花束来均匀地插满容器成密集的大花束，初步形成了造型简单、规整，花朵匀称丰满，色彩艳丽，形态直立的西方大堆头式风格的插花。到 18—19 世纪，兴起的花卉装饰作品也具有体量大、容器大的特点，后也吸取了东方式的插花艺术手法，在插花时，不仅用材种类丰富、用量大，各种几何图形既匀称、丰满又对称，充分体现了形态美、色彩美和线条美（直立、斜出、下垂、弯曲的线条），而且线条流畅，造型活泼、丰满。花材主从分明，显得繁而不杂、多而不乱。

### 2．东方式插花

东方式插花起源于中国，后传入日本。东方式插花有三大特点：①讲究排列及整体的协调；②追求多层次的美感；③注重插花作品的神韵及意境美。在各个朝代有其不同的审美情趣，隋唐时代讲究在容器下置一精美的几座，几座的作品后挂有名人字画，形成绘画、插花合为一体的风格，显得高雅、脱俗或富丽华贵。古人欣赏时，边饮美酒，边听音乐，即兴赋诗、作对，融插花艺术、生活与娱乐为一体，达到多层次、多趣味的美的享受。到五代时，则由酒赏发展成香赏，把插花作品欣赏与焚香结合在一起。明代时是把插花与品茗结合，高雅独特。

东方式插花用花不多，但注重个性的充分发挥和“空白”的想象效应，同时对花材的大小、开度、花姿处理得当，能使作品活泼有致，别有风韵。

茶道插花传承了东方式插花的特点，是茶室的一种室内装饰艺术，在其发展过程中，汲取了茶道的美学精髓，以花枝为线条进行造型，形成线条、颜色、形态和质感的和谐统一。因此，现代茶道插花可谓是东方式插花的一朵奇葩，既延续了东方式插花的艺术风格，又融入了茶道之神性，别具特点。它的清新、雅致、野趣，越来越受到人们的青睐。

## 四、茶道插花的风格特点

### 1. 简洁淡雅的用材

饮茶注重一个“品”字，“品茶”不但是鉴别茶的优劣，也带有深思遐想和领略饮茶情趣之意。在百忙之中泡上一壶浓茶，择雅静简洁之处，自饮自斟，慢慢品味，可以消除疲劳，振奋精神，这是美的享受，精神的升华。品茶是一种心境，在清净的环境中，以平和的心态去品味人生，不追求奢华，只为一丝宁静。

插花在用材上也如茶道，不要求华丽的花之美，只求自然简洁，花枝数量不多，枝叶以单数为好，以姿和质取才，不花哨、不多余。作品中的颜色一般不要超过三种，一般清描淡写，清雅脱俗。花枝多选择山花野卉，一枝或者两三枝，以最自然的形式摆在花器里，摆设的位置较低，以坐赏为原则，使花道艺术更具有自然美。

花器和几架的选择也颇讲究，茶器即可为花器，茶壶、茶碗、茶杯、茶盖、茶筒盛上清水，就可以水养花材。不仅增加美感，更显得高贵雅致。

### 2. 自然清新的情趣

茶道强调“道法自然”。茶是“南方之嘉木”，是大自然恩赐的“珍木灵秀”，只有顺乎大自然的规律才能产出好茶。在茶事活动中，一切以自然、朴实为美，笑则如春花自开，言则如山泉吟诉，任由心性，毫不造作。

花性如茶性，茶道插花不仅传承了传统东方式插花的特点，而且融入了茶道之神性，注重自然情趣，着力表现花材自然的形式美、色彩美。对待每一片叶、每一枝花都是顺其自然之势，或直或曲、或仰或俯，巧妙组合，使之各得其所，彼此和谐共处，宛如自然天成，充满蓬勃的生命力，毫无刻意造作之气。即使修剪，也不显露丝毫人工痕迹。

### 3. 诗情画意的意境

我们习惯于把盖碗称为“三才杯”，杯盖为“天”，杯托为“地”，杯子为“人”，意味天大，地大，人更大。杯子、杯盖、杯盘一起端起品茗，称为“三才合一”。道法自然，返璞归真，心灵与茶香弥散，与宇宙融合，是茶之“无我”境界，是茶的意境，也是花的意境。

茶道与花道“一母同胞”，茶道插花，以高者为天，低者为地，中间为人，追求天、地、人“三才”，集中地发挥花材的自然美，前后左右都呈现出自然而高贵的气质。点、线、面呼应，主客枝相宜，就像一个艺术精品茶艺，既能陶冶身心，又是美的享受。它不仅具有一种视觉的美感，更使人在赏花之际产生愉悦的心境。

感受花材的形态特征、生态习性，萃取精华，倾注感情，并采用比兴手法，运用花材的寓意和象征性或者谐音、谐意等，借以表达茶的主题内涵与神韵意趣，以有限的形象表达无穷的茶中之景、茶中之音，充分表现丰富的茶文化内涵与深邃的意境之美。运用茶的境界、诗的美妙、画的构图的创作手法，增强了作品含蓄而又回味无穷的艺术魅力与雅俗共赏的多样性，从而形成了茶道插花的独特艺术风格与特点—— 诗情画意。

总之，插花与其他艺术品一样，应当属于装饰艺术的一部分。花哨刺眼的花不宜进入茶室，茶道插花特别讲究与环境的协调。

# 任务四　中国茶道与香艺

所谓香艺，是指通过丰富的香材选择，科学的制作香品、艺术地表现香能，美好地享受香的文化与生活。中国人焚香的历史悠久，早在战国时代就已开始，到了汉代已有焚香专属的炉具。古代名流官宦之家，好以“侍女焚香，聊自煎茶”为乐。南宋爱国诗人陆游有诗云：“欲知白日飞升法，尽在焚香听雨中。”焚香需要香具，依散发香气的方式来说，可分为燃烧、熏制、自然散发三种。燃烧的香品有以香草、沉香木做成的香丸、线香、盘香、环香、香粉；熏制香品有龙脑等树脂性的香品；自然散发的香品有香油、香花等。

## 一、香品原料

香品原料有很多，有植物性、动物性、合成性三种。

植物性的香料，如茅香草、龙脑、沉香木、降真香等。动物性的香料，如龙涎香、麝香等。合成性的香料，是通过化合反应生成的香料。这些香料制成的香品可依散发香气的方式不同而呈现各种形状，如香木槐、香丸、线香、香粉等。

## 二、品茗焚香的香品、香具选择

焚香是燃烧香品以散发香气，因此，在品茗焚香时所用的香品、香具是有选择性的。

### 1．配合茶叶选择香品

浓香的茶需要焚较重的香品；幽香的茶则宜焚较淡的香品。

### 2．配合时空选择香品

春天、冬天焚较重的香品，夏秋焚较淡的香品；空间大焚较重的香品，空间小焚较淡的香品。

### 3．选择香具

焚香必须有香具，而品茗焚香的香具以香炉为最佳选择。

### 4．选择焚香效果

焚香除了散发的香气，香烟也是非常重要的。不同的香品会产生不同的香烟，不同的香具也会产生不同的香烟，欣赏袅袅的香烟和香烟所带来的气氛也是一种幽思和美的享受。

### 5．香品的形状

在四大香品的形状中，线香和香粉的形状较多。线香可分为横式线香、直式线香、盘香、香环。直式的线香又可分为带竹签的和不带竹签的，不带竹签的线香连成一排又称排香。凡是直式线香又称为柱香。香粉又分为散状撒在炙热的炭上所散发出来的香气和香烟；另外是将香粉印成一定的形状再点燃，这叫香篆。

### 6．注意整体的协调

挂画、插花、焚香、点茶本是一体出，所以对它们就要考虑到整体的协调。因此，花下不可焚香，焚香时，香案要高于花，插花和焚香要尽可能保持较远的距离。

# 任务五　中国茶道与书画

## 一、茶与书法

历代书法巨匠，几乎都与品茶有缘。茶墨之缘，除了茶人爱书法和书法家嗜茶外，还在于茶能陶冶人的性情，使人清新、幽静、凝神，令书法家产生灵感。宋代苏东坡最爱茶与书法，司马光便问他：“茶欲白墨欲黑，茶欲重墨欲轻，茶欲新墨从陈，君何同爱此二物？”东坡妙答曰：“上茶妙墨俱香，是其德也；皆坚，是其操也。譬如贤人君子黔皙美恶之不同，其德操一也。”这里苏东坡是将茶与书法两者上升到一种相同的哲理和一定高度来加以认识的。此外，陆游的“矮纸斜行闲作草，晴窗细乳戏分茶”是对茶与书法关系的一种认识，也体现了茶与书法的共同美。

唐代是书法艺术盛行时期，也是茶叶生产的发展时期。书法中有关茶的记载也逐渐增多，其中比较有代表性的是唐代著名的狂草书法家怀素的《苦笋帜》（见图 8-2）。

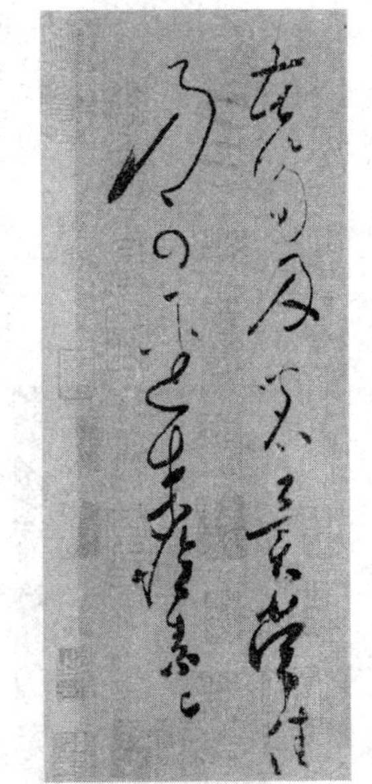

图 8-2 《苦笋帖》［唐］怀素

全贴虽只有十四个字，但通篇章法气韵生动、神采飞扬，从中可以看到怀素对茶的喜爱和渴望之情。“乃可径来”，一言以蔽之，由此推测，书家在生活中与茶的关系是何等密切。

《苦笋帖》里有两样东西，一是苦笋，它是一种蔬菜，古时湘一带多有生长，笋肉色白，一般做法为炒、拌、泡。它清香微苦，回口爽甜（这种口味倒与喝茶很相似），是上选的下酒菜。二是茶，天然清爽、香气四溢、肚腹疏香、甘甜鲜爽。怀素喝着、啜着，浸透心脾、涤荡身心的一种精神享受与审美快感挥之不去，不书不足尽兴，一件感惠徇知的惬意之作——《苦笋帖》便这样诞生了。尽管没有醉酒时挥毫的那种戏剧性场面，却是乘兴偕茶醉，拈得神来笔，情深味厚。

宋代，在中国茶业和书法史上是一个极为重要的时代，可谓茶人迭出，书家四起。“宋四家”中的蔡襄的《茶录》被明代宋迁赞誉为：“宋朝书法谁第一，端明蔡公妙无敌；百年遗迹落人间，片纸犹为人爱惜，公书方整八法俱，荔谱茶录绝代无；当时石刻今已少，况复笔迹真璠玙。此书飘逸尤绝品，风度不殊僧智永；粉笺剥落神气全，夜夜虹光穿藻井。”“宋四家”中的苏轼对“琴棋书画诗酒茶”，件件精通。

蔡襄以督造小龙团茶和撰写《茶录》一书而闻名于世，而《茶录》（见图 8-3）本身就是一件书法杰作。他的《精茶帖》（见图 8-4）也称《暑热帖》、《致公谨帖》，藏于故宫博物院，该帖亦入刻《三希堂法帖》其文曰：“襄启，暑热不及通谒，所苦想已平复。日夕风日酷烦，无处可避。人生缰锁如此，可叹可叹。精茶数片，不一一，襄上。公谨左右”。

《啜茶帖》（见图 8-5）也称《致道源帖》，是苏轼于元丰三年（1080 年）写给道源的一则便札，文共 22 字，纵分 4 行。《墨缘汇观》、《三希堂法帖》著录。其书用墨丰赡而骨力洞达，所谓“无意于嘉而嘉”于此可见一斑。

黄庭坚（1045—1105），字鲁直，号山谷道人。洪州分宁（今江西修水）人。治平元年（1064 年）举进士。宋代著名书法家，“宋四家”之一。《奉同公择尚书咏茶碾煎啜三首》（见图 8-6）是其所书自作诗，建中靖国元年（1101）八月书写。其诗曰：

要及新香碾一杯，不应传宝到云来。
碎身粉骨方余味，莫压声喧万壑雷。
风炉小鼎不须摧，鱼眼常随蟹眼来。
深注寒泉收第二，亦防枵腹爆干雷。
乳粥琼糜泛满杯，色香味触映根来。
睡魔有耳不及掩，直拂绳床过疾雷。

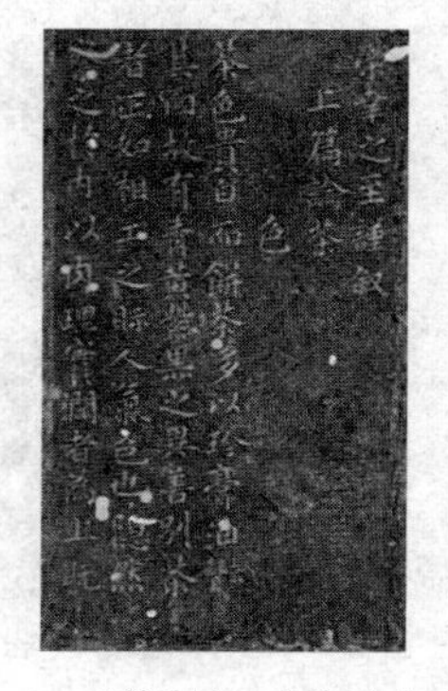
图 8-3 《茶录》［北宋］蔡襄

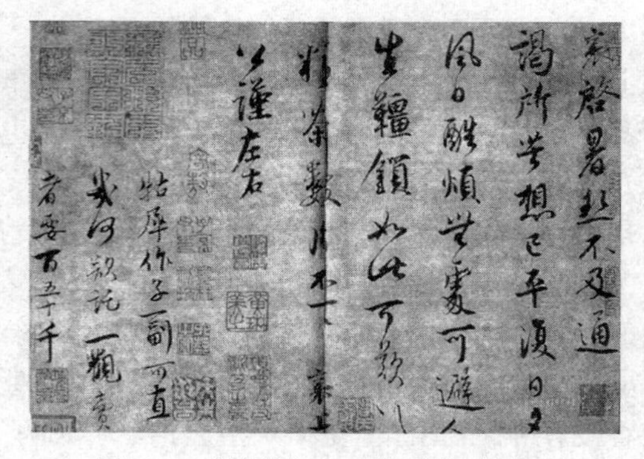
图 8-4 《精茶帜》［北宋］蔡襄

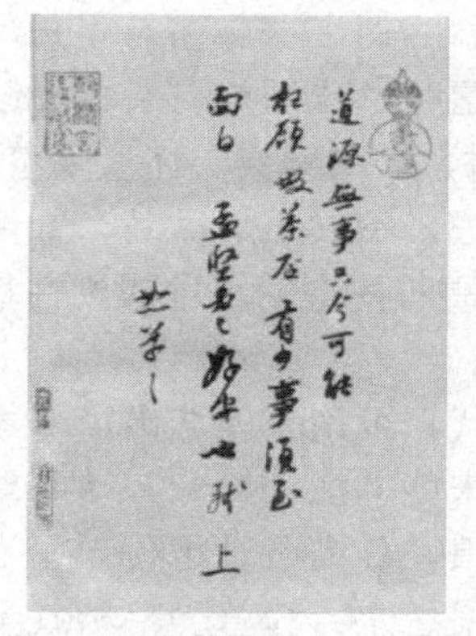
图 8-5 《啜茶帖》［北宋］苏轼

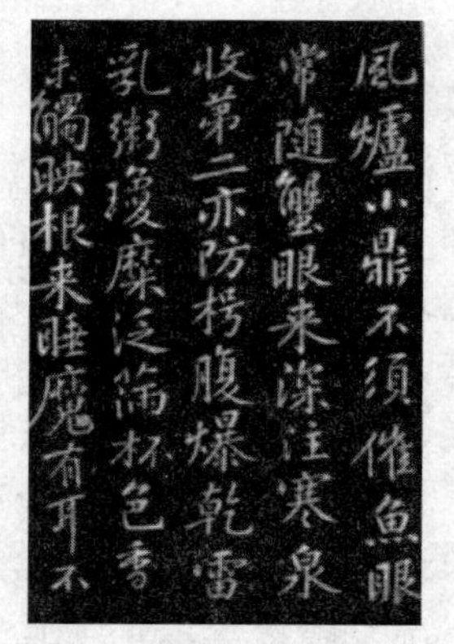
图 8-6 《奉同公择尚书咏茶碾煎啜三首》（局部）［北宋］黄庭坚

## 二、茶与画

茶画是一些以茶事活动为题材或在画面上局部出现有关茶事内容的画作。这些茶事绘画使我们能直观地了解古代茶事活动的具体内容和一些细节，因而为我们研究古代茶史提供了难得的形象资料。能查证的在清代以前的茶画有 120 幅以上。

阎立本，唐代早期画家，擅长画人物肖像和人物故事画。阎立本的《萧翼赚兰亭图》（见图 8-7）中有五个人物，中间坐着一位和尚即辨才，对面为萧翼，左下有二人煮茶。画面上，机智而狡猾的萧翼和疑虑为难的辨才和尚神态惟妙惟肖。画面左下有一老仆人蹲在风炉旁，炉上置一锅，锅中水已煮沸，茶末刚刚放入，老仆人手持“茶夹子”欲搅动“茶汤”；另一旁，有一童子弯腰，手持茶托盘，小心翼翼地准备“分茶”。矮几上，放置着其他茶碗、茶罐等用具。这幅画不仅记载了古代僧人以茶待客的史实，而且再现了唐代烹茶、饮茶所用的茶器茶具，以及烹茶方法和过程。

图 8-7 《萧翼赚兰亭图》［唐］阎立本

周昉，又名景玄，字仲朗、京兆，西安人，唐代著名仕女画家。他擅长表现贵族妇女的形象及人物肖像和佛像。周昉的《调琴啜茗图卷》（见图 8-8）描绘了五个女性，其中三个是贵族妇女。一女坐在磐石上，正在调琴，左立一侍女，手托木盘，另一女坐在圆凳上，背向外，注视着琴，作欲饮之态。又一女坐在椅子上，袖手听琴，另一侍女捧茶碗立于右边，画中贵族仕女曲眉丰肌、秾丽多态，反映了唐代尚丰腴的审美观。从画中仕女听琴品茗的姿态也可看出唐代贵族悠闲生活的一个侧面。

图 8-8 《调琴啜茗图卷》［唐］周昉

赵佶，宋徽宗皇帝，1101 年即位，在朝 29 年，轻政重文，一生爱茶，嗜茶成癖，常在宫廷以茶宴请群臣、文人，有时兴起还亲自动手烹茗、斗茶取乐。亲自著有茶书《大观茶论》，致使宋人上下品茶盛行。赵佶喜欢收藏历代书画，擅长书法、人物花鸟画。他的《文会图》（见图 8-9）描绘了文人会集的盛大场面。在一个豪华庭院中，设一巨榻，榻上有各种丰盛的菜肴、果品、杯盏等，九文士围坐其旁，神志各异，潇洒自如，或评论，或举杯，或凝坐，侍者们有的端捧杯盘，往来其间，有的在炭火桌边忙于温酒、备茶，其场面气氛之热烈，其人物神态之逼真，不愧为中国历史上一个“郁郁乎文哉”时代的真实写照。

a）

b）

图 8-9 《文会图》［北宋］赵佶

a）《文会图》整体 b）《文会图》局部

唐寅，字伯虎、子畏，号六如居士，江苏吴县人。明代著名画家，诗、书、画俱佳，擅长山水，人物、仕女、花鸟画。《事茗图》（见图 8-10）是山水人物画，描绘了文人学士悠游山水间，夏日相邀品茶的情景：青山环抱，林木苍翠，溪流潺潺，参天古树下，有茅屋数间。茅屋里一人正聚精会神倚案读书，书案一头摆着茶壶、茶盏诸多茶具，靠墙处书画满架。边舍内一童子正在煽火烹茶，舍外右方，小溪上横卧板桥，一人缓步策杖来访，身后一书童抱琴相随。画卷上人物神态生动，环境幽雅，表现了主人与客人之间的亲密关系。《事茗图》画卷后有画家用行书自题五言诗一首。诗曰："日长何所事，茗碗自赏持，料得南窗下，清风满鬓丝"。诗中道出了在长夏之日，自以饮茶为事，虽有怡情惬意，但也带有点点愁思，是描绘当时文人学士山居闲适生活的真实写照。

图 8-10 《事茗图》［明］唐寅

丁云鹏的《煮茶图》（见图 8-11）描绘了卢仝坐榻上，榻边置一煮茶竹炉，炉上茶瓶正在煮水，榻前几上有茶罐、茶壶，置茶托上的茶碗等，旁有一须仆正蹲地取水。榻旁有一老婢双手端果盘正走过来。背景有盛开的白玉兰，假山石和花草。

图 8-11 《煮茶图》［明］丁云鹏

# 任务六　中国茶道与戏曲歌舞

## 一、茶与歌舞

茶与歌舞结缘由来已久，在茶乡有“手采茶叶口唱歌，一筐茶叶一筐歌”之说。在我国江南各省，凡是产茶的省份，诸如江西、浙江、福建、湖南、湖北、四川、贵州、云南等地，均有茶歌、茶舞和茶乐。其中以茶歌为最多，以湖北为例，仅采茶歌就不下百首。茶舞主要有采茶舞和采茶灯两类。

这些茶歌、茶舞是由茶叶生产、饮用这一主体文化派生出来的一种茶叶文化现象。西晋的孙楚《出歌》，其称“姜桂茶荈出巴蜀”，这里所说的“茶荈”，就是指茶。这是现存茶史资料中以茶叶为歌颂对象的最早记载。从皮日休《茶中杂咏序》“昔晋杜育有荈赋，季疵有茶歌”的记述中，得知的最早茶歌是陆羽茶歌。但可惜，这首茶歌早已散失。不过，有关唐代中期的茶歌，在《全唐诗》中还能找到如皎然《茶歌》、卢仝《走笔谢孟谏议寄新茶》、刘禹锡《西山兰若试茶歌》等几首，尤其是卢仝的茶歌，常见引用。

在我国古时，如《尔雅》所说：“声比于琴瑟曰歌”。《韩诗章句》称：“有章曲曰歌”，认为诗词只要配以章曲，声之如琴瑟，则其诗也亦歌了。皎然的《茶歌》、卢仝《走笔谢孟谏议寄新茶》、刘禹锡的《西山兰若试茶歌》等几首茶歌被收录在《全唐诗》中。这些都是由诗为歌，也即由文人的作品而变成民间歌词的。茶歌的另一种来源是由谣而歌，民谣经文人的整理配曲再回到民间。很多茶歌反映当时茶农的生活状态，当然，还有很多涉及自然、气象、政治、历史以及婚丧嫁娶等日常生活的方方面面的茶歌，内容极为丰富多彩。现摘录几首如下。

**富 阳 江 谣**

富春江之鱼，富阳山之茶。
鱼肥卖我子，茶香破我家。
采茶妇，捕鱼夫，
官府拷掠无完肤。

昊天何不仁？此地一何辜？
鱼何不生别县，茶何不生别都？
富阳山，何日摧？
富春水，何日枯？
山摧茶亦死，江枯鱼始无！
呜呼！山难摧，江难枯，
我民不可苏！

清代流传在江西每年到武夷山采制茶叶的劳工中的歌，其歌词称：

清明过了谷雨边，背起包袱走福建。
想起福建无走头，三更半夜爬上楼。
三捆稻草搭张铺，两根杉木做枕头。
想起崇安真可怜，半碗腌菜半碗盐。
茶叶下山出江西，吃碗青茶赛过鸡。
采茶可怜真可怜，三夜没有两夜眠。
茶树底下冷饭吃，灯火旁边算工钱。
武夷山上九条龙，十个包头九个穷。
年轻穷了靠双手，老来穷了背竹筒。

周大风词曲的《采茶舞曲》展现了一幅清新的江南茶山风光画卷。如其歌词云：

溪水清清溪水长，溪水两岸好呀么好风光。
哥哥呀你上畈下畈勤插秧，妹妹呀东山西山采茶忙。
插秧插得喜洋洋，采茶采得心花放；
插得秧来匀又快呀，采得茶来满山香，
你追我赶不怕累呀，敢与老天争春光，哎呀争呀么争春光。

**采　茶　歌**

[清]陈章

凤凰岭头春露香，青裙女儿指爪长。
渡洞穿云采茶去，日午归来不满筐。
催贡文移下官府，都管山寒芽未吐。
焙成粒粒比莲心，谁知侬比莲心苦。

**饮　茶　歌**

姜茶能治疾，糖茶能和胃。
菊花茶明目，烫茶伤五内。
饭后茶消食，酒后茶解醉。
午茶长精神，晚茶难入睡。
空腹饮茶心里慌，隔夜剩茶会伤胃。
过量饮茶人黄瘦，淡茶温饮保年岁。

**献　茶　歌**

百节裙，细细开，折折打开有茶叶，

清明茶儿针针尖，茶香送爷见佛勒……
川芎茶，香又香，
一头走，一头唱，
糕点粮食加烟酒，西去路上莫作渴……

**武夷山茶歌**

采茶可怜真可怜，三夜没有两夜眠。
茶树底下冷饭吃，灯火旁边算工钱。

**台 湾 茶 歌**

（一）

好酒爱饮竹叶青，采茶爱采嫩茶心；
好酒一杯饮醉人，好茶一杯更多情。

（二）

得蒙大姐暗有情，茶杯照影景照人；
连茶并杯吞落肚，十分难舍一条情。

（三）

采茶山歌本正经，皆因山歌唱开心；
山歌不是哥自唱，盘古开天唱到今。

（四）

茶花白白茶叶青，双手攀枝弄歌声；
忘了日日采茶苦，眼上情景一样好。

采茶舞是以茶事为内容的舞蹈，史籍中，有关我国茶叶舞蹈的具体记载很少。在我国南方各省采茶舞又称“茶灯”或“采茶灯”它是在采茶歌基础上发展起来的由歌、舞、灯所组成的一种民间灯彩。

茶灯是福建、广西、江西和安徽“采茶灯”的简称。它在江西，还有“茶篮灯”和“灯歌”的名字；在湖南、湖北，则称为“采茶”和“茶歌”；在广西又称为“壮采茶”和“唱采舞”。这一舞蹈不仅各地名称不一，跳法也有不同。但是，一般基本上是由一男一女或一男二女（也可有三人以上）表演。舞者腰系绸带，男的持一钱尺（鞭）作为扁担、锄头等，女的左手提茶篮，右手拿扇，边歌边舞。这种舞蹈主要表现姑娘们在茶园的劳动生活。茶舞中最著名的要数《采茶扑蝶》。

除汉族和壮族的茶灯民间舞蹈外，我国有些民族盛行的盘舞、打歌，往往也以敬茶和饮茶的茶事为内容，这从一定的角度来看，也可以说是一种茶叶舞蹈。如彝族打歌时，客人坐下后，主办打歌的村子或家庭，老老少少，恭恭敬敬，在大锣和唢呐的伴奏下，手端茶盘或酒盘，边舞边走，把茶、酒一一献给每位客人，然后再边舞边退。云南洱源白族打歌也和彝族打歌极其相像，人们手中端着茶或酒，在领歌者（歌目）的带领下，唱着白语调，弯着膝，绕着火塘转圈圈，边转边抖动和扭动上身，以歌纵舞，以舞狂歌。

## 二、茶与戏曲

采茶戏是从采茶灯基础上发展起来的以歌舞演绎故事的一种地方戏曲，主要是流行

于江西、湖北、湖南、安徽、福建、广东、广西等地的一种戏曲类别。采茶戏还以流行的地区不同，而冠以各地的地名来加以区别。如广东的粤北采茶戏，湖北的阳新采茶戏、黄梅采茶戏、蕲春采茶戏，等等。这种戏，尤以江西较为普遍，剧种也多。江西采茶戏的剧种有赣南采茶戏、抚州采茶戏、南昌采茶戏、武宁采茶戏、吉安采茶戏等。这些剧种虽然名目繁多，但它们形成的时间大致都在清代中期至清代末年的这一阶段。

采茶戏是直接由采茶歌和采茶舞脱胎发展起来的。如采茶戏变成戏曲，就要有曲牌，其最早的曲牌名，就叫《采茶歌》。采茶戏的人物表演又与民间的采茶灯相近，茶灯舞一般为一男一女或一男二女。所以，最初的采茶戏，也叫“三小戏”，亦是二小旦、一小生或一旦一生一丑参加演出的。另外，有些地方的采茶戏，如蕲春采茶戏，在演唱形式上，也多少保持了过去民间采茶歌、采茶舞的一些传统。其特点是一唱众和，即台上一名演员演唱，其他演员和乐师在演唱到每句句末时，和唱“啊嗬”、“咿哟”之类的帮腔。演唱、帮腔、锣鼓伴奏，使曲调更婉转，节奏更鲜明，风格独具，也更带泥土的芳香。因此，可以这样说，如果没有采茶和其他茶事劳动，也就不会有采茶的歌和舞；如果没有采茶歌、采茶舞，也就不会有广泛流行于我国南方许多省区的采茶戏。所以，采茶戏不仅与茶有关，而且是茶文化在戏曲领域派生或戏曲文化吸收茶文化形成的一种灿烂文化内容。

茶对戏曲的影响，不仅直接产生了采茶戏这种戏曲形式，更为重要的是它对所有戏曲都有影响，茶文化浸染在人们生活的各个方面，以至于戏剧也离不开茶的内容。如明代我国剧本创作中有一个艺术流派，叫“玉茗堂派”（也称“临川派”），即是因大剧作家汤显祖嗜茶，将其临川的住处命名为“玉茗堂”而得名的。汤显祖的剧作注重抒写人物情感，讲究辞藻，其所作《玉茗堂四梦》刊印后，对当时和后世的戏剧创作有着不可估量的影响。在这点上，茶使汤显祖在我国戏剧史上所起的作用，不会仅局限于流派的一个名字上。

又如过去不仅弹唱、相声、大鼓、评话等曲艺大多在茶馆演出，就是各种戏剧演出的剧场，又都兼营卖茶或最初也在茶馆。所以，在明清时，凡是营业性的戏剧演出场所，一般统称之为“茶园”或“茶楼”。因为这样，戏曲演员演出的收入，早先是由茶馆支付的。换句话说，早期的戏院或剧场，其收入是以卖茶为主；只收茶钱，不卖戏票，演戏是为娱乐茶客和吸引茶客服务的。如20世纪末北京最有名的查家茶楼、广和茶楼以及上海的丹桂茶园、天仙茶园等，均是演出场所。这类茶园或茶楼，一般在一壁墙的中间建一台，台前平地称之为“池”，三面环以楼廊作观众席，设置茶桌、茶椅，供观众边品茗边观戏。现在的专业剧场是辛亥革命前后才出现的，当时还特地命名为“新式剧场”或“戏园”、“戏馆”。这“园”字和“馆”字，就出自茶园和茶馆。所以，有人也形象地称：“戏曲是我国用茶汁浇灌起来的一门艺术。”另外，茶叶的生产、贸易和消费，既然已成为社会生产、社会文化和社会生活的一个重要方面，自然也就不可能不被戏剧所吸收和反映。所以，古今中外的许多名戏、名剧，不但都有茶事的内容、场景，有的甚至全剧即以茶事为背景和题材。如我国传统剧目《西园记》的开场词中，即有“买到兰陵美酒，烹来阳羡新茶”，把观众一下引到特定的乡土风情之中。

## 模块小结

历代文人雅士注重茶之“品”而非解渴，在品茗的同时也讲究环境的静雅，更讲究饮茶意境，同时也追求文化的内涵，从而创作出大量与茶有关的艺术作品，为茶事活动的研究留下了珍贵的资料。

**关键词** 陶艺 插花 香艺 书画 歌舞 戏曲

## ● 思考与练习题

1. 茶与音乐、陶艺、花艺、香艺及歌、舞、戏曲之间的关系？
2. 紫砂壶有哪些特点？
3. 西方式插花与东方式插花有何异同？

# 模块六　茶道与茶俗

**知识目标**

掌握我国各民族饮茶风俗，了解世界其他国家和地区饮茶习俗。

**能力目标**

在民俗茶事活动中将茶与各民族的风俗习惯联系起来。

**工作任务**

设计民俗茶艺表演。

## 任务一　茶与婚俗

茶在民间婚俗中历来是“纯洁、坚定、多子多福”的象征。明代许次纾曾在书中写道：“茶不移本，植必子生，古人结婚，必以茶为礼，取其不移植子之意也。今人犹名其礼曰下茶……”故古人结婚以茶为礼，取其“不移植子之意”。因“茶性最洁”，可示爱情“冰清玉洁”；“茶不移本”，可示爱情“坚贞不移”；茶树多籽，可象征子孙“绵延繁盛”；茶树又四季常青，又寓意爱情“永世常青”、祝福新人“相敬如宾”、“白头偕老”。故世代流传民间男女订婚，要以茶为礼，茶礼成为了男女之间确立婚姻关系的重要形式。“茶”成了男子向女子求婚的聘礼，称“下茶”、“定茶”，而女方受聘茶礼，则称“受茶”、“吃茶”，即成为合法婚姻。如女子再受聘他人，会被世人斥为“吃两家茶”，为世俗所不齿。民间向有“好女不吃两家茶”之说。

人们把茶性看成是象征坚贞不渝的爱情，旧时在湖北的黄陂、孝感一带，男方备办的礼品中，必须有茶和盐。盐出于海，茗生于山，有“山茗海沙”，即为“山盟海誓”之意。在婚宴上用茶，既有美好的向往，还表达了对宾客的敬意。

茶与婚俗，具体表现在以下方面。

在汉族风俗中，许多地方把“提亲”一事称为“食茶”，又称“走媒”，意指男方媒人前去说媒，如女方有意向，就以泡茶、煮蛋等方式接待。现在浙江省中部还沿用这一古老的传统习俗。

清代郑板桥的《竹枝词》便是反映茶与婚姻的一个例证，其中写道："溢江江口是奴家，郎若闲时来吃茶。黄土筑墙茅盖屋，门前一树紫荆花。"写的是一个纯情的农村姑娘，邀请郎君来自家"吃茶"，可谓是一语双关：它既道出了姑娘对郎君的钟情，又说出了要郎君托人来行聘礼，送去爱的信息。又如，清代曹雪芹的《红楼梦》里，凤姐笑着对黛玉道："你既吃了我们家的茶，怎么还不给我们家作媳妇？"这里说的"吃茶"，就是订婚行聘之事。其实，"吃茶"一词，在古代的许多场合，指的都是男女婚姻之事。

订婚，也叫定亲、送定、小聘、送酒和过茶等，民间称法很多，差不多一地一个说法。在旧时，订婚是确定婚姻关系的一个重要仪式，只有经过这一阶段，婚约才算成立。我国各地订婚的仪式相差很大，但有一点却是共同的，即男方都要向女家送一定的礼品，以把亲事定下来。如京津和河北一带农村，订婚也称"送小礼"；送的小礼中，除首饰、衣料和酒与食品之外，茶是不可少的，所以，旧时问姑娘是否订婚，也称是否"受茶"。送过小礼之后，过一定时间，还要送大礼（有些地方送大礼和结婚合并进行），也称"送彩礼"。大礼送的衣料、首饰、钱财比小礼多，视家境情况，多的可到二十四抬或三十二抬。但大礼中，不管家境如何，茶叶、龙凤饼、枣、花生等一些象征性礼品，也是不可缺少的。女方收到男方的彩礼以后，随即也要送嫁妆和陪奁，经过这些程序以后，才算完聘。女方的嫁妆也随家庭经济条件而有多寡，但不管怎样，一对茶叶罐和梳妆盒是省不掉的。

我国多数民族都有尚茶的习惯，所以，在婚礼中用茶为礼的风俗也普遍流行于各个民族。如云南佤族订婚，要送三次"都帕"（订婚礼）：第一次送"氏族酒"六瓶，不能多也不能少，另外再送些茶叶、芭蕉之类，数量不限。第二次送"邻居酒"，也是六瓶，表示邻居已同意并可证明这桩婚事。第三次送"开门酒"，只一瓶，是专给姑娘母亲放在枕边，晚上为女儿祈祷时喝的。云南西北纳西族称订婚为"送酒"，送酒时除送一罐酒外，还要送茶二筒、糖四盒或六盒，米二升。云南白族订婚多数和汉族一样，礼物中少不了茶。如大理区洱海边西山白族"送八字"的仪式中，男方送给女方的礼物中就有茶。例如住在洱源的白族男女合过"八字"可以成婚的话，男方要向女家送布一件、猪肉三块（一块带尾）、火腿一只、羊一只（宰好）、茶叶二两、银圈一个、耳环一对和现金若干，并附"八字帖"一张。女方把礼物收下，婚事也就算定了下来。居住在云龙的白族，其订婚的礼物为衣料四包、茶二斤、猪肉半爿或一只腿等。

又如云南滇西北的普米族。普米族嗜好茶叶，普米族人从订婚到结婚的程序也很烦琐，订婚以后要两三年才能结婚。宁浪地区的普米族人结婚，还残留有古老的"抢婚"风俗。男女两家先私下商定婚期，届时仍叫姑娘外出劳动，男方派人偷偷接近姑娘，然后突然把姑娘"抢"了就走，然后边跑边高声大喊："某某人家请你们去吃茶！"女方亲友闻声便迅速追上"夺回"姑娘，然后在家再正式举行出嫁仪式。

再如西北的裕固族。裕固族人结婚第一天，只把新娘接进专设的小帐房，由女方伴新娘同宿一夜。第二天早晨吃过酥油炒面茶，举行新娘进大帐房仪式。新娘进入大帐房时，要先向设在正房的佛龛敬献哈达，向婆婆敬酥油茶；进房仪式结束后，就转入欢庆和宴饮活动。其中最具特色的是向新郎赠送羊小腿的礼俗，实际是宴饮时由歌手唱歌助兴的一种活动。仪式开始，由两位歌手，一位手举带一撮毛的羊小腿，一位端一碗茶，茶碗中间放一大块酥油和四块小酥油。茶代表大海，大块酥油代表高山，然后说唱大家喜爱的"谣答曲戈"（裕固语"羊小腿"）。

如前所述，我国大多数民族都嗜好饮茶；在我国各族的婚礼中往往都离不开用茶来行各种礼仪。

上面所举的例子，只是沧海一粟，如果把我国婚礼中派生的茶叶文化现象全部搜集起来，则将是一幅极其绚丽的历史风俗长卷。

## 任务二　茶与祭祀

祭祀是我国古代社会中较婚姻更为经常的一种礼制和生活内容。“茶”与丧祭的关系也是十分密切，有“无茶不在丧”的观念。那么，茶是什么时候开始用做祭祀的呢？一般认为，茶是在被用做饮料以后，才派生出一系列的次生文化的。也就是说，只有在茶叶成为日常生活用品之后，才慢慢被用在或吸收到我国礼制包括丧礼之中。

祭祀用茶早在南北朝时梁朝萧子显撰写的《南齐书》中就有记载，齐武帝萧颐永明十一年在遗诏中称：“我灵上慎勿以牲为祭，唯设饼、茶饮、干饭、酒脯而已。”齐武帝萧颐是南朝比较节俭的少数统治者之一。他遗嘱中规定祭品选用饼、茶等素品，是现存茶叶作祭的最早记载，但不是以茶为祭的开始。在丧事纪念中用茶作祭品，当最初创始于民间，萧颐则是把民间出现的这种礼俗，吸收到统治阶级的丧礼之中，鼓励和推广了这种制度。

把茶叶用做丧事的祭品，只是祭礼的一种。我国祭祀活动，还有祭天、祭地、祭祖、祭神、祭仙、祭佛，不可尽言。茶叶用于这些祭祀的时间，大致也和上面说的用于丧事的时间相差不多。如晋《神异记》中有这样一个故事：讲余姚有个叫虞洪的人，一天进山采茶，遇到一个道士，把虞洪引到瀑布山，说：我是丹丘子（传说中的仙人），听说你善于煮饮，常常想能分到点尝尝。山里有大茶树，可以相帮采摘，希望他日有剩茶时，请留一点给我。虞洪回家以后，“因立奠祀”，每次派家人进山，也都能得到大茶叶。另《异苑》中也记有这样一则传说：剡县陈务的妻子，年轻时和两个儿子寡居。她好饮茶，院子里面有一座古坟，每次饮茶时，都要先在坟前浇点茶奠祭一下。两个儿子觉得母亲白费心思，说古坟知道什么？要把坟挖掉，母亲苦苦劝止。一天夜里，得一梦，见一人说：“我埋在这里三百多年了，你两个儿子屡欲毁坟，蒙你保护，又赐我好茶，我虽已是地下朽骨，但不能忘记稍作酬报。”天亮，在院子中发现有十万钱，看钱似在地下埋了很久，但穿的绳子是新的。母亲把这事告诉两个儿子后，二人很惭愧，自此祭祀更勤。透过这些故事，不难看出在两晋南北朝时，茶叶也开始广泛地用于各种祭祀活动了。

茶叶作为祭品，无论是尊天敬地或拜佛祭祖，比一般以茶为礼，要更虔诚、讲究一些。王室用于祭典的，全部是进贡的上好茶叶，就是一般寺庙中用于祭佛的，也都总是想法选留最好的茶叶。如《蛮瓯志》记载：“《觉林院志》崇收茶三等：待客以惊雷荚，自奉以萱草带，供佛以紫茸香。盖最上以供佛，而最下以自奉也。”我国南方很多寺庙都种茶，所收茶叶一饷香客，二以供佛，三堪自用，一般都是作如上三用，但更倾心的，还是为敬佛之用。

我国古代用茶作祭，一般有三种形式：以茶水为祭，放干茶为祭，只将茶壶、茶盅象征茶叶为祭。但也有例外者，如明徐献忠《吴兴掌故集》载：“我朝太祖皇帝喜顾渚茶，今定制，岁贡奉三十二斤，清明年（前）二日，县官亲诣采造，进南京奉先殿焚香而已。”

在宜兴的县志中，也有类似的记载。这就是说，在明永乐年间迁都北京以后，宜兴、长兴除向北京进贡芽茶以外，还要在清明前两日，各贡几十斤茶叶供奉先殿祭祖焚化。祭茶采用焚烧的特殊形式。

我国的一些少数民族，也有以茶为祭品的习惯。如云南西双版纳的布朗族崇拜自然，尤以崇拜神鬼精灵最为突出，他们认为日月星辰、风雨雷电、山林河路、村寨房屋、生老病死、庄稼畜禽，无不都是由神鬼主宰的。据粗略统计，他们平时祭奠的鬼名有 80 多种。在这些祭祀活动中，一般都只用饭菜、竹笋和茶叶这三种祭品，将它们分成三份，放在芭蕉叶上；只有较大的祭祀活动才杀猪宰牛。再如云南文山壮族支系的布依人，他们敬奉的神灵较少，主要供奉“老人厅”、“龙树”和“土地庙”。老人厅设在寨中，供奉神农的牌位。土地庙一般都建在村寨边上，龙树则在稍远一些的山坡上。布依人的祭祀活动，如祭土地，每月初一、十五，由全寨各家轮流到庙中点灯敬茶，祈求土地神保护全寨人畜平安。祭品很简单，主要是用茶。特别值得一提的、比较独特的是不作为祭品的丧俗用茶。居住在云南丽江的纳西族，无论男女老少，在死时快断气前，都要往死者嘴里放些银末、茶叶和米粒，他们认为只有这样，死者才能到“神地”。对这种风俗，一般认为上述三者分别代表钱财、喝的和吃的，即生前有吃有喝又有财，死后也能到一个好的地方。

## 任务三　中国各民族的饮茶习俗

“千里不同风，百里不同俗”。我国是一个多民族的国家，共有 56 个兄弟民族，由于所处地理环境和历史文化的不同，加之生活风俗的各异，每个民族的饮茶风俗也各不相同。

在生活中，即使是同一民族，在不同地域，饮茶习俗也各有不同。不过把饮茶看做是健身的饮料、纯洁的化身、友谊的桥梁、团结的纽带，在这一点上又是共同的。下面将一些民族中有代表性的饮茶习俗，介绍如下。

### 一、汉族的清饮

汉族的饮茶方式：大致有品茶和喝茶之分。大抵说来，重在意境，以鉴别香气、滋味，欣赏茶姿、茶汤，观察茶色、茶形为目的，自娱自乐，谓之品茶。凡品茶者，得以细啜缓咽，注重精神享受。倘在劳动之际，汗流浃背；或炎夏暑热，以清凉、消暑、解渴为目的，手捧大碗急饮者；或不断冲泡，连饮带咽者，谓之喝茶。

汉族饮茶，虽然方式有别，目的不同，但大多推崇清饮，其方法就是将茶直接用滚开水冲泡，无须在茶汤中加入姜、椒、盐、糖之类作料，属纯茶原汁本味饮法。这种饮法被认为是清饮能保持茶的“纯粹”体现茶的“本色”。而最有汉族饮茶代表性的，则要数品龙井、啜乌龙、吃盖碗茶、泡九道茶和喝大碗茶了。

#### 1．杭州的品龙井

龙井既是茶的名称，又是种名、地名、寺名、井名，可谓“五名合一”。杭州西湖龙井茶，色绿、形美、香郁、味醇，用虎跑泉水泡龙井茶，更是“杭州一绝”。品饮龙井茶，首先要选择一个幽雅的环境。其次，要学会龙井茶的品饮技艺。沏龙井茶的水以 80℃左右为宜，泡茶用的杯以白瓷杯或玻璃杯为上，泡茶用的水以山泉水为最。每杯放上3～4克茶，加水7～8分满即可。品饮时，先应慢慢拿起清澈明亮的杯子，细看杯中翠叶碧水，观察多变的叶姿。然后，将杯送入鼻端，深深地嗅一下龙井茶的嫩香，使人舒心清神。看罢，闻罢，然后缓缓品味，清香、甘醇、鲜爽散发开来。

### 2．潮汕啜乌龙

在闽南及广东的潮州、汕头一带，几乎家家户户，男女老少，都钟情于用小杯细啜乌龙。乌龙茶既是茶类的品名，又是茶树的种名。啜茶用的小杯，称之“若琛瓯”，只有半个乒乓球大。用如此小杯啜茶，实是汉民族品茶艺术的展现。啜乌龙茶很有讲究，与之配套的茶具，诸如风炉、烧水壶、茶壶、茶杯，谓之“烹茶四宝”。泡茶用水应选择甘洌的山泉水，而且必须做到沸水现冲。经温壶、置茶、冲泡、斟茶入杯，便可品饮。啜茶的方式更为奇特，先要举杯将茶汤送入鼻端闻香，接着用拇指和食指按住杯沿，中指托住杯底，举杯倾茶汤入口，含汤在口中回旋品味，顿觉口有余甘。一旦茶汤入肚，口中“啧啧”回味，又觉鼻口生香，咽喉生津，“两腋生风”，回味无穷。这种饮茶方式，其目的并不在于解渴，主要是在于鉴赏乌龙茶的香气和滋味，重在物质和精神的享受。所以，凡“有朋自远方来”，对啜乌龙茶，都“不亦乐乎”。

### 3．成都盖碗茶

在汉民族居住的大部分地区都有喝盖碗茶的习俗，而以我国的西南地区的一些大、中城市，尤其是成都最为流行。盖碗茶盛于清代，如今，在四川成都、云南昆明等地，已成为当地茶楼、茶馆等饮茶场所的一种传统饮茶方法。一般家庭待客，也常用此法饮茶。

饮盖碗茶一般说来，有五道程序。

一是净具：用温水将茶碗、碗盖、碗托清洗干净。

二是置茶：用盖碗茶饮茶，摄取的都是珍品茶，常见的有花茶、沱茶，以及上等红茶、绿茶等，用量通常为3～5克。

三是沏茶：一般用初沸开水冲茶冲水至茶碗口沿时，盖好碗盖，以待品饮。

四是闻香：待冲泡5分钟左右，茶汁浸润茶汤时，则用右手提起茶托，左手掀盖，随即闻香舒腑。

五是品饮：用左手握住碗托，右手提碗抵盖儿，倾碗将茶汤徐徐送入口中，品味润喉，提神消烦，真是别有一番风情。

### 4．昆明九道茶

九道茶主要流行于我国西南地区，以云南昆明一带最为时尚。九道茶所用之茶一般以普洱茶最为常见，多用于家庭接待宾客，所以，又称迎客茶。温文尔雅是饮九道茶的基本方式。因饮茶有九道程序，故名九道茶。

一是赏茶：将珍品普洱茶置于小盘，请宾客观形、察色、闻香，并简述普洱茶的文化特点，激发宾客的饮茶情趣。

二是洁具：泡九道茶的茶具以紫砂茶具为上，通常茶壶、茶杯、茶盘一色配套。多用开水冲洗，这样既可提高茶具温度，以利茶汁浸出，又可清洁茶具。

三是置茶：一般视壶大小，按1克茶泡50～60毫升开水比例将普洱茶投入壶中待泡。

四是泡茶：用刚沸的开水迅速冲入壶内，至3～4分满。

五是浸茶：冲泡后，立即加盖，稍加摇动，再静置5分钟左右，使茶中可溶物溶解于水。

六是匀茶：启盖儿后，再向壶内冲入开水，待茶汤浓淡相宜为止。

七是斟茶：将壶中茶汤，分别斟入半圆形排列的茶杯中，从左到右，来回斟茶，使杯中茶汤浓淡一致，至八分满为止。

八是敬茶：由主人手捧茶盘，按长幼辈分，依次敬茶示礼。

九是品茶：一般是先闻茶香清心，继而将茶汤徐徐送入口中，细细品味，以享饮茶之乐。

**5．羊城早市茶**

早市茶，又称早茶，多见于中国大中城市，其中历史最久、影响最深的是“羊城”广州。无论在早晨工作前，还是在工余后，抑或是朋友聚议，广州人总爱去茶楼，泡上一壶茶，要上两份点心，如此品茶尝点，润喉充饥，风味横生。广州人品茶大都一日早、中、晚三次，但早茶最为讲究，饮早茶的风气也最盛，由于饮早茶是喝茶佐点，因此当地称饮早茶谓“吃早茶”。

在广东的城市或乡村小镇，吃茶常在茶楼进行。如在假日，全家老幼齐上茶楼，围桌而坐，饮茶品点，畅谈国事、家事、身边事，更是其乐融融。亲朋之间，上得茶楼，谈心叙谊，沟通心灵，备觉亲近。所以许多人即便是交换意见，或者洽谈业务、协调工作，甚至青年男女谈情说爱，也是喜欢用吃早茶的方式去进行，这就是汉族吃早茶的风尚之所以能长盛不衰，甚至更加延伸、扩展的缘由。

**6．北京的大碗茶**

喝大碗茶的风尚，在汉民族居住的地区随处可见，特别是在大道两旁、车船码头、半路凉亭，直至车间工地、田间劳作，都屡见不鲜。这种饮茶习俗在我国北方最为流行，尤其早年间北京的大碗茶，更是名闻遐迩，如今中外闻名的北京大碗茶商场，就是由此沿袭命名的。

大碗茶多用大壶冲泡或大桶装茶，大碗畅饮，热气腾腾，提神解渴，好生自然。这种清茶较粗犷，颇有“野味”，但它随意，不用楼、堂、馆、所，摆设也很简便，一张桌子，几张条木凳，若干只粗瓷大碗便可，因此，它常以茶摊或茶亭的形式出现，主要为过往客人解渴、小憩。

## 三、我国部分少数民族的饮茶习俗

**1．白族的三道茶**

白族散居在我国西南地区，主要分布在风光秀丽的云南大理，这是一个好客的民族，大凡在逢年过节、生辰寿诞、男婚女嫁、拜师学艺等喜庆日子里，或是在亲朋宾客来访之际，都会以一苦、二甜、三回味的三道茶款待。

制作三道茶时，每道茶的制作方法和所用原料都是不一样的。

第一道茶，称之为清苦之茶，寓意做人的哲理：要立业，就要先吃苦。制作时，先将水烧开。再由司茶者将一只小砂罐置于文火上烘烤。待罐烤热后，随即取适量茶叶放入罐内，并不停地转动砂罐，使茶叶受热均匀，待罐内茶叶啪啪作响，叶色转黄，发出焦糖香时，立即注入已经烧沸的开水。少顷，主人将沸腾的茶水倾入茶盅，再用双手举盅献给客人。由于这种茶经烘烤、煮沸而成，因此，看上去色如琥珀，闻起来焦香扑鼻，喝下去滋味苦涩，故而谓之苦茶，通常只有半杯，一饮而尽。

第二道茶，称之为甜茶。当客人喝完第一道茶后，主人重新用小砂罐置茶、烤茶、煮茶，与此同时，还得在茶盅里放入少许红糖，待煮好的茶汤倾入盅内八分满为止。这样沏成的茶，甜中带香，甚是好喝，它寓意人生在世，做什么事，只有吃得了苦，才会有甜香来。

第三道茶，称之为回味茶。其煮茶方法与第二道茶虽然相同，只是茶盅中放的原料已换成适量蜂蜜、少许炒米花、若干粒花椒、一撮核桃仁，茶汤容量通常为六七分满。饮第三道茶时，一般是一边晃动茶盅，使茶汤和作料均匀混合；一边口中呼呼作响，趁热饮下。这杯茶，喝起来甜、酸、苦、辣，各味俱全，回味无穷。它告诫人们，凡事要多回味，切记先苦后甜的哲理。

**2．纳西族的“龙虎斗”和盐茶**

纳西族主要居住在风景秀丽的云南省丽江地区，这是一个喜爱喝茶的民族。他们平日爱喝一种具有独特风味的“龙虎斗”。此外，还喜欢喝盐茶。

纳西族喝的“龙虎斗”，制作方法也很奇特，首先用水壶将茶烧开。另选一只小陶罐，放上适量茶，连罐带茶烘烤。为避免茶叶烤焦，还要不断转动陶罐，使茶叶受热均匀。待茶叶发出焦香时，向罐内冲入开水，烧煮3～5分钟。同时，准备茶盅，再放上半盅白酒，然后将煮好的茶水冲进盛有白酒的茶盅内。这时，茶盅内会发出“啪啪”的响声，纳西族人将此看做是吉祥的征兆。声音愈响，在场者就愈高兴。纳西族认为“龙虎斗”还是治疗感冒的良药，因此，提倡趁热喝下。如此喝茶，香高味酽，提神解渴，甚是过瘾!

纳西族喝的盐茶，其冲泡方法与“龙虎斗”相似，不同的是在预先准备好的茶盅内，放的不是白酒而是食盐。此外，也有不放食盐而改换食油或糖的，分别取名为油茶或糖茶。

**3．藏族酥油茶**

藏族主要分布在我国西藏，在云南、四川、青海、甘肃等省的部分地区也有居住。这里地势高，空气稀薄，气候高寒干旱，有“世界屋脊”之称。藏族人以放牧或种旱地作物为生，当地蔬菜瓜果很少，常年以奶肉、糌粑为主食。其腥肉之食，非茶不消；青稞之热，非茶不解。茶成了当地人们补充营养的主要来源，喝酥油茶便成了如同吃饭一样重要的事情。

酥油茶是一种在茶汤中加入酥油等作料经特殊方法加工而成的茶汤。至于酥油，乃是把牛奶或羊奶煮沸，经搅拌冷却后凝结在奶表面的一层脂肪。而茶叶一般选用的是紧压茶中的普洱茶或金尖。制作时，先将紧压茶打碎加水在壶中煎煮20～30分钟，再滤去茶渣，把茶汤注入长圆形的打茶筒内。同时，再加入适量酥油，还可根据需要加入事先已炒熟、捣碎的核桃仁、花生米、芝麻粉、松子仁之类，最后还应放上少量的食盐、鸡蛋等。接着，用木杵在圆筒内上下抽打，根据藏族人的经验，当抽打时打茶筒内发出的声音由“咣当咣当”转为“嚓嚓”时，表明茶汤和作料已混为一体，酥油茶才算打好了，随即将酥油茶倒入茶瓶待喝。

由于酥油茶是一种以茶为主料，并加有多种食料经混合而成的液体饮料，所以，滋味多样，喝起来咸里透香，甘中有甜，它既可暖身御寒，又能补充营养。在西藏草原或高原地带，人烟稀少，家中少有客人进门。偶尔有客来访，可招待的东西很少，加上酥油茶的独特作用，因此，敬酥油茶便成了西藏人款待宾客的尊贵礼仪。

又由于藏族同胞大多信奉喇嘛教，当喇嘛祭祀时，虔诚的教徒要敬茶，有钱的要施茶。他们认为，这是积德、行善，所以，在西藏的一些大喇嘛寺里，多备有一口特大的茶锅，通常可容茶数担，遇上节日，向信徒施茶，算是佛门的一种施舍，至今仍随处可见。

**4．侗族、瑶族的油茶**

居住在云南、贵州、湖南、广西毗邻地区的侗族、瑶族与毗邻而居的其他兄弟民族世代相处，十分好客。侗族与瑶族之间虽习俗有别，但却都喜欢喝油茶。因此，凡在喜庆佳节，或亲朋贵客进门，总喜欢用做法讲究，作料精选的油茶款待客人。

做油茶，当地称之为打油茶。打油茶一般经过四道程序。

首先是选茶。通常有两种茶可供选用，一是经专门烘炒的末茶；二是刚从茶树上采下的幼嫩新梢，这可根据各人口味而定。

其次是选料。打油茶用料通常有花生米、玉米花、黄豆、芝麻、糯粑、笋干等，应预先制作好待用。

第三是煮茶。先生火，待锅底发热，放适量食油入锅，待油面冒青烟时，立即投入适量茶叶入锅翻炒，当茶叶发出清香时，加上少许芝麻、食盐，再炒几下，即放水加盖，煮沸3～5分钟，即可将油茶连汤带料起锅盛碗待喝。一般家庭自喝，这又香、又爽、又鲜的油茶已算打好了。

如果将打的油茶作庆典或宴请用，那么，还得进行配茶。配茶就是将事先准备好的食料，先行炒熟，取出放入茶碗中备好。然后将油炒经煮而成的茶汤，捞出茶渣，趁热倒入备有食料的茶碗中供客人吃茶。

最后是奉茶。一般当主妇快要把油茶打好时，主人就会招待客人围桌入座。由于喝油茶是碗内加有许多食料，因此，还得用筷子相助，所以，说是喝油茶，还不如说吃油茶更为贴切。吃油茶时，客人为了表示对主人热情好客的回敬，要赞美油茶的鲜美可口，称道主人的手艺不凡，总是边喝、边啜、边嚼，在口中发出“啧啧”的声响。

**5．土家族的擂茶**

在湘、鄂、川、黔的武陵山区一带，居住着许多土家族同胞。千百年来，他们世代相传，至今还保留着一种古老的吃茶法，这就是喝擂茶。

擂茶，又名三生汤，是用生叶（指从茶树采下的新鲜茶叶）、生姜和生米仁等三种生原料经混合研碎加水后烹煮而成的汤。相传三国时，张飞带兵进攻武陵壶头山（今湖南省常德境内），正值炎夏酷暑，当地瘟疫蔓延，张飞部下数百将士病倒，连张飞本人也不能幸免。正在危难之际，村中一位草医郎中有感于张飞部属纪律严明，秋毫无犯，便献出祖传除瘟秘方擂茶，结果茶（药）到病除。其实，茶能提神祛邪，清火明目；姜能理脾解表，去湿发汗；米仁能健脾润肺，和胃止火，所以，说擂茶是一帖治病良药，是有科学道理的。

随着时间的推移，与古代相比，现今的擂茶，在原料的选配上已发生了较大的变化。如今制作擂茶时，除通常用的茶叶外，要配上炒熟的花生、芝麻、米花等；另外，还要加些生姜、食盐、胡椒粉之类。通常将茶和多种食品，以及作料放在特制的陶制擂钵内，然后用硬木擂棍用力旋转，使各种原料相互混合，再取出倒入碗中，用沸水冲泡，用调匙轻轻搅动几下，即调成擂茶。少数地方也有省去擂研，将多种原料放入碗内，直接用沸水冲泡的，但冲茶的水必须是现沸现泡的。

土家族兄弟都有喝擂茶的习惯。一般人们中午干活回家，在用餐前总以喝几碗擂茶为快。有的老年人倘若一天不喝擂茶，就会感到全身乏力，精神不爽，视喝擂茶如同吃饭一样重要。不过，倘有亲朋进门，那么，在喝擂茶的同时，还必须设有几碟茶点。茶点以清淡、香脆食品为主，诸如花生、薯片、瓜子、米花糖、炸鱼片之类，以平添喝擂茶的情趣。

**6．基诺族的凉拌茶和煮茶**

基诺族主要分布在我国云南西双版纳地区，尤以景洪为最多。基诺族的饮茶方法较为罕见，常见的有两种，即凉拌茶和煮茶。

凉拌茶是一种较为原始的食茶方法，它的历史可以追溯到数千年以前。此法以现采的茶树鲜嫩新梢为主料，再配以黄果叶、辣椒、食盐等作料而成，一般可根据各人的爱好而定。做凉拌茶的方法并不复杂，通常先将从茶树上采下的鲜嫩新梢，用洁净的双手捧起，稍用力搓揉，使嫩梢揉碎，然后放入清洁的碗内；再将黄果叶揉碎，辣椒切碎，连同食盐适量投入碗中；最后，加上少许泉水，用筷子搅匀，静置15分钟左右，即可食用。

基诺族的另一种饮茶方式，就是喝煮茶，这种方法在基诺族中较为常见。其方法是先用茶壶将水煮沸，随即在陶罐取出适量已经过加工的茶叶，投入到正在沸腾的茶壶内，经3分钟左右，当茶叶的汁水已经溶解于水时，即可将壶中的茶汤注入到竹筒，供人饮用。竹筒，基诺族既用它当盛具，劳动时可盛茶带到田间饮用；又用它作饮具。因它一头平，便于摆放，另一头稍尖，便于用口吮茶，所以，就地取材的竹筒便成了基诺族喝煮茶的重要器具。

**7．拉祜族的烤茶**

拉祜族主要分布在云南澜沧、孟连、沧源、耿马、勐海一带。在拉祜语中，称虎为拉，将肉烤香称之为祜，因此，拉祜族被称为猎虎的民族。饮烤茶是拉祜族古老、传统的饮茶方法，至今仍在流行。

饮烤茶通常分为以下四个操作程序进行。

装茶抖烤：先将小陶罐在火塘上用文火烤热，然后放上适量茶叶抖烤，使茶叶受热均匀，待茶叶叶色转黄，并发出焦糖香时为止。

沏茶去沫：用沸水冲满盛茶的小陶罐，随即泼去上部浮沫，再注满沸水，煮沸3分钟后待饮。

倾茶敬客：就是将在罐内烤好的茶水倾入茶碗，奉茶敬客。

喝茶啜味：拉祜族人认为，烤茶香气足，味道浓，能振精神，才是上等好茶。因此，拉祜族人喝烤茶，总喜欢热茶啜饮。

**8．哈尼族的土锅茶**

哈尼族主要居住在云南的红河、西双版纳地区，以及江城、澜沧、墨江、元江等地，其内有和尼、布都、爱尼、卡多等不同的自称。喝土锅茶是哈尼族人的嗜好，这是一种古老而简便的饮茶方式。

煮土锅茶的方法比较简单，一般凡有客人进门，主妇先用土锅（或瓦壶）将水烧开，随即在沸水中加入适量茶叶，待锅中茶水再次煮沸 3 分钟后，将茶水倾入用竹制的茶盅内，一一敬奉给客人。平日，哈尼族人也总喜欢在劳动之余，一家人喝茶叙家常，以享天伦之乐。

**9．回族、苗族、彝族的罐罐茶**

住在我国西北，特别是甘肃一带的一些回族、苗族、彝族同胞有喝罐罐茶的嗜好。每当走进农家，只见堂屋地上挖有一口大塘（坑），烧着木柴或点燃炭火，上置一水壶。清早起来，主妇就会赶紧熬起罐罐茶来。这一饮茶习俗，尤以六盘山区一带的兄弟民族中最为常见。

喝罐罐茶，以喝清茶为主，少数也有用油炒或在茶中加花椒、核桃仁、食盐之类的。

罐罐茶的制作并不复杂，使用的茶具，通常一家人一壶（铜壶）、一罐（容量不大的土陶罐）、一杯（有柄的白瓷茶杯），也有一人一罐一杯的。熬煮时，通常是将罐子围放在壶四周火塘边上，倾上壶中的开水半罐，待罐内的水重新煮沸时，放上茶叶 8～10 克，使茶、水相融，茶汁充分浸出，再向罐内加水至八分满，直到茶叶又一次煮沸时，才算将罐罐茶煮好了，即可倾汤入杯开饮。也有些地方先将茶烘烤或油炒后再煮的，目的是增加焦香味；也有的地方，在煮茶过程中，加入核桃仁、花椒、食盐之类的。但不论何种罐罐茶，由于茶的用量大，煮的时间长，所以，茶的浓度很高，一般可重复煮 3～4 次。

由于罐罐茶的浓度高，喝起来有劲，会感到又苦又涩，好在倾入茶杯中的茶汤每次用量不多，不可能大口大口地喝下去。但对当地少数民族而言，因世代相传，也早已习惯成自然了。

喝罐罐茶还是当地迎宾接客不可缺少的礼俗，倘有亲朋进门，他们就会一同围坐在火塘边，一边熬制罐罐茶，一边烘烤马铃薯、麦饼之类，如此边喝酽茶边嚼香食，可谓野趣横生。有这一饮茶习俗的少数民族同胞认为，喝罐罐茶至少有四大好处：提精神、助消化、去病魔、保健康!

**10．傣族的竹筒香茶**

竹筒香茶是傣族人别具风味的一种茶饮料。傣族世代生活在我国云南的南部和西南部地区，以西双版纳最为集中，这是一个能歌善舞而又热情好客的民族。

傣族喝的竹筒香茶，其制作和烤煮方法，甚为奇特，一般可分为五道程序，现分述如下。

装茶：就是将采摘细嫩、再经初加工而成的毛茶，放在生长期为一年左右的嫩香竹筒中，分层陆续装实。

烤茶：将装有茶叶的竹筒，放在火塘边烘烤，为使筒内茶叶受热均匀，通常每隔 4～5 分钟应翻滚竹筒一次。待竹筒色泽由绿转黄时，筒内茶叶也已达到烘烤适宜，即可停止烘烤。

取茶：待茶叶烘烤完毕，用刀劈开竹筒，就成为清香扑鼻，形似长筒的竹筒香茶。

泡茶：分取适量竹筒香茶，置于碗中，用刚沸腾的开水冲泡，经 3～5 分钟，即可饮用。

喝茶：竹筒香茶既有茶的醇厚高香，又有竹的浓郁清香，所以，喝起来有耳目一新之感，难怪傣族同胞不分男女老少，人人都爱喝竹筒香茶。

# 任务四　世界其他国家和地区饮茶习俗

## 一、荷兰饮茶习俗

英国是茶叶消费大国，但最初将茶叶传到欧洲的是荷兰人。

在17世纪初期，荷兰商人凭借在航海方面的优势，远涉重洋，从中国装运绿茶至爪哇，再辗转运至欧洲。最初，茶仅仅是作为宫廷和豪富社交礼仪和养生健身的奢侈品。以后，逐渐风行于上层社会，人们以茶为贵，以茶为荣，以荣为阔，以茶为雅。一些富有的家庭主妇，以家有别致的茶室、珍贵的茶叶和精美的茶具而自豪。随着人们对茶的追求和享受欲望的不断增长，荷兰人对饮茶几乎达到狂热的程度，尤其是一些贵妇人，他们嗜茶如命，躬亲烹茶，弃家聚会，终日陶醉于饮茶活动中，以致受到社会的抨击。18世纪初，荷兰上演的喜剧《茶迷贵妇人》，就是当时饮茶风气的真实写照。但是，这一风气却对推动欧洲各国人民饮茶，起到了不可低估的作用。

目前，荷兰人的饮茶热已不如过去，但尚茶之风犹在。他们不但自己饮茶，也喜欢以茶会友。所以，凡有条件的家庭，都专门辟有一间茶室。荷兰人饮茶多在午后进行。若是待客，主人还会打开精致的茶叶盒，供客人自己挑选心爱的茶叶，放在茶壶中冲泡，通常一人一壶。当茶冲泡好以后，客人再将茶汤倒入杯中饮用。饮茶时，客人为了表示对主妇泡茶技艺的赏识，大多会发出“啧啧”之声，以示敬佩。

荷兰人喜爱饮加糖、牛乳或柠檬的红茶；而旅居荷兰的阿拉伯人则爱饮甘洌、味浓的薄荷绿茶；在荷兰的中国餐馆中，则以幽香的茉莉花茶最受欢迎。

## 二、英国饮茶习俗

欧洲最早饮茶的国家是葡萄牙。1662年，嗜爱饮茶的葡萄牙公主凯瑟琳嫁给英王查理二世，从而将饮茶风气带入英国宫廷，后又扩展到王公、贵族及富豪、世家，随后饮茶风气又普及到民间大众，部分取代了酒（或啤酒），茶成为风靡英国的国饮。凯瑟琳也被誉为英国的“饮茶王后”。在那之后，英王威廉三世、女王安妮等王公贵族都热衷于饮茶，逐渐使饮茶成为英国上流社会的一种时髦活动。

18世纪中叶，英国人流行的是丰盛的早餐，午餐则十分简单，直到晚上8点钟再进丰盛的晚餐。在英国维多利亚时代的1840年，一个叫安娜的贝德芙公爵夫人，每到下午4点左右便感觉肚子有些饿，而此时距离晚餐又还有一段时间，于是她便叫女仆准备几片烤面包以及奶油和茶。后来安娜女士邀请几位闺中密友一起品茶、聊天，共享轻松惬意的下午时光。没想到这种风尚很快便在上流社会中传开，众多名媛仕女趋之若鹜，于是也便有了今天我们所说的“维多利亚下午茶”。这种风尚形成了一种优雅自然的下午茶文化，也成为英国茶文化最著名的标志之一。维多利亚下午茶是一门综合的艺术，简朴却不寒酸，华丽却不庸俗。传统中，女主人一定会以家中最好的房间、最好的瓷器来接待宾客。而产自印度的大吉岭茶或伯爵茶以及精致的点心则成为下午茶的主角。在午后温暖的阳光下，伴随着悠扬的古典音乐，人们便在这种轻松自在下愉悦着自己的身心。正统的英式下午茶的礼仪十分讲究。首先喝茶的时间应该是下午四点钟；其次在维多利

亚时代，男士必须着燕尾服，女士则着长袍。现在每年在英国白金汉宫举行的正式下午茶会，男性来宾仍身着燕尾服、头戴绅士帽和手持雨伞，女性则需着白天穿的正式洋装，而插着羽毛的各式各样的帽子则又是一道美丽的风景线。在茶会中通常是由女主人着正式服装亲自为客人服务，非不得以才让女佣协助，从而以表示对来宾的尊重。最后就是下午茶的点心了，通常是用三层的点心瓷盘装盛，第一层放三明治，第二层放传统英式点心（甜烙饼），第三层则放蛋糕及水果塔，并且一定要是从下至上的往回吃。

英国人喝茶与中国人喝茶在习俗方面有很大的不同：中国人喜欢喝略带苦味的清茶，讲究品茶；英国人主要喝奶茶，喜欢在茶中加入牛奶和糖，有些人还喜欢在清茶里加些柠檬汁，但一定不能同时在茶里又加奶又加柠檬汁。中国人大多喜欢喝绿茶，而英国人大多喝红茶。据说这是因为绿茶不易保存，经长期贩运，易发生霉变；而红茶是全发酵茶，不易霉变。不过另一个更可信的原因则是绿茶性寒，红茶性暖，英伦三岛四面环海，终年阴冷潮湿，于是气候决定了人们的选择。

## 三、法国饮茶习俗

法国人开始接触茶时，是把茶当成“万灵丹”和“长生妙药”看待的。17 世纪中叶，法国神父 Aiexander de khodes 所著的《传教士旅行记》，叙述了“中国人之健康与长寿应该归功于茶，此乃东方所常用的饮品”。接着，教育家 C. Seguier、医学家 Dthis Jonguet 等人也极力推荐茶叶，赞美茶是能与圣酒仙药相媲美的仙草，因而激发了人们对“可爱的中国茶”的向往和追求。

法国人饮茶，最早是盛行于皇室贵族及有权阶级间，以后茶迷群起，渐渐普及于人民大众，时髦的茶室也应运而生。饮茶成为人们日常生活和社交活动中不可或缺的必需品。

法国最早入口的茶叶是中国的绿茶，以后是乌龙茶、红茶、花茶及沱茶等接踵输入，19 世纪以后，斯里兰卡、印度、印尼、越南等国的茶叶也接踵进入法国市场。

在法国早期零售茶叶买卖也是由药房或杂货铺、食物店兼营，后来才在巴黎设立了一些专营茶叶或以茶为主的商号。

法国人饮用的茶叶及采用的品饮方式，因人而异但是饮用最多的还是红茶，饮法与英国人相似。饮红茶时，习惯于采用冲泡或烹煮法，类似英国人饮红茶习俗。通常取一小撮红茶或一小包袋泡红茶放入杯内，冲上沸水，再配以糖或牛奶和糖；有的地方，也有在茶中拌以新鲜鸡蛋，再加糖冲饮的；还有流行饮用瓶装茶水时加柠檬汁或橘子汁的；更有甚者还会在茶水中掺入杜松子酒或威士忌酒，做成清凉的鸡尾酒饮用的。

法国人饮绿茶，要求绿茶必须是高品质的。饮绿茶方式与西非国家的人饮绿茶方式一样，一般要在茶汤中加入方糖和新鲜薄荷叶，做成甜蜜透香的清凉饮料饮用。

花茶主要在法国的中国餐馆和旅法华人中供应。其饮花茶的方式与中国北方人饮花茶的方式相同，用茶壶加沸水冲泡，通常不加作料，推崇清饮。爱茶和香味的法国人，也对花茶发生了浓厚的兴趣。近年来，特别在一些法国青年人中，又对带有花香、果香和叶香的加香红茶发生兴趣，饮用这种红茶也已成为时尚。

沱茶主产于中国西南地区，因它具有特殊的药理功能，所以也深受法国一些养生益寿者，特别是法国中老年消费者的青睐，每年从中国进口量达 2 000 吨，有袋泡沱茶和山沱茶等种类。

## 四、俄罗斯饮茶习俗

人们通常认为俄国人嗜酒如命，其实，说俄国人嗜茶如命倒是更贴切，因为前者虽典型但非人人如此，而饮茶却是每个俄罗斯人每日不可缺少的一项生活内容。今天，大部分俄罗斯人都不否认，茶这个外来饮品已成为俄罗斯的国饮。中国人饮茶就其普遍性和日常所需的重要性而言远不及几乎不产茶的俄罗斯。在俄罗斯，人们不能一日无茶，不仅一日三餐有茶，还要喝上午茶和下午茶。作为最普及的大众热饮，无论在家还是做客，无论在食品店还是咖啡馆，无论在影剧院的小吃部还是卖热狗的街头小摊上，只要有卖食品的地方，都能喝到茗香四溢的热茶。可见俄罗斯人对茶的需求如此普遍而强烈。

要说俄罗斯人饮茶，至今才有 250 多年的历史。1638 年，俄国大臣瓦西里·斯塔尔科夫给蒙古汗进贡，后者也回赠给沙皇各种礼品，其中有几包所谓最珍贵的礼物——不知何名的草。据传，沙皇并不喜欢这种绿草泡出的水。后来，沙皇使节从中国带回另一种茶，俄国人才喜欢上这种异国的饮品。1679 年，俄国与中国签订了第一笔购茶合同。起初，因茶的价格不菲，人们只在逢年过节时才喝。有趣的是，莫斯科的显贵们买茶主要作为药用，因为他们发现，用它做出的饮料能防止做弥撒和杜马开会时打瞌睡。直到 19 世纪，茶在俄国才成为大众饮品。然而，茶传入不久就本国化了。首先，沏茶用的器具应运而生。据说是乌拉尔地区的铁匠发明了称之为“茶炊”的东西。茶炊的构造类似我国火锅和大铜茶壶的混合体，内有炊膛，外有水龙头和把手，上有壶托，下有炉圈和通风口，旁有小烟囱。从发明至今，所用燃料先后有云杉球果、松明、煤油以及电。最常见的茶炊颇像大奖杯，也有更像是艺术品的球状、花瓶状、高脚杯状甚至蛋状茶炊。出自能工巧匠之手、装饰华丽的茶炊的确是真正的艺术品。大文豪托尔斯泰的故乡图拉被公认为是茶炊之都。早先，俄罗斯人饮茶离不开茶炊，可以说，茶炊是每个家庭必不可少的日常用品，是传统俄罗斯家庭生活的象征。起初，由于茶炊为手工制作，最便宜的也抵得上一头母牛，穷人往往合伙买一个，轮流坐庄。因而早在 17 世纪，“请喝茶”就意味着“请客”，此话的意义至今没有变。

俄罗斯传统的沏茶方法是，将干净的茶壶用滚开水涮一下使之迅速晾干，放入茶叶，到入开水后蒙上餐巾置于茶炊壶托上 5 分钟左右。同时可以加进一小块砂糖，以使茶叶片片舒展开并释放出所含各种物质。茶叶泡好后往杯中倒半杯，再从茶炊兑入适量白开水。喝茶时，茶炊的水始终咕咕开着。这种往沏好的浓茶中添加滚开水的喝法，据俄罗斯人解释，最好喝的茶正是源自这不断翻滚的开水。另一个重要原因是这种方法能使每个人喝到浓度一样的茶。因此，俄国人泡茶一般仅一遍，决不超过两遍。俄国人喝茶从不马马虎虎，不像我们中国人一杯清茶喝到底。除了往茶里加糖、蜂蜜、牛奶或果酱外，总要加奶渣饼、甜点和饼干等，有一种很普通的饼干就叫“饮茶饼干”。即使是用完有三道菜的丰盛午餐，最后一道的茶点依然如此。早先，由于糖很贵，穷人喝茶时舍不得放糖，而是口里含着一小块糖慢慢咂摸滋味，这也足够喝下五六杯的。如今，俄罗斯人食糖量大得惊人！现如今，茶加柠檬片、炼乳就饼干或点心吃比较普遍。俄罗斯大部分地区缺少新鲜蔬菜水果，维生素 C 摄入不足。据俄国人讲，常喝富含维生素 C 的柠檬茶可以预防感冒。俄罗斯人一向偏爱红茶或花茶，这也许与他们地处高寒地区有关。茶经中国传入俄罗斯虽然不到三个世纪，但它不仅很快成为最普及的热饮，而且对社会生活、

文化乃至语言均产生了巨大影响。茶是该国国人的生活必需品，而不下数百种的品牌则更说明了俄国茶叶市场的巨大。

## 五、乌拉圭饮茶习俗

马黛文化是拉美国家特有的茶文化。马黛茶是一种常绿灌木叶子，主要产自巴拉圭、乌拉圭、巴西和阿根廷等国。在乌拉圭，喝马黛茶最早是土著印第安人的传统习惯。与中国绿茶、花茶相比，马黛茶味道颇苦，外来人刚喝时还真有点受不了。不过它具有提神醒脑的功效，喝了使人顿感神清气爽。

在乌拉圭大街上，到处都能看到人们手托一个状似葫芦的马黛壶，或者肩挎一个保温瓶，用一根吸管边走边吸茶喝的情景。高档的马黛茶壶有的是镶边葫芦，有的是精雕硬木，有的是金属加工而成。壶身常刻有山川、人物、鸟兽等图案，甚至镶嵌名贵宝石，五光十色、百态千姿。其吸嘴则是银制的，整套茶具具有很高的收藏价值。用马黛茶待客的学问不少，乌拉圭人讲究用茶水的火候来表达自已对客人的态度。

倘若客人接到一壶滚烫的马黛茶，意味着他在主人心目中是贵宾；假如茶水不但滚烫而且还加蜜加糖，意味着客人备受主人欣赏；但如果茶水冰凉，则说明来访者是不速之客，主人在提醒他趁早打道回府。

## 六、新西兰饮茶习俗

大洋洲地处南半球。茶是大洋洲人民喜爱的饮料，主要的饮茶国家和地区有澳大利亚、新西兰、巴布亚新几内亚、斐济、所罗门群岛、萨摩亚等。

大洋洲的人饮茶，大约始于 19 世纪初，随着各国经济、文化交流的加强，一些传教士、商船，将茶带到新西兰等地，日久，茶的消费在大洋洲逐渐兴旺起来。在澳大利亚、斐济等国还进行了种茶的尝试，最后在裴济的种茶试验取得了成功。

在历史上，大洋洲的澳大利亚、新西兰等国的居民，多数是欧洲移民的后裔，因此，深受英国饮茶风俗的影响，喜欢饮用牛奶红茶或柠檬红茶，而且在茶中还有用糖作作料的。对于红茶的种类，多钟爱茶味浓厚、刺激性强、汤色鲜艳的红碎茶。由于大洋洲人饮的是调味茶，因此，强调一次性冲泡，饮用时还须滤去茶渣。

大洋洲人饮茶，除草茶外，还饮午茶和晚茶。至于茶室、茶会等几乎遍及社会的每个角落。尤其是新西兰，人均茶叶消费量名列世界第三。在新西兰人的心目中，晚餐是一天的主餐，比早餐和中餐更重要，而他们则称晚餐为“茶多”，足见茶在饮食中的地位。新西兰人就餐一般选在茶室里进行，因此，当地茶室到处都有，供应的品种除牛奶红茶、柠檬红茶外，还有甜红茶等。但是，在新西兰，通常在就餐之前不供应茶，只有在用完餐后才给茶喝。

新西兰人喜欢喝茶，所以，在政府机关、大公司等，还在上午和下午安排有喝茶休息时间。至于有客来访或双方会谈，一般都得先奉上一杯茶，以示敬意。

## 七、阿富汗饮茶习俗

阿富汗古称大月氏国，地处亚洲西南部，是一个多民族国家，国人绝大部分信奉伊斯兰教，笃信教义，尊重传统，提倡禁酒饮茶，把茶当做人与人之间友谊的桥梁，所以，常常聚会饮茶，以沟通人际关系，培养团结和睦之风。

阿富汗的饮食以牛、羊肉为主，蔬菜较少，而饮茶有助于消化，又能补充维生素的不足，因此，茶是阿富汗人民的生活必需品。

阿富汗人民所饮之茶，红茶与绿茶兼有。通常夏季以喝绿茶为主，冬季以喝红茶为多。在阿富汗街上，也有类似于中国的茶馆，或者饮茶与卖茶兼营的茶店。传统的茶店和家庭，一般用当地人称之为“萨玛瓦勒”的茶炊煮茶。茶炊多用铜制作而成，圆形，顶宽有盖儿；底窄，装有茶水龙头；其下还可用来烧炭；中间有烟囱，有点像中国传统火锅似的。茶炊有大有小，茶店用的一般可装 10 千克水；家庭用的，一般可用容水 1～2 千克。按阿富汗人的习惯，凡有亲朋进门，总喜欢大家一起围着茶炊，边煮茶、边叙事、边饮茶，这是一种富含情趣的喝茶方式。在阿富汗乡村，还有喝奶茶的习惯。这种茶的风味有点像中国蒙古族的咸奶茶。煮奶茶时，先用茶饮煮茶，滤去茶渣，浓度视各人需要而定。另用锅微火将牛奶熬成稠厚状后，再调入在茶汤中，用奶量一般为茶汤的 1/5 至 1/4。最后，重新煮开，加上适量盐巴即可。这种饮茶习惯，多见于阿富汗牧区，至于在城市，很少见到有饮这种奶茶的。

## 八、新加坡饮茶习俗

新加坡的饮茶文化有其独特的一面，由于新加坡是一个多元文化的社会，喝茶也反映出其多元文化的一面，除了中国茶和英国茶之外，新加坡特有的长茶已成为观光客十分欣赏的一种民族表演艺术。

所谓长茶是把泡好的红茶加上牛奶，然后由师傅把奶茶倒进罐子里。操作者一只手拿着盛满奶茶的罐子，然后倒进另一只手拿的空杯子里，两只手的距离约在一米之间，如此来回需 7 次。在来回倒茶的过程中，奶茶是不允许外溢的。由于长茶的杯子相当大，喝起来相当过瘾，喝茶者边品茶边欣赏精彩的倒茶，心情也会变得轻松。

在新加坡喝茶和在英国不一样，这也许是一种多元化的演变。在英国喝茶是以茶为主，佐之以一些饼干和小三明治；而在新加坡喝下午茶则是以吃为主，茶的好坏却不十分重要。许多观光饭店提供的下午茶，均以自助式点心为主，从印度式的煎蛋饼到中国的广式点心，花样繁多。即使是在五星级宾馆喝茶，也常常会用茶叶袋泡的大壶茶来待客。

中国茶近年在新加坡也十分显眼。一些专喝中国茶的茶村、茶馆常常顾客盈门。新加坡的喝茶族并不只是两鬓斑白的老人，似乎更多的是一些年轻人，他们常常三五成群或成双成对，借喝茶谈些公事和放松一下自己的身心。由于到新加坡的日韩游客较多，会做生意的茶室还专门提供一些日韩客人喜欢的茶叶。每到黄昏降临，新加坡街头和茶室就会慢慢热闹起来，成为街头一景。

新加坡人也吃肉骨茶。肉骨茶，就是一边吃肉骨，一边喝茶。肉骨，多选用新鲜带瘦肉的排骨，也有用猪蹄、牛肉或鸡肉的。烧制时，肉骨先用作料进行烹调，文火炖熟，有的还会放上党参、枸杞、熟地等滋补名贵药材，使肉骨变得更加清香味美，而且能补气生血，富有营养。

而茶叶则大多选自福建产的乌龙茶，如大红袍、铁观音之类。吃肉骨茶有一条不成

文的规定，就是人们在吃肉骨时，必须饮茶。如今，肉骨茶已成为一种大众化的食品，肉骨茶的配料也十分丰富。在新加坡、马来西亚以及中国的香港特别行政区等地的一些超市内，都可买到适合自己口味的肉骨茶配料。

## 九、日本饮茶习俗

中日两国一衣带水，隋唐以前，两国已有文化交往。以后，随着中国佛教文化的传播，茶文化也同时传到了日本，饮茶很快成了日本的风尚。将南宋“抹茶”传入日本的是镰仓时代的荣西禅师；将明代的“煎茶”传入日本的是江户初期的隐元禅师。日本的茶道有抹茶道和煎茶道两种。抹茶道和煎茶道之间有着相当大的差距，一般所谓的抹茶道，叫做“茶之汤”，使用末茶。其饮茶方法是由宋代饮茶演化而来的。但是宋代采用团茶，而日本采用末茶，省去罗碾烹炙之劳，直接以茶末加以煎煮，至于煎茶道路则是直接由明代饮茶法演化而来的。

日本茶道是通过饮茶的方式，对人们进行一种礼法教育，是道德修养的一种仪式。茶叶刚传到日本的时候非常贵重，喝茶成为上等阶层的时髦摆阔行为，后来经过几位茶道大师的改造，把佛教的“禅”引入茶道中去，使茶道逐渐完善，最终演变为贵族阶层的一种礼仪，后来广泛流行于民间。如今日本的茶道人口约达 1 000 万，将近全国总人口的 1/10。

日本茶道不同于一般的喝茶、品茗，而是具有一整套的严格程序和规则。茶道品茶很讲究场所，一般均在茶室中进行。正规茶室多起有“××庵”的雅号。茶室面积大小不等，以“四叠半”（约合 9 平方米）大的茶室居多，小于四叠半的称“小间”，大于四叠半的称“广间”。茶室的构造与陈设，基本上都是中间设有陶制炭炉和茶釜，炉前摆放着茶碗和各种用具，周围设主、宾席位以及供主人小憩用的床等。

接待宾客时，待客人入座后，由主持仪式的茶师按规定动作点炭火、煮开水、冲茶或抹茶（用竹制茶匙按一定动作将茶碗中的茶搅成泡沫状），然后依次献给宾客。

客人按规定须恭敬地双手接茶，先致谢，而后三转茶碗，轻品，慢饮，奉还。

点茶、煮茶、冲茶、献茶，是茶道仪式的主要部分，需要专门的技术和训练。

日本茶道品茶分轮饮和单饮两种形式。轮饮是客人轮流品尝一碗茶，单饮是宾客每人单独一碗茶。饮茶完毕，按照习惯客人要对各种茶具进行鉴赏，赞美一番。最后，客人向主人跪拜告别，主人则热情相送。

日本茶道还讲究遵循“四规”、“七则”。四规指“和、敬、清、寂”，乃茶道之精髓。“和”、“敬”是指主人与客人之间应具备的精神、态度和礼仪。“清”、“寂”则是要求茶室和饮茶庭院应保持清静典雅的环境和气氛。“七则”指的是提前备好茶，提前放好炭，茶室应冬暖夏凉，室内插花保持自然美，遵守时间，备好雨具，时刻把客人放在心上等。

## 十、韩国饮茶习俗

韩国的饮茶文化也有数千年的历史。7 世纪时，饮茶之风已遍及全国，并流行于广大民间，因而韩国的茶文化也就成为韩国传统文化的一部分。20 世纪 80 年代，韩国的茶文化又再度复兴、发展，并为此专门成立了“韩国茶道大学院”，教授大家茶文化。

在历史上，韩国的茶文化也曾兴盛一时，源远流长。在我国的宋元时期，全面学习中国茶文化的韩国茶文化，以韩国“茶礼”为中心，普遍流传中国宋元时期的“点茶”。约在我国元代中叶后，中华茶文化进一步为韩国理解并接受，而众多茶房、茶店、茶食、茶席也更为时兴、普及。

现韩国设每年的5月25日为茶日，年年举行茶文化祝祭。其主要内容有韩国茶道协会的传统茶礼表演、韩国茶人联合会的成人茶礼和高丽五行茶礼及国仙流行新罗茶礼、陆羽品茶汤法等。

和日本茶道一样，源于中国的韩国茶道，其宗旨是“和、敬、俭、真”。“和”即善良之心地，“敬”即彼此间敬重、礼遇，“俭”，即生活俭朴、清廉，“真”即心意、心地真诚、人与人之间以诚相待。

韩国的茶礼种类繁多、各具特色。如按名茶类型区分，有“饼茶法”、“钱茶法”、“叶茶法”几种。韩国的传统茶和中国茶不同，传统茶里可以不放茶叶，但可以放几百种材料。韩国的传统茶种类多，经过一番发扬光大，已经达到无物不能入茶的程度。比较常见的是五谷茶，像大麦茶、玉米茶等。药草茶有五味子茶、百合茶、艾草茶、葛根茶、麦冬茶、当归茶、桂皮茶等。水果几乎无一例外都可以制成水果茶，包括大枣茶、核桃茶、莲藕茶、青梅茶、柚子茶、柿子茶、橘皮茶、石榴茶等。

这些传统茶中又以大麦茶最为出名。大麦茶是用烘炒过的大麦放在开水中泡制而成的，不但香气诱人，而且富含维生素、矿物质、蛋白质、膳食纤维等对人体有益的物质，因而成为最受韩国家庭欢迎的大众茶，不少韩国人甚至习惯喝大麦茶来代替喝水。

韩国人之所以热衷大麦茶，与他们的饮食习惯息息相关。由于地理位置和气候原因，韩国饮食多以烧烤为主，辅以火锅、泡菜等食物。这些食物不可避免地会给肠胃带来一些负担，大麦茶恰好可以起到“化解”作用。大麦本身性寒，经烹煮后寒性会减弱，也更温和一些。在进食油腻食物后饮用大麦茶，可以去油、解腻，起到健脾胃、助消化的作用。

除了去油、解腻外，韩国科学家的最新研究还指出，大麦茶具有帮助身体抗污染的功效。现代社会空气污染越来越严重，汽车尾气排放的铅等重金属对人们健康的威胁也越来越大。韩国江原大学的一份研究显示，坚持饮用大麦茶，可有效降低铅等8种重金属的浓度，起到为人体做“大扫除”的作用。

## 模块小结

“千里不同风，百里不同俗。”我国各地有不同的饮茶习俗，再加之我国民族众多，几乎各民族的饮茶习俗都不一样，各种各样的饮茶习俗构成了我国丰富多彩的饮茶文化；世界各国也一样都有不同的饮茶习俗，同中国各民族的饮茶习俗一起丰富了茶文化的内容并推动了茶文化的发展。

**关键词** 民族 茶俗

### ● 思考与练习题

1. 中国茶道与日本茶道有什么联系？
2. 以藏族的酥油茶为例，谈谈茶道在中国发展受到哪些宗教影响？
3. 说说英国人对红茶的热爱是怎样发展起来的？

# 项目九
# 茶艺英语

**项目导引**

通过本项目四个模块的学习及实践，让学生熟悉并掌握茶艺所涉及的英语专业知识和技能，综合培养学生的茶艺服务能力、跨文化交际能力、业务技能和学习方法。

**知识目标**

通过学习，使学生了解茶艺的英语行业知识和英文表达方法。

**能力目标**

经过训练，使学生能够用英语进行茶艺接待及茶艺表演。

**项目分解**

模块一　茶艺用具
模块二　茶艺技能
模块三　茶与健康
模块四　茶艺解说

## 模块一　茶 艺 用 具

**知识目标**

通过学习，使学生了解茶叶、茶具和水的英文表达方法。

**能力目标**

通过训练，使学生能够流利地用英文向外宾介绍茶叶、茶具和水在茶艺表演中的使用情况。

**工作任务**

熟练掌握茶叶、茶具和水的介绍。

### 任务一　茶叶介绍（Tea Classifications）

**相关词汇 words and phrases**

white tip oolong　白毫乌龙　　　　wuyi rock　武夷岩茶

yellow mountain fuzz tip　黄山毛峰
jun mountain silver needle　君山银针
white tip silver needle　银针白毫
iron mercy goddess　铁观音
ginseng oolong　人参乌龙茶
Gongfu black　功夫红茶
smoke black　烟熏红茶
light oolong　清茶
Liu'an leaf　六安瓜片
tea powder　茶粉
dragon well　龙井
finger citron　佛手
robe tea　大红袍
osmanthus oolong　桂花乌龙
jasmine tea　茉莉花茶
green spiral　碧螺春
roast oolong　熟火乌龙
Anji white leaf　安吉白茶
Fenghuang unique bush　凤凰单枞
fine powder tea　抹茶

## 一、绿茶（Green Tea）

1）我国的茶叶可分为十大茶类，绿茶是历史最悠久、品种最多的一个茶类。我国是世界上绿茶产量和出口量最大的国家。

Chinese tea can be divided into ten main categories. Among them, green tea has the longest history and ranks first in varieties. China ranks the number one in the world in green tea output and exportation.

2）绿茶是没有经过发酵的茶，它的品质特点是“一嫩三绿”，即采的“茶青嫩、外形绿、汤水绿、叶底绿”。

Green tea is a non-fermented tea with qualities often known as “one tender and three greens”. “One tender” refers to tender tea leaves, and “three green” refers to the green colored tea leaves, the green colored tea liquid, and the green colored tea dregs.

3）龙井茶是绿茶中最著名的历史名茶，原产于杭州，现在产于浙江省的广大茶区。龙井茶具有“色绿、香郁、味醇、形美”四大特点，是清代的贡茶。

Longjing Tea (Dragon Well) is the most famous green tea, which was originally produced in Hangzhou. It is now produced in the large tea-producing area in Zhejiang Province. Longjing Tea has four unique qualities—its green color, excellent aroma, mellow taste and beautiful shape of its leaves. It is the tribute tea in the Qing Dynasty.

4）碧螺春也是历史名茶，创制于清朝早期，原产于太湖洞庭山。碧螺春的茶名是康熙皇帝起的。其特点是“一嫩三鲜”（采摘的叶芽嫩，色泽鲜绿、香气鲜爽、滋味鲜甘）。

Originally grown in the Dongting Hills of Taihu Lake, Biluochun Tea (Green Spiral) is also a famous green tea in history, which was first produced in the early Qing Dynasty. The name of Green Spiral is given by Emperor Kangxi of the Qing Dynasty. The characteristic of the Green Spiral is called “one tender and three verdure”. Green Spiral tea is known for having tender leaves, luscious green color, refreshing aroma, and sweet and fresh taste.

## 二、红茶（Black Tea）

1）红茶属于全发酵的茶。我国是红茶的创制国，目前红茶是世界上消费量最大的一种茶类。

Black tea is the complete fermented tea. First grown in China, black tea has the greatest consumption in the world now.

2）红茶色泽红艳、滋味醇厚、兼容性好。红茶既适合清饮，更适合加入牛奶、方糖、香料、果汁或者酒，调制成美味可口的浪漫饮料。

Black tea is bright red in color, mellow in taste and has good compatibility. Black tea can be drunk alone, and also can be mixed with milk, cubic sugar, spicery, fruit juice or alcohol, to be served as appetizing romantic beverage.

3）我国的祁门红茶和印度大吉岭红茶、斯里兰卡乌伐红茶并列为世界三大高香型红茶。祁门红茶主产于安徽省祁门县，始创于清朝。香气浓郁，似蜜糖香，又带有兰花香，国际上称之为“祁门香”。

China's Keemun Black Tea, India's Darjeeling Tea, and Sri Lanka's Uva Tea are believed to be the world's three major high-flavor black tea. Grown in Qimen County of Anhui Province, Keemun Black Tea was first produced in the Qing Dynasty. Keemun Black Tea has the rich aroma, which smells like honey combined with the fragrance of orchid, that is the world famous “Keemun aroma”.

## 三、乌龙茶（Oolong Tea）

1）乌龙茶是半发酵茶类。主产于我国的福建、广东和台湾省。乌龙茶的特点是香高、味醇、耐冲泡。

Oolong tea is semi-fermented tea, mainly grown in Fujian Province, Guangdong Province and Taiwan. What is special about oolong tea is the rich fragrance, mellow taste, and the several times steeping from the same leaves.

2）乌龙茶的品种很多，主要有大红袍、铁观音、凤凰单枞和台湾高山茶。大红袍是“中国茶王”，产于福建武夷山；铁观音是知名度最高的乌龙茶，产于福建安溪；凤凰单枞是香型最丰富的茶类，产于广东。

Oolong tea has big varieties, main types including Dahongpao Tea, Tieguanying Tea, Phoenix Dancong Tea, and Taiwan High Mountain Tea. Dahongpao (Big Red Robe), also known as the “King of Tea”, grown in Wuyi Mountain, Fujian Province.Tieguanyin tea (Iron Mercy Goddess) is the most famous oolong tea, which is grown in Anxi, Fujian Province.Grown in Guangdong Provice, Phoenix Dancong Tea (Fenghuang Unique Bush) possesses the largest varieties of fragrance.

## 四、普洱茶（Pu'er Tea）

1）普洱茶属于后发酵茶。按茶性不同，普洱茶可分为生普洱和熟普洱两类。按照商品形态，普洱茶可分为散茶和紧压茶两类。

Pu'er tea is post-fermented tea. Judging by their different characters, pu'er tea can be divided into two categories as raw pu'er and cooked pu'er. According to the different shapes, pu’er tea can be divided into two groups as loose-leaf pu’er and tight-pressed pu’er.

2）在清代，普洱茶是贡茶中的一种。普洱茶是当代时尚的茶类。

In the Qing Dynasty, pu’er was one of the tribute teas. Pu’er is a modern tea in the contemporary era.

3）生普洱茶提神消食，熟普洱茶安神养胃。普洱茶有明显的减肥和降血脂的功效。

Raw pu’er helps refresh oneself and prevent digestive problems. Cooked pu’er helps soothe the nerves and nurture the stomach. Pu’er tea have effectiveness in reducing body weight and blood fat.

### 五、花茶（Scented Tea）

1）花茶是最富有诗意的茶类，最适于都市时尚女性饮用。

Scented tea is considered to be the most poetic tea.The fashionable herb-flower tea is quite suitable for the modern urban women.

2）花茶有三类：薰花花茶、工艺花茶、时尚花草花果茶。薰花花茶主要有茉莉花茶、玫瑰红茶、桂花乌龙等。工艺花茶放在玻璃杯中冲入开水，花朵会在杯中绽放。花草花果茶是用鲜花、干花和各种水果与茶拼配的时尚茶类。

Scented tea has three types, which are scented flower tea, artistic flower tea and fashionable herb-flower tea. The scented flower teas mainly include Jasmine Tea, Rose Black Tea, Osmanthus Oolong, and so on. When you pour hot water into the glass, the artistic flower tea will come into bloom in it.The fashionable herb-flower tea is a modern type of tea beverage with the combination of fresh flowers, dry flowers, different kinds of fruits and tea.

## 任务二　茶具介绍（Introduction of Tea Utensil）

相关词汇 words and phrases

tea pot　茶壶
tea plate　茶船
flid saucer　盖置
tea cup　茶杯
tea towel tray　茶巾盘
tea towel　茶巾
timer　定时器
water kettle　水壶
tea cart　茶车
cup cover　杯套
tea ware bag　茶具袋
tea ware tray　茶托
personal tea set tea basin　水盂
tea pad　壶垫
tea pitcher　茶盅
tea serving tray　奉茶盘
cup saucer　杯托
tea holder　茶荷
tea brush　茶拂
water heater　煮水器
heating base　煮水器底坐
seat cushion　座垫
packing wrap　包壶巾
ground pad　地衣
strainer cup　同心杯
brewing vessel　冲泡盅

| | |
|---|---|
| covered bowl　盖碗 | Tea spoon　茶匙 |
| tea ware　茶器 | thermos　热水瓶 |
| tea canister　茶罐 | tea urn　茶瓮 |
| tea table　茶桌 | side table　侧柜 |
| tea bowl　茶碗 | Spout bowl　有流茶碗 |

## 一、烧水器皿（Water Heating Devices）

用炭炉烧水古雅有趣。用电磁炉烧水卫生、方便、快捷。电随手泡是茶艺馆中使用最普遍的烧水器具。酒精炉具组合美观、方便，适用于茶艺表演。玻璃器皿晶莹剔透，便于观察其中汤色的变化，最适合用于煮黑茶、普洱茶、奶茶。

Using the charcoal stove to heat up water is amusing, and full of classic elegance, while using the induction cooker to heat up water is clean, convenient, and quick. The instant electrical kettle is the most commonly used heating utensilin tea houses. The alcohol heating set is pleasing to the eye and easy to use, and thus suitable for tea ceremony performance. Glass heaters are transparent, allowing easy observation of tea color change and best suited for brewing dark tea, pu'er tea, and milk tea.

## 二、冲泡器皿（Teacups and Teapots）

1）紫砂壶产于江苏宜兴，古朴典雅，保温性能好，最适宜用来冲泡乌龙茶、黑茶或者普洱茶。紫砂壶是珍贵的工艺品，有收藏价值。

The boccaro teapots are produced in Yixing, Jiangsu Province. The boccaro teapots have primitive elegance and good performance of temperature keeping. It is the best choice for making oolong tea, dark tea or pu'er tea. The boccaro ceramic tea-wares are precious handicrafts, which are worth collecting as objects of art.

2）瓷壶产于江西景德镇、福建德化等地，最适合用于冲泡红茶或普通绿茶。

The porcelain teapots are produced in Jingdezhen Jiangxi, Province, and Dehua, Fujian Province. The porcelain teapots are best suited for brewing black tea or ordinary green tea.

3）玻璃杯最适合用于冲泡高档绿茶。盖碗最适用于审评茶叶或用于冲泡花茶。

The glass bottle is most suitable for making high-grade green tea. The tea-bowl with a lid is most suitable for making scented tea.

## 三、品饮器皿（Various Tea-wares for Drinking and Tasting）

1）闻香杯细长，便于聚集香气，有利于闻出茶香的香型，并欣赏茶香的变化。

The fragrance-smelling cup is tall and slender for collecting the fragrance of the tea, allowing the tea-drinkers to smell its fragrance, and enjoy the change of the tea aromas.

2）玻璃品茗杯便于观赏茶的汤色。白瓷品茗杯的内壁容易挂香，便于在品茶后细闻杯底留香。

The sipping glass teacup is convenient for viewing the liquor color. The inside wall of the white porcelain tea-sipping cup preserves the fragrance. It allows the drinker to smell the fragrance remained in the cup after sipping the tea.

3）细瓷茶杯一般用于品饮红茶、奶茶或者果茶。

The fine porcelain teacup is usually used to drink black tea, milk tea or fruit tea.

4）在茶艺馆中鸡尾酒杯一般用于品饮调配茶或花草茶。

In most teahouses, the cocktail glass is normaliy used to drink spiced tea or herb tea.

### 四、辅助器皿（Supplementary Utensils for Tea Ceremony）

1）公道杯主要用来均匀茶汤浓度。玻璃公道杯便于观察汤色。白瓷公道杯便于闻杯底留香。

The Fair Mug is mainly used to balance the thicknees of tea liquor. The glass Fair Mug is easy to observe the liquor color. The white porcelain Fair Mug captures the fragrance of the tea leaves at the bottom.

2）过滤网可滤去茶渣，使茶汤更加纯净无杂。

It can filter the tea dregs to make the tea liquor clean and pure.

3）这是茶道具组合，也称为“茶艺六宝”。茶漏斗，用于扩大壶口面积，防止投茶时茶叶外漏。茶夹，用于夹洗茶杯或夹取叶底。茶匙，用于取茶。茶导，用于拔茶叶。茶针，用于疏通壶嘴。养壶笔，用于洗刷紫砂壶。

This is a tea set for tea ceremony, which is also named as the “six treasures of tea ceremony”. The tea strainer can enlarge the area of the mouth of the teapot, preventing tea leaves from falling out of the tea pot. The tea tongs can pick up the tea cups to wash or pick up the tea dregs. The tea spoon can pick up the tea. The tea stick can stir the tea leaf. The tea pin can dredge the teapot spout. The tea pot brush can washing the boccaro teapot.

## 任务三　水的介绍（The Importance of Water）

### 一、水的分类（Water Specifications）

1）“水是茶之母。”水质对茶汤的品质至关重要。山泉水最适宜泡茶。在城市中通常买矿泉水、纯净水或净化水泡茶。

“Water is the mother of tea.” The quality of water is essential to the flavor of tea. The water from mountain spring is the best to making tea. Mineral water, pure water and purified water are commonly used in making tea in cities.

2）在茶艺中把水分为天水、地水、再加工水三类。雨、雪、霜、露、雹称为“天水”。泉水、江水、溪水、湖水、井水称为“地水”。自来水、纯净水、太空水、活性水、净化水称为再加工水。

In tea ceremony, there are three types of water: water from the sky, water from the earth, and reprocessed water. “The water from sky” includes rainwater, snow water, frost, dew, and hail. “The water from the earth” includes the water from spring, river, brook, lake and well. Tap water, pure water, space water, active water, and purified water are all the reprocessed water.

## 二、水温掌握（Water Temperature Control）

1）投茶量、水温、出汤时间是泡好茶必须掌握的三个变数。在投茶量与出汤时间相同的条件下，水温越高，茶汤越浓。水烧到初沸时泡茶的效果最好。泡茶时不宜让水长久沸腾。

The quantity of tea, the temperature of water, and the timing of serving tea are three variable keys for making good tea. With the same quantity of tea and the same time of serving tea, the higher the temperature of water is, the stronger the tea flavor is. The just boiling water can make the tea reach the best flavor. Brewing tea water should not be boiled too long.

2）冲泡不同的茶要求不同的水温。冲泡乌龙茶、普洱茶要用100℃的开水。冲泡红茶、花茶要用 95℃以上的开水。冲泡龙井茶要用 80℃～85℃的热水。冲泡洞庭山碧螺春要用70℃～75℃的热水。

Making different teas needs the water in different temperatures. Making oolong tea and pu’er tea need 100℃water. Making black tea or,scented tea needs the water with the temperature of no lower than 95℃. Making Dragon Well Tea needs the temperature of water between 80℃ and 85℃. Making Biluochun Tea from Dongting Mountain needs the temperature of water between 70℃ and 75℃.

## 模块小结

本模块主要介绍了茶艺中需要使用到的主要用具的英文表达法。

**关键词**　茶叶介绍　tea classifications　茶具介绍　introduction of tea utensil　水的介绍　the importance of water

### ● 思考与练习题

1. 请用英文简介茶叶的分类。
2. 请用英文表达茶艺表演常用茶具。
3. 请用英文介绍泡茶时水的使用情况。

# 模块二　茶 艺 技 能

**知识目标**

通过学习，使学生了解茶艺服务过程中的英文表达方法。

**能力目标**

通过训练，使学生能够流利地用英文对外宾进行点茶和售茶的服务，并能用英文向外宾介绍茶艺服务过程中的冲泡、奉茶和品茶的技艺。

**工作任务**

熟练掌握点茶、冲泡、奉茶、品茶和售茶的介绍。

## 任务一　点茶（Ordering Tea）

1）请看，这是我们的茶水单。

This is our menu of teas. Please take a look at it.

2）请介绍你们这里最好的茶/最有特色的茶。

Please introduce to me the best /most characteristic tea here?

3）大红袍、铁观音都是乌龙茶类的代表性品种，不知您比较喜欢哪一种？

Both Dahongpao tea (Big Red Robe) and Tieguanyin tea (Iron Goddess Tea) are the typical oolong teas. Which one do you prefer?

4）我们这里有红茶、绿茶、乌龙茶，还有花茶和普洱茶，您想喝点什么？

We have black tea, green tea, oolong tea, flower tea, and pu'er tea. Which do you want?

5）要不要点几样茶点/果盘？

Do you like to order some refreshments/ fruits?

**场景对话** Dialogues

1）

A：先生您好，这是我们的茶水单。

B：我是品茶外行，你有什么好的推荐吗？

A：我们这里有各种好茶，不知您喜欢什么风味？

B：给我来一份乌龙茶吧。

A: Hello, sir. Here are our menu of teas.

B: I'm unprofessional on tasting tea. Do you have any good recommendation?

A: We have a variety of good teas here. What flavor you like?

B: Please give me a kind of oolong tea.

2）

A：小姐，请你介绍一下你们这里最有特色的茶，可以吗？

B：当然可以。我们这里的龙井、碧螺春、大红袍、铁观音和普洱茶都很不错。

A：龙井茶属于什么茶类？

B：属于绿茶类。

A：请为我们来两杯龙井茶吧。

B：好的，请稍候。

A: Do you mind introducing to me the most characteristic tea in your teahouse?

B: Yes, of course. We have Longjing tea (Dragon Well), Biluochun tea (Green Spiral), Dahongpao tea (Big Red Robe), Tieguanyin tea (Iron Goddess Tea) and pu'er tea, which are all very good teas.

A: What type of tea is Longjing?

B: It's a kind of green tea.

A: Please give us two cups of Longjing tea.

B: Ok. Please wait a moment.

## 任务二　冲泡（Making Tea）

相关词汇 words and phrases

| | |
|---|---|
| perpare tea ware　备具 | prepare water　备水 |
| warm pot　温壶 | prepare tea　备茶 |
| recognize tea　识茶 | set timer　计时 |
| warm pitcher　温盅 | put in tea　置茶 |
| first infusion　第一道茶 | warm cups　烫杯 |
| pour tea　倒茶 | prepare cups　备杯 |
| divide tea　分茶 | take out brewed leaves　去渣 |
| rinse pot　涮壶 | return to seat　归位 |
| rinse pitcher　清盅 | collect cups　收杯 |
| conclude　结束 | |

1）请您先鉴赏干茶。主要观察干茶的色泽，条形，整碎度和匀净度。

Please take a look at the dry tea first. Please look at the color, shape, size and appearance of the tea leaf.

2）投茶量要适当。绿茶每杯一般为 3 克。乌龙茶、普洱茶每壶一般为 7 克。

The quantity of tea to be placed should be appropriate. Normally, for each cup of green tea, 3g of tea leaves are enough; and, for each pot of oolong or pu'er tea, it's better to use 7g tea leaves.

3）泡茶前要用开水烫洗杯具，提高杯具的温度。冲泡乌龙茶和普洱茶时，第一泡茶汤一般不喝，用于烫杯。

Before making tea, the tea sets should be washed by boiled water in order to raise their temperature. When brewing oolong tea or pu'er tea, the first brewed liquid is normally for raising the temperature of tea cups, and not for drinking.

4）冲水时要悬壶高冲，让茶叶借助水流冲力在壶中翻滚。

During infusion, the water pot should be held from a higher position, thus the water can stir the tea leaves and keep them rolling in the water.

5）冲泡乌龙茶、普洱茶和普通的绿茶要用下投法，用 100℃初沸的水。

For making oolong tea, pu'er tea, and ordinary green tea, the water should be pouring from a lower position and with 100℃ just boiled water.

6）冲泡龙井茶要用中投法，用 80～85℃的水。

For making longjing tea, the water should be pouring from a middle-height position and use 80℃～85℃ water.

7）冲泡碧螺春要用上投法，用 70～75℃的水。

For making biluochun tea, the water should be pouring from a high position and use 70℃～75℃ water.

8）冲茶时水壶有节奏地三起三落，称为"凤凰三点头"，代表我向您行礼致敬。

While pouring water into tea leaves, the tea pot will be held up-and-down regularly for three times. This is called "three-noddings of phoenix", which means to pay respect to the guests.

## 任务三　奉茶（Serving Tea）

相关词汇 words and phrases

serve tea by cups　端杯奉茶　　　second infusion　冲第二道茶

serve tea by pitcher　持盅奉茶

1）请像我这样持杯。这种持杯的手式称为"三龙护鼎"，这样持杯既美观又稳当。

Please hold the cup like me.This way of holding the cup is cailed "three dragons guarding the tripot" which is steady and looks beautiful.

2）男士与女士持杯的手法不一样。女士这样持杯称为"彩凤双飞翼"。男士这样持杯称为"桃园三结义"。

There are different ways of holding cups for men and women. The way of holding the cup by a lady is called "flying wings of the colorful phoenix". The way of holding the cup by a man is called "sworn brotherhood of the three heroes in the Peach Garden".

## 任务四　品茶（Tasting Tea）

相关词汇 words and phrases

appreciate tea　赏茶　　　smell fragrance　闻香

appreciate leaves　赏叶底

1）"未尝甘露味，先闻圣妙香"，在品茶前要先闻香。好茶的香气应当纯正、馥郁、高雅、持久。

"Before tasting sweet dew, its fragrant smell comes first." (A Chinese old saying.) Before drinking tea, it is indispensable to smell fragrance of the tea. The aroma of good tea should be pure,mellow, graceful, and lasting.

2）闻香时要注意闻热香、温香、冷香，感受香气的变化。

While smelling the fragrance, try to notice the differences among the hot aroma, the lukewarm aroma and the cold aroma.

3）茶的香气可分为果香型、花香型、蜜香型、奶香型、火香型和综合香型。

The fragrance of tea can be divided into fruit aroma, flower aroma, honey aroma, milk aroma, fire aroma and integrated aroma.

4）请观察这茶汤的色泽。好茶的汤色应当清澈明亮并具有品种特色。

Please notice the color of the tea liquor. The liquor color of high quality tea should be clear and bright, and have typical characteristics of its variety.

5）品茶时不要急于咽下。要像含一朵小花一样，慢慢咀嚼，细细品味。好茶的滋味爽滑醇厚，回味甘甜持久。

Don't swallow the tea in a hurry. You should treat it like a little flower in your mouth, chewing slowly and tasting carefully. Good teas have refreshing taste and mellow aftertaste.

**场景对话** Dialogues

A：这茶真好闻。是什么茶呢？

B：这是一种特殊的绿茶，名叫龙井茶，产自浙江省。

A：除了清新的香味，它还有什么特别的吗？

B：你可以看到它很好地保持了茶叶原来的颜色。

A：他们一定是在生产过程中用了特殊的方法。

B：很有可能。我喜欢绿茶。它是我日常的必需品。

A：那么，你每天有喝茶的时间吗？我是想问，你会在固定的时间喝茶吗？

B：那倒不是。不过我特别喜欢在饭后喝茶。

A：茶的好处是什么？

B：这可多了。在天热的时候，茶可以驱热，立刻会带来一种凉爽而轻松的感觉。而且，茶叶中含有很多有益于人体健康的化学成分。

A：那是不是茶泡得越浓就越好呢？

B：不是。常喝过浓的茶对身体有害。所以别把茶泡得太浓了。

A：知道了。喝茶的适当时间是什么时候？

B：一天中大多数时间都可以。但是睡觉前别喝茶。

A：为什么？

B：那会增大偶然失眠的几率。好了，我们快喝茶吧，别等它凉了。

A: The tea smells good. What tea is it?

B: It's a special green tea named Longjing Tea from Zhejiang province.

A: What's special about it except its pleasant smell?

B: You can see that it keeps the original color of the tea leaves very well.

A: They must have some special methods to do this during the process.

B: Probably. I love green tea. It's one of my daily necessities.

A: Then, do you have "tea time" every day? I mean, do you drink tea at a settled time?

B: Not really. But I really love to have after-meal tea.

A: What's the advantage about tea?

B: There are a lot of them. In hot or warm days, tea helps to dispel the heat and brings on an instant cool with a feeling of relaxation. Moreover, the tea leaves contain a number of chemicals which are good for people's health.

A: Does that mean the stronger the better?

B: No. Constant drinking of over-strong tea would do harm to people's health. So don't make your tea too strong.

A: Got it. What's the proper time for tea?

B: It's fine for most time of the day. But don't have tea before bedtime.

A: Why?

B: It will give rise to occasional insomnia. OK, let's enjoy the tea before it gets cold.

## 任务五　售茶（Selling Tea）

1）我想买 500 克铁观音。

I'd like to buy 500g Tieguanyin tea.

2）有更好的吗？

Do you have any better one?

3）有包装更精美的吗？

Do you have any other one with more attractive package?

4）我想买了回国送给朋友。你能为我参谋一下吗？

I want to find some gifts for my friends in my country. Could you please give me some suggestion?

5）这茶很好，我打算买些自己喝，有简易包装的吗？

The tea is pretty good. I'd like to buy some for myself. Do you have any simple packaging one?

6）这是著名品牌的茶叶。

This is the famous brand tea.

7）这是经过严格认证的有机茶。

This organic tea has passed the strict certification and evaluation procedures.

8）这种茶叶香气特别高，很适合您。

This kind of tea has a particularly high aroma, which fits you very much.

9）我们这里的商品都是经过 QS 认证的，您尽管放心购买。

All the products here have passed the QS Certification, which make you rest assured.

10）这是历史上的贡茶。过去皇室才能喝到。

As the tribute tea in history, only the royal family had the chance to drink them in the past.

**场景对话** Dialogues

1）

A：我想买 500 克大红袍，请拿几样对比一下。

B：这几种都不错。

A：有更好的吗？

B：这茶在历史上是贡茶。过去是皇帝喝的，品质好极了。

A: I'd like to buy 500g Dahongpao Tea. Could you show me several different samples?

B: These are all good ones.

A: Do you have any better one?

B: The tea had been the tribute tea in history. Only the emperors had the chance to drink them in the past. The quality is perfect.

2）

A：我想买些茶回国送人，你可以帮我参谋一下吗？

B：乐于效劳。这些都是著名品牌的茶叶，送礼很有面子。

A：有包装更精美的吗？

B：有，这就是。

A: I"d like to buy some teas as the gifts for my friends as I'm going back to my home country. Could you give me any suggestion?

B: It's my pleasure. These are all the famous brand teas. They may let you enjoy the prestige of having it as gifts.

A: Do you have something else that is more attractively packaged?

B: Yes, here you are.

3）

A：我想买些有机茶。

B：这几种就是。

A：我是自己喝，有简易包装的吗？

B：我们可以按您的要求包装。

A: I'd like to buy some organic teas.

B: Those are all organic teas.

A: I'd like to buy some for myself. Do you have any simple packaging one?

B: We can make different packages according to your request.

4）

A：打扰了，你可以推荐一些好茶吗？

B：好的。那些都不错。绿茶在这里很受欢迎。

A：我明白了。这茶是什么包装？

B：多数是茶包。

A：哦，除非没有别的选择，否则我不喝茶包。

B：好的。你有什么特别想买的茶吗？

A：有。我想买花茶。我想亚洲人喜欢花茶。

B：大概是吧。大部分年轻人比较喜欢。

A：好了，我要买四包，每个牌子各一包。

B：请自己挑选，那个架子上有很多。

A: Excuse me, can you recommend some good tea?

B: Yes. Those all are good. Green tea is quite popular here.

A: I see. How do you pack the tea?

B: Most of them come with tea bags.

A: Oh, I don't use tea bags if I don't have to.

B: All right. Any particular type of tea you are looking for?

A: Yes. I want some flower tea. I guess Asian people like flower tea.

B: I think so. But they are mainly liked by young people.

A: Ok, I want to buy four bags, each one with a different brand.

B: Take your pick, you'll find a whole bunch of them on the shelf.

5）

A：这种茶叶每 500 克多少钱？

B：每 500 克人民币 820 元。

A：如果批量购买可以优惠吗？

B：一次购 5 公斤以上可以优惠 10%。

……

A：可以让我看一下账单吗？

B：给您，请核对。

A：没有错，可以用信用卡结账吗？

B：可以。

A: How much is this kind of tea per 500g?

B: RMB 820 yuan for every 500g.

A: If l buy them in a large amount, do you have any discount?

B: You may get 10 percent (10%) off for over 5 kilograrm.

A: Can I take a look at my check/bill?

B: Here you are. Please check the accounts.

A: OK. Can I pay by credit card?

B: Yes.

## 模块小结

本模块主要介绍了茶艺服务过程中的点茶、冲泡、奉茶、品茶、售茶的英文表达法。

**关键词** 点茶 ordering tea 冲泡 making tea 奉茶 serving tea 品茶 tasting tea 售茶 selling tea

**知识链接**

**中国人品茶**

注重一个“品”字。“品茶”不但是鉴别茶的优劣，也带有神思遐想和领略饮茶情趣之意。在百忙之中泡上一壶浓茶，择雅静之处，自斟自饮，可以消除疲劳、涤烦益思、振奋精神，也可以细啜慢饮，达到美的享受，使精神世界升华到高尚的艺术境界。品茶的环境一般由建筑物、园林、摆设、茶具等因素组成。饮茶要求安静、清新、舒适、干净。中国园林世界闻名，山水风景更是不可胜数。利用园林或自然山水间，搭设茶室，让人们小憩，意趣盎然。

The Chinese people, in their drinking of tea, place much significance on the act of "savoring". "Savoring tea" is not only a way to discern good tea from mediocre tea, but also how people take delight in their reverie and in tea-drinking itself. Snatching a bit of leisure from a busy schedule, making a kettle of strong tea, securing a serene space, and serving and drinking tea by yourself can help banish fatigue and frustration, improve your thinking ability and inspire you with enthusiasm. You may also imbibe it slowly in small sips to appreciate the subtle allure of tea-drinking, until your spirits soar up and up into a sublime aesthetic realm. Buildings, gardens, ornaments and tea sets are the elements that form the ambience for savoring tea. A tranquil, refreshing, comfortable and neat locale is certainly desirable for drinking tea. Chinese gardens are well known in the world and beautiful Chinese landscapes are too numerous to count. Teahouses tucked away in gardens and nestled beside the natural beauty of mountains and rivers are enchanting places of repose for people to rest and recreate themselves.

- **实践项目**

请四人一组分角色扮演茶艺师和客人，模拟一次茶艺服务程序，要求用英文简介冲泡、奉茶和品茶的主要内容，然后互相点评。

- **能力检测**

请两人一组分角色扮演服务员和客人，模拟茶艺接待过程中的点茶和售茶的英文对话，然后角色互换。

# 模块三　茶 与 健 康

**知识目标**

通过学习，使学生了解茶叶营养成分和保健功能的英文表达法。

**能力目标**

通过训练，使学生能够流利地用英文向外宾介绍茶叶营养成分和保健功能。

**工作任务**

熟练掌握茶叶的营养成分、保健功能和饮茶保健常识的介绍。

## 任务一　茶叶的营养成分（Nutrients in Tea）

1）茶中含有咖啡碱、茶碱和可可碱。这些生物碱有振奋精神、增强心肌收缩力、改善血液循环的功效。

Tea contains theine, theophylline and pentoxifylline. Those alkaloids have the efficacy of elevating spirit, strengthening myocardial contractility and improving blood circulation.

2）茶中含有脂多糖，能改善造血功能。

The LPS (Lipopolysaccharides) in tea can improve the hematopoietic function.

3）茶中含有蛋白质和氨基酸，能促进生长发育。

The protein and amino acids in tea can promote the growth and development of human body.

4）茶中含有锌、硒等矿物质元素，能抗癌变，延缓衰老。

The zinc, selenium, and other mineral elements in tea are anticancer and anti-aging.

5）茶中含有多种维生素，十分有益健康。

Tea contains multivitamin which is good for health.

6）茶中含有芳香族物质，能使人精神愉悦。

Tea contains aromatic substance, which may help people to keep a good mood.

7）茶中含有茶色素，能防治冠心病。

Teapigment can prevent the coronary heart disease (CHD).

8）茶含有多种营养物质，是健康饮料。

Tea is a kind of healthy beverage which contains a variety of nutrients.

## 任务二　茶的保健功能（Tea's Health Benefits）

1）茶有十多种保健功效。

Tea has more than ten effects important effects in health-care.

2）茶能提神醒脑。

Tea can refresh your spirit and give you a sober mind.

3）茶能保肝明目，帮助消化。

Tea may help to protect the liver, improve eyesight and digestion.

4）茶能美容养颜。

Tea may enhance female beauty and complexion.

5）茶能抗辐射，防癌变。

Tea is antiviral and radioresistant.

6）茶能消炎灭菌，保护牙齿。

Tea may help to diminish inflammation and destroy the bacteria, so it can protect teeth.

7）茶能降血脂，降血压，减肥。

Tea may help to reduce blood pressure, blood fat and lose weight.

8）茶能延缓衰老使人长寿。

Tea has anti-aging function and helps people to live longer.

## 任务三　饮茶保健常识（The science of Tea Drinking）

1）早晨不宜空腹大量喝茶。

Don’t drink tea hollow in the morning.

2）晚上不宜喝浓茶。

Do not drink strong tea before sleep.

3）患胃溃疡和神经衰弱的人不宜喝茶。

People who suffer from gastric ulcer or neurasthenia are not suitable to drink tea.

4）在吃药的前后两小时不宜喝茶。

Don’t drink tea 2 hours before or after taking medicine.

5）茶宜温饮并且宜即泡即饮。

It’s better to drink tea when it is lukewarm, and do not drink overtime tea.

## 模块小结

本模块主要介绍了茶叶营养成分、保健功能以及饮茶保健常识的英文表达法。

**关键词** 茶叶的营养成分 nutrients in tea 茶的保健功能 tea’s health benefits 饮茶保健常识 the science of tea drinking,

**知识链接**

**中国人饮茶**

中国是文明古国，礼仪之邦，很重礼节。凡客人来访，沏茶、敬茶的礼仪是必不可少的。奉茶前，可征求客人意见，选用最合其口味的茶叶和最佳茶具待客。主人在陪伴客人饮茶时，要注意客人杯中、壶中的茶水残留量，一般用茶杯泡茶，如已喝去一半，就要添加开水，随喝随添，使茶水浓度基本保持前后一致，水温适宜。在饮茶时也可适当佐以茶食、糖果、菜肴等，达到调节口味之功效。

China is a country with a time-honored civilization and a land of ceremony and decorum. Whenever guests visit, it is necessary to make and serve tea to them. Before serving tea, you may ask them for their preferences as to what kind of tea they fancy and serve them the tea in the most appropriate teacups. In the course of serving tea, the host should take careful note of how much water is remaining in the cups and in the kettle. Usually, if the tea is made in a teacup, boiling water should be added after half of the cup has been consumed; and thus the cup is kept filled so that the tea retains the same bouquet and remains pleasantly warm throughout the entire course of tea-drinking. Snacks, sweets and other dishes may be served at tea time to complement the fragrance of the tea.

## ● 思考与练习题

1. 请用英文简述茶的营养成分和保健功能。
2. 请用英文介绍饮茶时的保健常识。

# 模块四　茶艺解说

**知识目标**

通过学习，使学生了解绿茶、红茶和花茶茶艺表演时的英文解说词。

**能力目标**

通过训练，使学生能够流利地用英文向外宾进行茶艺表演的解说工作。

**工作任务**

熟练掌握绿茶、红茶和花茶茶艺的介绍。

## 任务一　绿茶茶艺（The Art of making Green Tea）

绿茶是我国历史最悠久，品种最多，产量最高，消费面积最广的茶类。今天为大家冲泡的是西湖龙井。这套茶艺共有十二道程序。

Among different types of Chinese tea, green tea is number one with the longest history, largest variety, greatest production and highest consumption. Today I'm going to make West Lake Longjing tea (Dragon Well) for you, which takes twelve steps.

第一道：焚香除妄念。

First — Burning incense to get rid of the wild desires.

俗话说："泡茶可修身养性，品茶如品味人生。"在泡茶前我点燃这炷香，是为了让大家的心平静下来，为品茶做好心理准备。

As the saying goes, "Making tea is the process of self-cultivation, and drinking tea is the process of tasting life." Before making tea, I'm going to burn the incense here to help everyone calm down and get ready to taste tea.

第二道：冰心去凡尘。

Second—Clearing mind (Scalding tea wares).

茶是至清至洁的灵物，泡茶所用的器皿也必须冰清玉洁。我再烫洗一遍本来就很干净的玻璃杯，既是表示对各位的尊重，也是对茶的尊重。

Tea is a spiritual item through which one becomes clean-minded; that's why the tea wares must be washed as clean as ice and as pure as jade. I am rinsing these clean and spotless with boiling water to show my respect for everybody present as well as for the tea you are about to drink.

第三道：玉壶养太和。

Third—Jade pot making supreme harmony (Heating up water).

冲泡西湖龙井最适宜的温度是 80～85℃，这道程序是让开水的温度降到适宜的温度。用这样的水冲泡出的茶香气高雅，滋味最美妙。

Making West Lake Dragon Well Tea needs water ternperature to be between 80°C and 85°C. This procedure is for boiling water to cool down to the desired temperature. Using this kind of

water will bring out the best smell and taste in tea.

第四道：清宫迎佳人。

Fourth—Palace welcoming the beauties (Put tea into the cups).

杯如水晶宫殿，茶如绝代佳人。这道程序是投茶入杯。

The glassware looks like the crystal palace, and the tea leaves are the peerless beauties.This procedure is to put the tea leaves into the teacups.

第五道：甘露润莲心。

Fifth—Sweet dew quenching the heart of lotus (Pour water on tea leaves).

清代乾隆皇帝把茶叶称为“莲心”。甘露润莲心，即向杯中注入少量热水，起到润茶的作用。

Emperor Qianlong in the Qing Dynasty referred to the tea leaves as the heart of lotus; “Sweet dew quenching the heart of lotus” , means pouring a little amount of water on the tea leaves to moisten the tea.

第六道：凤凰三点头。

Sixth—Phoenix noding head three times.

凤凰是中国神话中的吉祥鸟。冲水时水壶有节奏地三起三落，好像是凤凰在向各位嘉宾行礼致敬。

In Chinese myths and legends, the phoenix is an auspicious bird. While pouring water into the tea, we hold the tea kettle up and down three times rhythmically as if the phoenix is greeting and saluting to the guests.

第七道：碧玉沉清江。

Seventh—Jaspers submerging in the clear river.

冲入热水后，龙井茶像绿衣仙子在杯中翩翩起舞，而后像是舞累了，慢慢沉入杯底，我们称之为“碧玉沉清江”。

While pouring hot water into the glass, the Dragon Well tea leaves look like the green fairy dancing in the glass. After a little while, she seem tired of dancing and slowly sinks to the bottom of the galss, which is why we call it “Jaspers submerging in the clear river”.

第八道：观音捧玉瓶。

Eighth—Guanyin holding the jade bottle.

佛教故事传说，观音菩萨常捧着一个白玉净瓶，净瓶中的甘露可消灾祛病。把泡好的茶敬奉给客人，我们称为“观音捧玉瓶”，意在祝福好人一生平安。

As Buddhist legend would have it, Mother Buddha, named Guanyin, the Goddess of Mercy, is always seen holding a white jade flask that contains holy dew that would cure all diseases. When we serve the tea we have made to our guests in teacups, we call it, “Guanyin holding the jade flask”, wishing you healthy and happiness.

第九道：春波展旗枪。

Ninth—Spring breeze making ripples in a sea of flags and spears.

这道程序是龙井茶艺的特色程序。请看，杯中的热水如春波荡漾。在热水的浸泡下，茶芽慢慢地舒展开来，尖尖的茶芽如枪，展开的叶片如旗，一芽一叶的称为“旗枪”，一芽两叶的称为“雀舌”。请晃动一下杯子，杯中的茶叶如有生命的绿精灵在舞蹈，十分生动有趣。

This is the most distinctive feature in Dragon Well tea ceremony. As you can see, in the waves of hot water, the tea sprouts slowly extend and spread themselves out, first like pointed spears and then like unfolding flags, which is why we call the tea leaves “spears and flags”. One sprout with one leaf is called a spear, and one sprout with two leaves is referred to as a swallow’s tongue. As you give your teacup a gentle shake, you might see tea leaves dancing like green fairies coming to life.

第十道：慧心悟茶香。

Tenth—Smelling the tea fragrance.

用心去品味龙井茶那清纯淡雅的豆花香，并感悟茶带给我们的大自然生机勃勃的气息。

Take a sniff of Dragon Well’s pure and elegant aroma, and your mind will become enlightened by the smell of the vibrant nature of the tea.

第十一道：淡中品至味。

Eleventh—Savoring the tea to the last drop.

龙井茶鲜爽甘纯，淡而有味，只要你用心去品，一定能从这淡淡的茶汤中，品天地间至清、至醇、至真、至美的韵味。

Dragon Well tea has delicate aroma and fresh and mellow taste. As long as you put your mind to savoring it, you will find the clearest, mellowest, purest and most wonderful taste from the light tea liquor.

第十二道：自斟乐无穷。

Twelfth—Drinking tea by oneself is plenty of self-enjoyment.

龙井茶“头泡甘，二泡醇，三泡味犹存”。在品了头道茶后，请大家自己泡茶，感受亲自实践的无穷乐趣。

The first brewing of Dragon Well tea tastes sweet, the second brewing mellow, and the third brewing with lingering flavor. After the first brewing, please refill your glass and find the joy of self-indulgence.

## 任务二　红茶茶艺（The Art of Making Black Tea）

各位嘉宾，大家好！很荣幸为你们演示红茶茶艺。今天为各位献上的是一道浪漫音乐红茶茶艺——碧血丹心。在这道茶艺中，我们借助祁门红茶、相思梅和小金橘来演绎梁山伯与祝英台的爱情故事。

Ladies ang gentlemen, it is my honor to show you the ceremony of making black tea. My presentation is called, “red blood and loyal heart”, a romantic musical ceremony of making black tea. In the course of the ceremony, we’ll use Keemun black tea, lovesick plum and small kumquats to tell the story of butterfly lovers of Liang Shanbo and Zhu Yingtai.

第一道：洗净凡尘。

First—Washing off the dust (Scalding tea wares).

爱是无私的奉献，爱是无悔的赤诚，爱是纯洁无瑕心灵的碰撞，所以在冲泡“碧血丹心”之前，我们要特别细心地洗净每一件茶具，使它们像相爱的心一样一尘不染。

Love is selfless dedication. Love is loyalty without reservation. Love is confrontation of the innocent souls. Therefore, before making the “Red blood and loyal heart”, we need to wash all the tea wares carefully in order to make them as clean as loving hearts.

第二道：喜遇知音。

Second—Happy meeting with a bosom friend.

相传祝英台是一位好学不倦的女子，她摆脱了封建世俗的偏见和家庭的束缚，乔装成男子前往杭州求学。在途中她与梁山伯相遇，就好比茶人看到了好茶一样，一见钟情，一往情深。今天我们为大家冲泡的是产于安徽省的祁门红茶。祁门红茶和印度大吉岭茶，阿萨姆红茶以及斯里兰卡红茶并称为世界四大名红茶。这种红茶曾风靡世界，在国际上被称为“灵魂之饮”，请各位仔细观赏干茶的外形。

In the legend, Zhu Yingtai was a girl who never tired of studying. In order to overcome family bondage and gender discrimination against girls in feudal society, she put on men’s clothes and went to a Hangzhou school. On the way she met and fell in love with Liang Shanbo. The first sight love, just like when tea lovers discover a fine tea. Today, I’m going to make the Keemun Black Tea from Anhui Province. The Keemun Black Tea, together with India’s Darjeeling Tea, Assam Tea and Sri Lanka’s Uva Tea are believed to be the world’s best four major black teas. This kind of black tea, also known as “the soul beverage”, has gained great popularity in the world. Now, please take a good look at the dry tea.

第三道：十八相送。

Third—Walking with you for 9 kilometres just to say goodbye.

十八相送讲的是梁祝分别时，十八里长亭，梁山伯送了祝英台一程又一程。两人难舍难分，恰似茶人投茶时的心情。

When the time comes for the two butterfly lovers to part, it is said that Liang Shanbo walked with Zhu Yingtai for a distance of 9 kilometres, unable to say goodbye to his love, which is how all tea lovers feel when dispensing the tea in their possession.

第四道：相思血泪。

Fourth—Lovesick blood and tears.

冲泡祁门红茶后倾出的茶汤红亮艳丽，像是晶莹璀璨的红宝石，更像是梁山伯与祝英台的相思血泪，点点滴滴在倾诉着古老而缠绵的爱情故事，点点滴滴打动着我们的心。

The bright red tea liquor of Keemun Black Tea looks like the sparking and lustrous ruby crystal, which resembles the lovesick “blood and tears” of Liang Shanbo and Zhu Yingtai. Each drop represents their tender and romantic love that deeply moves us.

第五道：楼台相会。

Fifth—Rendezvous with the loved one.

把红茶、相思梅放入同一个壶中冲泡，好比梁祝在楼台相会，他们两人心相印，情相融。红茶与相思梅在壶中相融合，升华成为芬芳甘美，醇和沁心的琼浆玉液。

As the black tea and lovesick plum are put in the same pot to brew, it is just like Liang and Zhu meeting at their rendezvous place when their hearts and minds became one. When the black tea and lovesick plum are joined together, the mixture creates the ambrosia-like tea liquor with a thick fragrance and pure aroma that delights the heart.

第六道：红豆送喜。

Sixth—Red bean brings good news.

小金橘与红豆相似。“红豆生南国，春来发几枝，愿君多采撷，此物最相思。”我们用小金橘代替红豆，把小金橘分到各个杯中，送上我们真诚的祝福，祝天下有情人终成眷属，祝所有的家庭幸福、美满、和睦！

The small kumquats are similar to the red beans. “The red beans grow in the south; each spring this shrub puts out some new twigs. May you gather as many as you can, for my lovesickness these things represent.” Today we substitute red beans with small kumquats and put the small kumquats into each cup to represent our wishes that all shall be well. Jack shall have Jill, and a families will have a happy, satisfying and a harmonious life.

第七道：英灵化蝶。

Seventh—Inmmortal spirits transforming into butterflies.

如果说闷茶时是爱的交融，那么出汤时则是茶性的涅槃，是灵魂的自由，是人心的解放。请看，这倾泻而出的茶汤，像春泉飞瀑在吟唱，又像是激动的泪水在闪烁着喜悦的光芒。请听，这茶汤入杯时的声音如泣如诉，像是情人缠绵的耳语，又像是春燕在呢喃。

现在，我们用彩蝶双飞的手法，为大家再现梁山伯与祝英台英灵化蝶，双飞双舞的动人景象。

碧草青青花盛开，彩蝶双双久徘徊，梁祝真情化茶水，洒向人间都是爱。

When the tea is ready to be served, it is the consummation of tea’s nature, a moment at which the spirit is free and the mind is liberated. Let me have your attention to the sound of pouring tea, it is the sound of lovers’ vows and whispers, as well as the sound of chirping swallows in spring.

Now I will show you the touching moment when the spirits of Liang and Zhu transformed into butterflies, and together they were dancing.

The two butterflies flutter among the geen grass and blossoming flowers; their true feelings has turned into the tea that spreads love throughout the human world.

第八道：情满人间。

Eighth—The world is full of love.

现在我们将冲泡好的“碧血丹心”敬奉给大家。梁祝虽千古，真情留人间，“洒不尽相思血泪抛红豆，咽不下金波玉液噎满喉”，那是贾宝玉对爱情的伤怀。而我们这个时代的人，自有我们这个时代的情和爱。在我们眼里，杯中艳红的茶汤，凝聚着梁祝的真情，而杯中两粒鲜红的小金橘如两颗赤诚的心在碰撞。

Now let me serve our honored guests the tea named “red blood and loyal heart”. The bright red tea liquor crystallizes the true love between Liang and Zhu, and the two small kumguats represent the two hearts beating in the same rhyhms with total sincerity and loyalty.

这杯茶是酸酸的、甜甜的，甜甜的、酸酸的。希望各位来宾都能从这杯“碧血丹心”中品悟出妙不可言的爱情滋味。浪漫音乐红茶表演到此结束，谢谢！

The cup of tea thus tastes sour and sweet, and then sweet and sour in turn. Hope everyone is able to savor the inexplicable and wonderful taste of love in the “red blood and loyal heart”. That ends our romantic musical black tea ceremony. Thanks!

## 任务三　花茶茶艺（The Art of Making Flower Tea）

相传茉莉花自汉代从西域传入我国，北宋开始广为种植。茉莉花香气浓郁鲜灵，隽永而沁心，被誉为“人间第一香”，现在就请大家欣赏茉莉花茶茶艺。

It is said that Jasmine flower was imported into China from the West along the Silk Road during the Han Dynasty, and widely planted since the Northern Song Dynasty. The fragrance of the Jasmine Tea is strong and enchanting, lingering on for a long time and delightful to the heart; it enjoys the reputation of “number one fragrance in the world”. Now let’s appreciate the ceremony of making Jasmine Tea.

第一道：荷塘听雨。

First—Listening to the rain by the lily pound.

茉莉花茶要求冲泡者的身心和所用的器皿，都要如荷花般纯洁。这清清的山泉如法雨，哗哗的水声如雨声。涤器，如雨打碧荷；荡杯，如芙蓉出水。通过这道程序，杯更干净了，心更宁静了，整个世界仿佛都变得明澈空灵。只有怀着雨后荷花一样的心情，才能品出茉莉花茶那芳洁沁心的雅韵。

Before making Jasmine tea, it is important for us to rinse tea ware, and at the mean time, our mind is settled. The clean mountain spring water is like the dharma rain, and the sound of the water is like the sound of the raindrops falling down on lotus leaves. By pouring water to clean the tea ware, the cup is made cleaner than ever, and the heart is made more pure than ever. The whole world appears to have become crystal clear and empty. Only when one has achieved the state of the mind as clean as the lotus after the rain, would one be able to experience Jasmine’s delightful elegance.

第二道：芳丛探花。

Second—Exploring the fragrance of the flower.

芳丛探花是三品花茶的头一品—— 目品。请各位嘉宾细细地鉴赏一下今天将冲泡的“茉莉毛峰”。

Exploring the fragrance of Jasmine is only the first of three steps toward the enjoyment of the tea—the feast of the eye. Now let our guests take a good look at the tea we are making today—Jasmine Fuzz Tip.

“一砂一世界，一花一乾坤。”不知大家是否从这小小的茶荷里感悟到了大自然气象万千，无穷无尽的美。

"A grain of sand is a world; a flower is a universe." I wonder if everyone is able to become conscious of the beauty of nature through this small tea holder.

第三道：落英缤纷。

Third—The colorful view of the falling leaves.

花开花落本是大自然的规律，面对落花，有人发出"红消香断有谁怜"的悲泣，有人发出"无可奈何花落去"的叹息。然而，在我们茶人眼里，落英缤纷则是一道亮丽的美景。

Flower blooming and withering are but laws of nature. On seeing flowers wither and fall, some lament, "who is to feel pity on these flowers when the red color fades and the scent is gone. " Others sigh, "nothing can be done about the falling flowers." However, to us tea drinkers, it is a beautiful scene when flowers of different colors fall.

第四道：空山鸣泉。

Fourth—The sound of brooks in empty mountains.

冲泡花茶要用90℃左右的开水，并讲究高冲水。看，壶中的热水直泻而下，如空山鸣泉，启人心智，使人警醒。

The boiled water needed for brewing flower tea should be 90 degrees and should be poured from a high position. Now the hot water is flying down from the kettle, like flying waterfalls in an empty mountain. Our hearts are enlightened and awakened by the sound of nature.

第五道：天人合一。

Fifth—Heaven and man in unity.

"天人合一"是中国茶道的基本理念。我们冲泡茉莉花茶一般选用"三才杯"。这杯盖代表"天"，杯托代表"地"，而中间的茶杯则代表"人"。只有天地人完美的配合，才能共同化育出茶的精华。

Heaven and man in unity is the basic concept in all Chinese tea ceremonies. When we taste Jasmine tea, we normally use what is called the "cup of three talents". The lid represents Heaven; the cup stand represents Earth; and the teacup itself in the middle represents Man. Only when Heaven, Earth and Man are in total unison are we able to bring out the best in tea.

第六道：敬献香茗。

Sixth—Presenting the tea.

走来了，向你们走来的是茉莉仙子。走来了，向你们走来的是爱茶爱花的姑娘。她们奉上的不仅仅是一盏香茗，同时也是为您奉上人世间最真最美的茶人之情。

Here comes the Jasmine fairy walking towards you. The girls love the tea as well as the flower. They present to you not only a cup of the Jasmine tea but also the passion for tea shared among all tea drinkers.

请拿到茶杯的嘉宾注意观察主泡小姐的手势。女士应用食指和中指卡住杯底，并舒展开兰花指，这种持杯的手法称之为"彩凤双飞翼"，因为女士注重于感情。而男士应三指并拢，托住杯底，这种持杯手法称之为"桃园三结义"，因为男士更注重事业。

Please watch the hand gestures of the young miss making the tea for you. Ladies should hold the teacup by placing your index and middle fingers at its stand, and the thumb fingers under its edge. This cup-holding hand gesture is called the "colorful phoenix with both wings extended" because ladies value feelings and emotions. Gentlemen on the other hand ought to have all three fingers bend together to support the bottom of the teacup. This cup-holding gesture referred to as the "three sworn brothers in the Peach Garden" because gentlemen pay more attention to their career.

第七道：感悟心香。

Seventh—Smelling fragrance.

这是三品花茶的第二品，称之为"鼻品"。来！让我们再细细地闻一闻，从茶杯中飘出的花香，是茶香，是天香，也是茶人的心香。

The second step towards total enjoyment of the tea is referred to as appreciation by the nose. Now let's have a good sniff of the fragrance of the flower tea; this is the scent of the tea, the scent of heaven, and the scent from the heart of the tea drinker.

第八道—品悟茶韵。

Eighth—Enjoying the tea flavor.

这是三品花茶的最后一品——口品。品茶时应小口啜入茶汤，并使茶汤在口腔中稍做停留，这时，轻轻地用口吸气，使茶汤在舌面上缓缓流动，然后闭紧嘴巴，用鼻子呼气，使茶香、花香直灌脑门，只有这样，才能充分品出茉莉花茶所特有的"味轻醍醐，香薄兰芷"的真趣。人们常说"茶味人生细品悟"。希望大家能从这杯茶中品悟出生活的芬芳，品悟出人间的至美，品悟出人生的百味。茶艺表演到此结束。谢谢！

This is the third and last step toward tea appreciation—mouth appreciation. Drink the tea by small sips and hold the tea in your mouth for a little while. Meanwhile, gently inhale by mouth, making the tea on the surface of your tongue move around slowly. Then shut your mouth and exhale through your nose, enabling the fragrance of the tea and flower to rise and enter your head. Only then would you be able to understand the meaning of Jasmine's distinctive feature of "Light taste clearing your mind, and faint fragrance outdoing orchid." People often say that, "a cup of tea is a cup of life. " Hope everyone can learn life's fragrance, beauty and various taste from this cup of tea.

That's all for the tea ceremony. Thanks!

## 模块小结

本模块主要介绍了绿茶、红茶和花茶茶艺表演时的英文解说词。

**关键词** 绿茶茶艺 the art of making green tea 红茶茶艺 the art of making balck tea 花茶茶艺 the art of making flower tea

## ● 实践项目

请用英文进行茶艺表演解说，要求发音标准、表达流利、解说生动、配合默契。

# 附录　无我茶会实例介绍

**附表1　第七届国际无我茶会活动日程表**

| 日期（月/日） | 地　　点 | 时　　间 | 活 动 内 容 | 用餐时间及地点 |
|---|---|---|---|---|
| 10/15（星期五） | 杭州 | 9:00～20:00 | 全天报到（杭州望湖宾馆） | 中餐 11:30～12:30，宿地餐厅 |
| | | 20:00～22:00 | 领队会议 | 晚餐 18:00～19:00，宿地餐厅 |
| 10/16（星期六） | 杭州 | 8:30～11:30 | 参观中国茶叶博物馆暨名茶品尝 | 早餐 7:00～7:30，宿地餐厅 |
| | | 14:30～17:00 | 茶艺观摩表演（中国茶叶博物馆） | 中餐 11:30～12:30，中国茶叶博物馆 |
| | | 18:30～20:30 | 欢迎晚宴 | 晚餐 18:30～20:30，另行通知 |
| 10/17（星期日） | 杭州 | 9:00～11:30 | 大型无我茶会（柳浪闻莺公园） | 早餐 7:00～7:30，宿地餐厅 |
| | | 13:30～21:30 | 考察茶艺馆及市内观光 | 中餐 11:30～12:30，宿地餐厅 |
| | | | | 晚餐 18:30～20:30，知味观小吃 |
| 10/18（星期一） | 新昌 | 7:30～10:00 | 杭州→新昌→白云山庄 | 早餐 6:30～7:30，宿地餐厅 |
| | | 10:30～12:00 | 大佛无我茶会 | |
| | | 13:30～17:00 | 游览大佛寺及参观县良种茶场 | 中餐 12:00～13:00，宿地餐厅 |
| | | 18:00～20:00 | 新昌欢迎晚宴 | 晚餐 18:00～20:00，另行通知 |
| 10/19（星期二） | 天台 | 7:30～9:30 | 新昌→天台→赤城宾馆 | |
| | | 10:30～11:30 | 罗汉供茶（下方广寺）、游览石梁 | 早餐 6:30～7:30，宿地餐厅 |
| | | 11:30～12:00 | 下方广寺→华顶讲寺 | 中餐 12:00～13:00，华顶林场 |
| | | 13:00～16:00 | 参观葛仙茗圃、归云洞、华顶讲寺 | 晚餐 18:00～19:00，宿地餐厅 |
| | | 16:00～17:00 | 返回驻地 | |
| | | 20:00～22:00 | 夜晚推广无我茶会（自由报名参加），同时举行领队会议 | |
| 10/20（星期三） | 天台 | 7:00～7:30 | 去国清寺 | 早餐 7:30～8:30，国清寺素斋 |
| | | 8:30～10:00 | 国清寺佛堂无我茶会 | |
| | | 10:00～11:00 | 国清寺观光 | 中餐 11:30～12:30，宿地餐厅 |
| | | 11:00～11:30 | 返回驻地 | |
| | | 13:00～18:00 | 天台→杭州 | 晚餐 19:00～21:00，另行通知 |
| | | 19:00～21:00 | 欢送晚宴 | |
| 10/21（星期四） | 各队离杭 | | | 早餐 7:00～8:00，宿地餐厅 |

**附表 2　柳浪闻莺无我大茶会公告事项**

| 项　　目 | 内　　容 |
| --- | --- |
| 时　　间 | 1999 年 10 月 17 日（星期日）9:00～11:30 |
| 地　　点 | 柳浪闻莺公园（杭州） |
| 主　　题 | 和平友谊、迎千禧 |
| 人　　数 | 500 人 |
| 座位方式 | 环形、席地 |
| 茶　　类 | 不拘 |
| 泡几种茶 | 1 种 |
| 供茶杯数 | 4 杯 |
| 泡几道茶 | 3 道 |
| 供茶规则 | 奉 3 杯给左边 3 位茶友，自己留 1 杯 |
| 供茶食否 | 否 |
| 时间安排 | 7:00　工作人员开始布置会场<br>9:00　与会人员开始报到入席<br>9:30　茶具观摩与联谊开始<br>10:00　泡茶开始<br>10:30　名乐欣赏<br>10:40　自由合影留念<br>11:30　大会结束 |
| 注意事项 | 1．每人泡茶席座位的左右宽度为 1.2 米（含奉茶通道）<br>2．大会场地的所在公园内均不得自带炉具煮水<br>3．大会结束时，请将废弃物妥善处理，以保持场地整洁 |

**附表 3　新昌大佛城无我茶会公告事项**

| 项　　目 | 内　　容 |
| --- | --- |
| 时　　间 | 1999 年 10 月 18 日（星期一）10:30～12:00 |
| 地　　点 | 新昌大佛城广场 |
| 主　　题 | 联谊同饮 |
| 人　　数 | 200 人 |
| 座位方式 | 环形、席地 |
| 茶　　类 | 不拘 |
| 泡几种茶 | 1 种 |
| 供茶杯数 | 4 杯 |
| 泡几道茶 | 3 道 |
| 供茶规则 | 奉 3 杯给左边 3 位茶友，自己留 1 杯 |
| 供茶食否 | 否 |
| 时间安排 | 10:30　报到、抽签入场<br>10:45　茶具观摩与联谊开始<br>11:00　泡茶开始<br>11:30　名乐欣赏<br>11:40　自由合影留念<br>12:00　大会结束 |
| 注意事项 | 1．每人泡茶席座位的左右宽度为 1.2 米（含奉茶通道）<br>2．大会场地的所在公园内均不得自带炉具煮水<br>3．大会结束时，请将废弃物妥善处理，以保持场地清洁 |

**附表 4　天台下方广寺和赤城宾馆无我茶会公告事项（罗汉供茶式公告事项）**

| 项　　目 | 内　　容 |
|---|---|
| 时　　间 | 1999 年 10 月 19 日（星期二）10:00～11:30 |
| 地　　点 | 天台华顶下方广寺 |
| 主　　题 | 罗汉供茶 |
| 人　　数 | 129 人 |
| 座位方式 | 小桌上泡茶，席地坐 |
| 茶　　类 | 不拘 |
| 泡几种茶 | 1 种 |
| 供茶杯数 | 4 杯 |
| 泡几道茶 | 1 道 |
| 供茶规则 | 每人向 4 位罗汉供茶 |
| 供茶食否 | 否 |
| 时间安排 | 10:00　报到，抽签入场 |
| | 10:15　泡茶开始并按序向罗汉供茶 |
| | 10:45　法师主持上供唱念，全体人员席地打坐 |
| | 11:00　按序收回上供茶杯，回席自饮后收拾茶具 |
| | 11:30　供茶式结束 |
| 注意事项 | 1．因场地较小，只能由部分代表进行供茶，其他代表现看时请勿挡住供茶者过道 |
| | 2．请观看者保持安静 |
| 时　　间 | 1999 年 10 月 19 日（星期二）20:00～22:00 |
| 地　　点 | 天台赤城宾馆院内 |
| 主　　题 | 教学推广 |
| 人　　数 | 天台县茶友 30 人，无我茶会教学推广教师 10 人 |
| 座位方式 | 环形、席地 |
| 茶　　类 | 不拘 |
| 泡几种茶 | 1 种 |
| 供茶杯数 | 4 杯 |
| 泡几道茶 | 2 道 |
| 供茶规则 | 奉 3 杯给左边 3 位茶友，自己留 1 杯 |
| 供茶食否 | 否 |
| 时间安排 | 20:00　抽签入场 |
| | 20:15　由一位老师主讲并作示范，天台县茶友模仿练习，其他老师在旁指点 |
| | 21:15　泡茶开始 |
| | 21:45　老师总结评论 |
| | 22:00　茶会结束 |

附表 5 天台国清寺佛堂无我茶会公告事项

| 项 目 | 内 容 |
| --- | --- |
| 时 间 | 1999 年 10 月 20 日（星期三）8:30～10:00 |
| 地 点 | 天台国清寺大殿前广场 |
| 主 题 | 佛堂无我茶会 |
| 人 数 | 100 人 |
| 座位方式 | 环形、席地 |
| 茶 类 | 不拘 |
| 泡几种茶 | 1 种 |
| 供茶杯数 | 4 杯 |
| 泡几道茶 | 3 道 |
| 供茶规则 | 座前 1～10 号者 1 杯供佛祖，另 3 杯奉左边 3 位茶友，收具时将供佛 1 杯自饮 |
| 供茶食否 | 否 |
| 时间安排 | 8:15 报到，抽签入场<br>8:30 茶具观摩与联谊开始<br>8:45 1～10 号向佛祖上香、献花、供果点<br>9:00 泡茶开始<br>9:40 歌曲欣赏<br>9:45 收拾茶具及自由合影留念<br>10:00 大会结束 |
| 注意事项 | 1. 请自觉遵守寺庙有关规定<br>2. 请勿在大殿内摄影 |

# 参 考 文 献

[1] 陆羽．图解茶经[M]．海口：南海出版社，2007.
[2] 爱梦．品茶大全[M]．哈尔滨：哈尔滨出版社，2007.
[3] PETTIGREW J．茶鉴赏手册[M]．朱湘辉，译．上海：上海科学技术出版社，2001.
[4] 乔木森．茶席设计[M]．上海：上海文化出版社，2005.
[5] 饶雪梅，李俊．茶艺服务实训教程[M]．北京：科学出版社，2008.
[6] 江用文，童启庆．茶艺师培训教材[M]．北京：金盾出版社，2008.
[7] 樊丽丽．茶技茶艺与茶馆经营全攻略[M]．北京：中国经济出版社，2009.
[8] 杨涌．茶艺服务与管理[M]．南京：东南大学出版社，2010.
[9] 劳动和社会保障部，中国就业培训技术指导中心．茶艺师[M]．北京：中国劳动社会保障出版社，2010.
[10] 劳动和社会保障部教材办公室，上海市职业培训指导中心．茶艺师（高级）[M]．北京：中国劳动社会保障出版社，2008.
[11] 郑春英．茶艺概论[M]．北京：高等教育出版社出版社，2008.
[12] 陈文华．中国茶文化学[M]．北京：中国农业出版社，2006.
[13] 严英怀，林杰．茶文化与品茶艺术[M]．成都：四川科学技术出版社，2003.
[14] 秦浩．茶缘[M]．呼和浩特：内蒙古人民出版社，1999.
[15] 陈钰．中华茶之艺[M]．北京：地震出版社，2010.
[16] 林治．中国茶道[M]．北京：中国工商联合出版社，2000.
[17] 王玲．中国茶文化[M]．北京：九州出版社，2010.
[18] 王玲．中国传统茶道精神与新时代茶文化走向[J]．农业考古，1995（2）.
[19] 童启庆．习茶[M]．杭州：浙江摄影出版社，2006.
[20] 张美娣，朱匡宇．茶道茗理[M]．上海：上海人民出版社，2010.
[21] 冈仓天心．茶之书[M]．尤海燕，译．北京：北京出版社，2010.
[22] 林治．茶艺英语[M]．北京：世界图书出版公司，2009.
[23] 郭丹英．王建荣．中国茶艺[M]．英文版．北京：外文出版社，2007.
[24] 刘彤．中国茶[M]．北京：五洲传播出版社，2010.
[25] 马守仁．茶艺漫谈[J]．农业考古，2003（4）.
[26] 丁以寿．中华茶艺[M]．合肥：安徽教育出版社，2009.
[27] 林治．中国茶艺学[M]．北京：世界图书出版公司，2011.

# 教师教学支持方案
## （教学课件）

建设立体化精品教材，向高校师生提供整体教学解决方案和教学资源，是天津大学出版社“服务高校教育”的重要方式。

为支持相应课程的教学工作，我们配套出版了该书的教学课件，向采用本教材的教师免费提供。该课件仅为教师获得并服务，授课教师如果想享受个性化的服务，可到天津大学出版社网址 publish.tju.edu.cn“资源下载”填写信息表，并详细填写如下开课情况证明，以邮寄或者传真方式一并交与我们，我们将在收到后一周内寄出相关课件或与您联系相关事宜。


通信地址：天津市南开区卫津路 92 号天津大学出版社 总编办

邮编：300072

电话：022-27405002

传真：022-27401094

E-mail：973662685@qq.com

联系人：王馨


## 开课证明

兹证明____________________大学____________________学院____________________系____________________专业第____________________学年开设的______________课程，已采用天津大学出版社出版的______________________（书名、作者）作为本课程教材，本专业共____________班，授课老师共______位，学生共________人。

授课老师需要与本教材配套的教学课件。

联系人：

通信地址：

邮编：

电话：

E-mail：

系（院）主任（签字）：

（系院办公室盖章）

年 月 日